조명의 이해

한정민·황현석 공저

도서출판 태영문화사

머 리 말

오늘날 전기조명분야에서 다양한 응용제품이 활발히 개발되면서 세부 제품에 대한 기초이론의 정립과 전문지식을 위한 연구 등이 다양하게 이루어지고 있다. 특히, 전기응용분야는 기존의 조명공학, 전열공학, 전동기응용, 전기철도, 전기화학 및 기타 응용의 일관적인 분류에서 벗어나 각각의 세부 전공분야로 구분되어지고 있다. 또한 전문적으로 이론과 실습을 강의하는 대학에서도 하나의 전공학과로서 분류되어 교육하고 있다. 조명공학 중에서도 조명의 응용별로 실내조명, 실외조명, 분수조명, 터널조명, 브릿지조명, 가로등 조명, 경기장 조명등 다양한 형태로 전문화 되면서, 조명을 공부하는 학생들이나 일반인들의 전문성을 더 요구하게 되었다.

조명의 기술이란 일반적으로 건축의 구조와 조명기술 기준에 따른 적용이 전부였으나, 최근에는 수요자들의 다양한 욕구를 충족시키기 위하여, 새로운 LED 조명이 개발되고 있으며, 이러한 개발에는 상업용 조명설계 프로그램들의 활용도가 점차 높아지고 있다.

본 교재는 조명분야의 초보자에서 전문가에 이르기까지 조명이론, 조명설계, 조명적용에 보다 효과적인 활용을 위하여 쓰여졌다. 또한 수험생을 위해 과년도 전기응용문제를 넣었기에 학습 효과를 더 높일 수 있을 것이라 생각된다. 그러므로 본 교재를 이용하여 조명분야를 공부하시는 분들에게 도움이 되기를 간절히 기대한다.

본 서를 집필하도록 많은 도움을 주신 도서출판 태영문화사 사장님 이하 여러 임직원들에게 깊은 감사를 드리며 독자들의 무궁한 발전을 기원하는 바입니다.

저자 씀

차 례

제1장 조명 이론

제2장 광원과 점등회로

제3장 조명 계산

제4장 조명 설계

제5장 LED 특성

제6장 LED 조명 설계

제 1 장

조명 이론

1.1 조명이란

조명이란 태양광에 의한 자연조명과 열, 화학적, 생물학적 에너지를 이용한 인공조명이 있다. 인간 생활은 낮과 밤이 공존하는 자연의 법칙에 의해 인류의 시작부터 조명의 생활화가 이루어져 왔다. 최근에는 과학의 발달로 인간 생활에 가장 적합하고 편리한 기능의 조명들이 개발되고 있다. 따라서, 조명은 인간 삶의 가장 궁극적 목적인 편안하고 안락한 생활을 영위하는데 필수적인 요소로 자리 매김하고 있다.

가장 쾌적한 공기 환경이란 20~25[℃]의 온도, 50~70[%]의 상대습도, 시간당 30[m^3]의 환기량, 1[cc] 중 약 1,000개 이하의 먼지가 있는 경우이며, 조명환경 또한 물체를 보기 쉬운 밝은 환경과 시각적으로 안락한 분위기를 유지 함으로써 건강하고 안락한 조명 환경을 얻을 수 있다.

시각은 우리들에게 물체의 형태, 색체, 밝음, 운동을 알리며, 우리들이 갖는 지식의 80[%]는 시각으로써 얻어진다고 볼 수 있다. 인간에게 쾌적한 조명환경은 주광채광이나 인공조명을 적절하게 실시함으로써 얻어진다.

인류가 오랜 세월 자연계에 적응되어 왔으므로 주광조명이 가장 자연스럽고 건강적이라 할 수 있다. 그러므로 인공조명은 주광이 부족할 때 보충하는 것이기는 하지만, 주광의 질과 양에 근사한 전등조명을 한다면 밝음이 심하게 변동하는 주광조명을 능가하게 될 것이다. 인공조명은 주로 전등으로 이루어지고 있으며, 전등도 백열전구로부터 형광등, 메탈핼라이드등으로 발전되어 높은 효율, 긴 수명, 좋은 광색의 우수한 광원을 얻고 있다. 이들 빛을 실제로 적용하는 여러 가지 조명방식이 우리 생활을 편리하고 쾌적하게 돕고 있다.

이와 같이 광원으로써 전등은 필요한 장소나 실내에 밝음을 제공하는 것을 **조명**이라 한다.

1.2 빛

1.2.1 빛과 방사

방사란 전자파 또는 입자에 의하여 에너지가 방출 하거나 전달되는 현상으로 파장에 따라 각각 고유의 성질을 가지고 있다. 그림 1-1과 같이 파장에 의하여 반송파, 적외선, 광선, 자외선, X선 및 γ선 등으로 나눈다.

이 전자파 중에서 감각을 일으키는 파장은 380~760[nm] 범위에 있는 광선이며, 380[nm] 보다 짧은 파장의 자외선은 화학, 살균 및 형광작용 등으로 활용하며, 광선보다 파장인 긴 760[nm]~1[mm]의 범위의 적외선은 온열효과로 활용하고 있다.

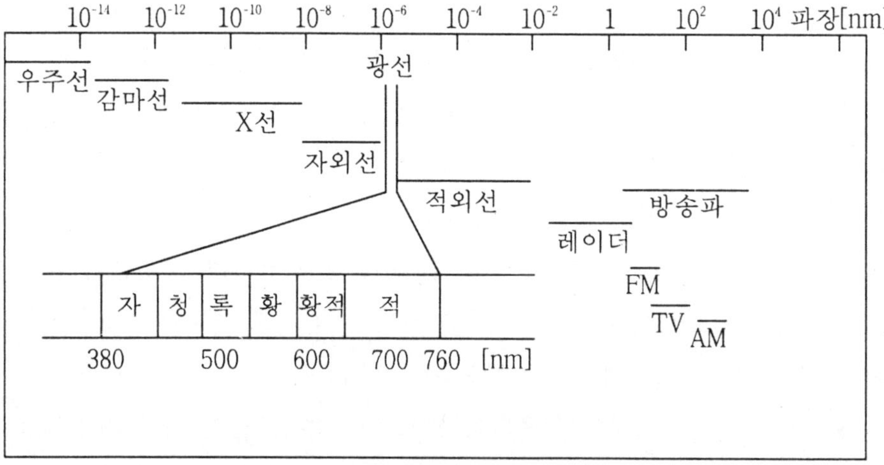

그림 1-1 복사 스펙트럼

사람 눈으로 느끼는 빛의 파장영역도 전자파의 일부이다. 빛의 파장에 따라 사람이 빛의 감각이나 감수성에 차이는 있지만, 일반적으로 긴 파장영역으로 갈수록 적색 또는 짧은 파장영역으로 갈수록 청색의 색감을 느낀다.

빛의 스펙트럼 분포에 따르면 파장 555[nm]일 때 가장 밝게 느끼며, 파장 555[nm]를 기준으로 파장이 짧거나 또는 길수록 밝기의 감각은 점점 줄어든다.

1.2.2 빛의 성질

빛은 파동성과 입자성의 두 가지의 성질을 가지고 있다. 편광, 회절 및 간섭 등의 현상은 빛의 파동성에 의한 것이며, 광전효과는 빛의 입자성에 의한 것이다.

빛을 전자파로 볼 경우, 진공중의 전파속도 c[m/s]는 식 (1-1)과 같이 표현할 수 있다.

$$c = \lambda \cdot f\,[\mathrm{m/s}] \qquad (1\text{-}1)$$

여기서, $c = 2.9979 \times 10^{8} \fallingdotseq 3 \times 10^{8}$[m/s] : 광속, λ : 파장[m], f : 주파수[Hz]이다.

빛이 매질중을 통과할 때 주파수는 변하지 않으나 속도와 파장은 변화한다.

빛은 연속된 파가 아니라 불연속 입자로 고려되며, 이 입자를 광자 또는 광량자라 하며 주파수가 f[Hz]인 광자 1개가 갖는 에너지 E[J]는 식 (1-2)와 같이 표현할 수 있다.

$$E = h \cdot f\,[\mathrm{J}] \qquad (1\text{-}2)$$

여기서, $h = 6.626 \times 10^{-34}$[J · s] : 플랑크 상수, f : 주파수[Hz]이다.

이와 같은 것을 정리하면 다음과 같다.

① 빛은 직진성이 있다.
② 밀도가 다른 물질에 닿으면 반사, 굴절 및 회절 등이 일어난다.
③ 공기 중 또는 진공 중을 지나는 빛의 속도는 약 3×10^{8}[m/s]이다.
④ 빛 중에서 주파수가 높은 범위(자외선에 가까운 것)에서는 광전(光電)작용이

강하다.

빛의 파장의 단위로는 보통 [μm] = 10^{-6}[m], [nm] = 10^{-9}[m], [Å] = 10^{-10} 등으로 사용된다.

• 예제 • [답] ④

빛의 파장이 몇 [nm]일 때 가장 밝게 느껴지는가?

① 300 ② 400 ③ 500 ④ 555

• 예제 • [답] ①

파장이 가장 긴 빛은?

① 적색 ② 노랑 ③ 파랑 ④ 보라

1.3 조명 용어 및 단위

1.3.1 방 사 속

전자파로 전달되는 에너지를 방사속이라고 한다. 단위 시간당 면을 통과하는 방사 에너지의 양을 방사속(radiant flux ; ϕ)이라 하며, 단위는 와트[W]를 사용한다(그림 1-2).

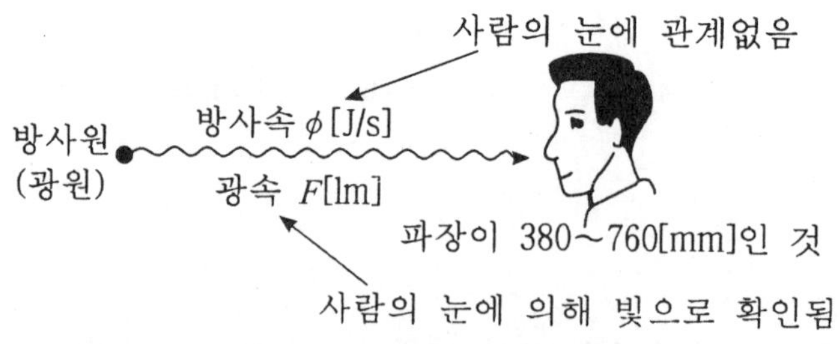

그림 1-2 복사속과 광속

• 예제 • [답] ②

복사속의 단위는?

① 스테라디안[sr] ② 와트[W] ③ 루멘[lm] ④ 칸델라[cd]

풀이 복사속(radiant flux)이라 함은 에너지 복사의 시간적 비율, 즉 단위 시간에 어떤 면을 통화하는 복사 에너지의 양이며 단위는 [J/S]=[W]를 사용한다.

1.3.2 광 속

사람의 눈으로 느끼는 빛의 파장범위 380~760[nm], 가시영역의 방사속을 시감에 기초하여 측정한 것을 **광속**(luminous flux ; F)이라 한다. 즉, 어떤 영역을 단위 시간에 통과하는 광량이며, 단위는 루멘[lm]이다(그림 1-2).

예를 들면, 백열전구 110[V], 100[W]의 전광속은 약 1,420[lm], 40[W] 백색형광램프는 약 3,000[lm], 3파장 형광등 40[W]는 약 3,500[lm], 400[W] 고압나트륨램프는 약 46,000[lm]이다(표 1-1).

구광원일 때의 전광속은 식 (1-3)과 같이 표현할 수 있다.

$$F = 4\pi \times I \tag{1-3}$$

여기서, $\pi = 3.14$, I : 광도

표 1-1 대표적인 광원의 광속

광 원	광 속[lm]
태 양	3.6×10^{28}
백열전구 40[W]	445
백색형광램프 40[W]	3,000
3파장 형광등 40[W]	3,500
고압나트륨램프 400[W]	46,000

• 예제 • [답] ③

100[V]의 백열 전구가 있다. 평균 수평 광도 200[cd], 주변 확산율이 0.9일 때 전구의 전광속은 몇 [lm]인가?

① 1180 ② 1250 ③ 2260 ④ 3000

풀이 평균 구면 광도 I와 평균 수평 광도 I_h사이에는

$I = 0.9I_h = 0.9 \times 200 = 180$[cd]

전광속 F는 $\therefore\ F = 4\pi I = 4\pi \times 180 = 2260$[lm]

• 예제 • [답] ④

구면광도의 평균치가 150[cd]인 광원으로부터 발산되는 총 광속[lm]은 얼마인가?

① 48 ② 471 ③ 1480 ④ 1885

풀이 $F = 4\pi I = 4 \times 3.14 \times 150 = 1884.9$[lm]

• 예제 • [답] ②

광속이란 무엇인가?

① 복사 에너지를 눈으로 보아 빛으로 느끼는 크기로 나타낸 것
② 단위 시간에 복사되는 에너지의 양
③ 전자파 에너지를 얼마만큼의 밝기로 느끼게 하는가를 나타낸 것
④ 복사속에 대한 광속의 비

풀이 광속 발산도의 단위는 [lm/m^2]를 래드럭스(radlux)[rlx], [lm/cm^2]를 래드포트(rad-phot) [rph]로 표시한다.

1.3.3 광속 발산도

그림 1-3과 같이 어떤 면으로부터 나오는 전광속 F[lm]를 그 발산면의 면적 A[m^2]로 나눈 것을 **광속 발산도**(luminous emittance) R이라 하며, 식 (1-4)와 같이 나타낼 수 있다.

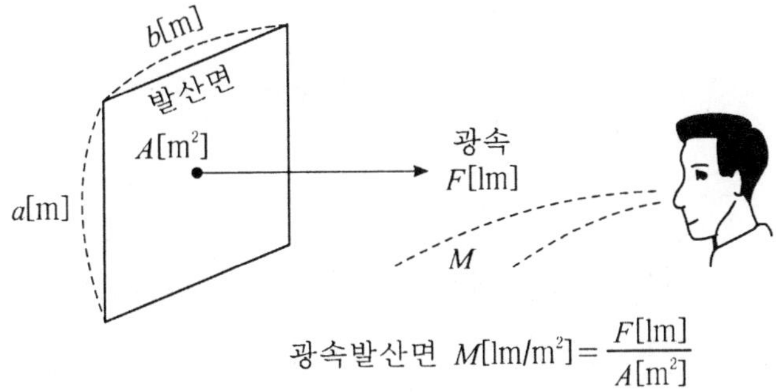

그림 1-3 광속 발산도

$$R = \frac{F}{A}[\text{lm/m}^2] \tag{1-4}$$

광속발산도는 반사면 또는 투과면에 있어서는 식 (1-5)와 식 (1-6)과 같이 정의할 수 있다.

$$R = \rho\frac{F}{A} = \rho E[\text{lm/m}^2] \tag{1-5}$$

$$R = \tau\frac{F}{A} = \tau E[\text{lm/m}^2] \tag{1-6}$$

여기서, ρ : 반사율, τ : 투과율

단위는 레드룩스(radlux : rlx) 또는 아포스틸브(apostib : asb)가 사용된다.

$1[\text{rlx}] = 1[\text{asb}] = 1[\text{lm/m}^2]$, $1[\text{rph}] = 1[\text{lm/cm}^2] = 10^4[\text{rlx}]$

• 예제 • [답] ①

100[cd]인 점광원의 하방 1[m] 되는 곳에 있는 반사율 70[%]인 백색판의 광속 발산도[rlx]는?

① 70 ② 20 ③ 0.7 ④ 220

풀이 피조면의 조도를 E라 하면

$$E = \frac{F}{S} = \frac{4\pi I}{4\pi r^2} = \frac{I}{r^2} = \frac{100}{1^2} = 100[\text{lx}]$$

피조면의 반사율을 ρ라 하면 광속 발산도 R은

$\therefore R = \rho E = 0.7 \times 100 = 70[\text{rlx}]$

1.3.4 광 도

그림 1-4와 같이 광원에서 나와 어떤 방향의 미소입체각 내를 지나는 광속을 그 미소입체각으로 나눈 것을 **광도**(luminous intensity)라 한다. 기호는 I이며, 단위는 [cd](칸델라)을 사용한다. 1[cd]는 단위입체각(1 steradian)내의 광속이 1[lm]일 때를 말한다.

어떤 입체각 ω 내에서 광속 F가 균등하다면 입체각 ω의 모든 방향의 광도 I는 식 (1-7)와 같이 표현할 수 있다.

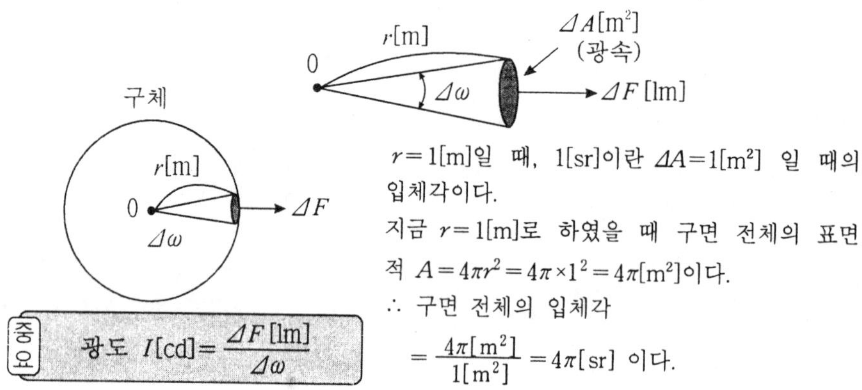

그림 1-4 광도와 입체각

$$I = \frac{F}{\omega}[\text{cd}] \tag{1-7}$$

점광원에서 나오는 전광속을 구하기 위해서는 구면과 전체의 입체각은 4π[sr]이기 때문에 식 (1-7)을 식 (1-8)로 바꿀 수 있다.

$$I = \frac{F}{\omega}\ I = \frac{F}{4\pi}[\text{cd}] \tag{1-8}$$

여기서, F는 점광원을 감싼 반경 r[m]인 구면 전체의 전광속(全光束)을 말하며,

식 (1-8)에서 전광속은 식 (1-9)로 표현할 수 있다.

$$F = 4\pi \cdot I\,[\mathrm{lm}] \tag{1-9}$$

표 1-2에 대표적인 광원의 광도를 나타내었다.

표 1-2 대표적인 광원의 광도

광 원	광 도[cd]
태 양	2.8×10^{27}
백열전구 40[W]	40
백색형광램프 40[W]	330
형광수은램프 400[W]	1,800

• 예제 • [답] ④

전등 효율이 15[lm/W]인 백열 전구 100[W]의 구면 광도는 몇 [cd]인가?

① 519 ② 375 ③ 96 ④ 119

풀이 전소비 전력 P에 대한 전발광 광속 F의 비율을 전등 효율 η라 하면

$$\eta = \frac{F}{P}[\mathrm{lm/W}]$$

$$F = P\eta = 100 \times 15 = 1,500[\mathrm{lm}]$$

$F = 4\pi I$이므로 평균 구면 광도 I는

$$\therefore\ I = \frac{F}{4\pi} = \frac{1,500}{4\pi} = 119[\mathrm{cd}]$$

• 예제 • [답] ①

그림과 같은 간판을 비추는 광원이 있다. 간판 면상 P점의 조도를 200[lx]로 하려면 광원의 광도[cd]는? (단, P점은 광원 L을 포함하고 간판의 직각인 면상에 있으며, 또 간판의 기울기는 LP와 30°이고, LP간은 1[m]이다.)

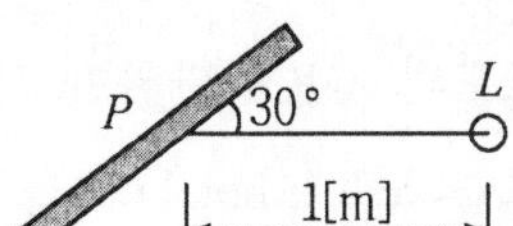

① 400 ② 200 ③ 100 ④ 50

풀이 조도 E와 광도 I 사이에는

$$E = \frac{I}{r^2}\cos\theta$$

$\theta = 90° - 30° = 60°$, $E = 200[lx]$, $r = 1[m]$이므로

$$\therefore I = \frac{Er^2}{\cos\theta} = \frac{200\times 1}{\cos 60°} = \frac{200}{0.5} = 400[cd]$$

1.3.5 조 도

빛이 투사하는 피조면 $A[m^2]$에 입사한 광속 $F[lm]$를 그 피조면의 면적 $A[m^2]$로 나눈 것, 즉 단위면적당의 입사광속의 밀도를 말한다. 기호는 E이며, 단위는 [lx](룩스)를 사용한다. 조도란 어떤 물체에 광속이 투사되면 그 면을 밝게 비추는 정도를 표시한 것이다.

또한, 광원의 광도 $I[cd]$와 광원에서 피조면까지의 거리 $r[m]$과의 관계는 식 (1-10)과 식 (1-11)으로 표현할 수 있다.

$$E = \frac{F}{A}[lx] \tag{1-10}$$

$$E = \frac{I}{r^2}[lx] \tag{1-11}$$

여기서, F : 입사광속[lm], A : 입사면적$[m^2]$, I : 광도[cd], r : 광원에서의 거리[m]이다.

식 (1-11)의 조도식을 거리의 역제곱 법칙(inverse square law)이라 한다.

예를 들어 광도 I인 균등 점광원을 반지름 r인 구의 중심에 있는 경우, 구면위의 모든 점의 조도 $E = \frac{F}{A} = \frac{4\pi I}{4\pi r^2} = \frac{I}{r^2}[lx]$로 구할 수 있다.

조도의 MKS 단위인 룩스[lux : lx] 즉, $1[lx] = 1[lm/m^2]$로도 나타내며, CGS 단위계로는 포트(phot : ph)를 사용하기도 한다.

$$1[ph] = 1[lm/cm^2] = 10^4[lx]$$

표 1-3은 장소에 따른 조도의 예를 나타내었다.

표 1-3 조도의 예

장 소	조 도[lx]
직사일광 지면 위	약 100,000
약간 흐린날 지면 위	30,000~70,000
몹시 흐린날 지면 위	10,000~30,000
청공광 지면위	10,000
만월의 밤 지면위	약 0.2
맑은 날의 북쪽창가	2,000
밝은 방	200~500
독서에 적당한 밝음	200~500

천장에 있는 점광원의 빛의 진행에 의한 조도는 법선조도, 수직면조도, 수평면조도로 구분된다.

그림 1-5와 같이 수평면조도(E_h)와 수직면조도(E_v), 법선조도(E_n) 중에서 일반적으로 점조도는 수평면조도를 말한다. 각 조도 계산은 식 (1-12)~(1-14)로 계산을 할 수 있다.

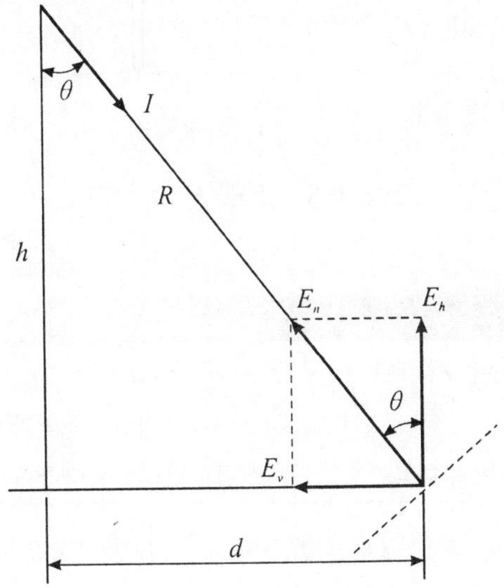

그림 1-5 조도계산

$$\text{법선 조도 } E_n = \frac{I}{R^2} \tag{1-12}$$

$$\text{수평면 조도 } E_h = E_n \cdot \cos\theta = \frac{I}{R^2} \cdot \cos\theta \tag{1-13}$$

$$\text{수직면 조도 } E_v = E_n \cdot \sin\theta = \frac{I}{R^2} \cdot \sin\theta \tag{1-14}$$

여기서, θ : 입사각[°], R : 광원에서 거리[m], I : 광도

그림 1-6은 광속과 광도에 의한 조도 계산법을 나타낸 것이다.

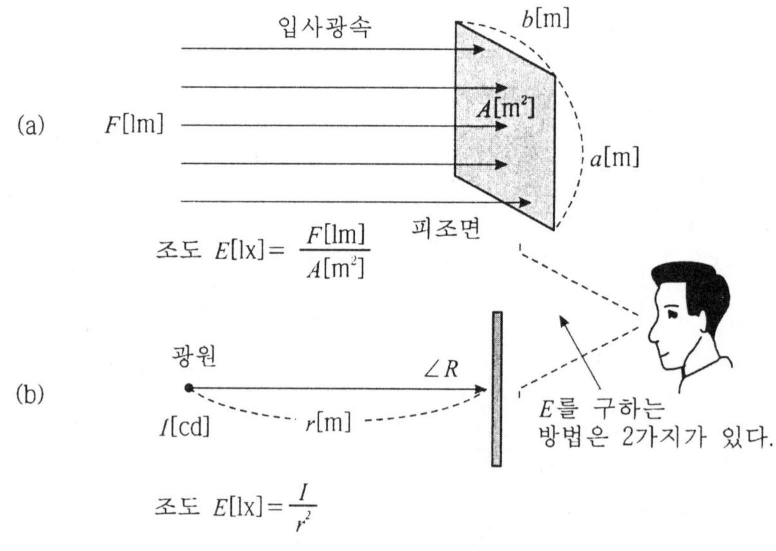

그림 1-6 조도 E 계산법

• 예제 • [답] ③

조도는 광원으로부터의 거리와 어떠한 관계가 있는가?

① 거리에 비례한다. ② 거리에 반비례한다.

③ 거리의 제곱에 반비례한다. ④ 거리의 제곱에 비례한다.

풀이 어떤 점광원의 어느 방향 광도가 I[cd]일 때, r[m] 거리에 있는 빛의 방향에 수직인 면위의 조도 E_n은 광원의 광도에 비례하고 거리의 제곱에 반비례한다.

$$E_n = \frac{I}{r^2}\,[\text{lx}]$$

• 예제 • [답] ③

점광원 150[cd]에서 5[m] 떨어진 거리에서 그 방향과 직각인 면과 기울기 60°로 설치된 간판의 조도[lx]는?

① 1 ② 2 ③ 3 ④ 4

풀이 $E=\dfrac{I}{r^2}\times\cos\theta=\dfrac{150}{5^2}\times 0.5=3[\text{lx}]$

• 예제 • [답] ④

지표상 6[m]의 높이에 백열 전등을 장치하여 가로 조명을 하는 경우에 전등 바로 아래로부터 8[m] 떨어진 P점의 법선 조도[lx]는?(단, 전등의 P점을 향하는 방향의 광도는 50[cd]이다.)

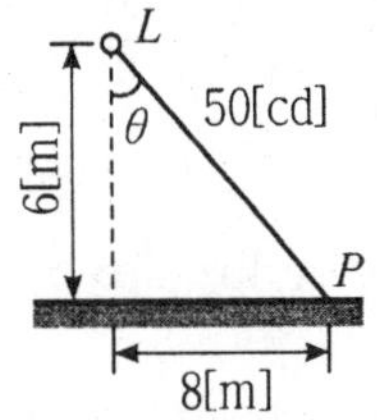

① 0.2 ② 0.3 ③ 0.4 ④ 0.5

풀이 법선 조도 $E_n=\dfrac{I}{r^2}$

수평면 조도 $E_h=E_n\cos\theta=\dfrac{I}{r^2}\cos\theta=\dfrac{I}{h^2}\cos^3\theta=\dfrac{I}{d^2}\sin^2\theta\cdot\cos\theta$

수직면 조도 $E_v=E_n\sin\theta=\dfrac{I}{r^2}\sin\theta$

$$=\frac{I}{h^2}\cos^2\theta\cdot\sin\theta=\frac{I}{d^2}\sin^3\theta$$

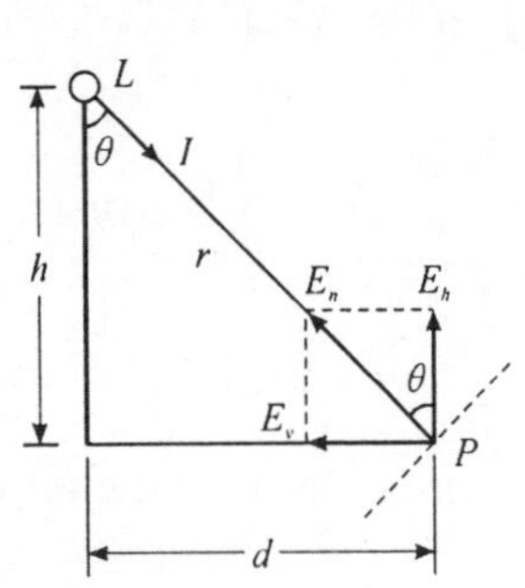

의 관계가 있다.

$h=6[\text{m}]$, $d=8[\text{m}]$, $I=50[\text{cd}]$이므로

$$E_n=\frac{I}{d^2+h^2}=\frac{50}{6^2+8^2}=0.5[\text{lx}]$$

• 예제 • [답] ③

다음중 잘못된 것은?

① $1[\text{lx}]=1[\text{lm/m}^2]$ ② $1[\text{ph}]=1[\text{lm/cm}^2]$

③ $1[\text{ph}]=10^5[\text{lx}]$ ④ $1[\text{rlx}]=1[\text{lm/m}^2]$

풀이 $1[\text{ph}]=10^4[\text{lx}]$

1.3.6 휘 도

광원의 눈부심 정도를 휘도라 하며 B(또는 L)로 표시한다(그림 1-7). 어떤 방향에의 광도를 그 방향에의 투영면적으로 나눈값으로 표시한다. 휘도는 광원까지의 거리에 관계가 없으며, 물체 식별은 그 물체의 밝기에 따른 면의 휘도차에 의한 것이다. 휘도의 계산은 식 (1-15)에 의해 구할 수 있다.

$$B=\frac{I}{A'}\,[\mathrm{cd/m^2}] \qquad (1\text{-}15)$$

여기서, I : 어느 방향의 광도 [cd], A' : 어느 방향의 투영면적[m²], 단위로는 스틸부(stilb : sb) 또는 니트(nit : nt)가 사용된다.

$$1[\mathrm{sb}]=1[\mathrm{cd/cm^2}]=10^4[\mathrm{nt}],\ 1[\mathrm{nt}]=1[\mathrm{cd/m^2}]$$

B가 크면 눈부심을 강하게 느낀다. 휘도는 눈과 광원간의 거리에는 관계가 없으며, 어느방향에서 보아도 휘도가 같은 면을 완전확산면이라 한다.

그림 1-7과 같이 완전확산면의 경우 휘도 B와 광속발산도 R과의 관계는 식 (1-16)과 같다.

$$B=\frac{R}{\pi}\,[\mathrm{cd/m^2}] \qquad (1\text{-}16)$$

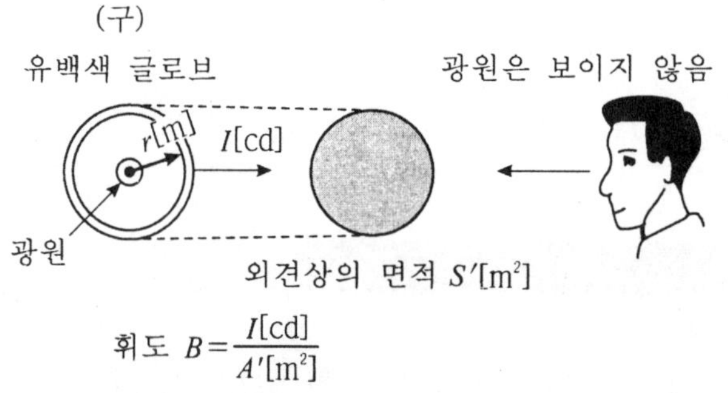

그림 1-7 휘도

표 1-4에 각종 광원의 휘도를 나타내었다.

표 1-4 각종 광원의 휘도 수치

광 원	휘 도[cd/cm²]	광 원	휘 도[cd/cm²]
태양(천장)	160,000	네온(적색)	0.08
청 공	0.4	석유등	1.2
투명전구 100[W]	600	양 초	0.5
프로스트전구 100[W]	14	형광램프 40[W] 주광색	0.35
고압수은등 400[W]	50	달의 면	0.3

• 예제 • [답] ③

완전 확산면의 광속 발산도가 600[rlx]일 때, 휘도는 약 몇 [cd/cm²]인가?

① 약 0.01 ② 약 0.32 ③ 약 0.032 ④ 약 0.1

풀이 $B=\frac{R}{\pi}=\frac{1000}{\pi}[\text{cd/m}^2]=\frac{1000}{\pi}\times 10^{-4}[\text{cd/cm}^2]=0.032[\text{cd/cm}^2]$

• 예제 • [답] ④

다음 중 휘도의 단위는 어느 것인가?

① [lx] ② [rlx] ③ [cd] ④ [sb]

풀이 휘도 $B \rightarrow 1[\text{nt}]=1[\text{cd/m}^2]$

$1[\text{sb}]=1[\text{cd/cm}^2]$

조도 $E \rightarrow 1[\text{lx}]=1[\text{lm/m}^2]$

광속발산도 $R \rightarrow 1[\text{rlx}]=1[\text{lm/m}^2]=1[\text{asb}]$

• 예제 • [답] ④

완전 확산면은 어느 방향으로 보아도 무엇이 같은가?

① 광속 ② 조도 ③ 광도 ④ 휘도

• 예제 • [답] ③

완전 확산면의 휘도 B와 광속 발산도 R와의 관계는?

① $R=4\pi B$ ② $R=B/\pi$ ③ $R=\pi B$ ④ $R=\pi^2 B$

풀이 완전 확산면에서는 휘도 B[cd/m²]와 광속 발산도 R[lm/m²]의 사이에 다음과 같은 관계가 있다.

$R=\pi B$[lm/m²]

1.3.7 발광효율

광원으로부터 어떤 방향의 방사속 Φ[W]가 발산되면, 이 중에서 광속 F만이 육안으로 느끼게 된다. 이 방사속 Φ에 대한 광속 F의 비율을 그 광원의 **발광효율**(Luminous efficiency)이라 한다. 발광효율 ε은 식 (1-17)로 나타낸다.

$$\varepsilon=\frac{F}{\Phi}\text{[lm/W]} \qquad (1\text{-}17)$$

최대 시감도를 일으키는 파장 555[nm]일 때의 발광효율은 683[lm/W]이다.

• 예제 • [답] ②

최대 시감도에서 발광 효율[lm/W]은?

① 555 ② 680 ③ 5550 ④ 6800

1.3.8 전등효율

실제로 광원에서는 발산되는 전방사속보다 많은 에너지를 가하여야 한다. 즉, 전발산광속 외에 대류, 전도 등에 의한 손실을 포함한 전소비전력을 생각하여야 한다. 전력소비 P에 대한 전발산광속 F의 비율을 전등효율(lamp efficiency) η이라 하며 식 (1-18)로 나타낼 수 있다.

$$\eta=\frac{F}{P}\text{[lm/W]} \qquad (1\text{-}18)$$

일반적으로 전등효율은 발광효율보다 적다.

• 예제 • [답] ②

100[W] 백열 전구의 광속은 1570[lm]이다. 이 때 효율[lm/W]은?

① 14.7 ② 15.7 ③ 16.7 ④ 17.7

풀이 $P=100$[W], $F=1570$[lm]이므로

$$\eta=\frac{F}{P}=\frac{1570}{100}=15.7[\text{lm/W}]$$

• 예제 • [답] ③

전등 효율이 14[lm/W]인 100[W] 백열 전구의 구면 광도[cd]는?

① 95 ② 127 ③ 111 ④ 120

풀이 전소비 전력 P에 대한 전발광 광속 F의 비율을 전등 효율 η라 한다.

$$\eta=\frac{F}{P}[\text{lm/W}]$$

$$F=P\eta=100\times 14=1400[\text{lm}]$$

$F=4\pi I$이므로 평균 구면 광도 I는

$$\therefore\ I=\frac{F}{4\pi}=\frac{1400}{4\pi}=111.5[\text{cd}]$$

• 예제 • [답] ③

40[W] 백색 형광 방전등의 광속이 2400[lm]인 때의 안정기 손실이 8[W]이면 효율[lm/W]은?

① 70 ② 60 ③ 50 ④ 40

풀이 $F=2400$[lm], 안정기 손실은 8[W]이므로

$$P=40+8=48[\text{W}]$$

$$\eta=\frac{F}{P}=\frac{2400}{48}=50[\text{lm/W}]$$

1.3.9 반사율, 투과율, 흡수율

반사율이란 어떤 물체에 입사하는 광속과 그 물체에서 다시 반사되는 광속의 비

로 나타내며, 기호는 ρ로 표시한다.

투과율이란 어떤 물체에 입사하는 광속 중에서 그 물체를 투과하는 광속과의 비로 나타내며, 기호는 τ로 표시한다.

흡수율이란 물체에 입사하는 광속 중 그 물체가 흡수하는 광속의 비를 말하며, 기호는 α로 표시한다.

반사율, 투과율 및 흡수율을 식으로 표현하면 식 (1-19)로 나타낸다.

$$\left.\begin{aligned} &\text{반사율}\ \ \rho=\frac{F_\rho}{F} \\ &\text{투과율}\ \ \tau=\frac{F_\tau}{F} \\ &\text{흡수율}\ \ \alpha=\frac{F_\alpha}{F} \end{aligned}\right\} \qquad (1\text{-}19)$$

여기서, F : 입사광속, F_ρ : 반사광속, F_τ : 투과광속, F_α : 흡수광속

반사율, 투과율 및 흡수율과의 관계는 식 (1-20)과 같다.

$$\rho+\tau+\alpha=1 \qquad (1\text{-}20)$$

또한 반사 광속발산도 R_ρ와 투과 광속발산도 R_τ의 관계는 식 (1-21)과 같이 나타낸다.

$$\left.\begin{aligned} &\text{반사 광속발산도}\ \ R_\rho=\frac{F_\rho}{A}=\rho\cdot E \\ &\text{투과 광속발산도}\ \ R_\tau=\frac{F_\tau}{A}=\tau\cdot E \end{aligned}\right\} \qquad (1\text{-}21)$$

여기서, A : 단위 면적, E : 조도

• 예제 • [답] ①

100[cd]인 점광원의 하방 1[m] 되는 곳에 있는 반사율 70[%]인 백색판의 광속 발산도[rlx]는?

① 70 ② 20 ③ 0.7 ④ 220

풀이 피조면의 조도를 E라 하면

$$E=\frac{F}{S}=\frac{4\pi I}{4\pi r^2}=\frac{I}{r^2}=\frac{100}{1^2}=100[\text{lx}]$$

피조면의 반사율을 ρ라 하면 광속 발산도 R은

$\therefore\ R=\rho E=0.7\times100=70[\text{rlx}]$

• 예제 • [답] ①

반사율 60[%], 흡수율 20[%]를 가지고 있는 물체에 2000[lm]의 빛을 비추었을 때, 투과되는 광속[lm]은?

① 400 ② 600 ③ 800 ④ 1200

풀이 $\rho+\tau+\alpha=1$

$\therefore\ \tau=1-\rho-\alpha=1-0.6-0.2=0.2$

투과 광속 F_τ는

$\therefore\ F_\tau=\tau F=0.2\times2000=400[\text{lm}]$

• 예제 • [답] ④

200[W] 전구를 우유색 구형 글로브에 넣었을 경우 우유색 유리 반사율은 30[%], 투과율은 50[%]라고 할 때 글로브의 효율[%]을 구하면?

① 약 88 ② 약 83 ③ 약 76 ④ 약 71

풀이 글로브의 효율 $\eta=\frac{\tau}{1-\rho}=\frac{0.5}{1-0.3}=0.71 \quad \therefore\ \eta=71[\%]$

• 예제 • [답] ④

투과율이 50[%]인 완전 확산성의 유리를 천장 뒤에서 비추었을 때, 마루에서 본 휘도가 0.2[sb]인 경우 천장 뒤의 유리면 조도 [lx]는?

① 12.56 ② 125.6 ③ 1256 ④ 12560

풀이 천장 이면의 유리면 조도를 E, 유리 밑면의 광속 발산도를 R, 휘도를 B, 유리의 투과율을 τ라 하면

$$R = \tau E$$

$$R = \pi B \text{(완전 확산면)}$$

이므로

$$R = \tau E = \pi B$$

$$\therefore\ E = \frac{\pi B}{\tau} = \frac{\pi \times 0.2}{0.5}[\text{cd/m}^2] = \frac{\pi \times 0.2 \times 10^4}{0.5}[\text{cd/m}^2] = 12560[\text{lx}]$$

• 예제 • [답] ①

광속 5500[lm]의 광원에서 4[m²]의 투명 유리를 일정 방향으로 조사하는 경우, 그 유리 뒷면의 광속 발산도 R[rlx] 및 휘도 B[nt]는 얼마인가?(단, 투명 유리의 투과율은 80[%] 이다.)

① $R = 1100$, $B = 350$　　② $R = 4400$, $B = 1400$
③ $R = 550$, $B = 175$　　④ $R = 2200$, $B = 700$

풀이 투명 유리의 투과율은 $\tau = 0.8$이므로, 이면에서 발산하는 광속은

$$F' = \tau F = 0.8 \times 5500 = 4400[\text{lm}]$$

투명 유리의 면적은 4[m²]이므로 이면의 광속 발산도 R은

$$R = \frac{F'}{S} = \frac{4400}{4} = 1100[\text{lm/m}^2] = 1100[\text{rlx}]$$

투명 유리의 면을 완전 확산면으로서 그의 휘도를 B라 하면 $R = \pi B$이므로

$$\therefore\ B = \frac{B}{\pi} = \frac{1100}{\pi} = 350[\text{cd/m}^2] = 350[\text{nt}]$$

1.3.10 균 제 도

사무실, 학교, 공장, 주택 등에서 작업면 등에 주변의 밝기가 어느 정도 고른가를 판단하고 작업자에게 시각적 피로도를 경감시키기 위해 밝음의 차를 좁힐 수 있도록 하여야 한다.

일반적으로 밝은부분과 어두운 부분의 밝음의 비는 2 : 1~7 : 1까지 적용하고 있으나 통상 3 : 1이 가장 적당하다고 보고 있다.

조명설계에 있어서 사무실, 공장의 경우 균제도 계산에 있어서 다음 2가지 방식을 채용하여 조명기구의 배치를 검토하고 있다.

① 최소조도/평균조도 ≥ 0.3

② 최소조도/평균조도 ≥ 0.15

1.4 눈의 구조와 시감도

사람 눈은 안구와 시신경으로 되어 있으며, 그림 1-8과 같다. 사람의 눈의 구조와 기능을 카메라와 비교할 수 있다. 눈의 수정체는 카메라의 렌즈로, 홍채는 조리개, 망막은 필름에 각각 비교되고 있다.

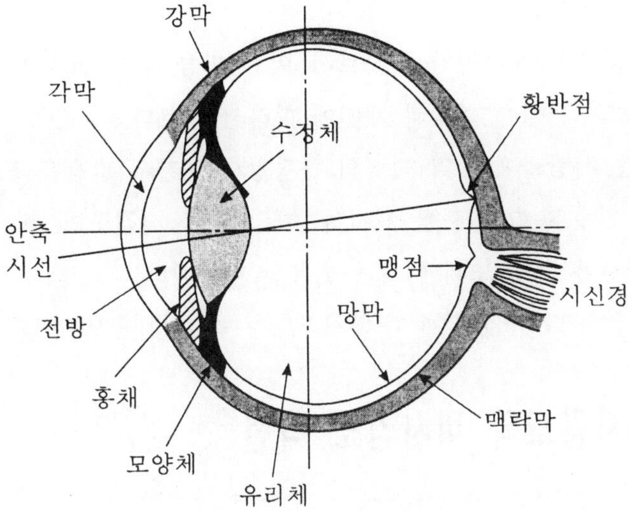

그림 1-8 눈의 구조

눈에서는 수정체를 둘러싸고 있는 모양체를 변화시켜서 수정체의 두께를 변화시켜 망막에 영상을 맺게 한다.

홍채는 조리개로 동공의 면적을 변동시켜, 눈에 들어오는 빛을 조절한다. 망막에는 시세포가 분포되어 있으며, 시세포는 다시 추상체(cone)와 간상체(rod)로 구별되고 있다.

추상체는 중심의 우묵해진 곳에 밀집하고, 밝은 곳에서 동작하며, 밝음과 색감을 일으키고, 간상체는 망막의 주변부에 분포되어 있으며, 조도가 0.03[lx] 이하의 어두운 곳에서만 동작하고 밝고 어두운 것만을 느낀다.

황반점에는 추상체가 밀집하고 있어, 이로부터 멀어질수록 추상체는 적어지고 간상체가 증가한다.

1.4.1 시 감 도

파장 λ의 복사속은 ϕ[W] 이라 하고, 이때 파장의 광속을 F[lm]라 하면 복사속에 대한 광속의 비를 시감도((luminousity factor ; K)라 한다.

시감도는 식 (1-22)와 같은 관계가 성립된다.

$$K = \frac{F\,[\mathrm{lm}]}{\phi\,[\mathrm{W}]} \qquad (1\text{-}22)$$

시감도란 파장 λ의 에너지가 빛으로서 어느 만큼 밝게 느껴지는가를 나타내는 것이다. 즉, 밝음의 느낌은 파장과 개인에 따라서 다르다.

그러나 대부분 사람들에게 각 파장의 분광방사가 같은 밝음을 느끼게 하는데 필요한 에너지의 역수로 그 정도를 표시하는데 이것을 시감도라 한다. 즉 비등한 방사속에 대한 방사가 눈에 느끼게 하는 밝음의 비율이다.

시감도는 파장이 555[nm]일 때 최대시감도는 약 680[lm/W]이다.

1.4.2 비시감도와 비시감도 곡선

밝기의 감각은 파장에 따라 달라진다. 어떤 파장에 있어서의 시감도를 최대 시감도(680[lm/W])로 나눈 값을 비시감도(V_λ)라 한다.

즉 파장 555[nm]의 방사일 때 최대시감도로서 680[lm/W]이다. 이에 대한 다른 파장의 시감도의 비를 비시감도(relative luminousity factor)라 하며, 식 (1-23)과 같이 나타낸다.

$$V_\lambda = \frac{\text{어떤 파장의 시감도 }[\mathrm{lm/W}]}{680[\mathrm{lm/W}]} \qquad (1\text{-}23)$$

최대시감도를 "1"로 하고 다른 파장에 대한 비시감도를 곡선으로 표시한 것이 비시감도 곡선이라 하며 그림 1-9와 같이 나타낸다.

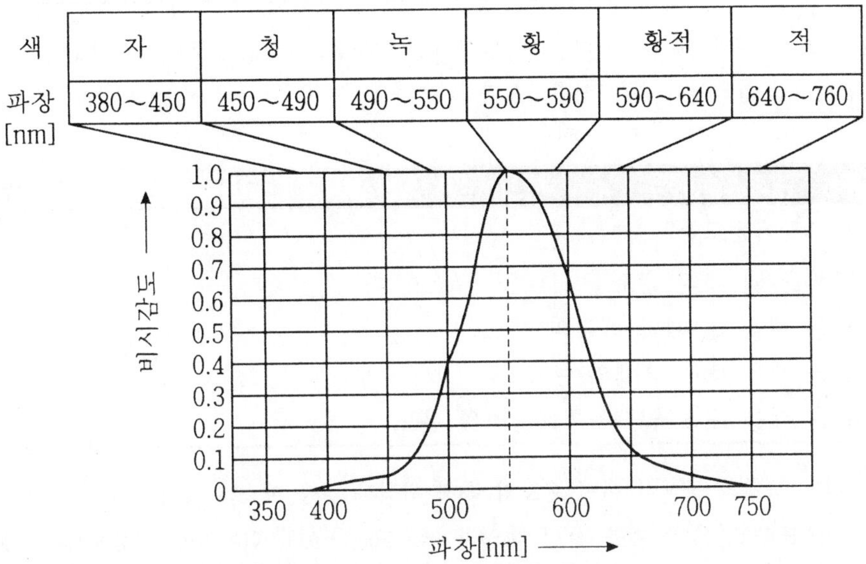

그림 1-9 비시감도 곡선

표 1-5는 국제조명위원회(C.I.E)에서 정한 비시감도를 나타낸 것이다.

표 1-5 비시감도와 분광발광 효율

파장[nm]	비시감도 V_λ	분광발광효율 V_λ[lm/W]	파장[nm]	비시감도 V_λ	분광발광효율 V_λ[lm/W]
380	0.0000	000	580	0.870	592.0
400	0.0004	0.27	600	0.631	429.4
420	0.0040	2.7	620	0.381	259.3
440	0.023	15.7	640	0.175	119.1
460	0.060	40.8	660	0.061	41.5
480	0.139	94.6	680	0.017	11.6
500	0.323	219.4	700	0.0041	2.8
520	0.710	483.2	720	0.00105	0.71
540	0.954	649.2	740	0.00025	0.17
555	1.000	680.5	760	0.00006	0.04
560	0.995	677.1	780	0.000015	0.01

• 예제 • [답] ④

시감도가 가장 좋은 광색은?

① 적색 ② 등색 ③ 청색 ④ 황록색

풀이 어느 파장의 에너지가 빛으로 느껴지는 정도를 시감도라 하며, 시감도는 파장 555 [nm]인 황록색이 최대 시감도이다.

• 예제 • [답] ④

광원의 광색온도란?

① 백색을 낼 때의 온도
② 같은 색을 낼 때의 백금의 온도
③ 같은 색을 내는 흑체의 온도
④ 같은 색을 내는 열루우미네슨스의 온도

풀이 어느 광원의 광색이 어떤 온도의 흑체 광색과 같을 때, 그 흑체의 온도를 이 광원의 색온도라고 한다. 예를 들면 태양의 색온도는 6500[°K]이지만 지상에서는 5000[°K] 근처가 된다.

1.5 조명과 색

1.5.1 광원의 광색과 색온도

어떤 광원이 광색이 어느 온도의 흑체의 광색과 같을 때, 그 흑체의 온도를 그 광원의 색온도라고 한다. 이들 색온도는 흑체라고 하는 이상적인 방사체를 표준으로 하며 이들 빛과 같은 색의 빛을 냈을 때의 흑체의 온도로 나타낸다.

각 광원과 광색을 나타내는데 색온도(color temperature)를 사용하고 그의 단위는 K(켈빈)이다. 색온도는 절대온도로 표시하고 있으며 ℃+273°가 된다.

흑체를 고온으로 가열하면 발산하는 빛의 광색은 적색, 황색, 청록색을 거쳐 백열상태로 변한다. 표 1-6은 여러 가지 빛의 색온도를 그림 1-10에는 색온도 분포를 나타내었다.

표 1-6 대표적인 광원의 색온도

광 원	색온도[K]	광 원	색온도[K]
태 양	5,450	할로겐전구(500[W])	3,000
푸른 하늘(오전9시)	12,000	백열전구(600[W])	2,850
구름 낀 하늘	6,500	촛 불	2,000
주광색 형광램프	6,500	형광수은램프	4,600
백색 형광램프	4,500	고압수은램프	5,600

일반적으로 색온도가 낮으면 붉은 빛을 띠고, 따스함을 느끼는 빛으로 되고, 색온도가 높아짐에 따라서 낮의 태양광과 같이 흰 빛을 띠게 되고, 더욱 높아지면 푸른색을 띠게 된다.

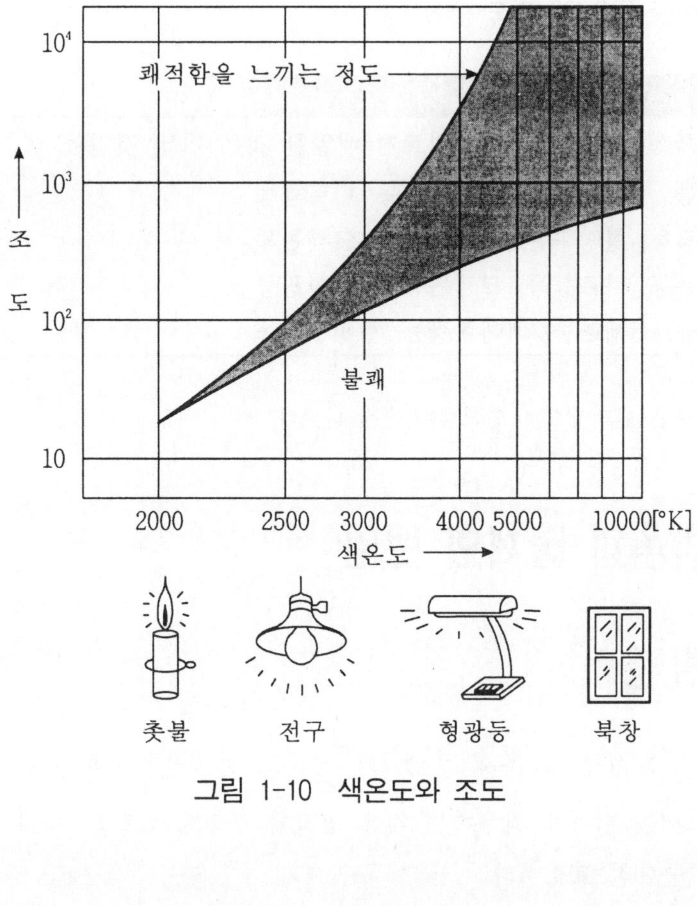

그림 1-10 색온도와 조도

1.5.2 연 색 성

물체는 분광분포가 다른 광원을 비추면 각기 다른 색으로 보인다. 이와 같이 조명에 의해 물체의 색깔을 결정하는 광원의 성질을 **연색성**(color rendition)이라 한다. 즉, 연색성이란 광원이 비추어질 때, 그 물체의 색의 보임을 정하는 광원의 성질을 말한다.

연색성이 나쁜 광원으로 조명하면 물체의 색은 다르게 보인다. 이 연색성을 수치로 표시한 것을 **연색평가지수**라고 하며, 평균연색평가지수(R_a)란 많은 물체의 대표색으로서 8종류의 시험색을 사용하여 그의 평균값으로부터 구한 것이다. 평균연색평가수가 100이란 그 광원의 연색성이 기준광과 동일하다는 것을 의미한다.

예를 들면 100[W] 백색전구의 평균연색평가수는 100인데 비하여 백색형광등은 63이고, 투명수은등은 22 정도이다.

• 예제 • [답] ①

광원의 연색성이 좋은 순으로 바르게 배열한 것은 어느 것인가?

① 크세논등, 백색형광등, 형광수은등, 나트륨등
② 백색형광등, 형광수은등, 나트륨등, 크세논등
③ 형광수은등, 나트륨등, 크세논등, 백색형광등
④ 나트륨등, 크세논등, 백색형광등, 형광수은등

풀이 나트륨등은 단색광으로 연색성이 가장 나쁘다.

1.6 밝음과 물체의 보임

1.6.1 밝 음

빛이 동공을 통하여 눈 속에 들어가서, 망막을 자극함으로써 밝음을 느낀다. 따라서 눈이 느끼는 밝음을 좌우하는 것은 망막에 부딪치는 빛의 세기, 즉 망막면의 조도가 가장 중요한 요소이다.

보통 인간에게 주워지는 자극의 세기와 인간이 느끼는 지각의 크기 사이에는 일정 관계가 있다. 즉, 자극의 세기 R가 등가급수적으로 증가할 때 감각의 크기 S는 등차급수적으로 증가한다. 이 관계는 식 (1-24)와 같이 나타낸다.

$$S = k \log R \tag{1-24}$$

여기서, k는 상수이다.

식 (1-24)을 웨버(Weber)의 법칙이라고 한다. 이 법칙은 밝음의 감각에도 적용된다. 즉, 10[lx]인 실내의 조도를 20[lx]로 올리면 실내의 사람들은 매우 밝아졌다고 느끼지만 100[lx]인 실내의 조도를 같은 차이로 10[lx]만큼 올려서 110[lx]로 하여도 실내의 사람들은 거의 밝아졌다고 느끼지 않는다. 10[lx]로 20[lx]로 한 경우와 똑같은 정도의 밝음을 느끼게 하려면 100[lx]를 200[lx]로 올려야 한다.

이와 같이 밝음의 감각은 조도의 차이가 아니고 조도의 비와 직접 관계하는 것으로, 조도의 스텝을 생각하며 조명하는 것이 편리하다.

1.6.2 명암순응

대낮에 어두운 영화관에 들어가면 처음에는 어두워 보여 부자유스럽지만, 10분 정도 지나면 어두움에 익숙하게 되어 차차 발 밑이나 주위의 모습이 보인다.

반대로 어두운 영화관으로부터 밝은 옥외로 나오면, 수초간 눈이 부시지만 잠시 후에 밝음에 익숙해진다. 이것은 눈에 들어오는 빛이 극히 적거나 전혀 없을 경우에는 눈의 감광도는 대단히 높아지고, 반대로 눈에 들어오는 빛의 양이 크면, 감광도는 오히려 떨어지기 때문이다. 이러한 현상을 **명암순응**(light and dark adapta-tion)이라 한다.

사람의 눈에서는 이러한 현상이 있으므로, 대단히 넓은 범위의 밝음에도 순응하게 된다. 여름철의 일광이 직사하는 조도가 100,000[lx] 정도의 밝은 곳이나 만월만 있는 조도가 0.2[lx]의 어두운 밤에도 볼 수 있으며, 눈이 경험하는 밝음의 비는 1천만대 1로 된다. 이러한 명암순응은 대체로 망막중의 광화학 과정 때문이다.

이와 같이 망막에는 밝음에 따라서 감광도가 변화하는 기능이 있으며, 밝은 곳으로 나왔을 경우의 순응을 명순응(light adaptation)이라 하며, 감광도가 급격히 떨어져서 1~2분 정도 지나면 일정하게 된다. 반대로 어두운 곳으로 들어가서 망막의 감광도가 높아지는 경우를 암순응(dark adaptation)이라 하며, 망막은 1~2만배의 감광도를 얻게 된다.

명순응으로부터 암순응으로 되는 시간은 약 30분 정도 필요하다. 이 문제는 터널조명의 경우 특히 중요하다.

이와 같이 밝음의 변화에 따라 물체의 색 보임이 달라진다. 밝은 낮에는 파장이 555[nm]의 황록색이 밝게 보이고, 어두운곳에서는 적색이 어둡고 파장이 510[nm]의 청색이 더 밝게 보인다.

그림 1-11에 나타난 것과 같이 명순응된 눈의 최대비시감도는 555[nm]이고, 암순응된 최대비시감도는 510[nm]로 최대비시감도가 짧은 파장쪽으로 이동한다. 이러한 현상을 퍼킨제(purkinje) 효과라 한다.

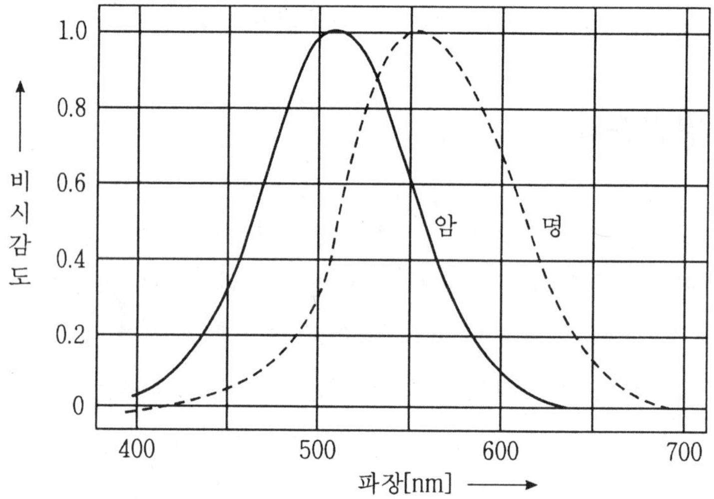

그림 1-11 퍼킨제 효과

1.6.3 밝기와 시력

어두운 곳에서는 세밀한 것이 보기 힘들고, 밝은 곳에서는 보기 쉽다. 이것은 밝기에 따라서 시력이 변화하기 때문이다.

그림 1-12는 조도와 시력의 관계를 측정한 결과이며, 조도가 1,000[lx] 정도까지

는 조도가 상승함에 따라 시력이 직선적으로 증가하고 있다.

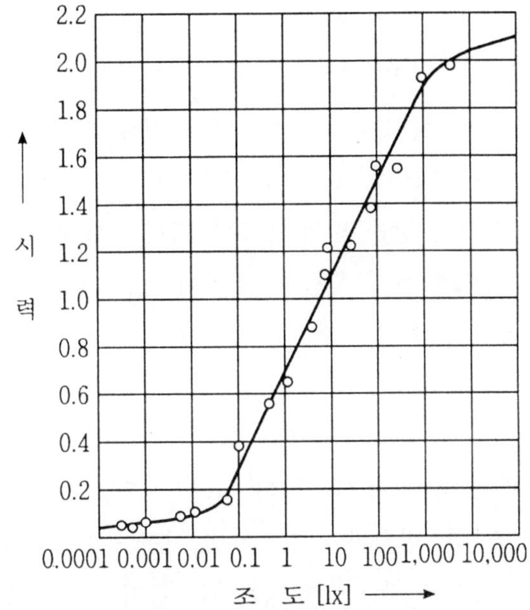

그림 1-12 조도와 시력

그러나 조도가 10,000[lx] 정도로 되면 그 시력이 그 이상 증가하지 않는다.

또한, 조도가 0.03[lx] 정도의 곳에서 곡선이 크게 꺽여지며, 이 곳을 경계로 낮은 조도에서는 망막의 간상체의 시력이고, 높은 조도에서는 추상체에 의한 시력이라고 한다.

1.6.4 명시의 조건

물체의 보임을 좌우하는 조건은 밝음, 크기, 색, 대비, 움직임(시간) 등의 5가지 조건이 물체가 보이는 것을 결정하는 가장 중요한 조건이다.

이들 조건 가운데 색, 대비, 크기, 움직임의 네가지는 일반적으로 이미 물체에 갖추어진 성질이므로 바꾸기 어렵고 가장 쉽게 바꿀 수 있는 것이 밝음이다.

(1) 밝 음

전철안에서 주간지를 읽는다면 주간지의 글자가 보이고 색인쇄의 사진이 눈을

즐겁게 해주는 것은 인쇄된 글자와 사진이 선명하게 눈에 들어오기 때문이다.

그러나 무엇보다 충분한 빛이 지면에 닿지 않으면 안된다. 주간지 지면에 눈에 보이는 것은 반드시 지면의 빛이 동공을 지나 눈의 망막 위에 결상하기 때문이다.

그러므로 지면에서 나온 빛이 동공으로 많이 들어가느냐 적게 들어가느냐에 좌우된다. 눈의 망막에 닿는 빛이 많을수록 시력과 명암차의 식별 또는 색감이 좋아지므로 눈 방향의 지면의 휘도가 보는데 있어서 중요한 조건이 된다.

즉 지면의 휘도는 거기에 닿는 빛의 조도에 따라 좌우된다. 즉 차안에서 조명이 낮고 지면의 조도가 낮으면 보기 힘들고, 조명이 높고 좋으면 지면의 조도가 높아 읽기 쉽다.

(2) 색

눈에 빛이 들어오면 밝음과 동시에 색을 느낀다. 즉 눈에 색의 감각이 생긴다. 색은 빛의 스펙트럼 조성의 변화라고 할수도 있지만 눈쪽에서의 감각의 변화로 생각할 수도 있다. 색의 표시로 색을 나타내는데는 감각적으로 다음의 3속성이 있다.

- 색상(hue) : 붉고, 푸른 느낌
- 명도(luminosity) : 밝고, 어두운 느낌
- 채도(saturation) : 선명하고, 흐린 느낌

(3) 대 비

밝기는 같아도 인쇄상태에 따라 다르게 보이는 것은 대비가 다르기 때문이다. 즉, 문자가 눈에 보이는 것은 지면의 휘도와 문자의 휘도와의 차이 즉 대비가 눈에 비치기 때문이며, 보통 양자의 휘도 차이가 클수록 보기 쉽다.

그러나 배경과 물체의 휘도가 같더라도 색이 다르면 물체를 볼 수 없다. 예를 들면 푸른 잎 사이에 있어서 색의 색상과 채도의 대비도 보는데 영향을 미친다.

(4) 크 기

글자를 읽으면서 밝음과 대비가 같은 조건에 있더라도 작은 글자는 읽기 힘들고 큰 글자는 읽기가 편하다. 이것은 망막에 비치는 글자의 영상이 클수록 보기 쉽다는 것이다.

(5) 움직임(시간)

전차의 창으로부터 바깥을 볼 경우, 창의 옆을 통과하는 간판의 문자는 빨리 통과하므로 보기 힘들지만, 멀리 있는 간판은 천천히 지나가므로 확실히 보인다. 즉, 1초간에 시각이 몇 도 움직이는가 하는 각속도인 노출시간과 관계하기 때문이다.

1.7 조명의 양과 질

1.7.1 조도 수준

물체의 보임에서 색, 대비, 크기 및 움직임의 4조건은 이미 결정되어 있는 경우가 많고, 나머지 밝음의 조건만이 물체를 명확히 보이는 수단으로 부각되는 경우가 대부분이다.

밝음을 증가시킴으로써 눈의 거의 모든 동작을 증진시키게 되어 색, 대비, 크기, 움직임 등의 조건이 명시에 불리하더라도 조도를 높임으로써 이들의 불리한 조건을 보완하여 물체를 확실히 보일 수 있으므로 쾌적하게 물체를 명시시키는 수단으로 조도의 중요성이 있다.

일반적으로 적정한 조도는 작업환경과 생활공간에 따라 차이가 있지만 다음의 정도면 충분하다고 본다.

① 일반 독서에서는 500[lx] 이상

② 대비가 약하고 세밀한 일에서는 1,000~2,000[lx] 정도

③ 더욱 심리적으로 정밀한 일에서는 30,000[lx] 정도의 조도가 필요하다.

물체를 보거나 작업을 하는 데는 필요한 밝음이 있다. 그 이상은 밝을수록 시력이 좋아지지만 경제성의 한도가 있다.

일반적으로 조도가 높을수록 좋은 조명이 되지만, 그러나 조도를 높게 하면 설비비와 경비도 높아진다.

1.7.2 눈부심(글레어)

(1) 눈부심의 요소

그림 1-13과 같이 시야 내의 광원이 직접 노출되거나, 정반사에 의해 광원에 모습이 눈에 들어오므로 불쾌감, 고통, 눈의 피로, 시력의 일시적 감퇴를 초래하는 현상을 눈부심(glare)이라 한다.

조명에서 가장 눈부심을 일으키기 쉬운 것은 시야 내에 있는 광원의 빛남일 것이다. 전구나 형광램프 또는 고압수은램프 등의 인공광원 이외에, 때로는 햇빛이 닿는 창이나 창을 통하여 보이는 흰 건물이나 하늘 등도 눈부심의 원인으로 된다. 그러나 이들이 시야 내에 있다고 항상 눈부심을 일으키는 것은 아니다.

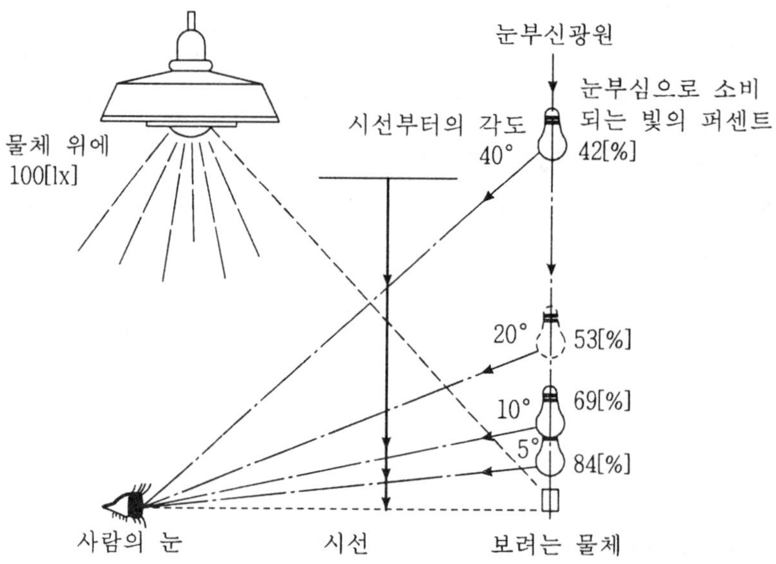

그림 1-13 눈부심에 의한 빛의 손실

예를 들면, 밤길에 자동차의 전조등으로 비추면 강렬한 눈부심을 느끼지만 낮의 밝은 길에서는 자동차의 전조등에 하등의 눈부심을 느끼지 않는다.

눈부심을 일으키는 주요 원인들을 들면 다음과 같다.

① 광원의 휘도가 과대할 때

② 눈에 들어오는 광속이 너무 많을 때

③ 광원을 오래동안 바라볼 때

④ 순응이 잘 안될 때

⑤ 시선 부근에 광원이 있을 때

⑥ 광원과 배경 사이에 휘도 대비가 클 때 등이다.

일반적으로 눈부심에 의하여 불쾌감을 느끼는가 느끼지 않는가의 경계선(BCD)은 휘도한계는 0.5[cd/cm²]이다. 우리나라 사람들을 대상으로 실험한 결과, 자극조도 E와 눈부신 시간 T와는 식 (1-25)와 같은 관계가 있음을 알게 되었다.

$$T = 0.0389E^{0.96} \tag{1-25}$$

즉, 조사시간 4초의 경우 자극조도 200[lx]에서의 눈부신시간 5.7초이고, 600[lx]에서 17.8초나 된다.

결국, 눈부심은 작업능률을 저하시키고, 부상 등 재해의 원인이 되므로 적극적으로 눈부심을 피해야 한다. 이러한 눈부심을 방지하기 위한 방법은 다음과 같다.

① 휘도가 낮은 형광등과 같은 광원을 사용한다.

② 플라스틱 커버가 있는 조명기구를 선정한다.

③ 시선을 중심으로 30° 범위 내의 글레어존(glare zone)에는 광원을 설치하지 않는다(그림 1-14).

④ 광원 주위를 밝게 한다.

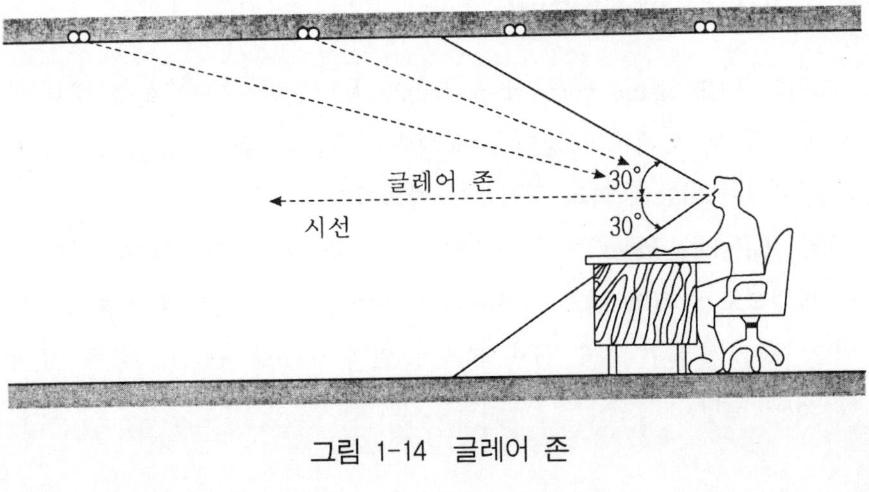

그림 1-14 글레어 존

(2) 눈부심의 종류

눈부심은 정도에 따라 불쾌글레어, 감능글레어로 분류할 수 있으며, 눈부심이 생기는 원인에 따라 반사글레어 또는 광막글레어라 한다.

① 불쾌 글레어 : 대상을 보는데 장애는 없지만, 시야에 고휘도의 광원으로 인해 불쾌감을 느낀다던가 눈의 피로를 일으키는 정도를 말한다.
② 감능 글레어 : 전조등과 같이 매우 밝은 광원이 눈에 들어오면 시력저하에 의해 눈이 어두워지고 주위의 대상이 잘 보이지 않게 된다. 이런 기능저하를 초래하는 현상을 말한다.
③ 반사 글레어 : 광택이 있는 지면이나 물체를 볼 때, 보는 각도에 따라 광원의 빛이 반사하여 지면이 빛나 보이며, 문자나 사진 등을 보기가 어렵게 된다. 이런 현상을 반사글레어 또는 광막 글레어라 한다. 이 반사광에 의해 대상과 배경의 휘도 대비가 저하하기 때문이다.
④ 직시 글레어 : 고휘도 광원과 같이 휘도가 매우 높은 것이 중심 시야에 들어가는 경우를 말한다. 불쾌 글레어와는 식 (1-26)과 상관 관계를 갖고 있다.

$$D_t = 1.8 \log (L \cdot T) + K \tag{1-26}$$

여기서, D_t : 잔상의 지속시간, L : 고휘도 광원의 휘도[cd/m^2], T : 고휘도 광원의 직시시간[sec], K : 고휘도 광원의 배경에 의해 정해지는 정수

(3) 눈부심의 예측평가법

① VCP법 : VCP(visual comfort probability)란 어떤 조명시설을 대부분의 사람이 보았을 때 글레어의 정도가 BCD휘도(쾌감과 불쾌감의 휘도) 이하라도 답하는 관찰자 비율에 따라 평가하는 방법이다.
② GI법 : GI(glare index)법이란 조명시설의 조건에 따라 글레어 인덱스를 구하는 방법으로 글레어 정도를 예측하는 것이다. 보통 글레어 인덱스가 22이하가 되면 된다. 글레어 정수 G와 글레어 인덱스 GI를 구하는 식은 식 (1-27)과 (1-28)과 같다.

$$\text{글레어 정수 } G = 0.24 \sum \frac{L_s^{1.6} \times W^{0.8}}{L_b} \cdot \frac{1}{p^{1.6}} \tag{1-27}$$

여기서, L_s : 광원의 휘도[cd/m²], L_b : 광원외의 배경의 휘도[cd/m²], W : 광원의 크기가 관측자의 눈과 이루는 입체각[sr], p : 각 광원 위치에 따른 지수(포지션 인덱스)

$$\text{글레어 인덱스 } GI = 10 \log G \tag{1-28}$$

표 1-7은 방의 용도나 작업종류에 따른 글레어 인덱스의 한계치를 추정한 것으로 눈부심이 없는 쾌적한 조명환경이 되도록 고려해야 한다.

표 1-7 글레어 인덱스의 추정 한계값

장 소	GI 한계값
공장(거친작업장)	28
사무실, 전화교환실, 주배전반실, 상점, 상품창고, 공장(보통작업장)	25
공장(정밀작업장)	22
은행, 일반사무실, 회의실, 사무기계실, 병원, 약국 연구실, 학교, 공장(초정밀작업장)	19
설계도면실, 전화교환실(수동), 대합실, 접수실, 강당 일반교실, 미술공예실, 연구실, 도서실, 상담실	16
병실	13
수술실, 재봉실	10

• 예제 • [답] ①

눈부심을 느끼는 한계 휘도[cd/m²]의 값은?

① 0.5×10^4 ② 5×10^4 ③ 50×10^4 ④ 500×10^4

풀이 눈부심을 일으키는 휘도의 한계는 주위의 밝음에 따라 다르며, 대체로 항상 시야 내에 있는 광원에 대해서는 0.2[cd/m²] 이하이고, 때때로 시야 내에 들어오는 광원에 대해서는 0.5[cd/cm²] 이하이다.

1.7.3 그 늘

물체에 빛을 비추이면 생기는 그늘(shadow) 또는 그림자는 물체의 형태나 입체감을 보는데 중요한 역할을 한다.

방해가 되는 그늘을 없애기 위해서는 광원의 위치를 바꾸거나 광원의 개수를 늘리거나 광원의 면적을 증가시킴으로써 목적을 달성할 수 있다. 책상 위의 스탠드를 보통 좌측 약간 비낌 전방에 놓는 것은 오른손으로 문자를 쓰는데 손그늘이 생기지 않도록 하기 위해서이다.

또한, 형광램프의 장점의 하나는 그늘이 적은 것을 들 수 있으며, 이것은 광원의 면적이 넓으면 강렬한 그늘이 생기지 않으므로 물체를 보는데 방해가 되는 일이 적기 때문이다.

1.7.4 빛의 단속

보통 빛의 어른거림인 플리커(flicker)를 눈으로 식별하는 것은 초당 약 40회 이하의 명멸빈도의 경우이며, 특히 빛의 명멸을 불쾌하게 느끼는 것은 초당 5~15회의 명멸빈도의 경우이다.

명멸빈도가 초당 50회 이상이 되면 연속광으로 보인다. 초당 명멸빈도가 10회일 때 가장 불쾌하지 않다.

형광등을 교류로 점등하면 반사이클마다 전류의 증감에 따라 밝음이 변화한다. 따라서, 전원주파수의 2배의 주파수로 빛의 어른거림이 일어난다.

그 정도는 형광물질의 잔광특성에 따라 다르다. 잔광시간이 긴 것은 빛의 어른거림이 적어진다.

형광램프의 관 끝부분에서는 부글로와 양광주광에서의 빛의 높이나 넓이에 차이가 있으므로 60[Hz]의 빛의 변화로 되어 사람의 눈에 어른거림이 느껴진다.

빛의 어른거림의 정도를 표시하는 데는 식 (1-29)와 같이 사용된다.

$$\text{플리커} = \frac{\text{최대광도} - \text{평균광도}}{\text{평균광도}} \times 100[\%] \qquad (1\text{-}29)$$

표 1-8에 광원별 플리커 발생률을 나타내었다.

표 1-8 전등의 어른거림

광 원	어른거림[%]	광 원	어른거림[%]
백색형광램프	30	백열전구 40[W]	13
청색형광램프	95	백열전구 100[W]	5
주광색형광램프	55	녹색형광등	20

연 습 문 제

문제 1 평균 구면 광도가 780[cd]인 전구로부터의 총발산 광속[lm]은 약 얼마인가?

문제 2 전등 효율이 15[lm/W]인 백열 전구 100[W]의 구면 광도는 몇 [cd]인가?

문제 3 60[m^2]의 정원에 평균 조도 20[lx]를 얻으려면 몇 [lm]의 광속이 필요한가?(단, 유효한 광속은 전광속의 40[%]이다.)

문제 4 h[m]의 높이에 있는 점광원에 의한 직사 조도에서 수평면 조도와 수직면 조도가 같게 되는 조건은?(단, 광원의 직하점에서 구하는 조도점까지의 거리를 d[m]라고 한다.)

문제 5 완전 확산 평판 광원의 최대 광도가 I[cd]일 때의 전광속[lm]은?

문제 6 완전 확산면의 광속 발산도가 2000[rlx]일 때, 휘도는 약 몇 [cd/cm^2]인가?

문제 7 휘도 B가 되는 무한히 넓은 등휘도 완전 확산성의 천장에서 직하 h만큼 떨어진 점의 수평 조도[lx]는?

문제 8 100[cd]인 점광원의 하방 1[m] 되는 곳에 있는 반사율 70[%]인 백색판의 광속 발산도[rlx]는?

문제 9 반사율이 50[%], 면적이 50[cm]×40[cm]인 완전 확산면에 100[lm]의 광속을 투사하면 그 면의 휘도[cd/m^2]는 얼마인가?

문제 10 투과율이 50[%]인 완전 확산성의 유리를 천장 뒤에서 비추었을 때, 마루에서 본 휘도가 0.2[sb]인 경우 천장 뒤의 유리면 조도[lx]는?

문제 11 온도가 3000[°K] 되는 흑체의 전방사 에너지는 1000[°K]일 때 값의 몇 배가 되는가?

문제 12 전등 효율이 16.3[lm/W]인 100[W] 가스입 전구의 평균 구면 광도 I[cd]는 얼마인가?

문제 13 백열 전구를 점등할 때 전압이 정격 전압보다 3[%] 감소하였다면 광속의 변화는 대략 어떻게 되는가?

문제 14 정격 전압 100[V]의 전구를 점등한 방의 조도를 측정하여 110[lx]를 얻었다. 이 때 전구의 전압을 측정하니 101[V]가 되었다. 정격 전압하인 이 방의 조도[lx]를 구하면?(단, 여기서 광속의 전압 지수를 3.6으로 한다.)

문제 15 정격 전압 100[V], 60[W] 전구의 수명이 1000[h]이다. 96[V]하에서 점등할 때의 수명[h]을 구하면?(단, 수명은 전압의 14승에 반비례한다.)

문제 16 40[W] 백색 형광 방전등의 광속이 2400[lm]인 때의 안정기 손실이 8[W]이면 효율[lm/W]은?

문제 17 FL－20D 형광등의 전압이 100[V], 전류가 0.35[A], 안정기의 손실이 5[W]일 때 역률은 몇 [%]인가?

문제 18 진공에서 파장이 555[mμ]인 빛의 진동수는?

문제 19 그림과 같이 광원 L에서 P점 방향의 광도가 50[cd]일 때 P점의 수평면 조도는?

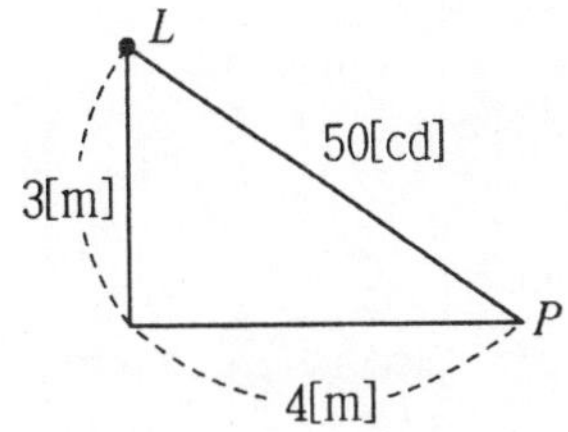

문제 20 지표상 6[m]의 높이에 백열 전등을 장치하여 가로 조명을 하는 경우에 전등 바로 아래로부터 8[m] 떨어진 P점의 법선 조도[lx]는?(단, 전등의 P점을 향하는 방향의 광도는 50[cd]이다.)

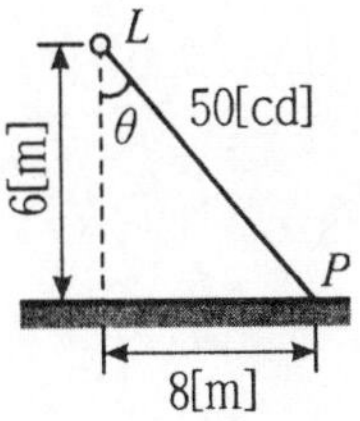

광원과 점등회로

제 2 장

2.1 광 원

2.1.1 광원의 발달

인류 역사의 초기에는 태양과 달, 그리고 불꽃에 의한 빛과 함께하는 역사였으나 점자 자연광에서 물체가 연소할 때 발생하는 빛을 조명용 광원으로 이용하게 되었다. 유등은 기원전 3천년부터이며, 마른나무를 비빌 때 생기는 마찰열이나 부싯돌로 일으킨 불을 관솔에 붙여서 등불로 쓴 것같이 목재를 연소시켜서 조명용 광원으로 사용한 것이 등불의 시초로 볼 수 있다.

처음에는 쇠기름, 돼지기름 등의 동물기름을 다음에는 정어리기름 등 어류기름을, 이어서 들깨기름, 피마자기름 등의 식물기름을 써왔고, 그 후 양초가 사용되고 지하자원의 개발에 따라 석유인 광물기름을 사용한 석유등과 가스등이 등장하였다. 그러나 기름등불은 그을음이나 냄새 때문에 비위생적이고, 불빛이 약하고, 바람에 따라 흔들리는 것이 단점이었다.

1810년 영국의 다비(Davy)가 탄소에 전류를 흘리면 빛이 발생하는 것을 발견하여 파리의 콩코드 광장에서 2,000개의 전지로 탄소아크가로등을 점등한 것이 전기에 의한 인공적인 빛이 처음으로 등장되었으며, 전등의 역사적인 출현이며 이것이 아크등(arc lamp)이다.

그러나, 탄소아크등은 불똥이 튀고 탄소봉이 자주 닳아서 새 것을 갈아넣어야 하고, 빛이 너무 강해서 눈이 쉽게 피로해지는 단점이 있어 부드러운 전등의 출현이 절실하게 요망되었다.

1879년 미국의 에디슨(Edison)이 면사를 탄화시켜 만든 진공전구인 백열전구가 실용화되었으며 이 백열전구는 진공 탄소 전구에서 진공 텅스텐 전구(1911년), 가스든 전구(1913년), 이중코일 전구(1934년)로 진보 개량 되었다.

아크의 실용화에 연구 개량이 거듭되어 수은증기 중의 방전에 의한 발광을 이용한 저압수은등(1901년)이 나타나고, 독일의 피라니(Pirani)에 의해서 수은과 아르곤을 봉입한 고압수은등이 발명되고, 다음에 초고압수은등(1935년)이 등장하였다. 이들 수은등은 백열전구에 비하여 효율은 높으나, 광색에 있어서 일반 조명용으로는 부적당하였다.

계속하여 나트륨증기 등의 방전에 의한 발광을 이용한 나트륨 등이 개발되었다. 1938년에 미국의 인멘(Inmen)에 의하여 수은등에 형광물질을 발라서 백색으로 빛나는 방법을 연구 발표하였는데, 현재 세계적으로 수요가 많은 고효율의 형광등이 출현되었다.

현재 고압수은등의 개량형인 메탈헬라이드등이 개발되어 전세계적으로 널리 사용하게 되었으며, 연색성이 다소 개선된 고압나트륨등, 수명이 길고 일정 광도가 수명시간 중 유지되는 할로겐전구 등이 계속해서 출현되었고, 연색성과 효율이 우수한 전등이 계속 개발되고 있다.

또한 표시형광원으로 LED가 1928년에 SiC 주입형 EL의 실험에 성공하여, 1968년에 GaAsP(적색광)이 1970년엔 GaP(적색광)DML이 실용화 이후 고휘도, 다색화, 저가격화 되었다. EL은 전류에 의해서 발광하는 주입형 EL과 전계에 의해 발광하는 진성 EL로 대별되며, 재료 및 제조방법의 개량으로 유기분산형 EL과 이중절연 구조박막 EL이 개발되면서, 재료 및 제조방법의 개량으로 휘도와 신뢰성 등이 향상되어 실용화되고 있다.

최근에는 점등주파수가 수백 kHz~수백 MHz인 무전극 RF 유도결합방전(H 방전)을 이용하여 전극에 의한 손실 및 점등실패를 막을 수 있고 수명이 긴 무전극 형광등과 마이크로파 공동공진기 속에 배치한 무전극 유황램프가 마그네트론에 의해 마이크로파(2,450 MHz)를 공급하여 방전발광하는 마이크로파 방전등이 제품화되고 있다.

이렇게 해서 현대의 조명환경은 사람의 새리·심리적인 면도 고려하여 인간의 기본적인 생활인 의식주는 물론, 정치, 경제, 사회, 문화 등 모든 사회활동에 대응할 수 있는 상태가 되었다. 그러나 에너지 자원의 한계를 고려하면 보다 고효율, 고출력, 고연색, 장수명이면서 취급이 용이한 인공광원 개발 및 관련 시스템의 개량과 개발만이 더 좋은 조명환경 개선에 기여할 것이다.

표 2-1은 광원의 발광원리에 따라 분류한 광원들이다.

표 2-1 발광원리에 따른 조명용 광원의 분류

발광원리	광 원	대표적인 조명용 램프	특 징
연소		등잔불	
온도방사	텅스텐필라멘트전구	백열전구 특수전구 할로겐전구	
방전 발광	저압 방전등	형광등 네온사인 저압나트륨등 무전극 방전등	
	고압 방전등	형광고압수은등 메탈헬라이드등 고압나트륨등	고휘도 고효율 장수명
전계 발광	EL등 LED		면광원 고체발광
레이저 발광	레이저		
플라즈마 발광	무전극등		장수명 고효율

2.1.2 발광 방법

(1) 온도방사

물질을 구성하는 입자(원자, 분자, 이온 등)는 그 온도에 대응한 열진동을 한다. 그러므로 물체는 온도를 높이면 빛의 방사가 일어나며, 처음에는 적외선이 방사하고, 온도를 더 높여서 500[℃] 이상으로 하면 물체는 빛을 발산한다. 온도를 더 높이게 되면 발광색중 적색이 감소하고, 백색이 증가하여, 표면에서 여러 가지 파장의 전자파가 방사된다. 이것을 **열복사(온도방사)**라 한다. 열복사의 크기는 열복사체의 온도와 복사율에 의해 결정된다.

(가) 흑 체

입사하는 복사를 전부 흡수하여 반사와 투과를 하지 않는 것으로, 즉 흡수율이 100[%]인 가상적인 물체를 흑체(black body)라 한다. 흑체는 이상적인 열방사이며 모든 파장에서 최대의 온도 방사를 한다.

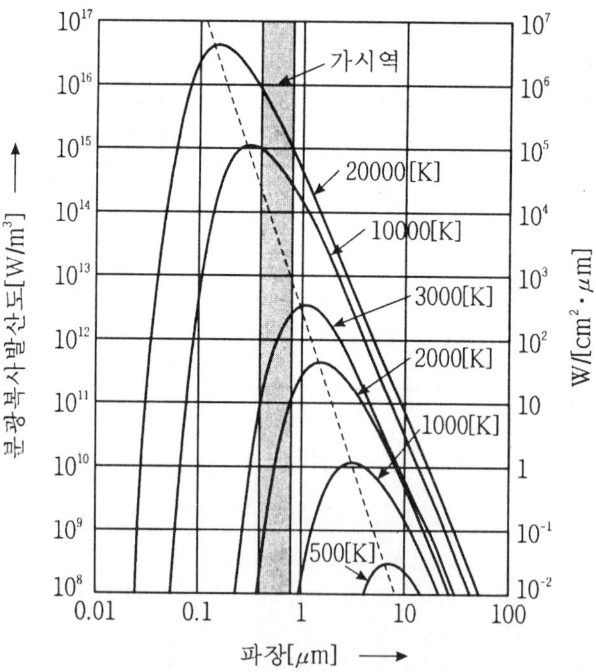

그림 2-1 흑체의 분광분포

흑체의 분광복사위도 L_e와 분광 복사발산도 M_e는 파장 및 절대온도 T[°K]의 상로서 식 (2-1)과 (2-2)로 나타낼 수 있다.

$$L_{e,\lambda}(\lambda, T) = (c_1/\pi)\lambda^{-5}[\exp(c_2/\lambda T) - 1]^{-1}\,[\mathrm{W/sr \cdot m^3}] \tag{2-1}$$

$$M_{e,\lambda}(\lambda, T) = c_1\lambda^{-5}[\exp(c_2/\lambda T) - 1]^{-1}\,[\mathrm{W/m^3}] \tag{2-2}$$

여기서, $c_1 = 2\pi hc^2 = (3.741832 \pm 0.000020) \times 10^{-16}[\mathrm{W \cdot m^2}]$,

$c_2 = hc/k = (31.43876 \pm 0.000045) \times 10^{-2}[\mathrm{m \cdot K}]$

그림 2-1은 흑체의 분광분포를 나타내었다.

(나) 흑체의 온도복사의 법칙

① 스테판 볼쯔만의 법칙(Stefan-Boltzmann's law) : 단위 시간당 방사되는 흑체의 복사발산량 W는 절대온도 T[°K]의 4제곱에 비례하며 식 (2-3)과 같이 나타낸다.

$$W = \sigma T^4 \tag{2-3}$$

여기서, $\sigma = 2\pi^4 k^4/(15h^3c^2) = 5.683 \times 10^{-8}[\mathrm{W/m^2 \cdot {}^\circ K^4}]$으로 스테판-볼쯔만의 상수이다.

② 비인의 변위법칙(Wien's displacement law) : 흑체의 분광 복사휘도 또는 분광복사발산도가 최대가 되는 파장 λ_m은 그 흑체의 절대온도 T[°K]에 반비례한다. 즉, 온도가 높아질수록 λ_m은 짧아진다. 이것을 비인의 변위법칙이라 하며 식 (2-4)로 나타낸다.

$$\lambda_m T = 2.896 \times 10^6[\mathrm{nm \cdot {}^\circ K}] \tag{2-4}$$

③ 플랭크의 방사법칙(Plank's radiation law) : 흑체의 온도방사에서 온도와 같이 변화되는 것을 나타낸 것으로, 절대 온도 T[°K], 임의의 파장 $\lambda[\mu]$의 스펙트럼 복사속의 발산도 P_λ는 식 (2-5)와 같다.

$$P_\lambda = \frac{C_1}{\lambda^5} \frac{1}{e^{C_2/\lambda T}} [\mathrm{W/m^2} \cdot \mu] \quad (2\text{-}5)$$

여기서, C_1 및 C_2는 플랭크의 정수이다.

$C_1 = 373,500,000$, $C_2 = 14,380[\mu°\mathrm{K}]$이며, e는 자연 대수의 밑으로 $e = 2.7182$ 이다.

④ **복사율** : 어떤 열복사체에 대해서 복사휘도 또는 복사발산도는 열복사체와 같은 온도에서의 흑체의 복사휘도 또는 복사발산도에 대한 비율이며, 복사율은 파장(λ), 온도(T) 및 관측방향과 입체각의 함수로 나타낸다. 이것은 같은 파장의 빛을 같은 온도에 있는 같은 물체 표면에 동일방향에서 같은 입체각으로 조사했을 때의 흡수율 a와 같다.

• 예제 • [답] ②

완전 흑체의 온도가 4000[°K]일 때 단색 방사 발산도가 최대가 되는 파장은 730[mμ]이다. 최대의 단색 방사 발산도가 555[mμ]인 흑체의 온도[°K]는?

① 약 5000 ② 약 5260 ③ 약 5380 ④ 5730

풀이 최대 스펙트럼 방사 발산도를 생기게 하는 파장 λ_m은 비인의 변위 법칙에 의하여

$$\lambda_m = \frac{2896}{T} \qquad \therefore 2896 = \lambda_m T$$

따라서, 구하는 555[mμ]인 흑체의 온도[°K]는 $\frac{4000 \times 730}{555} \fallingdotseq 5260$[°K]

• 예제 • [답] ③

발광 현상에서 복사에 관한 법칙이 아닌 것은?

① 스테판-볼쯔만의 법칙 ② 비인의 변위 법칙
③ 입사각의 코사인 법칙 ④ 플랭크식의 법칙

풀이 입사각의 코사인 법칙은 조도에 관한 법칙이다.

• 예제 • [답] ②

흑체의 온도복사에 관한 표현 중 옳지 않은 것은?

① 전복사 에너지는 절대온도의 4승에 비례한다.
② 최대 에너지는 절대온도의 2승에 비례한다.
③ 최대 복사에너지의 파장은 절대온도에 반비례한다.
④ 일정한 온도에서 임의의 물체의 복사 발산도와 흡수율의 비는 모든 물체에 대하여 동일하다.

• 예제 • [답] ②

흑체 복사의 최대에너지의 파장 λ는 그 온도를 절대온도 T로 표시할 때 어떤 관계가 있는가?

① T^4에 비례　② $1/T$에 비례　③ $1/T^2$에 비례　④ T^{-4}에 비례

풀이 비인의 변위법칙에서 최대 파장의 에너지는 절대온도에 반비례한다.

(2) 루미네센스

백열전구와 같이 물체의 온도를 높여서 빛을 발생시키는 온도복사 이외의 모든 발광을 루미네센스(Luminescence)라 한다. 즉 광원의 발광방법은 온도방사와 루미네센스가 있다.

온도방사는 원자 또는 분자에 열을 줌으로써 생기는 연속스펙트럼 방사이며, 일반적으로 온도가 400~500[℃]에서 적색으로 되고, 온도가 더 높이 올라가면 백색으로 변하게 된다. 이때의 온도는 2000~3000[℃]의 적열, 백열상태이며, 이러한 온도방사를 이용한 것이 백열전구이다.

루미네센스는 광원의 방전에 기인한 것이다. 아크등은 온도방사와 루미네센스의 양쪽현상 모두를 활용한 것이다. 루미네센스의 발광은 지속시간에 따라 형광(fluo-rescence)과 인광(phosphorescence)로 나누어진다. 형광은 자극이 가해지는 동안만 발광을 계속하고 자극이 사라지면 곧 발광을 멈춘다. 인광은 자극이 없어진 후에도 수분에서 수시간 또는 수일 이상 에너지를 축적하여 발광을 지속하는 것을 말한다.

자극을 주는 방법에 따른 종류는 다음과 같이 나누어 진다.

(가) 전기 루미네센스(electric luminescence)

기체 또는 금속 증기 내의 방전에 따르는 발광현상이며, 이것은 대전입자 상호간 또는 원자, 분자 등의 충돌에 기인되는 것이다. 네온관등, 수은등 등의 방전등은 전기 루미네센스를 이용한 것이다.

(나) 복사(방사) 루미네센스(photo luminescence)

어떤 물질에 광선, 자외선, X선 등의 복사를 받고, 분자 또는 원자가 그 중의 어떤 파장의 복사를 흡수하여 이것의 일부 또는 전부를 장파장의 빛으로 발산하는 것이다. 야광도료는 복사 루미네센스의 인광을 발생하는 것이고, 형광등의 발광은 이것의 형광을 이용한 것이다.

발광체가 발산하는 복사의 파장은 조사된 복사의 파장보다 항상 길다. 이것을 Stokes의 법칙이라 하며, 복사 루미네센스는 이 법칙을 따른다.

(다) 음극선 루미네센스(cathode ray luminescence)

음극선(전자류)이 형광체와 같은 물체에 조사되었을 때에 나오는 발광으로서, 텔리비젼용의 브라운관, 오실로그래프 등에 이용된다.

(라) 열 루미네센스(thermal luminescence)

물체를 가열할 때, 같은 온도의 흑체복사에 비하여 복사속을 발산하는 현상을 말한다. 금강석, 대리석, 형석 등을 약간 가열하면 일어나는 발광이 그 예이다.

(마) 생물 루미네센스(bio luminescence)

반딧불, 야광충, 발광 박테리아, 발광어류 등의 생물에서의 발광을 말한다. 이것은 열을 수반하지 않는 것이 특징이다. 생물 루미네센스는 루시훼린(luciferin)이라는 발광물질이 같은 세포내에 있는 루시훼라제(luciferace)라고 하는 발광 효소의 작용으로 수분의 존재와 더불어 산화될 때에 발광하는 것이다.

(바) 파이로 루미네센스(pyro luminescence)

알카리 금속, 알카리 토금속 등의 증발하기 쉬운 원소 또는 염류를 알콜 램프의 불꽃 속에 넣을 때 발광하는 현상을 말한다. 이것은 염색반응에 의한 화합물의 분석, 스펙트럼 분석 및 발염 아크등에 이용된다.

(사) 화학 루미네센스(chemi luminescence)

황인이 산화할 때 발광하는 것과 같이 화학 반응, 주로 산화에 의한 발광을 말하며, 보통 연소 때의 발광과 구별된다.

(아) 마찰 루미네센스(tribo luminescence)

각설탕, 석영 등의 결정이 어두운 곳에서 분쇄하면 청백한 빛을 내는 것을 볼 수 있다. 이와 같이 물질이 기계적으로 파괴되거나 마찰이 일어날 때 순간적으로 발광하는 것을 말한다.

(자) 결정 루미네센스(crystallo luminescence)

황산소다, 황산가리 등이 용액속에서 결정하는 순간에 발광하는 현상을 말한다.

• 예제 • [답] ①

복사 루미네센스 중 자극을 주는 조사가 계속되는 동안만 발광 현상을 일으키는 것은?

① 형광 ② 마찰 ③ 인광 ④ 파이로

풀이 루미네센스는 발광의 지속 시간에 따라 형광(fluorescence)과 인광(phosphorescen-ce)으로 분류된다. 형광은 자극이 작용하는 동안만 발광을 계속하고 자극이 사라지면 곧 발광을 멈추는 것을 말하고, 인광은 자극이 없어진 후에도 수분 이상 수일 또는 그 이상 에너지를 축적하여 발광을 지속하는 것이다.

• 예제 • [답] ④

파이로 루미네센스를 이용한 것은?

① 텔레비전 영상 ② 수은등 ③ 형광등 ④ 발염 아크등

풀이 파이로 루미네센스는 알카리 금속, 알카리 토금속 등의 휘발하기 쉬운 원소 또는 그 염류를 가스의 불꽃 속에 넣을 경우 금속 증기가 발광하는 것을 말하며, 염색 반응에 의한 화학 분석, 스펙트럼 분석, 발염 아크등 등이 이의 응용이다.

• 예제 • [답] ③

다음 광원중 루미네센스에 의한 발광현상을 이용하지 않는 것은?

① 형광등 ② 수은등 ③ 백열전구 ④ 네온전구

2.2 백열 전구

2.2.1 백열 전구의 원리

백열 전구는 필리멘트에 전류를 통전시켜 2700[℃] 고온으로 가열하여, 온도 방사를 이용한 광원이다. 1879년 에디슨 이래, 1910년 텅스텐 필라멘트를 코일형상으로 감고 가스를 채워 넣은 가스가 든 전구가 개발되어 효율이 10[lm/W]에 도달하게 되었다.

백열전구의 내부 도입선은 보통 동선에 니켈을 도금 또는 철선에 니켈도금된 것이 사용된다. 스템유리관과의 봉착선으로는 듀밋선(dumet wire)이 사용되고, 외부 도입선으로서는 동선을 주로 사용한다. 필리멘트는 단일코일과, 이중코일을 사용하며, 텅스텐선을 코일형태로 사용한다.

유리구는 휘도를 줄여 조명에 적합하도록 하기 위하여 유리구의 내면은 불소화합물(NH_4F)을 이용하여 유백색 전구로 사용하거나 실리카의 백색도장막이 도포되어 있다. 유리재질은 소다석회유리가 사용되고 고출력과 옥외용에는 경질유리가 사용된다.

유리구 내에는 아르곤과 질소 및 크립톤 가스로 되어 있으며 저출력의 것은 진공이다. 그림 2-2는 텡스텐 전구의 구조 및 각 부의 명칭을 나타낸 것이다.

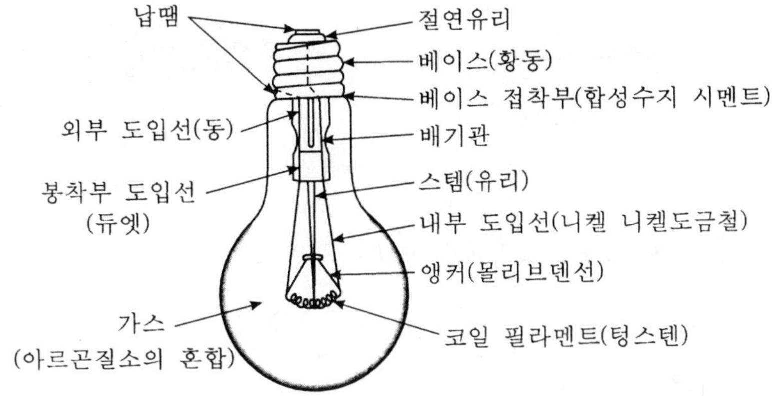

그림 2-2 백열 전구의 구조

(가) 유리구(bulb)

유리구는 백열 필라멘트로부터 방사되는 빛을 투과시키는 역할을 한다. 일반 조명용 전구용 유리는 보통 연화온도가 680~750[℃]인 연질의 소다석회유리를 사용하지만 고용량의 것은 연화온도가 770~920[℃]로 높은 경질의 붕규산유리가 사용된다.

투명전구는 고용량인 전구로서 기구(유백색 글로브) 등에 넣어 사용한다. 내면을 백색도장한 것은 일반 조명 전구로서 그대로 사용하며 내면을 백색도장함으로써 휘도를 낮게 할 수가 있다. 또한 용도에 따라 담청색 유리는 주광색 전구, 사진현상용 전구, 도금용인 다색전구 등이 있다. 그 외에도 장식용 색전구 등이 있다.

(나) 필라멘트(filament)

필라멘트는 열방사를 하기 때문에 가능한 고온으로 하는 것이 바람직하다. 이상적으로는 태양광에 가까운 5000[°K] 정도이지만 이와 같은 고온에 견딜 수 있는 것은 없으며 현재 필라멘트로서 텅스텐(융점 3410[°K])이 사용되고 있다.

그림 2-3과 같이 필라멘트에는 단일 코일과 2중 코일식이 사용되고 있다. 필라멘트는 고온에서 곧 산화되기 때문에 유리구 내를 진공으로 할 필요가 있다. 그러나 완전히 진공으로 할 수가 없으므로 남아 있는 O_2를 게터(getter)에 의해 유리구 내벽에 고착시키는 연구를 하고 있다.

(a) 단일코일 (b) 이중코일

그림 2-3 필라멘트의 구조

이와 같은 요구에 따라서 필라멘트 재료의 구비조건은 다음과 같다.

① 융해점이 높을 것
② 고유저항값이 클 것
③ 높은 온도에서의 증발이나 승화가 적을 것
④ 점화온도에서 주위의 것과 화합하지 않을 것
⑤ 가는 선으로서의 가공이 용이할 것
⑥ 고온으로 되어도 기계적 강도가 감소하지 않을 것
⑦ 선 팽창계수가 적을 것
⑧ 전기저항이 온도계수가 양(+)일 것
⑨ 재료가 풍부하고, 가격이 염가일 것

• 예제 • [답] ②

필라멘트 재료의 구비 조건에 해당되지 않는 것은?

① 융해점이 높을 것 ② 고유 저항이 작을 것
③ 높은 온도에서 증발이 적을 것 ④ 선팽창 계수가 작을 것

(다) 도입선(leading wire)

도입선에는 유리구 내부 도입선, 봉착부 도입선 및 스템관을 통해서 꼭지쇠에 접속하는 외부 도입선이 있다. 이 중에서 봉착부 도입선이 가장 중요한 부분이다. 즉, 스템에 사용된 유리와 도입선의 팽창률이 동등하지 않으면 틈새가 생겨 봉입의 역할을 할 수 없게 된다.

일반적으로 사용되고 있는 납유리인 스템관의 선팽창계수가 $95 \sim 125 \times 10^{-7}$와 같은 선팽창계수 $80 \sim 100 \times 10^{-7}$인 듀멧선을 사용한다. 듀멧선은 철-니켈 합금에 동을 피복한 것이다.

표 2-2에 백열전구의 도입선 재질을 나타내었다.

표 2-2 도입선의 재질

외부 도입선	봉착부 도입선	내부 도입선	스템유리의 종류	전구의 종류
동 선	듀멧선	동 선	연유리	진공전구
동 선	듀멧선	순철 · 순동선 (니켈 · 도금)	연유리	가스봉입 전 구

• 예제 • [답] ②

백열 전구의 베이스(base)에는 다음 어떠한 것이 사용되는가?

① 철판 ② 황동판 ③ 구리판 ④ 니켈판

풀이 베이스는 전구를 전원에 접속하기 위하여 유리구에 부착시키는 부분이며, 재료는 황동이나 알루미늄을 사용하고 있다.

• 예제 • [답] ④

백열 전구의 앵커에 사용되는 재료는?

① 철 ② 크롬 ③ 망간 ④ 몰리브덴

풀이 필라멘트 지지물인 앵커는 내열성, 내진성이 요구되며 보통 몰리브덴선이 사용된다.

• 예제 • [답] ①

전구의 도입선으로 쓰이는 재료는?

① 니켈강에 동을 피복한 것 ② 몰리브덴
③ 동에 니켈강을 피복한 것 ④ 동선

풀이 도입선(봉합부 도입선, 외부와 내부도입선)은 듀멧선(니켈강에 구리피복)
봉합부의 도입선은 유리를 관통하므로 공기가 새지 않도록 유리와 거의 일치하는 팽창계수를 갖는 듀멧선이 사용되며, 42[%] 니켈을 포함한 철강선에 구리를 피복한 것으로 팽창계수는 6×10^{-6} 정도를 갖는다.

(라) 봉입 가스(filled gas)

전구는 필라멘트가 고온의 백열상태로 됨으로 산화되어 불타서 끊어지는 것을 막기 위하여 개발 초기에는 진공으로 하였으나, 최근에는 불활성 가스를 봉입하여 텅스텐의 증발을 방지하고 있다.

가스를 봉입하면 진공에 비하여 전도 대류에 의한 열손실이 증가되므로 전류는 적어야 하고, 또한 필라멘트선이 가늘고 긴 것은 코일로서 효율적인 이득을 얻을 수 없으므로 20[W] 이하의 전구는 진공으로 한다.

봉입가스는 일반적으로 질소(N_2)와 아르곤(Ar)을 15 : 85[%] 비율로 혼합하여 사용한다. 200[V] 이상의 고전압에서는 아크를 억제하기 위하여 질소 50[%]로 증가하고 있다. 가스압은 보통 약 1기압이 되도록 하며, 1기압의 80[%]인 600[torr] 정도 봉입한다.

• 예제 • [답] ③

가스를 넣은 전구에서 질소 대신 아르곤을 쓰는 이유는?

① 값이 싸다. ② 열의 전도율이 크다.
③ 열의 전도율이 작다. ④ 비열이 작다.

풀이 가스손을 적게 하려면 필라멘트의 열이 가스에 전달되지 않는 것이 가장 좋다.

• 예제 • [답] ④

백열 전구에 가스를 봉입하는 이유와 관계가 없는 것은?

① 필라멘트의 증발 억제 작용을 한다.
② 수명을 길게 한다.
③ 발광 효율이 높아진다.
④ 휘도가 낮아진다.

풀이 30[W] 이상의 전구에는 가스를 봉입한다. 백열된 텅스텐에 화합하지 않고 열전도율이 적으며 전리 전압이 높은 가스를 봉입하면 가스 입력으로 텅스텐의 증발을 억제하여 수명이 길어지게 되고 고온으로 유지되므로 발광 효율이 높아진다.

• 예제 • [답] ②

가스입 텅스텐 전구에 봉입하는 가스는?

① 수소 ② 아르곤 ③ 탄산 가스 ④ 네온

풀이 고온에서 필라멘트의 증발을 막기 위하여 텅스텐과 화합되지 않는 불활성 가스를 넣는다. 봉입 가스는 질소와 아르곤의 혼합 가스가 사용된다. 아르곤은 무겁기 때문에 증발 억제 효과가 크고 열손실도 적으나 아크 전압이 낮아서 아크가 일어나기 쉬우므로 이것에 질소를 섞어서 아크를 억제한다.

(마) 베이스(base)

전구의 베이스를 비틀어 넣는 방식과 끼어 넣기 방식이 있다. 끼어 넣기 방식은 진동하는 장소에 사용하더라도 느슨해지는 일이 없도록 해야 한다. 일반적으로 철도 차량용 전구, 자동차용 전구, 선박용 전구 등에 사용한다.

그림 2-4에 두 종류의 베이스 형태를 나타내었다.

일반가정용 장식용전구

(a) 나사식(E ; 에디슨식)

부도차량 · 선박 자동차용전구

(b) 끼워넣기식(S ; 스핀식)

그림 2-4 베이스의 형태

(바) 게터(getter)

유리구 내부에는 미량의 산소가 남아 있으므로 점등하면 고온에서 필라멘트가 산화될 수 있으며 이로 인해 유리구 내부가 그을리고 필라멘트가 가늘어지게 되어 전등 효율이 감소하는 흑화현상을 초래하게 된다.

따라서 게터(getter)를 필라멘트가 스템(stem)에 도포하여 점등시 전구 내에 남아 있는 산소와 결합하게 함으로써 진공도를 상승시켜($\simeq 10^{-5}$[mmHg]) 필라멘트의 산화를 억제하고 있다. 게터로는 진공 전구용에서 적린(P)과 플루오르화 소다(NaF)를 사용하며 가스 주입 전구에서는 질화바륨($Ba(N_3)_2$)과 카올린($Al_2O_3 \cdot 2SiO_3 \cdot 2H_2O$)을 사용하고 있다.

• 예제 • [답] ④

백열 전구에 게터(getter)를 사용하는 목적은?

① 효율 개선 ② 광속 증가 ③ 전력 감소 ④ 수명 보존

2.2.2 백열 전구의 특성

(1) 전구의 동정곡선

전구는 제작 직후 처음으로 점등하면 광속과 전류가 급격한 변화를 나타낸다. 광속은 갑자기 증가하여 10~15[%] 정도 커져서 극대값에 도달하며, 그 후 완만하게 감소하여 일정한 값에 이른다. 전류는 완만하게 감소하여 1~3[%] 정도 감소한 다음 일정한 값이 된다. 이 현상은 최초 점등 후 수십분 사이에 일어나는 현상이며 이 현상을 **에이징**(ageing)이라고 한다.

에이징된 전구는 점등하면 시간의 경과와 함께 광속·전류·효율·전력이 약간이기는 하나 변화한다. 이 변화 과정을 **동정**(performance)이라 하며, 점등시간과 특성의 변화를 그림 2-5와 같이 곡선으로 나타낸 것을 **동정곡선**이라고 한다.

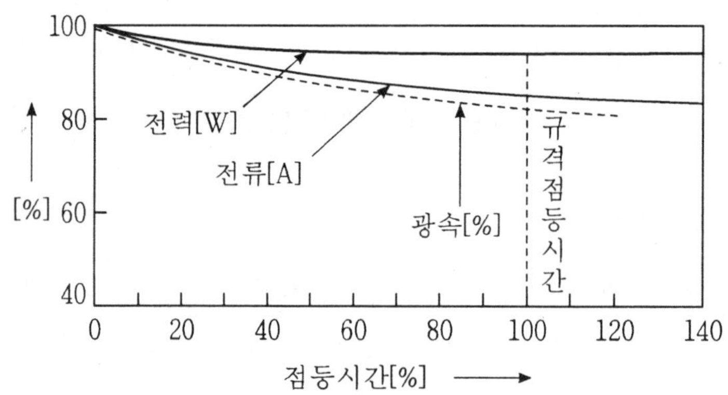

그림 2-5 백열 전구의 동정곡선

• 예제 • [답] ②

전구의 동정곡선이 표시하는 관계는?

① 전류, 광속과 전압　　② 전류, 광속과 시간
③ 광속, 휘도와 전압　　④ 광속, 휘도와 시간

풀이 에이징(aging)이 끝난 전구는 사용함에 따라 필라멘트가 승화하여 가늘어지므로 점차로 그의 저항은 증가하고 전류나 광속은 감소한다. 이와 같이 변화하여 가는 과정을 동정(performance)이라 하고, 이 변화를 곡선으로 그린 것을 동정 곡선이라 한다.

(2) 전구의 전압특성

전구에 가하는 전압을 정격전압으로부터 변화시키면 필라멘트 온도가 변화하고, 전류, 전력, 광속, 효율, 수명등이 전압의 변화에 따라서 지수함수적으로 변화한다. 전구의 종류, 필라멘트의 형태등에 따라 꼭 일정하지 않지만 보통 이들의 변화를 다음 식들로 표현한다. 그림 2-6은 백열전구의 특성을 나타낸 그래프이다.

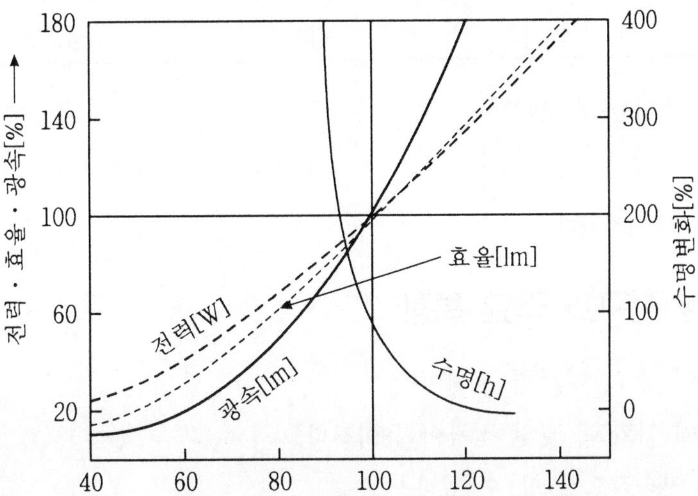

그림 2-6 백열 전구의 특성

(가) 광속의 전압특성

전구의 인가전압 V가 정격전압 V_0보다 증감했을 때 광속 F는 식 (2-6)과 같다.

$$\frac{F}{F_0} = \left(\frac{V}{V_0}\right)^{3.6} \quad \therefore F = F_0\left(\frac{V}{V_0}\right)^{3.6} \qquad (2\text{-}6)$$

여기서, F_0 : 정격시의 광속, F : 변화 후의 광속이다.

(나) 수명(life)의 전압특성

수명 L은 식 (2-7)과 같이 구할 수 있다.

$$\frac{L}{L_0} = \left(\frac{V_0}{V}\right)^{13.1} \quad \therefore L = L_0\left(\frac{V_0}{V}\right)^{13.1} \tag{2-7}$$

여기서, L_0 : 정격시의 수명, L : 변화 후의 수명이다.

• 예제 • [답] ④

백열 전구의 전압이 10[%] 저하하면 광속의 감소율[%]은 대략 얼마인가?

① 5 ② 10 ③ 20 ④ 30

풀이 광속의 전압 특성식에서

$$\frac{F}{F_0} = \left(\frac{V}{V_0}\right)^{3.6},\ F = \left(\frac{90}{100}\right)^{3.6} F_0 = (1-0.1)^{3.6} F_0 = \{1+3.6\times(-0.1)\}F_0 = (1-0.36)F_0$$

즉, 36[%] 감소한다.

(3) 백열 전구의 주요 특징

① 연색성이 좋고, 따스한 광색이다.

② 점광원에 가깝고, 빛의 집광이 용이하다.

③ 조광을 연속적으로 할 수 있다.

④ 점등이 간단하고, 곧 점등되어 밝아진다.

⑤ 광속저하가 적다.

⑥ 효율이 낮고 수명이 비교적 짧다.

⑦ 열선방사가 많다.

(4) 백열 전구의 종류

백열전구는 일반 가정용으로 널리 이용되고 있다. 현재 주력으로 이용되고 있는 것은 백색박막 도장 전구이다.

표 2-3에 한국 산업규격 KS C 7501에 규정되어 있는 전구의 정격을 나타내었다.

표 2-3 백열 전구의 특성 및 수명(KS C 7501)

형 식	정격전압 [V]	초 특 성			동적 특성 효율 [lm/W] 이상	수명 [h]	베이스
		소비전력 [W]	광속 [lm]	효율 [lm/W]			
L 100[V] 10[W]	100	10±1.0	76±12	7.6±1.2	5.4	1300	E_{26}
L 100[V] 20[W]	100	20±2.0	175±27	8.7±1.4	6.2	1300	〃
Ld 100[V] 30[W]	100	30±3.0	330±50	11.0±1.7	7.9	900	〃
L 100[V] 30[W]	100	30±3.0	290±45	9.7±1.5	7.0	900	〃
Ld 100[V] 40[W]	100	40±4.0	500±75	12.5±1.9	9.0	900	〃
L 100[V] 40[W]	100	40±4.0	440±70	11.0±1.7	7.9	900	〃
Ld 100[V] 60[W]	100	60±6.0	830±125	13.9±2.1	10.0	900	〃
L 100[V] 60[W]	100	60±6.0	760±151	12.6±1.9	9.1	900	〃
Ld 100[V] 100[W]	100	100±10.0	1570±240	15.7±2.9	10.9	900	〃
L 100[V] 100[W]	100	100±10.0	1500±230	15.0±2.7	10.5	900	〃
L 100[V] 150[W]	100	150±15.0	2450±370	16.4±3.0	11.4	900	〃
L 100[V] 200[W]	100	200±20	3450±520	17.3±3.1	12.2	900	〃
L 100[V] 300[W]	100	300±30	5500±830	18.3±3.3	12.8	900	E_{39}
L 100[V] 500[W]	100	500±50	9900±1500	19.7±3.6	13.7	900	〃
L 100[V] 1000[W]	100	1000±100	2100±3200	21.0±3.8	14.6	900	〃

그밖에 일반전구와 관련된 KS 규격은 다음과 같은 것이 있다.

· KS C 7613 : 휘도 측정방법
· KS C 7702 : 전구류의 베이스 및 소켓
· KS C 7708 : 전구류 시험방법 통칙
· KS C 8008 : 조명용어
· KS D 5542 : 조명 및 전자기기용 텅스텐선
· KS D 5603 : 듀멧선

2.2.3 반사형 전구

그림 2-7과 같이 유리구 내면에 은 또는 알루미늄을 진공증착시켜 반사면을 갖

는 전구이다.

또한 투광기를 사용하지 않고 전구 그 자체로 광의 방향성(투광성)을 가지게 한 것으로 빔의 발산각도에 따라 협각형은 스포트라이트(spot lighting)에, 광각형은 투광조명(flood lighting)에 이용되고 있다. 그 외에도 자동차 전조등용 실드빔(shield beam)형 전구 등이 있다.

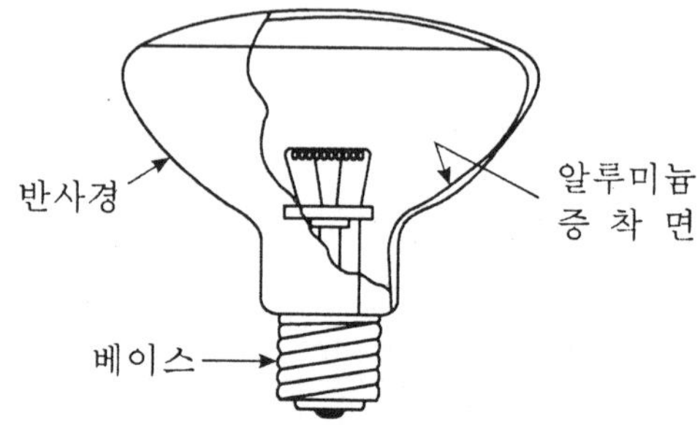

그림 2-7 반사형 전구

2.2.4 적외선 전구

적외선은 가시광선의 적외부보다 장파장 영역(700[nm]~1,000,000[nm])에 있어 주로 열작용이 강한 특징을 가진 전자파의 일종이다.

적외선 전구는 적외선에 의한 가열, 건조 등 공업 분야에 널리 이용되고 있으며, 여기에 사용하는 것이 적외선 전구이다. 보통 전구에서도 75[%] 내외의 적외선이 나오고 있으나 적외선 건조용 전구는 특히 필라멘트의 색온도는 2,400~2,500[K] 정도로 적외선 방사효과를 80[%]까지 증대하고 있다. 수명은 약 5,000시간 정도이다. 사용중에 유리구의 온도가 높아지므로 내열유리를 사용하고 있으며, 전구의 유리는 무색투명한 것이 보통이지만 적색유리도 사용하고 있다.

우리나라에서의 적외선 전구는 110[V]/250[W]의 것이 가장 많고, 375[W], 500[W] 및 1,000[W]의 것도 있다.

적외선 건조는 열풍건조나 직접건조와 달리 열전도나 대류열을 이용하지 않고 피건조물에 직접 적외선을 조사시키는 것으로서 즉 방사열에 의해서 건조된다. 차량, 기계의 금속 도장에 많이 쓰이며, 섬유, 농산물 등의 건조에도 쓰이고 있다.

표 2-4는 적외선 전구를 응용하여 사용하는 분야를 나타내었다.

표 2-4 적외선 전구 응용분야

분 야	적 용
건조	도료, 목재 등을 건조
인쇄도장	인쇄도장, 박막인쇄 등의 건조 숙성
난방	난로, 화로
보온	부화기, 식품보온용
조리	훈제식품, 발효촉진
숙성, 양조	맥주, 와인, 과실주 등의 숙성과 양조
탈색	표백용
식품가공	떡, 과자, 밤, 깨 등 가공
화학작용	수지의 중합촉진, 적외선 사진
건강	혈액 순환 촉진

• 예제 • [답] ②

적외선 전구는 다음의 어떤 목적에 사용되는가?

① 살균용 ② 건조용 ③ 조명용 ④ 장식용

풀이 적외선 전구는 적외선에 의하여 가열, 건조 등 공업의 각 분야에 널리 이용되는 것을 목적으로 사용한다.

• 예제 • [답] ①

적외선 전구의 필라멘트의 온도[°K]는?

① 2500 ② 2000 ③ 1500 ④ 1000

풀이 적외선 건조용 전구의 필라멘트 색온도는 2,400~2,500[°K]로서 적외선의 방사 효과를 80[%]까지 증대하고 있다. 수명은 5,000[h] 정도이다.

2.2.5 할로겐 전구

종래의 백열전구는 점등 중에 고온의 필라멘트에서 텅스텐 분자가 증발하여 광속을 저하시키고, 텅스텐 분자가 유리구 내벽에 부착하여 흑화현상을 일으켜 빛이 흡수되어 점점 광속이 저하하고, 효율이 떨어졌다.

이것을 개선한 것이 할로겐 전구(halogen lamp)로서 할로겐 전구는 미량의 할로겐 물질을 포함한 불활성가스를 봉입하여 할로겐 물질의 화학반응을 응용한 가스입 텅스텐 전구이다.

(1) 할로겐 재생 사이클(halogen cycle)

할로겐 전구는 유리구 내에 불활성가스 이외에 요오도, 브롬, 염소 등의 할로겐 화합물을 미량 봉입한 것으로 할로겐은 낮은 온도에서 텅스텐과 결합하고 높은 온도에서는 분해하는 성질이 있다.

전구 내에 소량의 할로겐을 넣으면 이것이 증발하여 확산하며 250[℃] 이상에서는 증기상태로 관벽에 부착하지 않고 밸브 내를 떠다니다가 필라멘트로부터 증발된 텅스텐이 온도가 낮은 유리구 관벽에 가까이 간 것과 결합하여 할로겐화 텅스텐으로 된다.

이것은 투명하고 증발하기 쉬운 것으로 대류에 의하여 2,000[℃] 이상의 고온의 필라멘트 가까이 가면 고온으로 인해 분해되고 텅스텐은 필라멘트로 되돌아가고 할로겐은 확산된다. 이 할로겐이 관벽에 가면, 또다시 텅스텐을 잡아서 필라멘트로 되돌려 주는 할로겐 재생 사이클을 이루게 된다(그림 2-8).

할로겐 전구는 이와 같이 텅스텐을 필라멘트로 되돌리는 작용을 이용하여 유리관의 흑화를 줄이는 한편, 필라멘트가 가늘어지는 것을 방지하며 광속 저하, 색온도 저하를 적게하고 수명은 일반전구에 비해 약 2배정도 연장시켜준다.

또한 같은 수명에서 효율을 약 15[%] 정도 높일수 있을 뿐만 아니라 체적도 일반 전구에 비하여 1/10 정도로 충분하다.

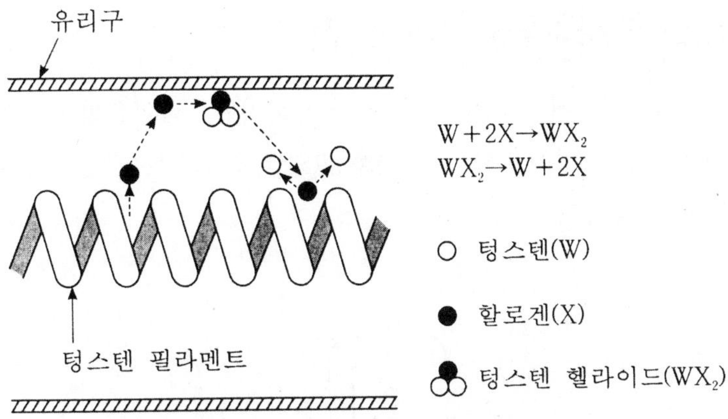

그림 2-8 할로겐 사이클의 모델

(2) 할로겐 전구의 구조

할로겐 전구의 관벽 온도는 텅스텐 할로겐 화합물이 부착되지 않도록 250~850[℃]로 설계되어 있으므로 할로겐 전구의 벨브는 종래의 전구보다 소형으로 관벽부하를 높게 하고 있다. 이 때문에 관벽 온도가 250~850[℃]가 되도록 설계되어 있으므로 고온에 견딜 수 있는 석영유리가 주로 사용되지만 경질유리가 사용되기도 한다.

석영유리와 도입속선과의 봉착은 두께 20~30[μm]의 나이프에지의 몰리브덴박을 사용하여, 핀치시일로 되어 있고, 석영유리 내에 봉입되고 있는 금속은 텅스텐과 할로겐과의 반응을 방해하지 않도록 고순도의 텅스텐 또는 몰리브덴이 쓰이고 있다. 봉입물로는 미량의 할로겐 기체와 불활성가스가 $1\times10^6\sim4\times10^5$[Pa]의 고압으로 봉입되어 있다. 소형이고 고온으로 되어 있으므로 점등 중의 압력은 봉입압(냉압력)의 1.3~7.0배에 달한다.

할로겐 가스로는 CH_3Br, CH_2Br_2, CH_2Cl_2, I_2, Cl_2, Br_2 등이 사용되며, 혼합은 할로겐 0.1~1[%], Ar베이스 또는 할로겐 0.5~1[%], N_2 10~50[%], Ar베이스 등으로 사용된다. 예컨대, J-100[V], 500[W] 할로겐 전구에는 $CH_2Br_2+I_2$ 혼합가스가 사용되고 있다. 할로겐 전구는 효율이 높고(20[lm/W]), 수명이 길며(2000시간 이상), 연색성이 좋아서 상품진열대, 식당, 커피숍, 미술관, 장식품 조명 등에 널리 사용되고 있다.

(3) 적외선 반사막응용 할로겐 전구

일반적인 할로겐전구와 외관적으로는 동일하지만, 석영유리표면에 고굴절률의 금속산화물(TiO_2)과 저굴절률의 금속산화물(SiO_2)의 다층막으로 되는 가시광투과 적외선반사막을 형성하고 있다.

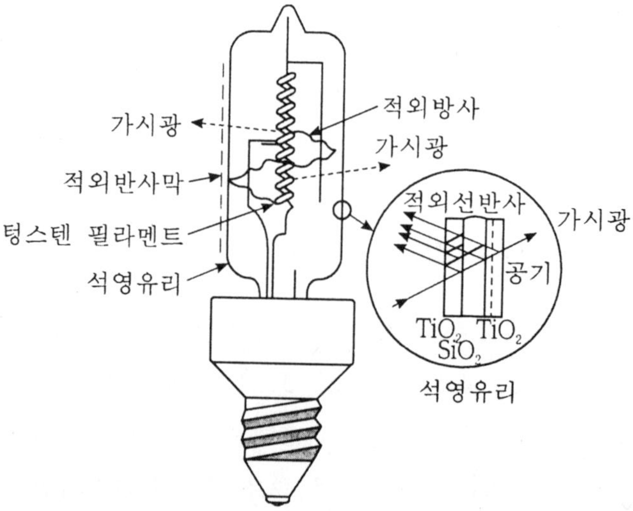

그림 2-9 적외선 반사막 응용 편베이스형 할로겐 전구

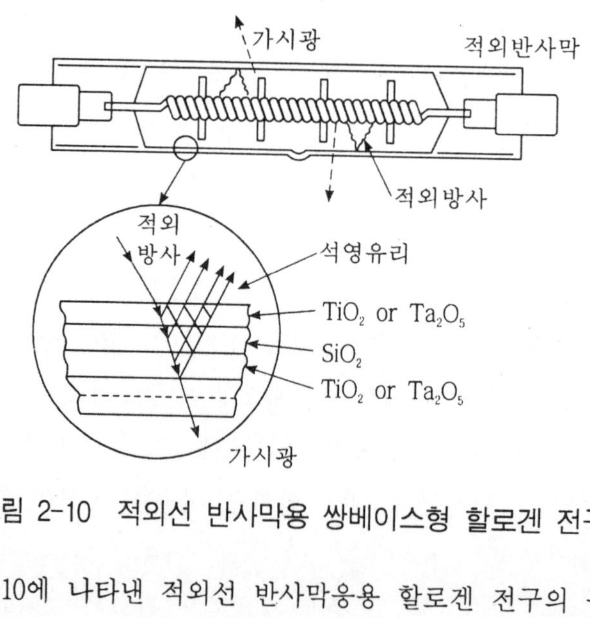

그림 2-10 적외선 반사막용 쌍베이스형 할로겐 전구

그림 2-9와 2-10에 나타낸 적외선 반사막응용 할로겐 전구의 구조에서 적외선

반사막은 텅스텐 필라멘트로부터 발사된 가시광을 투과시키고 적외선을 반사하여 필라멘트로 되돌려주어, 필라멘트의 가열에너지로서 재이용하여 할로겐 전구의 효율을 15~30[%] 향상시키고 열선도를 약 1/2 정도 감소시킬 수 있다.

(4) 다이크로익 미러부 할로겐 전구

그림 2-11은 다이크로익 미러부 할로겐 전구의 구조를 나타낸 것으로 다이크로익 미러(dicroic mirror)가 처리된 할로겐 전구는 최첨단의 광학기술을 이용한 다이크로익 미러에 의하여 가시광을 전면으로 반사하고, 불필요한 열선(적외선)을 후방으로 80[%] 투과시킴으로써 전면으로의 열선을 1/10로 감소시켜서 방사열에 의한 상품의 손상을 대폭 경감시키는 전시조명이 가능하게 되었다.

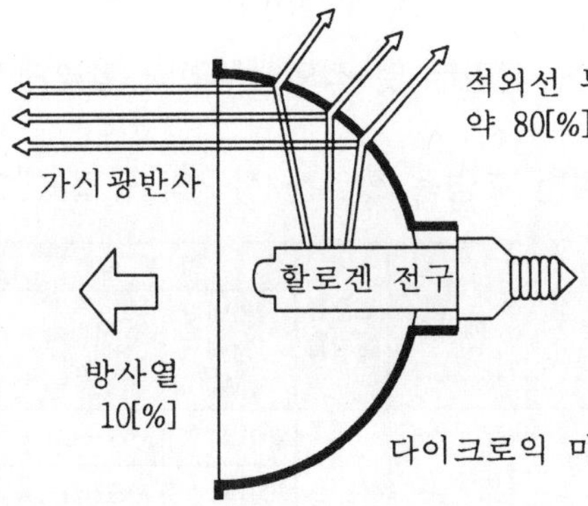

그림 2-11 다이크로익 미러부 할로겐 전구

다이크로익 미러는 전술한 적외반사 가시투과막과 같은 생각으로 유리기판 위에 굴절률이 높은 물질인 산화지탄(TiO_2)과 저굴절물질인 불화마그네슘(MgF_2)을 번갈아 엷은 막으로 증착한 것으로 막의 두께와 층수를 조정하여 특정파장대의 빛을 반사하고, 다른 빛은 투과시키는 성질을 갖는 반사경인 다이크로익 미러를 얻는다.

이 할로겐 전구는 광원으로부터의 방사역에 의한 전시품의 열손상이나 퇴색을 방지하기 위하여 만들어진 것으로, 점포조명이나 박물관, 미술관 등의 전시용 조명에서 전시품을 두드러지게 나타내기 위하여 고조도의 스폿조명으로 조명환경이 이루어지고 있다.

그림 2-12는 다이크로익 미러부 할로겐전구의 분광분포의 예를 나타내었고 표

2-5는 대표적인 할로겐전구의 KS 규격을 발췌하여 나타내었다.

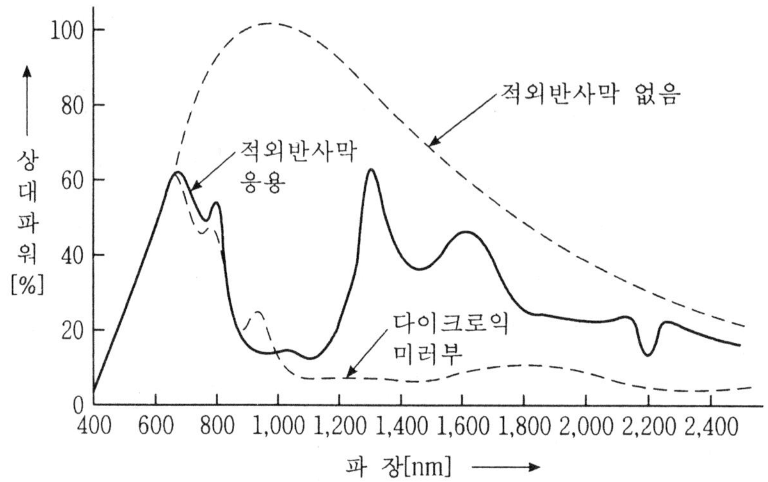

그림 2-12 적외선 반사막부 및 적외선투광막 할로겐전구의 분광분포

표 2-5 일반 조명용 할로겐 전구의 규격(KSC 7523)

형 식	정격 전압 [V]		베이스	표준점등방향	초 특 성		광속유지율		효율(수명)	
					소비 전력 [W]	전광속 [lm]	규정점등시간 [h]	[%]	정격 수명 [h]	효율 [lm/W]
J100(120)[V] 300[W]	100(120)	부 도 1-1	$R7_s$-12 또는 $R7_s$-15 (부속서1에 의함)	수 평	300±24	5,900±850	1,000	90이상	2,000	19.7
J100(120)[V] 500[W]	100(120)				500±40	10,500±1,500	1,000	90이상	2,000	21
J220(240)[V] 1,000[W]	220(240)				1,000±80	21,000±3,000	1,000	90이상	2,000	24
J220(240)[V] 1,500[W]	220(240)				1,500±120	33,000±4,500	1,000	90이상	2,000	22
JD100(120)[V] 75[W]	100(120)	부 도 1-2	E11 (부속서2에한함)	베이스 윗방향 인 식	75±6	1,120±160	750	90이상	1,500	15
JD100(120)[V] 100[W]	100(120)				100±8	1,600±220	750	90이상	1,500	16
JD100(120)[V] 150[W]	100(120)				150±12	2,400±330	750	80이상	1,500	16
JD100(120)[V] 200[W]	100(120)	부 도	E11또는 GYX9.5 (부속서5에 한함)		200±16	3,400±460	1,000	90이상	2,000	17
JD100(120)[V] 250[W]	100(120)	1-2			250±20	4,500±630	1,000	90이상	2,000	18
JD100(120)[V] 500[W]	100(120)	1-3			500±40	9,500±1,350	1,000	90이상	2,000	19

* J : 할로겐 램프, D : 2중 코일

(5) 할로겐 전구의 특징

① 초소형, 경량의 전구로 백열전구의 1/10 배로 소형화가 가능하다.

② 단위광속이 크다.

③ 동정곡선이 극히 완만하여 수평 및 광속의 변화가 거의 없다.

④ 수명이 백열전구에 비하여 2배로 길다(그림 2-13).

⑤ 별도의 점등장치가 필요하지 않다.

⑥ 정확한 빔을 가지고 있다.

⑦ 열충격에 강하다.

⑧ 배광제어가 용이하다.

⑨ 연색성이 좋다.

⑩ 온도가 높다(할로겐전구의 베이스로 세라믹 사용).

⑪ 휘도가 높다.

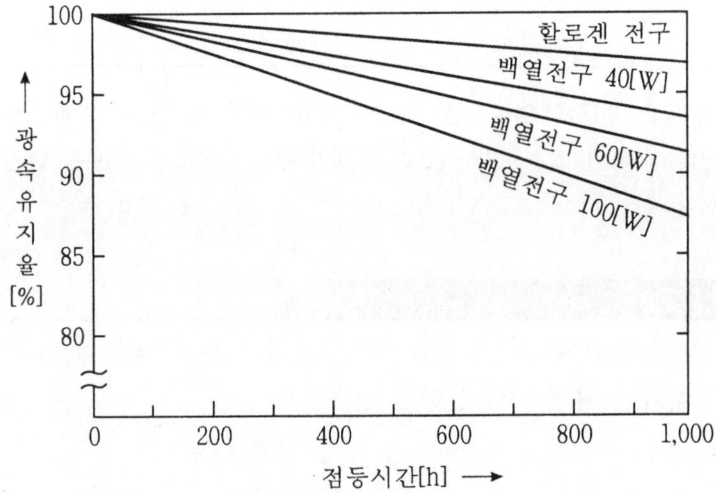

그림 2-13 백열전구와 할로겐 전구의 광속유지 특성

• 예제 • [답] ③

가스를 넣은 전구에서 질소 대신 아르곤을 쓰는 이유는?

① 값이 싸다. ② 열의 전도율이 크다.

③ 열의 전도율이 작다. ④ 비열이 작다.

풀이 가스를 넣은 전구의 열손실은 가스의 열전도율이 적을수록 또한 원자량이 클수록 적어진다. 따라서 질소보다 아르곤이 원자량이 크므로 아르곤을 넣은 것이 효율이 좋아진다.

• 예제 • [답] ③

광질과 특색이 고휘도이고 광색은 적색 부분이 비교적 많은 편이고 배광 제어가 용이하고 흑화가 거의 일어나지 않은 전등은?

① 수은등 ② 형광등 ③ 할로겐 램프 ④ 나트륨등

풀이 할로겐 전구는 할로겐 사이클에 의해 수명이 길어질 뿐만 아니라 수명이 끝날 때까지 필라멘트는 덜 가늘어지고 유리구의 흑화도 적으며, 따라서 광속의 저하나 색온도의 저하가 매우 적다. 그러므로 동일 정격의 백열 전구에 비하여 효율, 수명을 개선할 수 있고 소형, 경량화되고 있다. 할로겐 전구의 전등 효율은 20[lm/W] 정도이고 수명은 2000[h]이다.

• 예제 • [답] ④

할로겐 물질로 사용되는 원소가 아닌 것은?

① 취소 ② 염소 ③ 불소 ④ 아르곤

풀이 가스를 넣은 전구의 열손실은 가스의 열전도율이 적을수록 또한 원자량이 클수록 적어진다. 따라서 질소보다 아르곤이 원자량이 크므로 아르곤을 넣은 것이 효율이 좋아진다.

• 예제 • [답] ①

광질과 특색이 고휘도이고 광색은 적색부분이 비교적 많은 편이고 발생광속이 많고 흑화가 거의 일어나지 않는 전등은?

① 할로겐 전구 ② 백열전구
③ 형광등 ④ 수은등

풀이 래피트 스타트식(rapid start)식 형광등은 점등관이 필요없고, 약 1초 정도로 점등되며 또한 기동이 용이하므로 점열을 빈번히 하여도 수명에 별 영향이 없다.

2.3 방 전 등

방전등은 방전관에 기체방전을 일으켜서 전기에너지가 빛으로 변환되어 방출되는 것을 이용한 것이다. 기체방전이란 금속증기 및 기체가 봉입되어진 방전관에 전압을 인가할 때 방전파괴가 일어나 방전관이 도전상태로 되는 현상이다.

방전등은 기체 또는 금속증기가 봉입된 투명한 유리관 양단에 전극을 삽입하여 외부회로 및 전류제어장치와 접속하는 구조로 되어 있다. 방전에 의해 방사되는 빛의 성질은 봉입기체 또는 증기의 종류와 봉입압력에 따라 결정된다.

2.3.1 방전 특성

(1) 기체 중의 전기전도

공기 중에 2개의 평판전극을 서로 마주 보게 설치하고 전극에 전압을 인가하면 기체는 일반적으로 절연체이기 때문에 전류는 흐르지 않는다. 그러나 전극 사이의 전압을 높여 주면 두 전극 사이에 불꽃이 튀어 전류가 흐르는 것처럼 된다.

이것은 공기가 절연성을 잃었기 때문이다. 이와 같은 기체의 절연 파괴를 방전이라고 한다. 방전이 일어나는 이유는 다음과 같다. 공기 중(다른 기체도 같다)에는 그림 2-14 (a)와 같이 우주선과 자연방사능에 의해 소량의 이온과 자유전자가 존재한다. 이때 전극 사이에 가한 전압을 높여 주면 공기 중의 전자는 양극(+전극)을 향하여 속도가 증가하고 그 일부는 고속으로 중성의 기체분자에 충돌한다. 이 때의 현상은 그림 2-14 (b)와 같이 기체분자로부터 전자를 떼어 내어 이것을 전리시키는 것이다.

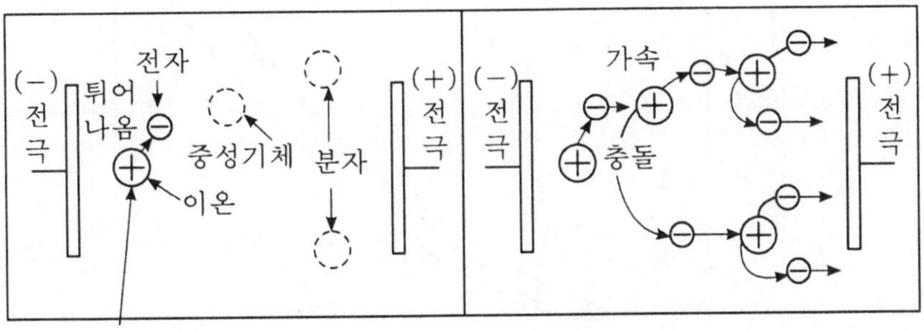

(a) 방사선, 우주선 (b) 연속되면 전자와 양이온이 증가

그림 2-14 전자사태

전리된 전자는 다시 전기장으로 가속되어 다른 기체 전자를 전리시키며 차례차

례로 눈사태와 같이 전자(부극성)와 양이온(정극성)이 급증한다. 이와 같은 현상을 **전자사태**라고 한다. 이때 만들어진 전자는 양극으로, 양이온은 음극으로 향하여 많은 전류가 흐르는 것과 같이 된다.

또, 전자는 기체 분자를 전리시킬 뿐만 아니라 양이온에도 충돌하고, 그 결과 중성 분자로 된다. 이 때 전자가 가지고 있는 에너지가 빛과 열로 변한다. 한편 음극에 고속으로 충돌한 양이온은 음극인 전자를 튕기고 이 전자에 의하여 방전을 지속한다.

(가) 대기 중의 방전

① **불꽃 방전** : 대기 중에 평판전극을 놓고 고전압을 인가하면 공기의 절연이 파괴되어 전극 사이에 불꽃이 발생하며 소리를 수반하는 방전이 일어난다.
이 방전을 **불꽃 방전**이라 하고, 극히 짧은 시간에 일어난다. 자연계의 뇌방전이 일례라 할 수 있다. 불꽃 방전이 일어날 때의 전압을 **절연 파괴전압** 또는 **불꽃 전압**이라 한다.

② **불꽃 전압** : 여러 가지 기체에 평등 전기장을 가한 경우, 온도가 일정하다면 불꽃 전압은 기압 p[Pa]와 전극 사이의 거리 d[mm]의 곱으로 결정된다. 이것을 **파센 법칙**이라 한다. 따라서 기압이 두 배가 되어도 거리를 1/2으로 하면 불꽃 전압은 변화하지 않는다.

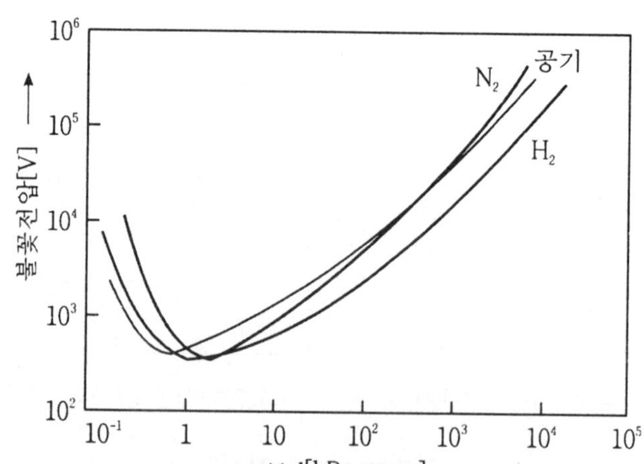

그림 2-15 파센 법칙

그림 2-15는 공기, N_2, H_2의 경우에 이러한 관계를 나타낸 곡선이다.

실제 고전압을 측정할 경우, 평등 전기장을 만들기 쉽고 높은 전압까지 측정가능하여 비교적 제작이 쉬운 그림 2-16 (a)와 같은 구전극을 이용한다. 전극 사이의 거리 (d)에 비하여 전극의 지름 (D)이 크다고 하면 아주 짧은 거리에서의 전기장은 평등 전기장이라 할 수 있다. 그림 2-16 (b)는 불꽃 전압의 측정 예를 나타낸 그래프이다.

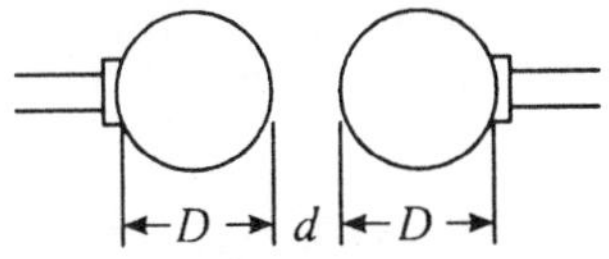

(a) 구대구전극

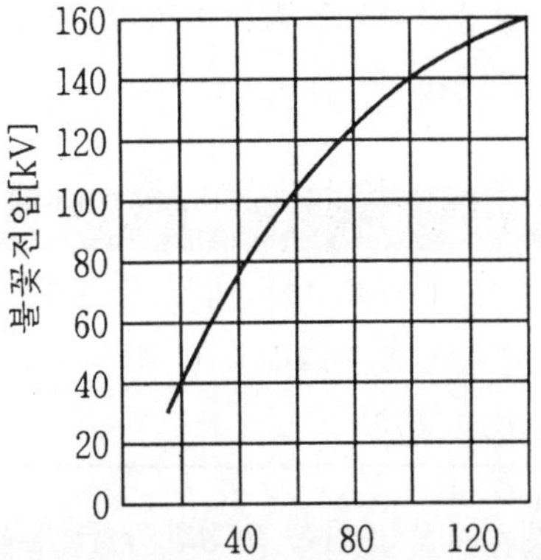

(b) 갭의 길이에 따른 불꽃전압 곡선

그림 2-16 불꽃 전압의 측정

③ **코로나 전압** : 그림 2-17과 같이 침대평판 전극부를 구성한 회로에서 침전극에 고전압을 인가하여 가면, 어느 전압 이상이 되면 침전극의 선단 부분에 다른 부분보다 전기장이 강하게 되어 이 부분만 절연이 파괴되어 약한 빛을 수반하는 방전이 발생한다. 이와 같은 방전을 **코로나 방전**이라고 한다.

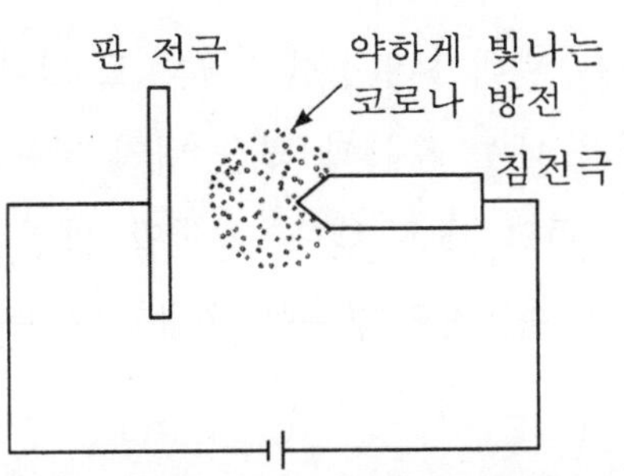

그림 2-17 코로나 방전

전차의 가선이나 송전선과 같은 원통형 도체에서도 기압과 온도의 변화에 의하여 코로나 방전이 일어나 도체가 미약한 빛을 내는 경우도 있다.

④ **아크 방전** : 코로나 방전이 일어나도 더욱 전압을 높이면 전리가 일어나 다수의 양이온이 격렬하게 음극에 충돌하며, 이 전극을 뜨겁게 하면 많은 전자가 튀어나오게 된다. 따라서 방전전류도 크게 되고 전자와 양이온과의 결합도 활발하게 되기 때문에 강한 빛과 열을 낸다.

이와 같은 전극 사이의 이온에 의한 전류를 **아크**라고 하고, 이 아크가 일어나는 방전을 **아크 방전**이라고 한다. 아크 방전은 조명과 전기로, 용접 등에 이용되고 있다.

• 예제 • [답] ③

방전개시 전압을 나타내는 법칙은?

① 스토크스의 법칙　　② 패닝의 법칙

③ 파센의 법칙　　④ 톰슨의 법칙

풀이 방전개시 전압은 일정한 전극 금속과 기체의 조합에서는 압력과 관의 길이의 곱에만 관계된다. 이 관계를 파센의 법칙이라 한다.

(나) 저압 기체의 방전

① **글로우 방전** : 기체 중의 방전은 기체의 압력을 낮추면 다른 방전과 비슷한 형태로 변화한다. 그림 2-18과 같이 유리 용기 중에 2개의 전극을 넣고 관내의 기압을 약 130[Pa] 정도로 낮추면 비교적 낮은 전압으로도 관내에 방전이 일어난다. 이와 같은 방전을 **글로우 방전** 또는 **진공 방전**이라고 하며, 방전에 의한 빛의 색은 기체의 종류에 따라 다르다.

이 방전에 의한 발광은 관내가 일정한 모양으로 빛나지 않으므로 그림 2-18에 나타낸 것과 같이 빛을 내는 부분과 빛을 내지 않는 부분으로 이루어져 있다. 글로우 방전은 네온관등과 네온 램프, 정전압 방전관 등에 이용되고 있는데, 네온관등은 주로 양광주를, 네온 램프는 음극 글로우를 이용한 것이다.

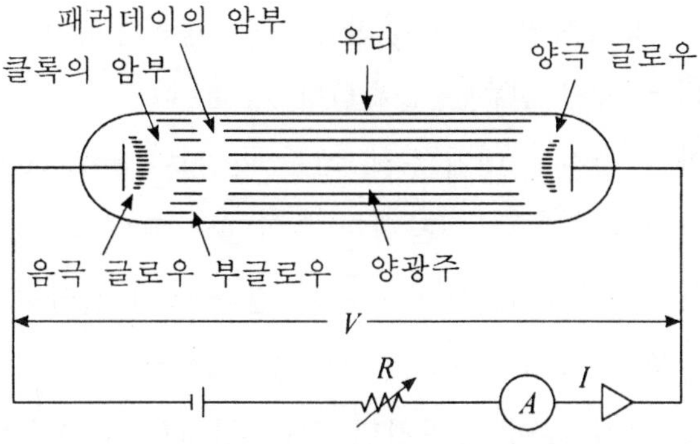

그림 2-18 저압 기체 중의 방전

그림 2-19는 방전에 따라 흐르는 방전 전류 I와 전극 사이의 단자 전압 V의 관계를 나타낸 것이다. a점에서 방전이 시작되면 전극 사이의 단자 전압 V는 급격히 낮아지고, bc의 부분에서 V는 전류의 증가에도 불구하고 거의 일정한 값을 가진다. 이 곳이 정규 글로우 방전 영역이다.

전극 사이에 가해진 전압을 a점의 방전 개시 전압의 상태로 두면 전류는 증가하여 d점에 도달하게 된다. 따라서 bc 사이의 글로우 방전을 지속시키기 위해서는 방전시 전극 사이에 가해진 전압을 bc에 적합한 값으로 해야 할 필요가 있다.

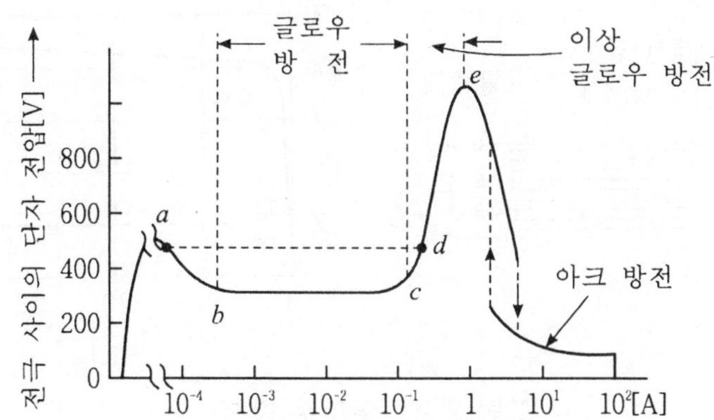

그림 2-19 방전의 전압-전류 특성

② 저압중의 아크 방전 : 그림 2-19의 d점보다 더욱 전압을 높여 방전 전류를

증가시켜 e점에 도달하면 이때 방전은 아크 방전으로 변하고, 방전에 필요한 전압이 낮게 되어 방전 전류는 급증한다.

저기압 중의 아크 방전은 대기 중의 아크 방전과 같이 강한 빛과 많은 자외선을 내보내기 때문에 수은등, 형광램프 등의 방전등에 이용되고 있다.

아크 방전이 일어나면 그림 2-19와 같이 전극 단자 전압이 증가하지만 글로우 방전과 아크 방전은 그림 2-19 ce 사이를 제외하고는 방전 전류가 증가해도 단자전압이 변화하지 않아 증가하면 원래 상태로 되돌아가 감소하는 성질이 있다.

이와 같이 전류가 증가하면 저항이 감소하는 성질을 가지는 저항을 **부성 저항**이라고 한다.

(2) 글로우 방전

가늘고 긴 유리관 진공으로 한 다음에 수 [mmHg]의 압력으로 어떠한 기체를 봉입하여 양단에 적당한 전극을 설치하고 전극간에 고전압을 인가하면 방전을 발생하여 전류가 흘러 발광한다. 이것을 **글로우 방전**이라 하고, 이 때 관내의 발광상태 및 각 부의 명칭은 그림 2-20에 나타내었다.

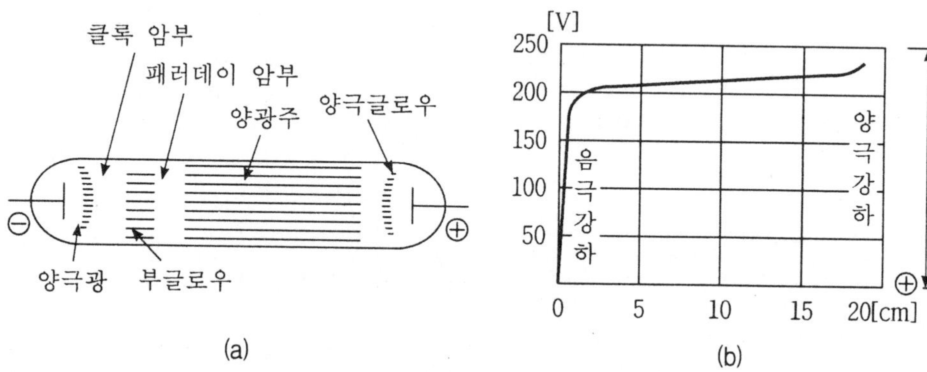

그림 2-20 글로우 방전

음극직전 부근은 전계가 강하기 때문에 전자가 얻는 에너지가 아주 크므로 전리작용이 활발하나, 여기확률이 그 만큼 적어서 거의 발광을 볼 수 없다. 이부분을 **아스톤 암부**라 한다. 음극글로우(cathode glow)에서는 앞의 전리작용에 의해 생긴

전자는 에너지가 작고 전계 또한 약하므로 상대적으로 여기작용이 증가되어 발광을 볼 수 있다. 즉 전자와 양이온의 밀도가 커서 재결합에 의한 발광도 겹친다.

음극암부(crooks dark space)에서는 전자의 속도가 비교적 커서 전리를 일으켜 새로운 전자와 양이온을 생성하므로 상대적으로 어두운 반면에 음극(negative glow)은 앞에서 생성된 전자가 여기하기에 충분한 에너지를 얻어서 발광이 발생한다. 이곳이 글로우 방전중에서 가장 밝은 영역이다.

패러데이 암부(faraday dark space)는 앞에서 발생한 많은 양이온에 의해 전계가 감소하여 전자의 속도가 줄어들고 전자밀도도 낮아진다. 그러므로 전자 에너지가 불충분하여 재결합의 기회도 줄어들어 발광이 발생하지 않는 영역이다. 이곳에서 양극까지 빛나는 것을 **양광주**(positive column)라 하며, 양극 자신이 전면에 걸쳐 약간 빛나는 것이 양극글로우(positive glow)이다. 이부분에서 전자와 양이온의 농도가 같은 플라즈마 상태가 되고, 양광주 전체에 수~수십[V/cm]의 균등 전계가 존재한다.

이 부분이 방전등에서 중요한 발광영역의 하나로, 네온사인(네온관등), 저압수은등 및 형광등과 같이 방전관이 긴것은 이곳에서의 발광을 이용한 것이다.

전극간을 좁게하여 방전관을 짧게하며 음극 부근의 상태는 변함이 없으나 양광주가 짧게 되고 더욱 전극간을 단축하면 양광주가 없어진다. 따라서 이러한 경우에는 음극에서 부글로우만이 빛나게 된다. 네온 전구는 전극간을 짧게 하여 부글로우를 이용한 것이다.

이것을 교류로 점등하면 양광주와 부글로우가 번갈아 두극에 생기므로 패러데이 암부는 보이지 않고 한결같은 양광주의 빛으로 되나, 두 극의 근처는 약간 흐리며 빛의 명멸(flicker)이 있다.

이 방전에 있어서 양광주의 색은 기체의 종류 및 방전 전류에 따라 다르며 목적에 따라 광색을 연출하기 위하여 다양한 기체들이 사용되고 있는데 표 2-6에 기체의 종류 및 광색을 나타내었다. 이 중에서 네온, 아르곤, 수은, 헬륨 등이 주로 사용된다.

표 2-6 글로우방전의 발광색

기체 종류	부글로우	양광주
O_2	녹색에 가깝다	황색
N_2	청색	주황색
H_2	밝은 청색	장미색
He	녹색에 가깝다	밝은 갈색
Ar	진한 청색	진한 적색
Ne	등홍색	홍색
Hg	밝은 청색	청록색
Na	백색에 가깝다	황색
K	엷은 청색	녹색
Cs	적록색	황갈색

(3) 아크 방전

글로우 방전의 상태에서 전류를 증가시키면 양(+)이온의 음극면에 대한 충돌 작용이 강하게 되므로 음극면에 국부적인 고온이 생겨 이곳에서 열전자가 왕성하게 방출되는 것이다. 이로 인하여 음극에서 전압 강하가 감소하고 전극간의 전압이 기체의 전리 전압에 가깝게 되어 양광주는 강열한 빛을 내는데 이 상태를 아크 방전(arc discharge)이라 한다.

글로우방전과 아크방전은 양광주와 양극부근에서는 본질적으로 같으나 음극부근의 상태는 다르다. 글로우방전은 음극으로부터 전자방출이 양이온의 충돌에 의한 2차 전자방출에 의해서 발생하지만, 아크방전은 열전자방출 또는 양이온의 존재에 의해 전계전자방출이 다른다.

즉 글로우방전은 냉음극(cold cathode)에 해당되며, 음극강하는 100[V] 수준이다. 그러나 아크방전은 음극상태에 따라 내음극 아크와 열음극(hot cathode) 아크로 나누어진다. 그러나 어느경우라도 음극강하는 10[V] 수준이다.

(4) 안정기

글로우 방전에서 아크 방전으로 변할때 전류가 증가하면 전압은 급속히 감소한다. 그러면 금속체는 당연히 전압이 높아지나 기체내 방전의 경우는 반대로 전압이 감소하는 것이다. 이와 같이 금속체에서 전류의 증가와 더불어 전압이 상승하는 것을 정(+)특성, 기체 내의 방전과 같이 전류가 증가하면 전압이 감소하는 것을 부(−)특성이라 한다.

방전등은 전압-전류특성이 부(−)특성을 나타내므로 이것을 일정 전압의 전원에 연결하면 전류가 급속히 증가하여 방전등을 파괴하게 된다. 이 현상을 방지하기 위하여 그림 2-21과 같이 방전등에 저항 R을 직렬로 접속하면 저항내의 전압강하는 전류의 증가에 따라 직선적으로 상승하므로 이것과 방전등의 전압강하의 합성이 이루어져서 그림 2-22와 같이 전류의 안정을 얻을 수 있다.

교류회로에서는 초크 코일을 사용하여 저항을 쓰는 경우 손실을 방지할 수 있다. 이와 같이 방전등에 있어서 안정된 전류를 얻기 위해서 접속하는 저항 또는 초크 코일을 안정기(ballast)라 한다.

또한 누설 변압기를 사용하여 2차 전압에 방전등을 접속하는 경우에는 변압기 자체의 누설 리액턴스가 많아지므로 따로 저항이나 초크 코일을 사용할 필요가 없다. 즉 누설 변압기를 사용하는 경우 전류가 증가하면 그 단자 전압이 급속히 저하하여 방전 전류가 증가하는 것을 방지하는 역할을 하기 때문이다.

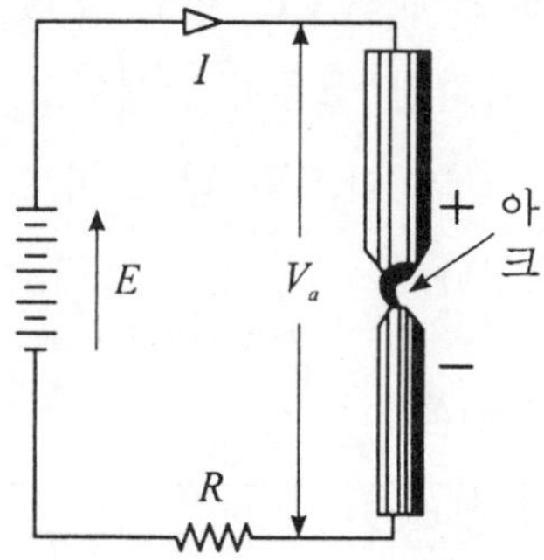

그림 2-21 안정저항의 원리

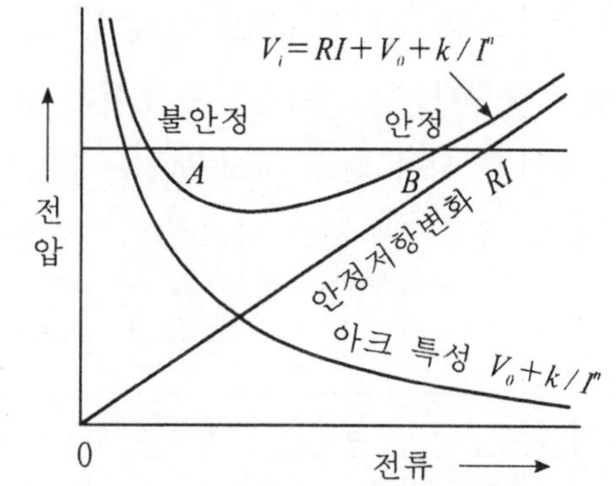

그림 2-22 아크 전압과 안정기의 관계

2.3.2 탄소 아크등

두 개의 탄소막대 전극의 양단을 접촉하고, 그 전극 사이에 전류를 흘리면서 전극을 서서히 떼어놓으면 두 전극 사이에 아크가 발생하는데, 이 원리를 이용하여 탄소 아크등(carbon arc lamp)을 만들 수 있다. 탄소 아크등은 다른 광원에 비하여 높은 휘도와 광도를 얻을 수 있으므로 주로 청사진 제작과 영사용에 사용된다.

탄소 아크등은 전압, 전류의 관계가 부특성이므로 그림 2-21과 같이 직렬 저항 R을 접속한다. 실험 결과에 의하여 탄소 아크의 단자 전압 V_a는 $V_0 + k/I^n$의 관계가 있으며 그림 2-22와 같은 특성 곡선을 갖는다. 저항 R을 직렬로 접속하면 그 단자 전압 V_t는 $RI + V_0 + k/I^n$으로 되며, 이 회로의 전원 전압을 E라 하면 $E = V_t$가 성립되는 전류 I에서 점등하게 되는데 위식이 성립되는 전류 I는 그림 2-22에서 알 수 있는 바와 같이 A, B 두 값이 있다.

A점 부근은 부특성이므로 불안정하고, 전류가 증가하여 전압상승이 B점 부근에 오면 안정하게 점등된다. 탄소 아크등을 안정되게 점등하기 위하여 사용하는 저항 R을 **안정저항**(steadying resistance)이라 한다.

교류를 사용하는 경우 두 전극이 번갈아 극성이 바뀌어지므로 충분한 빛을 내지 못하여 그 효율이 직류용보다 낮다. 그러므로 교류용에서는 R 대신 안정 리액턴스를 사용한다. 탄소 아크등은 전류가 일정값을 초과하면 소음이 발생하고, 특성이 불안정하게 되며 탄소 아크등에는 순탄소 아크등, 발염 아크등 및 고휘도 아크등이 있다. 표 2-7에 탄소 아크등의 장단점을 나타내었다.

표 2-7 탄소아크등의 장단점

장 단	단 점
· 광원이 작고 휘도가 높다. · 광도와 효율이 높다. · 자외선이 풍부하다.	· 전류특성이 부특성이므로 안전장치가 필요하다. · 전극 소모로 인한 연소물질을 만든다. · 기동장치 및 전극조정장치가 필요하다. · 빛(광)이 움직인다. · 소음이 발생한다.

(1) 순탄소 아크등

점등 초기에는 순수 흑연의 전극을 사용하여 직류로 점등하며, 점등 후에는 전극 소모를 자동적으로 보충하는 장치가 필요하다. 직류 및 교류에도 사용되는데 아크가 안전성이 좋다. 효율은 20[lm/W] 이하, 휘도는 9000~15000[cd/cm^2], 전극 소모율은 1[mm/min] 정도이며, 주로 실험용으로 사용된다.

순탄소 아크등(pure carbon arc lamp)의 휘도는 전류 밀도와 더불어 증가되나, 소음이 일어나지 않는 범위에서 사용하고 빛의 스펙트럼을 나타내지만 적외선을 많이 포함하고 있다.

(2) 발염 아크등

전극속에 금속 염류(Ca, Sr, Cs)를 함유한 것으로서 광색은 이들 금속의 특유 스펙트럼을 발산한다. 즉, 불화칼슘은 황색, 규산알카리는 적색, 붕산염은 청백색 등이다. 발염아크등은 직류 및 교류에 사용되며, 직류인 경우는 양극에만 염류를 넣고 음극은 보통 탄소전극을 사용한다.

발염 아크등(flaming arc lamp)은 화구보다 화염에서 많이 발산되므로 휘도는 저하되나 발광 면적이 큼으로 효율은 최고 80[lm/W]에 도달하고 있다. 발염 아크등은 주로 제판용, 소형 영사용 등에 사용된다.

(3) 고휘도 아크등

양극(+)의 중심에 지름의 약 반은 발광체로서 불화세륨(CeF_3), 산화세륨(CeO) 등의 심(芯)을 넣은 것으로 벡 아크등(beck arc lamp)이라고도 한다.

이것은 어느 전류값에 도달하면 갑자기 깊은 화구가 만들어지며 전방에 백색의 화염이 발생한다. 이 때 화구의 온도는 4,200[°K] 이하이나 양극의 하염 온도는 최고 5,800[°K] 정도가 된다.

광선의 범위는 일반적으로 연속 스펙트럼이 방사되나 특히 400[nm] 부근에서 높게 되고 휘도는 최고 120,000[cd/cm^2] 정도이며 주 용도는 탐조등, 영사용등 등이다.

• 예제 •

[답] ①

탄소 아크등의 순탄소 양극 소모율[mm/분]은?

① 1 ② 1.5 ③ 2 ④ 2.5

풀이 순탄소 아크등의 효율은 20[lm/W] 이하, 휘도는 9,000~15,000[cd/cm²], 전극 소모율은 1[mm/min] 정도이며, 주로 실험용으로 사용된다.

• 예제 •

[답] ②

고휘도 램프는?

① 전구 ② 탄소 아크등 ③ 고압 수은등 ④ 형광등

풀이 탄소 아크등은 고전적인 광원이기는 하지만 오늘날에도 고휘도, 고광도 광원으로서 다른 광원과 비교가 되지 않는 정도이며 영사용, 청사진용, 제판용, 의료용 등으로 사용되고 있다.

• 예제 •

[답] ③

방전등의 전압 전류 특성은 마이너스이므로 이것을 일정 전압의 전원에 연결하면 전류가 급속히 증대되어 방전등을 파괴한다. 이것을 방지하기 위하여 필요한 장치는?

① 점등관 ② 콘덴서 ③ 안정기 ④ 초크코일

2.3.3 글로우 방전등

(1) 네온관등

관경이 10~20[mm](일반적으로 12, 15[mm]의 것이 많다)의 긴 유리관을 진공으로 한 후에 20[mmHg] 정도의 압력으로 불활성 가스 또는 수은을 봉입하고, 양단에 원통형의 음극관 금속 전극을 장치하여 고압의 교류를 가하면 양광주가 뚜렷이 빛난다. 이것을 네온관등(neon tube lamp)이라 하며, 광고용으로 많이 사용되므로 네온사인(neon sign)이라고도 한다.

광색은 봉입 가스 및 유리관의 종류에 따라 표 2-8과 같이 다양한 광색을 얻을 수 있다.

표 2-8 봉입가스에 따른 광색

봉입 가스	유리관색	관등의 색
네온	투명	등적색
네온	청색	등색
아르곤과 수은	투명	청색
아르곤과 수은	황록색	녹색
헬륨	투명	백색
헬륨	황갈색	황갈색
아르곤	투명	갈색

관전압은 주로 음극강하(200~1000[V])와 양광주 강하로 된다. 전류는 20[mA] 전후로서 방전개시 전압은 관전압에 비해 1.5~3배 정도, 수명은 2,000~15,000시간 정도이다.

네온관의 길이 1[m]에 대하여 약 1,000[V]의 전압을 필요로 하며, 전원에는 그림 2-23과 같이 네온관을 점등시키기 위해서는 자기누설 변압기를 사용한다. 이 누설 변압기를 네온관용 변압기라 한다.

네온관용 변압기는 2차 전압 15000[V], 2차 단락 전류 50[mA] 이하라는 전기설비기술기준이 있으므로, 보통 1차 전압 100[V], 2차 전압은 3000[V], 6000[V], 9000[V], 12000[V] 및 15000[V], 2차 단락 전류는 20[mA]를 표준 규격으로 하고 있다.

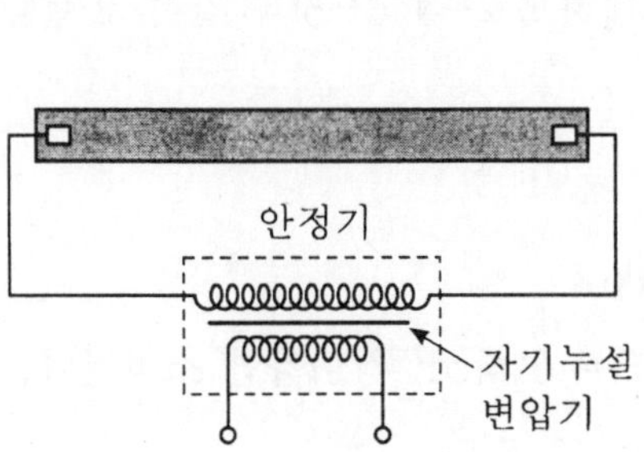

그림 2-23 네온관등 회로

(2) 네온 전구

네온전구는 그림 2-24와 같이 유리구 내에 코일이나 원판모양 전극을 2~3[mm]로 접근하여 장치하고, 네온 또는 아르곤을 수 십[mmHg]의 압력으로 봉입한 것으로, 베이스 내에 1,500~3,000[Ω]의 안정저항을 직렬로 삽입한 것이다. 네온전구는 전극간의 길이가 짧기 때문에 부글로우를 발광으로 이용한 것이다.

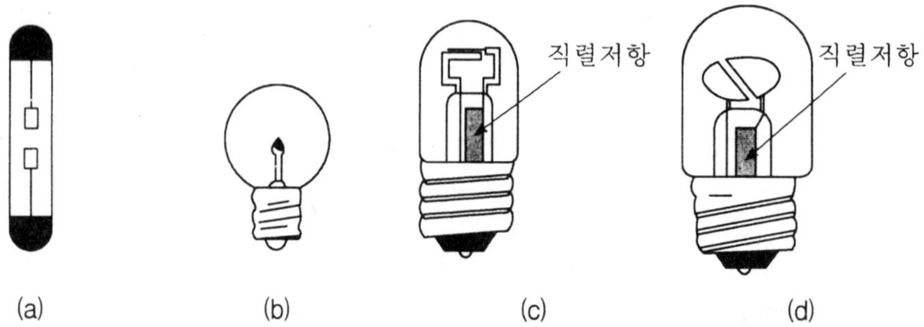

그림 2-24 네온 전구

전압 100[V]의 것은 전극에 알칼리토금속(바륨, 세슘, 마그네슘, 나트륨)을 칠하고, 전압 200[V]용의 것은 전극을 철 또는 니켈을 사용한다. 네온전구만은 100[V]용으로 0.05~1.5[W]로 만들고, 광도는 1.5 [W]의 것이 0.06[cd] 정도이다.

네온 전구의 방전개시 전압은 100[V]용은 약 75~85[V], 200[V]용은 140~160[V]이다. 또한 네온전구는 어느 정도 범위에서 광도 C[cd](전류 I와 구별하기 위함)는 전류 I[A]에 거의 비례하므로 식 (2-8)과 같이 표현할 수 있다.

$$C = kI_{\beta}[\mathrm{cd}] \tag{2-8}$$

여기서, $\beta = 1.02 \sim 1.06$

네온전구에서 광도가 $C = 0.6$[cd] 정도라면 소비전력은 15[W/cd] 정도이다.

네온 전구의 용도는 다음과 같다.

① 소비전력이 적으므로 배전반의 파이롯트 램프에 적합하다.

② 부(−) 글로우를 이용하므로 직류의 극성 판별용에 이용된다.

③ 일정 전압에서 점등되므로 검전기, 교류 파고치의 측정에 사용된다.

④ 어느 범위에서는 광도와 전류가 비례하므로 오실로그래프용, 스트로보스코프용에 이용된다.

• 예제 • [답] ④

네온관등의 발광에 이용한 것은?

① 음극 글로우 ② 부 글로우 ③ 양극 광막 ④ 양광주

풀이 네온관등은 가늘고 긴 유리관의 양단에 전극을 봉입하고 수[mmHg]의 불활성 가스 또는 수은의 방전을 이용한 냉음극 방전등으로 양광주 부분의 발광을 이용한다.

• 예제 • [답] ③

네온 사인(neon sign)용으로 사용되는 네온관등(neon tube lamp)에 봉입하는 기체 중 청색을 내는 기체는?

① Ne(네온) ② A(아르곤)

③ A+Hg(아르곤+수은) ④ He(헬륨)

풀이 가스와 광색은 다음과 같다.

봉입 가스	유리관색	관등의 색
네 온	투 명	등적색
네 온	청 색	등 색
아르곤과 수은	투 명	청 색
아르곤과 수은	황록색	녹 색
헬 륨	투 명	백 색
헬 륨	황갈색	황갈색
아 르 곤	투 명	고동색

• 예제 • [답] ①

네온 전구의 전극에는 다음의 어떠한 것이 사용되는가?

① 철 ② 알루미늄 ③ 구리 ④ 황동

풀이 네온 전구의 전극에는 100[V]용은 전극에 알카리 희토류 금속인 바륨, 세슘, 마그네슘, 나트륨 등을 칠한 전극을 사용하고, 전극간 전압은 65~75[V]이며, 200[V]용은 전극에 철 또는 니켈을 사용하고 전극간 전압은 120~130[V]이다. 네온 전구만은

100[V]로써 0.05~1.5[W]의 것이 0.06[cd] 정도이다.

• 예제 • [답] ③

직류 극성을 판별하는데 이용되는 것은?

① 형광등 ② 수은등 ③ 네온 전구 ④ 나트륨등

풀이 네온 전구는 음극에서 발광하므로 직류 극성의 판단이 가능

• 예제 • [답] ④

네온 전구의 특징이 아닌 것은?

① 소비 전력이 적다 ② 잔광성이 없다.

③ 광도와 전류가 비례한다. ④ 역률이 좋다.

2.3.4 나트륨등

(1) 저압 나트륨등

나트륨등의 구조는 그림 2-25에 표시한 바와 같이 열음극을 가지고 있는 발광관에 보온용의 외관을 붙이고 중간은 진공으로 하고 있으며, 관내에는 적은 양의 나트륨과 시동용의 Ne에 미량의 Ar을 혼합한 페닝가스가 봉입되어 있다. 발광관에는 수개소의 돌기부가 있어 나트륨을 모아두고 있다.

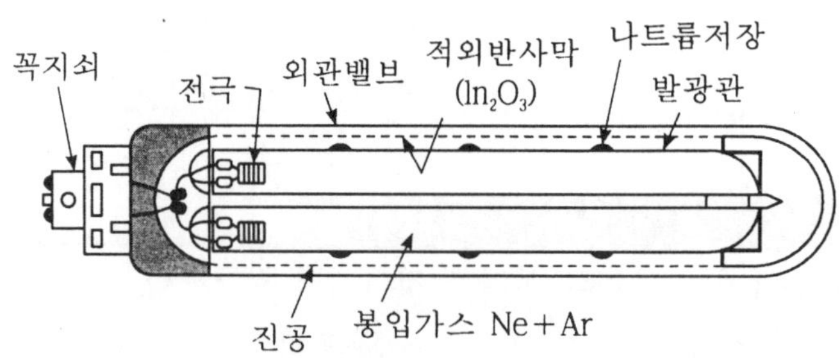

그림 2-25 저압 나트륨등의 구조

나트륨 등의 발광 효율은 관벽온도가 260[℃], 나트륨의 증기압 0.53[Pa]에서 발

광효율이 최대이다. 그러기 때문에 발광관이 최적의 온도를 유지하기 위해서는 그림 2-25와 같은 보온 구조가 필요하다. 저압나트륨등은 램프 점등 후 약 10분후에 방전이 안정하게 된다.

그림 2-26은 저압나트륨등의 분광분포를 나타내고 있다. 그림에서 대부분이 나트륨 *D*선(589~5896[Å])에 집중하고 있으며 등효율을 190[lm/W]에 가깝다.

평균수명은 9,000시간 정도이며, 광속유지율은 80~85[%]로 동적특성도 좋다. 연색성평가지수 Ra가 28이며, 광색은 황등색의 단색광이기 때문에 연색성에 문제가 되지 않는 유리의 굴절률 측정, 평면 검사 등의 광학 실험용, 주사액의 불순물 검사용, 교량조명, 터널 조명, 안개지역의 조명, 가로조명, 광장 및 경기장조명 등에 이용되며 일반조명으로는 부적합하다.

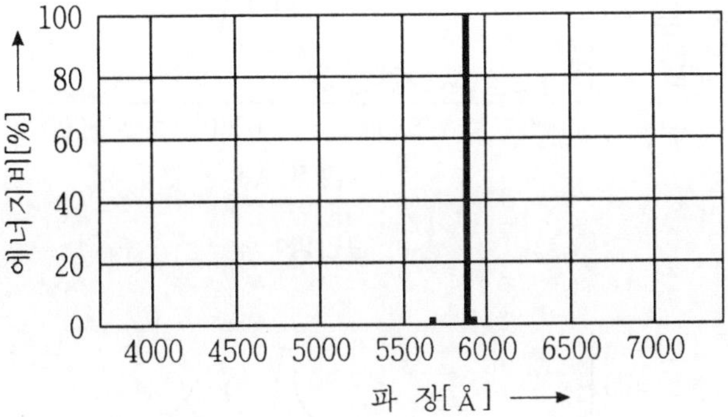

그림 2-26 저압 나트륨등의 분광분포

(2) 고압 나트륨등

고압나트륨등(high pressure sodium lamp)은 발광관내에 나트륨 증기 압력 0.1 기압중의 아크방전에 의한 발광을 이용한 램프이다.

고압수은등이나 메탈헬라이드등과 비슷하지만, 발광관은 700~800[℃]의 고온도에서 나트륨에 침해당하지 않는 투과성 알루미나 세라믹 또는 사파이어로 제작되었다.

발광관내에는 시동보조용 크세논 가스가 2~3.3[kPa] 정도, 동작시에는 나트륨 증기압이 4~25[kPa] 정도가 되도록 나트륨 수은 아말감이 과잉 봉입되어 있다. 이것은 효율을 최대로 하기 위함이다.

고압나트륨등은 400[W]램프에서 가시방사효율 η_e이 0.295이며, 광원의 효율도 120[lm/W]이기 때문에 발광효율 K는 407[lm/W]로서 다른 광원에 비해 높다.

이것은 그림 2-27의 분광분포에서 보듯이 나트륨 D선(589, 589.6[mm])의 양측에 연속 스펙트럼의 발광이 널리 분포되어 있기 때문이다. 또는 분광분포는 수은 증기압에 의해 좌우되며, 램프의 연색성은 색온도 2,000~2,100[K]이고, 평균연색평가지수 Ra는 15~30정도 형광수은등에 비해 떨어진다.

평균수명은 약 12,000시간이고 옥외조명용, 공장, 체육관 등의 조명에 적합하다. 점등후 재시동 시간은 5분 이내로 규정되어 있다.

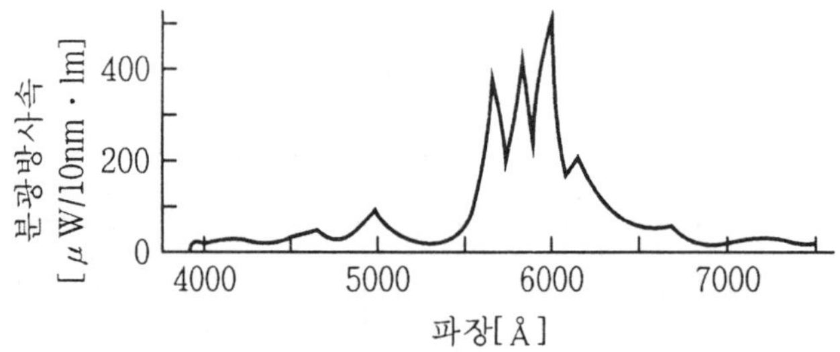

(a) 일반형

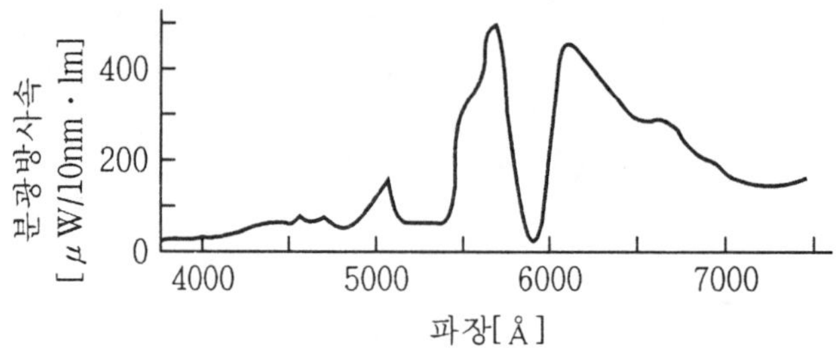

(b) 고연색형

그림 2-27 고압 나트륨등의 분광분포

• 예제 • [답] ②

나트륨 등의 효율[lm/W]은 어떤 범위가 가장 적당한가?

① 20~25 ② 25~55 ③ 80 ④ 90~120

풀이 나트륨 등은 나트륨 증기를 통하여 방전할 때 생기는 D선(5,890~5,896[Å])을 광원으로 이용한 것으로 실용상 효율은 40~70[lm/W] 정도이며 실용적인 유일한 단색 광원이다.

• 예제 • [답] ③

다음의 광원 중 효율이 가장 좋은 것은?

① 형광등 ② 고압 수은등 ③ 나트륨등 ④ 크세논등

풀이 나트륨등의 효율이 좋은 이유는 나트륨의 *D*선(589[mm])을 광원으로 이용하는 나트륨 증기의 방전등이기 때문이다.

• 예제 • [답] ②

효율이 우수하고 특히 안개가 많이 끼는 지역에서 많이 사용되고 있는 등은?

① 수은등 ② 나트륨등 ③ 고압 수은등 ④ 백열등

풀이 나트륨등은 형광등과 같은 방전등으로 관내에 미량의 네온, 아르곤과 함께 나트륨을 봉입한 것이며, 방전에 의해서 *D*선이라 불리우는 등황색의 단색 발광을 한다.

효율이 대단히 좋고(80~110[lm/W]) 수명이 길며, 연기·안개 등에 대한 투과력이 강하다. 이와 같은 이유로 도로 조명 또는 공장, 항만 채석장, 압연 공장 등의 작업장 조명, 표식 등 안개가 많이 끼는 곳의 조명에 적합하다.

• 예제 • [답] ③

나트륨등의 이론 효율[lm/W]은 약 얼마인가?

① 255 ② 300 ③ 395 ④ 500

풀이 나트륨의 분광분포에서 *D*선의 에너지는 전방사 에너지의 76[%], 그의 비시감도는 0.765이고 최대시감도는 680[lm/W]이다. 이론효율은 680×0.765×0.76=395[lm/W]

• 예제 • [답] ②

방전등의 일종으로 효율이 대단히 좋으며 광색은 순황색이고, 연기나 안개속을 잘 투과하며 대비성이 좋은 램프는?

① 수은등 ② 나트륨등 ③ 클리어 전구 ④ 크리프톤 전구

2.3.5 수 은 등

수은등(mercury lamp)은 유리관 내에 봉입된 수은 증기압 중의 방전에 의한 발광을 이용한 것이다. 상온의 수은 증기압은 대단히 낮으므로 기동을 쉽게 하기 위하여 미량의 아르곤 가스를 봉입한다. 방전이 시작되면 온도상승에 따라 봉입된 수은이 서서히 증발하여 적당한 압력이 된다. 일반적으로 수은 증기압이 상승함에 따라서 아크는 관의 중심에 가늘게 모아져 관전압, 휘도, 효율 등이 높아진다.

그림 2-28에 수은 증기압과 효율과의 관계에서 알 수 있듯이 수은 증기압이 높아질수록 효율은 좋으나, 저압 수은등과 고압 수은등 사이에 효율이 떨어지는 곳이 있다. 수은 증기중의 아크 방전에 의해 발산하는 복사는 수은 증기의 압력에 따라 다르다.

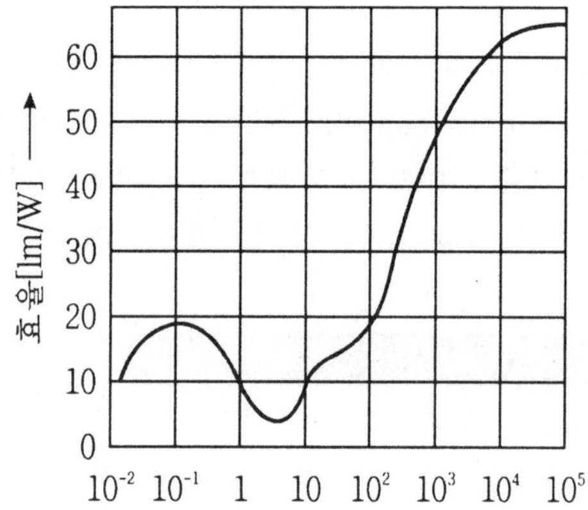

그림 2-28 수은등의 증기압과 효율의 관계

그림 2-29에서 보는바와 같이 저압수은등(0.01[mmHg])의 경우에는 2537[Å]의 자외선이 강력하고 또한 4358[Å](청색), 5461[Å](녹색) 등의 가시선도 있다.

고압수은등(100~760[mmHg])에서는 자외선의 스펙트럼은 약해지고 가시선인 4047~4078[Å], 4358~5461[Å], 5770~5791[Å]의 스펙트럼이 크게 증가한다.

초고압수은등(10~200기압)으로 되면 가시선이 연속 스펙트럼의 경향을 나타내고 광색도 백색에 근접한다.

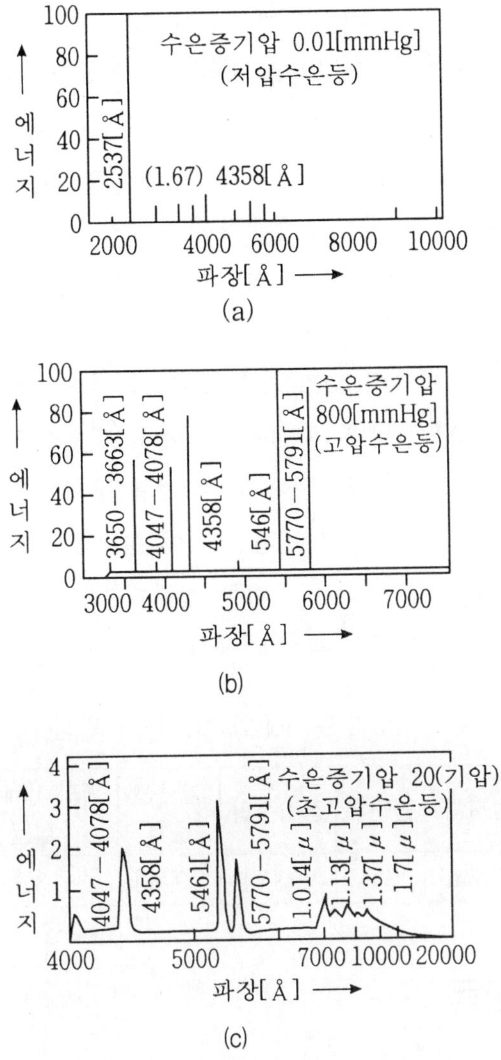

그림 2-29 수은 증기압과 스펙트럼

(1) 저압 수은등

수은을 봉입한 가늘고 긴 유리관의 양단에 전극을 설치한 방전관으로서, 음극은 열음극이나 냉음극을 사용하기도 하고, 한쪽 전극에 수은류의 음극을 설치한 것도 있다.

저압 수은등(low pressure mercury lamp)의 대표적인 것으로 쿠퍼-히위트등(Cooper-Hewit lamp)이 있으며 이것은 수은 증기압 0.25[mmHg] 내외로, 길이 1

[m]되는 유리관 한 쪽의 수은류가 음극의 역할을 하며 다른 한 쪽에 철로 양극을 가지고 있으며, 직류용에서 양극은 한 개이고, 교류용은 두 개다. 쿠퍼, 히위트등은 공장 조명용으로 사용하였으나 효율이 매우 낮아 고압수은등으로 대체되고 현재 이 등의 고속도 점멸성을 이용하여 스트로보스코프에 사용된다.

저압 수은등을 응용한 것에는 살균등과 형광등이 있다. 살균등(germicidal lamp)은 산화물로 피복한 열음극을 사용하며, 증기압이 0.01[mmHg]가 되도록 설계되어 있다.

방전관 내에는 수은 이외에 보조 가스인 아르곤이 수 [mmHg]로 봉입되어 있으며 압력 전력의 약 60[%]가 2537[Å]의 자외선으로 발산되므로 자외선 투과 유리관을 사용하면 살균등 또는 태양등이 된다. 보통 유리관을 쓰고 내면에 형광물질을 도포하여 자외선을 가시선으로 변환한 것이 형광등이다.

살균등은 자외선을 잘 반사하는 연마한 알루미늄 반사갓을 사용한다. 표 2-9는 일반적으로 사용되는 살균 등의 특성을 표시한 것이다.

표 2-9 15[W] 살균등의 특성

크기	길이	관지름	관전류	정격전압	살균선 출력	거리 1[mm]에 있어서의 살균 복사조도	평균 수명
15[W]	36[mm]	25[mm]	0.3[A]	100[V]	2.9[W]	30[$\mu W/cm^2$]	3000[h]

(2) 고압 수은등

고압수은램프(high pressure mercury lamp)는 고압수은증기 중의 방전에 의한 발광을 이용한 것으로 고압나트륨등과 메탈헬라이드등과 함께 HID램프(High intensity discharge lamp ; 고휘도 방전등)라 하며, 발광관의 관변부하가 3[W/cm^2] 이상의 것이다.

점등시에 수은 증기압이 100~760[mmHg] 정도의 것을 말하며, 그림 2-30에 나타낸 바와 같이 점등시 발광관의 온도는 약 600[℃]로 되기 때문에 보온을 위해서 외관이 필요하다.

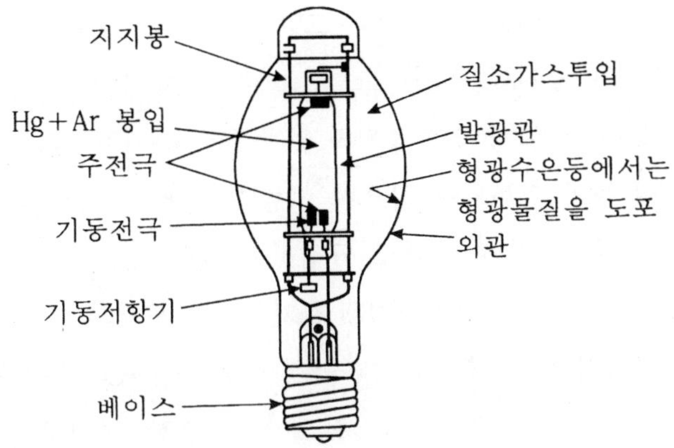

그림 2-30 고압 수은등의 구조

발광관은 고온으로 유지해야 하므로 내열성과 내압성이 좋은 투명 석영유리를 사용하고, 열전도를 막기 위해 발광관과 외관과의 사이는 배기 또는 적당한 가스를 봉입하는 것외에, 전극사이의 아크방지를 위해 질소를 50~100[kPa]정도 봉입한다. 발광관 내부에는 램프를 점등하면 완전히 증발될 수 있는 정도의 수은을 봉입하여 전극을 보호와 더불어 방전개시를 쉽게하기 위해 아르곤을 2.5~5[kPa]정도를 첨가 봉입한다.

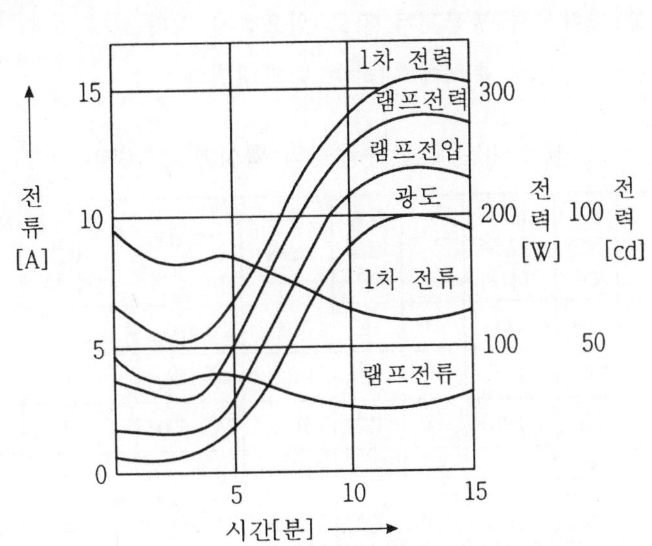

그림 2-31 수은등의 점등 초기 특성

고압 수은등은 일단 소등한 직후 수은 증기압이 높기 때문에 기동은 곤란하게 되어 재점등까지에는 약 10분이 걸린다. 고압 수은등의 점등은 기동 전극과 주전극 사이에서 국부적인 방전이 일어나고, 이 방전 전류에 의한 열 때문에 수은이 증발하여 발광관 안에 수은 증기가 충만하고 주전극 사이로 방전이 옮겨지는 것이다. 주전극에는 산화물이 피복되어 있으며 그림 2-31에 표시한 바와 같이 점등 후 재시동하기까지 시간은 약 10분 이내로 규정하고 있다.

고압수은등의 수명은 초기 광속의 80[%]가 될 때까지의 시간을 말하는데 약 12,000시간(80~1000[W])정도, 효율은 30~50[lm/W] 정도로 투명형보다 형광형이 높다(투명형 Ra는 25, 형광형 Ra는 45). 주로 공원, 광장, 경기장 및 공장의 조명에 사용되고 있다.

고압 수은등 및 초고압 수은등의 결점은 광색에 적색이 부족하므로, 이 결점을 개선하기 위하여 발광관 중에 Cd, Zn을 넣거나 또는 외관 내벽에 형광물질을 도포하는 방법이 사용되며 이와 같은 등을 **형광 고압 수은등**(fluorescent mercury lamp) 또는 **형광 수은등**이라 한다.

즉, 형광 수은등은 점등중에 발광관에서 나오는 자외선을 가시광선으로 바꾸는 것이다. 일반적으로 말하는 고압수은등은 유리구가 투명한(clear glass type) 것이고, 반사형 고압수은등(reflector type mercury lamp)은 외관을 반사형으로 하여 내면에 알루미늄을 증착시켜 투광기가 따로 필요하지 않다.

표 2-10에 고압수은등의 특성에 대하여 나타내었다.

표 2-10 고압 수은등의 특성(KSC 7024)

형식	정격 전압 [V]	방전개시 전압[V] 이하	크기 [W]	램프 전압 [V]	램프 전류 [A]	전광속 [lm]	점등시간 [분] 이하	재점등시간[분] 이하	베이스 [mm]
HF100(HRF100)	200	180	100	115	1.0±0.12	3200±900	8	10	E_{26}
H200(HR200)	200	180	200	120	1.9±0.3	8500±1800	8	100	E_{39}
HF200(HRF200)	200	180	200	120	1.9±0.3	7700+1900	8	10	E_{39}
H250(FR250)	200	180	250	130	2.1±0.3	11000±2200	8	10	E_{39}
HF250(HRF250)	200	180	250	130	2.1±0.3	10000±2300	8	10	E_{39}
H300(HR300)	200	180	300	130	2.5±0.35	14000±2800	8	10	E_{39}
HF300(HRF300)	200	180	300	130	2.5±0.35	13000±3000	8	10	E_{39}

형식	정격 전압 [V]	방전개시 전압[V] 이하	크기 [W]	램프 전압 [V]	램프 전류 [A]	전광속 [lm]	점등시간 [분] 이하	재점등시간[분] 이하	베이스 [mm]
H400(HR400)	200	180	400	130	3.3±0.4	20000±4000	8	10	E_{39}
HF400(HRF400)	200	180	400	130	3.3±0.4	18000±4100	8	10	E_{39}
H700(HR700)	200	180	700	130	5.9±0.4	37000±7500	8	10	E_{39}
HF700(HRF700)	200	180	700	130	5.9±0.4	34000±7800	8	10	E_{39}
H1000A(HR100A)	200	180	1000	130	8.3±1.0	55000±11000	8	10	E_{39}
HF1000A(HRF1000)	200	180	1000	130	8.3±1.0	50000±11500			
H1000B	460	400	100	260	4.0±0.4	55000±11000			
HF1000B	460	400	100	260	4.0±0.4	50000±11500			

<주> H : 고압수은등, F : 형광고압수은등, R : 반사형 고압수은등, A : 200[V]용, B : 460[V]용

수은램프에 전원전압을 인가하면 우선 주전극과 보조전극 사이에 글로우 방전이 발생하고 동시에 주전극 사이의 아크방전으로 이행하지만, 수은이 모두 증발하기까지는 수분의 시간이 걸린다.

고압수은 램프의 시동회로는 그림 2-32에 나타냈으며, (a)는 초크코일형, (b)는 누설 변압기형과 같은 일반형외에 (c)와 같이 정정력 점등회로도 사용된다.

정전력형은 램프와 직렬로 콘덴서를 삽입한 진상회로로서 회로의 일부에 포화철심을 사용하여 전원전압의 변동에 대하여 램프부하에 정전력 특성을 갖도록 한 것이다. 그 외에 다등 점등회로, 순시점등용 수은 램프의 점등회로 등도 실용화되고 있는 실정이다.

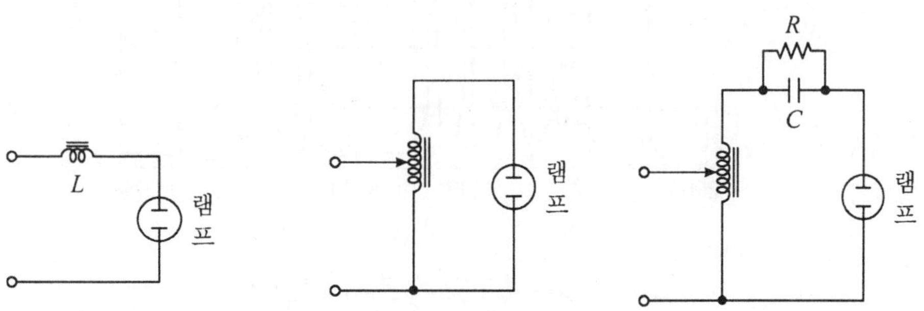

(a) 초크 코일 (b) 누설 변압기형 (c) 정전력형

그림 2-32 고압 수은등 안정기의 회로

(3) 초고압 수은등

고압 수은등의 증기 압력을 10~200기압으로 높여 효율을 40~70[lm/W]로 하기 위하여 석용관 내에 1~2[cm] 간격으로 두 개의 전극과 수은 및 미량의 아르곤을 봉입한 발광관을 다시 유리구의 외관으로 덮은 것이다.

중심 온도는 8000~10000[℃]로 되고, 관벽은 400~600[℃] 정도이며, 작은 것은 자연 통풍방식이나 큰 용량의 것은 수냉식으로 냉각하고 있다.

압력을 높일수록 내부 중심의 온도가 높아져 연속 스펙트럼이 많아지므로 적색이 강하며 고압 수은등보다 더욱 백색에 가깝다.

초고압 수은등(super-high mercury lamp)은 옥외 조명용, 투광기, 영화촬영 및 영사용에 사용되고 있으며, 또 외구가 백열전구와 비슷하므로 백열 전구와 조합하여 일반 사무실이나 공장용으로도 사용된다. 외관에 자외선 투과의 유리구를 사용하여 다량의 자외선이 나오도록 만든 초고압 수은 건강등은 일광이 부족한 지하실, 공장, 빌등 등 보건용 조명에 적당하다.

한편 초고압 수은등의 외관은 자외선에 대한 투과율이 큰 석영관을 쓰고, 알루미늄계의 반사갓으로 투광기와 같이 좁게 비쳐지는 태양등(sun lamp)은 피부병의 치료, 기타의 의료용으로 사용된다.

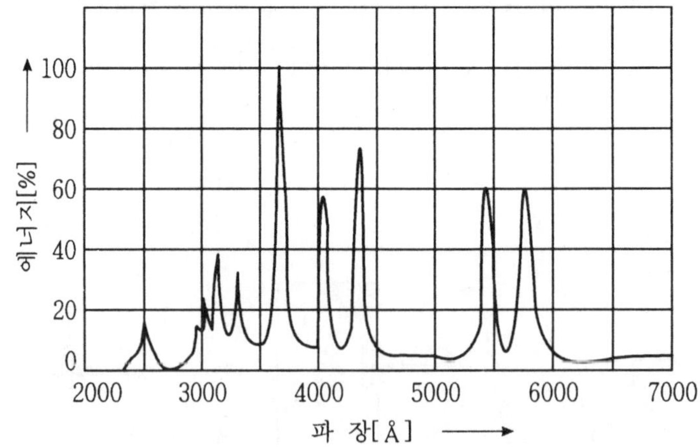

그림 2-33 초고압 수은등의 분광분포

초고압수은등의 수명을 결정하는 요인으로서는 램프로부터의 방사조도의 저하와 램프에 사용되는 석영유리의 열화에 의한 것이 주이다. 100[W] 램프의 수명은 5000시간 이상이며, 120[W]에서도 2000시간 이상의 수명이 기대되고 있다.

그림 2-33은 초고압수은등의 분광분포도를 나타낸 것이다.

• 예제 • [답] ③

고압 수은등의 효율[lm/W] 중 가장 적합한 것은?

① 10 ② 40 ③ 60 ④ 100

풀이 고압 수은등의 크기는 300~1000[W]로 효율은 50[lm/W] 정도로 높다. 수명은 3000~6000시간으로 도로, 공원, 광장, 경기장 및 큰 공장의 조명에 사용되고 있다.

• 예제 • [답] ①

고압 수은등은 발광관과 외관의 2중관으로 되어 있다. 외관이 필요한 이유는?

① 발광관과 온도를 고온으로 유지하기 위하여
② 발광관을 기계적으로 보호하기 위하여
③ 배광을 개선하기 위하여
④ 점등 전압을 저하시키기 위하여

풀이 고압 수은등은 수은 증기압을 1기압 정도로 유지하기 위하여 발광관의 온도는 아크 자신의 발열로 400[℃] 이상 유지할 필요가 있으므로 발광관의 외부에 외관을 씌워서 양관 사이를 배기하든가 적당한 가스를 봉입하여 열의 전도를 막는다.

• 예제 • [답] ①

수은 증기압이 10기압 이상으로 광색은 일반적으로 녹색이 강하고 압력과 전력이 높으면 백색에 가까워진다. 휘도가 높은 것이 특징이고 증기압의 증가에 따라 휘도가 증대되고 150기압에서 100000[cd/cm^2] 이상이 되는 등은?

① 초고압 수은등 ② 메탈헬라이드등
③ 형광 수은등 ④ 고압 수은등

풀이 고압 수은등의 특징을 극도로 발휘한 것이 초고압 수은등이다. 수은 증기압은 10~200[기압]이며 발광 효율은 40~70[lm/W]에 도달하고 휘도가 높다. 광색은 수은 증기압 및 전력이 커질수록 연속 스펙트럼이 많아지며 백색광에 가까워진다.

• 예제 • [답] ④

수은 증기압 10^{-2}[mmHg]에서 방전할 경우 발생하는 스펙트럼의 최대 에너지 파장[Å]은?

① 5791 ② 4358 ③ 3663 ④ 2537

풀이 저압 수은등 0.01[mmHg]의 경우에는 2537[Å]의 자외선이 발생한다.

2.4 형 광 등

형광등은(fluorescent lamp)은 열음극으로 된 저압수은등의 일종이며, 1938년 미국 GE사의 인맨(Inman)의 프로젝트팀에 의해 개발되었다. 구조는 그림 2-34와 같으며, 유리관의 양단에 전자의 복사를 왕성하게 하기 위해 바륨(Ba) 또는 스트론듐(Sr)의 산화물을 피복한 열음극(2중 텅스텐 필라멘트 코일)을 장착하였다.

관내에는 압력 약 1[Pa]((6~10) $\times 10^{-3}$[Torr])의 저압 수은증기 중 방전에 발생하는 파장 2537[Å]인 자외선 방사를 관내벽에 도포한 형광물질을 통해서 가시광선으로 변화시킨 것이다.

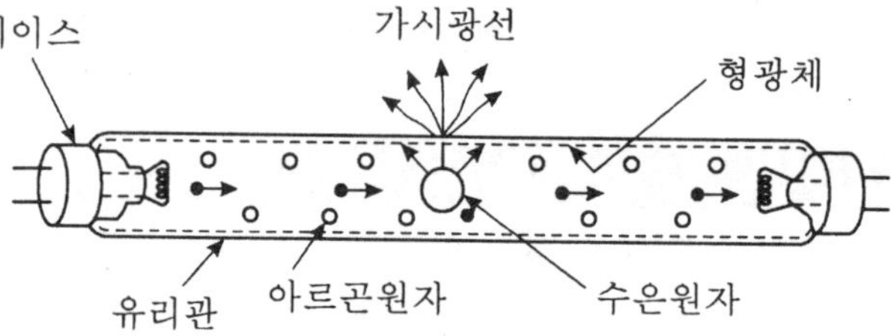

그림 2-34 형광등의 구조와 발광원리

한편 관내에 봉입되는 수은과 아르곤 가스의 압력은 수백[Pa](2~3[Torr])이며 이봉입 가스의 역할은 첫째, 낮은 전리 에너지를 가진 수은을 전리하기 쉽게 하며 둘째, 아르곤 원자는 수은 이온의 운동을 저해하고, 전극수명의 단축과 관단부의 흑화를 완화시키며 셋째, 방전관 벽방향으로 확산하는 전자를 저지하고 전자의 손실을 막는 역할을 한다.

형광등에 사용되는 형광체는 여기파장의 최대감도가 253.7[nm] 또는 그 부근에 있어야 하며, 유리관 벽에 용이하게 부착하는 것이어야 한다. 이 조건에 적합한 형광체는 무기물의 복합산화물 또는 염류로, 붕산, 규산, 인산, 텅스텐산 등의 산화물에 모체금속은 Mg, Ca, Cd, Zn 등이고, 활성체라고 하는 중금속원소인 Ag, Mn, Cu, Pb, Sb 등을 미량 혼합하여 발광효율을 높이거나 형광의 색조를 변경하기 위하여 혼합한다.

일반적으로 램프의 색온도를 2500[K]에서 6500[K]까지 변환시킬 수 있으며, 희토류인 3파장 형광체를 사용하면 발광효율, 연색성, 광속유지율(수명)을 개선시킬 수 있다. 표 2-11에는 중요한 형광물질들의 발광특성을 나타내었다.

표 2-11 주요 형광체의 특성

형광체	분자식	광색	여기파장[nm]		발기파장[nm]		잔광시간 [초]
			범위	극대	범위	극대	
텅스텐산 칼슘	$CaWO_4$-Sb	청	220~300	272	310~700	440	1×10^{-5}
텅스텐산 마그네슘	$MgWO_4$	청백	220~320	285	360~720	480	5×10^{-5}
규산아연	$ZnSiO_3$-Mn	녹	220~296	253	460~640	525	14×10^{-3}
규산카드뮴	$CdSiO_2$-Mn	등	220~300	253	500~720	610	24×10^{-3}
붕산카드뮴	CdB_2O_5	분홍	220~360	250	520~750	615	16×10^{-3}
할로린산 칼슘	$3Ca_3(PO_4)_4 \cdot Ca_2(Cl_2F_2)$-Sb, Mn	황백	180~320	250	380~750	580	30×10^{-3}

형광등의 형상은 그림 2-35와 같은 직관형(일반적인 것), 환상(서크라인)형 및 전구형 등이 있으며 형광등에 가장 많이 사용되고 형광체는 할로린산칼슘으로 백색, 주광색이 주로 사용되고 있다. 주광색은 푸르게 보이고 백색은 백열 전구와 같은 황색으로 보인다. 일반적으로 형광등은 고효율, 고연색, 장수명, 저휘도 등 여러 가지 장점이 있어 널리 사용되고 있다.

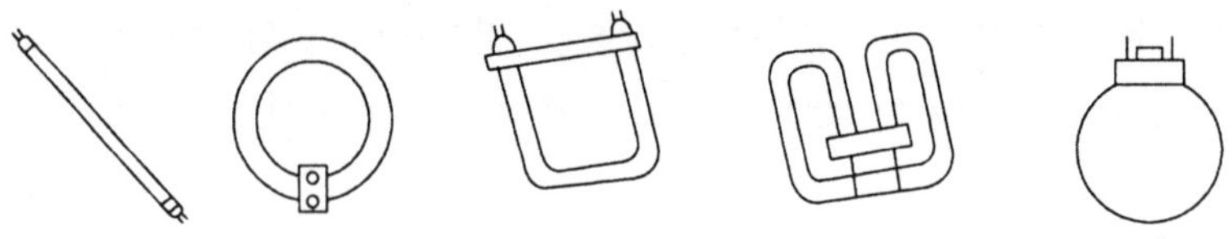

그림 2-35 형광등의 모양

2.4.1 형광등의 종류

형광등의 종류는 시동회로 방식에 따라 다음과 같이 분류할 수 있다.

(1) 점등방식에 의한 분류

(가) 스타트형

점등시에 전극을 2초 정도 예열한 후 전극간에 전압을 인가하여 기동시키는 점등방식을 취하는 램프로 **예열기동형**(preheat start type)이라고도 한다.

전극은 이중코일 필라멘트를 사용하며, 전자방출을 왕성하게 하기 위하여 Ba, Sr, Ca 등의 산화물을 피복한다.

(나) 래피드 스타트형

전극의 예열과 동시에 전극간에 전압을 인가해서 약 1초안에 점등하는 방식을 취하는 램프로 유리관의 내면에 유전성 투명막을 설치한 것과 관 외면에 유전조를 설치한 것이 있다.

또, 관 외면에 발수성이 좋은 실리콘막을 설치한 것이 있고, 이 경우는 조명기구에 근접도체가 필요하다. 전극은 3중코일 필라멘트를 사용하며, 양단에 높은 전압이 걸리게 되어 점등을 용이하게 한다.

(다) 순시기동형

형광방전등에 600[V]의 높은 전압을 인가하여 필라멘트를 예열하지 않고 순간적으로 기동시킨다. 이때 사용되는 형광방전등을 **슬림라인**(slimline)이라 한다.

전극을 예열하지 않고 순시에 양단에 수 100[V]의 전압을 인가하여 강제적으로 방전을 개시시킨다.

(라) 전자식 기동형

반도체 소자와 변압기, 초크코일, 커패시터 등을 조합하여 기동 및 점등회로를 구성하며, 교류 220[V]/60[Hz]의 전원전압을 정류회로에 의하여 직류전원으로 변환한 다음 주파수 20~50[kHz]의 고주파로 발진하여 LC 직렬공진회로를 걸쳐 콘덴서 양단에 고전압이 유기되도록 하여 형광등을 방전시킨다.

점등후 콘덴서 전압은 관전압으로 급격히 떨어져 안정적인 점등이 이루어진다.

(2) 광색과 연색성에 의한 분류

(가) 광색과 색온도

광색의 색도(색상과 채도)가 절대온도 T[K]인 흑체의 색도와 같거나 비슷할 때이 온도 T를 광원의 색온도라 한다.

형광등은 형광체의 조합방향에 의해 여러 가지 분광분포를 가진 램프이며, 일반조명용의 색온도의 범위는 주광색(D) 7100~5700[°K], 주백색(N) 5400~4600[°K], 백색(W) 4500~3900[°K], 은백색(WW) 3700~3200[°K], 전구색(L) 3150~2600[°K] 등이다.

(나) 고연색형

광원에 의한 색의 외양을 표시하는 것이 연색평가지수이다. 그러므로 광원의 연색성은 연색평가지수로 평가되고 있으며 고연색형등은 그 연색성의 정도에 의해 A(DL), AA(SDL), AAA(EDL)로 구분되며, 색평가용 램프중 가장 연색성이 우수한 것은 AAA이다(EX는 3파장형을 의미함).

일반적으로 연색성이 좋은 등의 효율은 낮아지는 경향이 있지만 적, 녹, 청의 좁은 지역에 강한 발광을 가진 희토류 형광체를 조합시킨 3파장 역발광형 형광등은 우수하다. 연색평가를 위한 시험색은 일반용 8색, 특수용 7색으로 되어 있다.

보통은 일반용 색을 조명한 경우의 CIE1960 UCS 색도상에서의 색도 차이의 평균치를 측색 계산하여 이것을 기초로 하여 평균연색평가지수를 구한다. 대표적인 형광등의 분광분포를 그림 2-36에 나타내었다.

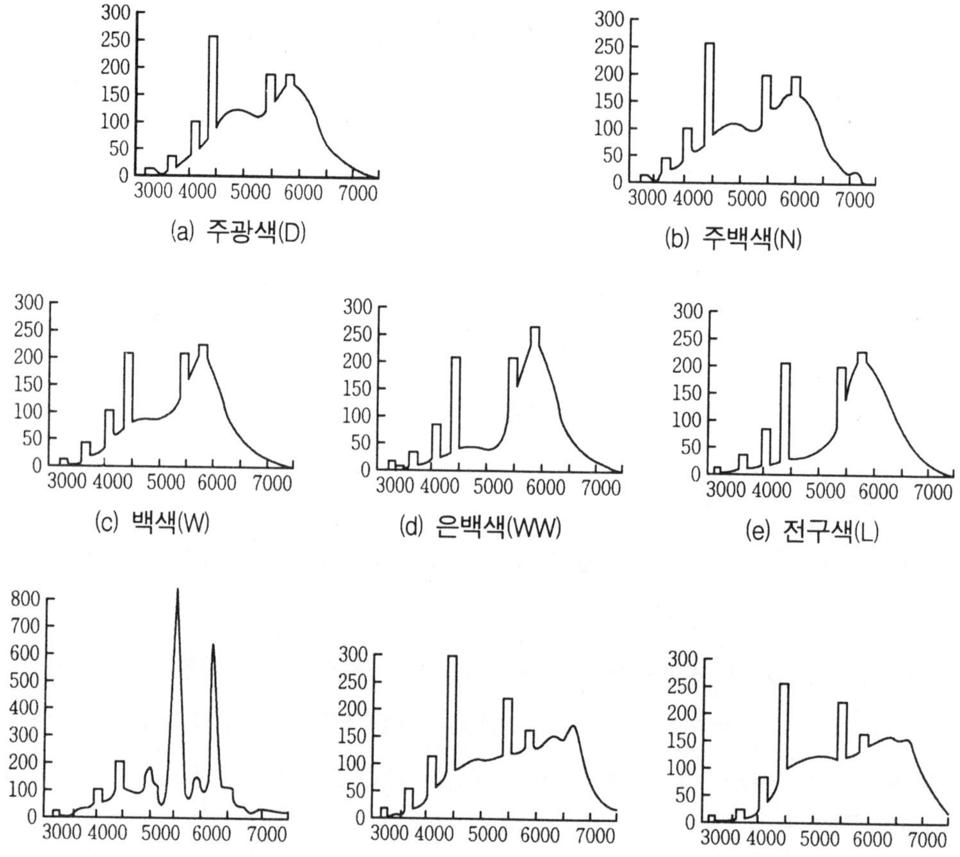

(a) 주광색(D) (b) 주백색(N)

(c) 백색(W) (d) 은백색(WW) (e) 전구색(L)

(f) 삼파장역 발광형주백색(EX-N) (g) 고연색주백색(N-SDL) (h) 초고연색색평가용(N-EDL)

종축 : 분광방사속(μW/10mm · ml), 횡축 : 파장[Å]

그림 2-36 각종 형광등의 분광분포

(다) 형태에 의한 분류

튜브상의 직관형 외에 주택에서 많이 이용되고 있는 점등회로를 내장한 구형, U형 및 WU형 등이 있으며, 백열전구를 지접 대체하여 사용할 수 있는 전구구금형도 있다.

(라) 특수 용도용 형광등

조명 이외의 산업용으로써 식물육성용, 방충용, 살균등, 건강선용, 복사/전자사진용, 광화학용, 자외선(360[nm]부근)만의 플랫라이트, 색평가용 등 용도에 따른 분광분포를 하고 있다.

2.4.2 전압 특성

형광등의 전압특성을 그림 2-37에 나타내었다. 그림에서 형광램프의 광속, 전류, 전력은 거의 전원전압에 비례하여 증가하고 있다.

전원전압이 너무 높으면 전극의 과열로 관단에 흑화가 촉진되며, 너무 낮으면 기동이 불안정하게 되어 전극물질의 스파터링 등으로 수명을 짧게하는 원인이 된다. 따라서 형광등은 전원 전압이 정격 전압의 ±6[%] 범위 내에서 사용하는 것이 좋다.

그림 2-37에서 알 수 있듯이 공급 전압이 정격 전압보다 5[V] 증가할 경우 광속은 8[%] 증가하고 5[V] 감소하면 광속이 8[%] 감소한다. 그러나 백열 전구인 경우는 커다란 변화가 없다.

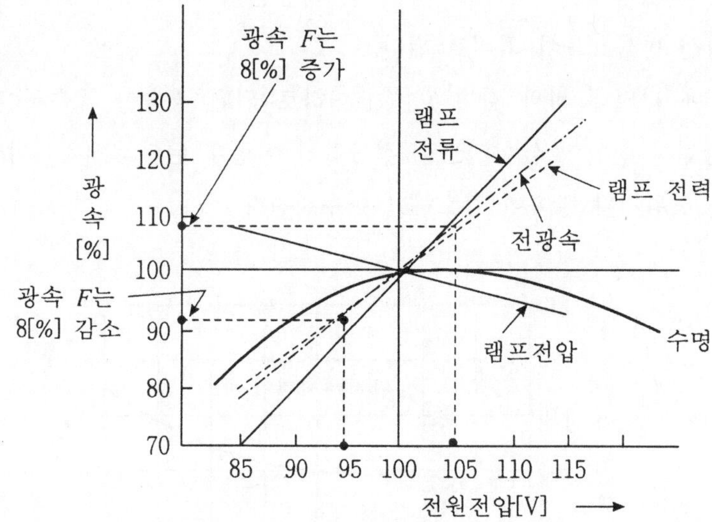

그림 2-37 형광등의 전압 특성

또한 안정기의 특성이 나쁜 것, 즉 설계 불량으로 철심이 포화되어 임피던스가 저하되면 전류가 증가하여 수명에 큰 영향을 준다. 표 2-12는 형광등의 정격을 나타낸 것이다. 즉, 주파수가 저하되면 안정기의 리액턴스 $2\pi fL$이 감소하여 전류가 증가하게 되므로 수명이 짧아진다.

표 2-12 형광등의 정격

방전관의 형식	정격입력전압 [V]	램프전류 [A]	임피던스 [Ω]	정격램프전력 [W]	안정기손실전력 [W]
FL-10	100	0.23	253±3	15	1.5±0.5
FL-15	100	0.30	242±2	20	2.0±0.5
FL-20	100	0.375	192±2	25	2.5±0.5
FL-30	100	0.62	19±11	30	3.0±0.5
FL-40	200	0.435	344±3	40	4.0±0.5

2.4.3 온도 특성

형광등의 발광, 효율 및 시동개시전압 등은 주위온도의 영향을 크게 받는다. 형광등은 주위 온도가 20~25[℃]일 때 가장 적당한 관벽 온도는 45[℃]일 때 253.7[nm]의 자외선 방사효율이 최대로 된다.

그림 2-38에 나타낸 바와 같이 10[℃] 이하로 되면 광속이 급속히 감소하여 어두워지고, 방전시 전압이 높아지므로 점등하기 어렵게 된다. 35[℃] 이상으로 되면 방전 개시는 쉬워지나 광속이 감소하면 어두워진다.

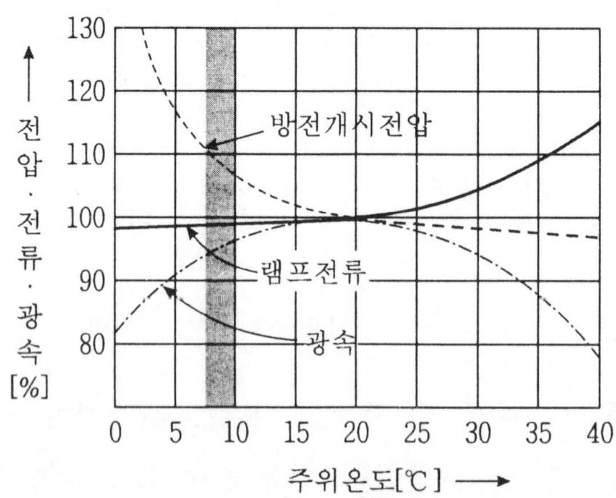

그림 2-38 형광등의 온도 특성

형광등은 온도가 저하하면 관내의 수은증기압이 감소하여 광속이 적어지고 또 온도가 높아지면 관내의 압력이 증가되어 여기 파장 253.7[nm]이 약하게 되므로 이것 역시 광속이 감소된다. 저온에서 사용하는 것은 관내의 아르곤 가스 압력을 낮추어 저온용으로 만들어야 한다.

2.4.4 수명과 동정

그림 2-39와 같이 점등시간에 따라 전류, 전압, 전력 및 효율 등의 관계를 광속으로 나타내는 곡선을 **동정곡선**(performance curve)이라 하며, 형광램프의 광속은 사용후 100시간 정도까지는 극격히 저하하지만, 그 이후는 완만하게 감소한다.

보통 100시간 후의 광속을 100[%]로 하였을 때 광속유지율은 70~95[%]로 저하할때까지의 점등시간 합계 또는 램프가 점등되지 않게 될 때까지의 총점등시간의 합계 중 짧은 것을 택하여 정격수명시간으로 정한다.

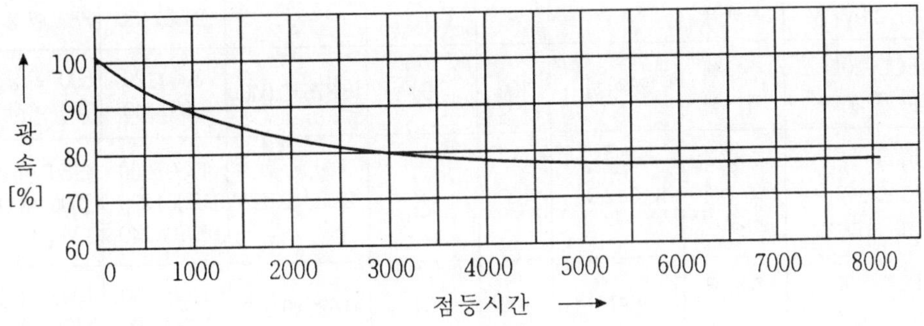

그림 2-39 형광등의 동정곡선

표준규격품의 수명은 약 4000시간으로 되어 있으나 우량품은 7000시간까지 되는 것도 있다. 형광등은 점등 후 100시간까지는 광속이 급격히 감소하고 1000시간까지는 완만한 감소를 보이며, 그 후 비교적 안정된 광속을 발산한다.

한국공업규격에서는 초특성의 전광속은 100시간 점등 후의 광속으로 하고, 동정특성의 광속은 500시간 점등 후의 광속으로 정하고 있다.

표 2-13에 형광등의 형식에 따른 크기와 특성을 나타내었다.

표 2-13 형광등의 크기와 특성

형 식	종 류	유리관의 지름[mm]	정격 전압 [V]	초기특성			동정특성
				기동시험 전압[V]	관전류[A]	전광속[lm]	전광속[lm]
FL-4D FL-4W	주광색 백 색	14.7±1.3	100	94	0.125±0.020	94±14 100±15	70 이상 80 이상
FL-6D FL-6W	주광색 백 색	14.7±1.3	100	94	0.147±0.020	180±27 200±30	140 이상 160 이상
FL-8D FL-8W	주광색 백 색	14.7±1.3	100	94	0.170±0.020	300±45 330±35	240 이상 270 이상
FL-10D FL-10W	주광색 백 색	25.0±1.5	100	94	0.230±0.030	380±57 430±65	330 이상 370 이상
FL-15SD FL-15SW	주광색 백 색	25.0±1.5	100	94	0.300±0.030	640±96 730±110	550 이상 620 이상
FL-15D FL-15W	주광색 백 색	38.0±2.0	100	94	0.340±0.030	540±81 600±90	470 이상 530 이상
FL-20D FL-20W FL-20WW	주광색 백 색 온백색	38.0±2.0	100	94	0.375±0.030	880±130 1000±150 1030±150	750 이상 850 이상 880 이상
FCL-20D FCL-20W	주광색 백 색	36이하	100	94	0.375±0.040	800±120 900±140	690 이상 780 이상
FL-30D FL-30W FL-30WW	주광색 백 색 온백색	38.0±2.0	100	94	0.620±0.062	1350±200 1530±230 1570±240	1150 이상 1300 이상 1340 이상
FCL-30D FCL-30W	주광색 백 색	36이하	100	94	0.620±0.070	1150±170 1300±200	1000 이상 1150 이상
FCL-32D FCL-32W	주광색 백 색	36이하	147	137	0.435±0.050	1420±210 1600±240	1200 이상 1360 이상
FL-40D FL-40W FL-40WW	주광색 백 색 온백색	38.0±2.0	200	180	0.435±0.040	2250±340 2250±380 2600±390	1950 이상 2220 이상 2300 이상
FCL-40D FCL-40W	주광색 백 색	36이하	200	180	0.435±0.050	1950±290 2200±330	1700 이상 1900 이상

<주> 1. 형식에 사용되는 문자 및 수치이다.

FL : 형광방전관, FL의 중간의 C : 관이 환형인 것, FL 또는 FCL의 다음 수치 : 크기, 수치 다음의 S : 관의 지름이 가느다란 것, 수치 또는 S 다음의 문자 : D, W 및 WW, 각각 관이 발하는 색이 주광색, 백색 및 온백색인 것

2. 연색성을 개선한 것은 D 또는 WW 다음에 DL 또는 SDL의 기호를 붙여 표시한다.
3. DL 또는 SDL의 문자가 붙은 것의 초특성 및 동정특성의 전광속은 D, W, WW에서 정하는 각 값의 70[%] 이상으로 한다.

2.4.5 형광등의 흑화현상

형광등의 양단이 검게 변화하는 현상을 흑화라 한다. 이 흑화현상은 형광등에 사용함에 있어서 안정기가 부적당하다거나, 잦은 점등 또는 전압의 변동이 원인이 되어 발생하며 심한 경우에는 동정 특성에 나쁜 영향을 주게 된다.

형광등을 사용함에 따라 광속이 감소하는 원인은 다음과 같다.

① 전극의 전자발산이 적어지기 때문이다.
② 전극 물질이 승화하여 램프 양단의 흑화의 발생 때문이다.
③ 형광체의 열화에 기인한다.

등이며, 방전관의 양단에 흑화현상이 생기는 형태는 다음과 같다.

① 전극의 양단에서 5[cm] 정도의 떨어진 곳에 나타나는 환상의 흑화는 형광등을 수십시간 이상 사용하면 나타나는 것으로, 특성에 큰 영향을 주지 않는다.
② 베이스의 가까운 부분에 생기는 짙은 검은 반점은 기동전류 또는 점등시의 전류가 과대한 경우에 발생한다.
③ 방전관 끝부분의 넓은 흑화는 관의 수명 말기에 생기며, 이것은 필라멘트 표면의 바륨(Ba)이 승화되어 관 내벽에 부착한 것이다.

이와 같은 흑화현상이 일어나면 방전 개시 전압이 과대하게 높아져 점등관이 동작하여도 필라멘트만 가열될 뿐이고, 점멸을 반복하여도 안정된 점화가 불가능하게 된다. 형광등의 열화는 수은과 형광체가 화학적으로 결합하거나 자외선의 심한 자극으로 생기는 것이다.

2.4.6 플리커와 플리커리스 형광등

형광등을 상용주파수의 교류로 점등하면 반사이클마다 전류의 증감에 따라 광속이 변화한다. 이것은 교류로 인한 전류의 순시값에 비례하여 1[Hz]마다 2회의 맥동을 한다. 형광체는 잔광성을 가지고 있으므로 전류값이 영으로 되어도 빛은 남아 있어 눈으로 시감할 수는 없으나 빛의 반복된 명멸을 느낄 수 있다.

이 빛의 명멸, 즉 어른거림을 **플리커**(flicker)라 하고 다음 식 (2-9)와 같이 표시하며 각종 광원의 플리커를 비교하면 표 2-14와 같다.

$$\text{플리커} = \frac{\text{최대 광도} - \text{평균 광도}}{\text{평균 광도}} \times 100[\%] \qquad (2\text{-}9)$$

표 2-14 전구별 플리커의 발생률

광 원	플리커[%]	광 원	플리커[%]
백열전구 40[W]	13	형광등 백색(2등용)	20
백열전구 100[W]	5	형광등 백색(3등용)	6
형광등 주광색(1등용)	60	형광등 청색(1등용)	95
형광등 주광색(2등용)	28	형광등 녹색(1등용)	20
형광등 주광색(3등용)	8	형광등 분홍색(1등용)	20
형광등 백색(1등용)	45		

형광등은 백열 전구에 비하여 플리커가 크지만, 일반 점등시에는 시감할 수 없고 움직이는 물체를 장시간 관측하는 경우 플리커 현상을 감지할 수 있게 된다.

플리커 현상을 감소시키기 위하여 형광 방전관 두 개를 동일 기구에 설치하고 그림 2-40에 나타낸 것과 같이 콘덴서를 직렬로 접속하여 한쪽 형광등의 전류 위상을 90° 빨리해 주면 주광색 형광등은 28[%], 백색 형광등은 20[%] 정도 플리커 현상을 감소시킬 수 있다. 이와 같은 형광등을 **플리커리스(flickerless) 형광등**이라 한다.

플리커를 더욱 감소시키려면 세 개의 형광 방전관을 각각 3상 회로의 각 선간에 설치하면 플리커는 6~8[%]로 되며 전류도 각 상이 평형으로 되며 역률이 개선되는 이점이 있다.

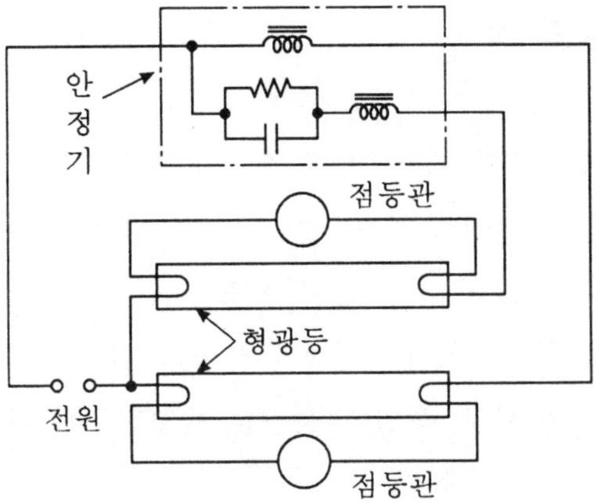

그림 2-40 플리커리스 형광등의 구조

2.4.7 역률 개선

백열전구의 역률은 필라멘트의 저항만으로 인하여 거의 100[%]이나 형광등은 안정기가 삽입되어 있으므로 50~60[%]이다. 형광방전관 자체는 저항 부하에 가까워 그 역률은 약 90[%] 정도이다.

역률을 개선하기 위하여 전원과 병렬로 콘덴서 C를 접속하고 있으나 역률 개선 전이나 개선 후의 전력은 같으므로 C는 식 (2-10)으로 나타난다.

$$P = VI_L\cos\theta_1 = VI\cos\theta_2 \quad \therefore I_L = \frac{P}{V\cos\theta_1},\ I = \frac{P}{V\cos\theta_2}$$

$$I_c = 2\pi fCV = I_L\sin\theta_1 - I\sin\theta_2$$

$$= \frac{P\sin\theta_1}{V\cos\theta_1} - \frac{P\sin\theta_2}{V\cos\theta_2} = \frac{P}{V}(\tan\theta_1 - \tan\theta_2)$$

$$\therefore\ C = \frac{P\times10^6}{2\pi fV^2}(\tan\theta_1 - \tan\theta_2)\ [\mu\mathrm{F}] \qquad (2\text{-}10)$$

여기서, $\cos\theta_1$: 점등회로의 역률, $\cos\theta_2$: 개선 후의 역률, P : 입력[W], I_L : 관전류[A], I : 선전류[A], V : 전압[V], f : 주파수[Hz]이다.

형광등의 역률은 85[%]로 개선하려면 1개의 등당 3.5~5.5[μF]의 콘덴서를 병렬로 접속하여야 한다.

2.4.8 형광등의 특징

① **수명이 길다.** : 형광등의 평균수명은 약 7000[h]로 백열 전구의 1000[h]에 비하여 매우 길지만, 안정기의 불량, 전원전압의 변동, 주파수의 불균일, 점멸 횟수의 과다 및 주위 온도의 저하 등이 형광등 수명 감소의 원인이 되고 있다.

② **임의의 색광을 얻을 수 있다.** : 형광체에 따라 원하는 색광을 얻을 수 있으며 효율이 높다. 동일한 색상, 동일한 용량의 백열전구에 비하여 청색은 40배, 녹색은 95배 정도로 효율이 높다.

③ **효율이 높다.** : 백열전구는 물론 수은등보다 역률이 높아 40[W] 백색 형광등의 경우 광속은 백열전구 150[W]와 비슷하므로 안정기의 손실을 고려하더라도 효율은 약 3배 정도가 된다. 표 2-15에 각종 램프의 효율을 나타내었다.

표 2-15 램프의 효율

종류	효율[lm/W]	종류	효율[lm/W]
백열전구	16~20	형광등(3파장)	81
할로겐전구	20~22	형광수은등	37~65
형광등	40~90	메탈헬라이드등	65~100
고압수은등	30~65	저압나트륨등	130~175
초고압수은등	40~70	고압나트륨등	92~130

④ **휘도가 낮다.** : 광원의 발광면적이 넓어 휘도가 약 6000~10000[cd/m^2]이다. 사람이 장시간 광원을 바라볼 수 없는 휘도의 한계는 5000[cd/m^2]으로 이 보다 휘도가 높으면 눈부심(glare)을 느낀다.

⑤ **발열이 거의 없다.** : 15[W] 주광색 형광등의 경우 복사열로 발산되는 에너지는 입력의 약 50[%] 정도이다. 이에 비해 백열 전구는 약 90[%]가 열로 복사되나 형광등의 효율은 백열 전구의 약 3~4배 이므로 같은 양의 광속을 내는 광원의 복사열로서 형광등은 백열 전구의 1/5~1/7정도가 된다.

⑥ **전원전압의 변동에 대하여 광속변동이 적다.** : 전압 변동에 대한 형광등의 광속의 변화는 백열 전구의 경우에 비해 적으며, 전압 1[%] 변동에 대하여 광속은 1~2[%]로 변화한다.

⑦ **기동시간이 길다.** : 주위 온도가 낮아지면 점등관의 특성이 나빠져 기동에는 시간이 걸리므로, 래피드 스타터 형광등이나 슬림라인형 형광등은 이러한 단점을 보완한 것이다.

⑧ **주위 온도의 영향을 받는다.** : 주위 온도가 20~25[℃]일 경우 효율이 높고 이보다 온도가 높거나 낮으면 효율은 떨어진다. 주위 온도가 너무 낮아지면 점등할 수 있는 최저 전압은 높아지고 점등관을 동작하지만 점등되지 않는다.

⑨ **역률이 낮다.** : 안정기에는 초크코일이 사용되므로 역률이 55~65[%] 정도로 매우 낮다. 전원에 병렬로 콘덴서를 삽입하여 역률을 개선한다.

⑩ **전원주파수의 변동이 광속 수명에 영향을 미친다.** : 안정기로서 초크코일이나 콘덴서를 사용하므로 전원주파수의 영향을 받아 형광등의 광속이나 수명이 변동한다. 일반적으로 주파수 1[%]의 변화에 대하여 램프 전류는 지상측에서 1[%] 증가하고, 진상측에서 2[%] 감소하며, 수명에 나쁜 영향을 주므로 정격주파수의 ±4[%]의 범위 내에서 사용하는 것이 바람직하다.

⑪ **빛의 명멸(flicker)현상이 있다.** : 형광등을 교류로 점등하면 전류의 주기적 변화와 더불어 광속에 어른거림이 일어난다.

⑫ **라디오 장해를 받는다.** : 형광등으로부터 방해전파가 발생하여 라디오에 잡음 장해를 준다.

2.4.9 라디오 잡음 방지

형광등의 전압 파형은 구형파로 되어 있고, 또 이것에 100[Hz] 정도의 진동파가 중첩되어 있으므로 550~1500[kHz]의 방송 주파수의 범위로서 라디오에 잡음을 주게 된다.

그 잡음의 경로는 다음과 같다.

① 형광등 자체의 전파가 안테나에 들어온다. 이것은 형광등으로부터 멀리 격리하면 영향이 없다.

② 형광등을 점등하고 있는 전등선에서 방사되는 전파가 안테나에 들어온다.

③ 형광등에서 전등선을 따라 라디오에 침입한다.

이를 방지하기 위하여 그림 2-41 (a)와 같이 기동용 스위치에 병렬로 0.06[μF] 정도의 콘덴서를 삽입하거나 그림 (b)와 같이 0.07[μF]의 콘덴서를 Δ로 접속한 필터를 전원측에 넣는다.

이것으로 잡음은 75[%] 정도 감소된다. 또한 그림 (c)와 같이 하면 거의 완전하게 잡음을 방지할 수 있으며 이와 같은 것을 $L-C$형 필터라고 한다.

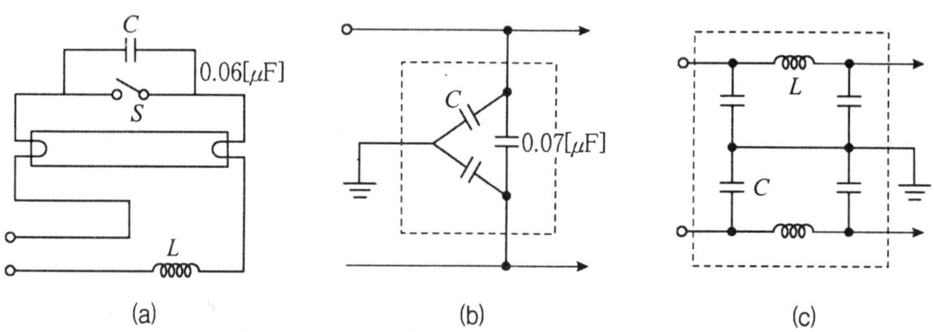

그림 2-41 라디오 잡음 방지법

2.4.10 3파장 형광등

형광등은 다른 어느 광원보다도 에너지 절약면을 위시하여 여러 가지 좋은 특성을 가지고 있어 다른 어떤 방전등보다 많이 보급되어 있지만, 연색성이 낮은 것이 단점이었다. 이에 호응하기 위해 선진국에서는 이미 상당한 각광을 받고 있는 삼파장 협대역 발광형 형광등(삼파장이라 칭함)이 개발되었다.

3파장램프는 일반 형광등의 분광분포에서 발광이 부족한 영역인 445~475[nm]의 청색, 525~555[nm]의 녹색, 595~62[nm]의 적색의 3영역의 분광분포를 강화시킨 것이다. 즉 3파장형광램프는 3종류의 형광체를 혼합하여 연색성을 더욱 향상시킨 것으로, 광색은 주광색(6700[K]), 주백색(5000[K]), 전구색(3000[K])의 3가지로서 가정용, 상점 등에 사용하기 적합하다.

3파장 형광체는 최적의 영역, 453(청색), 544(녹색), 611(적색)[nm]에서 발광함으로써 연색평가지수의 향상을 저해하는 405[nm]의 수은휘선을 흡수하는 효과를 갖고 있다. 여기에 형광체의 소성조건과 후처리방법의 개선에 의해 종래보다 고효율화되고 전광속의 저하를 최소한으로 억제를 시켰다.

삼파장 형광등의 특징을 일반형광등과 비교하여 살펴보면 다음과 같다.

① 가장 밝은 형광등이다. : 같은 규격의 백색 형광등에 비해서 약 10[%]정도 밝다.

② 밝다는 느낌이 뛰어나다. : 같은 조도하에서 일반 형광등에 비하여 약 40[%] 정도 밝게 느낀다.

③ 연색성이 우수하다. : 색상이 자연스럽고, 선명하게 보인다.

④ 산뜻하고 싱싱한 분위기를 만든다.

⑤ 기존의 백열전구와 비교해서 치수, 형상 및 전기적 특성이 비슷하므로 기존의 등기구를 그대로 사용할 수 있다.

⑥ 전기요금이 절약된다. : 유리관경을 축소시킨 절전설계 등으로 동정중 광속 감퇴율이 적고 또한 약 3~5[%] 절전된다.

표 2-16은 3파장 형광램프와 일반 형광등과의 특성을 비교하였다.

표 2-16 3파장 형광램프의 연색평가지수

램프		색온도[K]	평균연색평가지수	전광속[lm]
일반형 형광등	N	5000	72	1600
	D	6500	74	1450
	W	3500	61	1670
3파장 형광등	EX-N	5000	84	2100
	EX-D	6700	84	2000

• 예제 • [답] ①

청색 형광 램프의 형광체는?

① 텅스텐산칼슘 ② 규산카드뮴 ③ 규산아연 ④ 붕산카드뮴

풀이 형광체의 광색은 다음과 같다.

형광체	분자식	광 색	형광체	분자식	광 색
텅스텐산칼슘	$CaWO_4$-Sb	청 색	규산카드뮴	$CdSiO_2$-Mn	등 색
텅스텐산마그네슘	$MgWO_4$	청백색	붕산카드뮴	CdB_2O_5	핑크색
규산아연	$ZnSiO_3$-Mn	녹색	할로린산칼슘	$3Ca_3(PO_4)_4 \cdot Ca_2(Cl_2F_2)$ -Sb, Mn	황백색

• 예제 • [답] ③

다음에서 정육점 육류 진열장에 조명할 형광등의 형광체는 어느 것이 가장 효과적인가?

① 텅스텐산칼슘($CaWO_4$-Sb) ② 텅스텐산마그네슘($MgWO_4$)
③ 붕산카드뮴(CdB_2O_5) ④ 규산아연($ZnSiO_3$-Mn)

풀이 붕산카드뮴(CdB_2O_5)-핑크색

• 예제 • [답] ③

형광 램프의 동정 특성에서 광속은 어느 때 측정한 값을 말하는가?

① 제조 직후 ② 점등 100시간 후
③ 점등 500시간 후 ④ 점등 1000시간 후

풀이 한국 공업 규격(KS C 7901)에서는 동정 특성의 광속은 500시간 점등 후의 광속으로 정하였다. 초특성의 전광속이라는 것은 100시간 점등후의 값이다.

• 예제 • [답] ④

형광 램프의 관벽 온도[℃]는?

① 10~20 ② 20~30 ③ 30~40 ④ 40~50

풀이 형광 램프의 관벽 온도가 40~45[℃]일 때, 자외선 2537[Å]의 방사 효율은 최대로 된다.

• 예제 • [답] ④

형광등에서 가장 효율이 높은 색깔은?

① 백색 ② 적색 ③ 주광색 ④ 녹색

풀이 효율이 높은 순으로 적으면 녹색, 백색, 주광색, 적색 순으로 된다.

• 예제 • [답] ④

조명 기구 중 효율이 가장 높은 것은?

① 자동차전구 ② 백열전구 ③ 탄소아크등 ④ 형광등

풀이 조명효율이 좋은 순서

① 나트륨 램프 : 80~150[lm/W] ② 메탈헬라이드 램프 : 75~105[lm/W]

③ 형광 램프 : 48~80[lm/W] ④ 수은 램프 : 35~55[lm/W]

⑤ 할로겐 램프 : 20~22[lm/W] ⑥ 백열전구 : 7~22[lm/W]

• 예제 • [답] ④

형광체로 쓰이지 않는 것은?

① 텅스텐산칼슘 ② 규소아연

③ 붕산카드뮴 ④ 황산나트륨

• 예제 • [답] ④

형광등을 사용함에 따라 광속이 감속하는 원인이 아닌 것은?

① 전극의 전자복사가 적어진다. ② 방전관의 양단의 흑화현상

③ 형광체의 열화 ④ 형광등의 부특성

• 예제 • [답] ③

형광등은 주위 온도가 몇[℃]일 때 가장 효율이 높은가?

① 5~10 ② 10~15 ③ 20~25 ④ 35~40

풀이 주위 온도가 20~27[℃]일 때의 관벽 온도는 40~45[℃]이므로 이때 온도에서 최고 효율이 되도록 설계되어 있다.

• 예제 • [답] ①

녹색 형광 램프의 형광 재료는?

① 규산아연 ② 텅스텐칼슘

③ 규소카드뮴 ④ 붕산카드뮴

• 예제 • [답] ③

FL－20D 형광등의 전압이 100[V], 전류가 0.35[A], 안정기의 손실이 5[W]일 때 역률은 몇 [%]인가?

① 약 57 ② 약 65 ③ 약 71 ④ 약 85

풀이 $V=100$[V], $I_L=0.35$[A], 안정기 손실은 5[W]이므로

$$P=20+5=25[\mathrm{W}]$$

$$\cos\theta=\frac{P}{VI_L}=\frac{25}{100\times0.35}=0.714=71.4[\%]$$

• 예제 • [답] ④

형광등에서 아르곤을 봉입하는 이유는?

① 연색성을 개선한다. ② 효율을 개선한다.
③ 역률을 개선한다. ④ 방전을 용이하게 한다.

풀이 형광등은 방전 개시를 용이하게 하기 위하여 5~6[mmHg]의 아르곤이 봉입되어 있다.

• 예제 • [답] ①

형광 방전등의 형광 물질의 자극 파장[Å]은?

① 2537 ② 2735 ③ 3537 ④ 3635

풀이 형광등은 저압 수은 방전등의 일종으로 저압 수은 증기의 방전에 의하여 수은의 공명선인 2537[Å]의 자외선을 다량 복사한다. 이것을 형광 물질이 받아서 가시선으로 변환한다. 즉, 전기 루미네센스와 복사 루미네센스를 이용한 전등이다.

2.5 고휘도 방전램프

고휘도 방전램프(high intensity discharge lamp ; HID램프)는 고압가스 또는 증기 중의 방전에 의한 발광을 이용한 방전램프이며 고압수은램프, 메탈헬라이드램프 및 고압나트륨램프 등의 총칭한 것으로 HID램프라고도 하며 발광관의 관변부하가 3[W/cm²] 이상의 것이다.

2.5.1 고압 수은램프

(1) 구 조

고압수은램프(high pressure mercury lamp)는 0.2～1[MPa]의 압력의 수은증기 중의 방전에 의한 발광을 이용한 것으로 그림 2-42에 나타낸 것과 같이 발광관의 수은증기압, 즉 온도를 높이기 위해서 2중관으로 되어 있다.

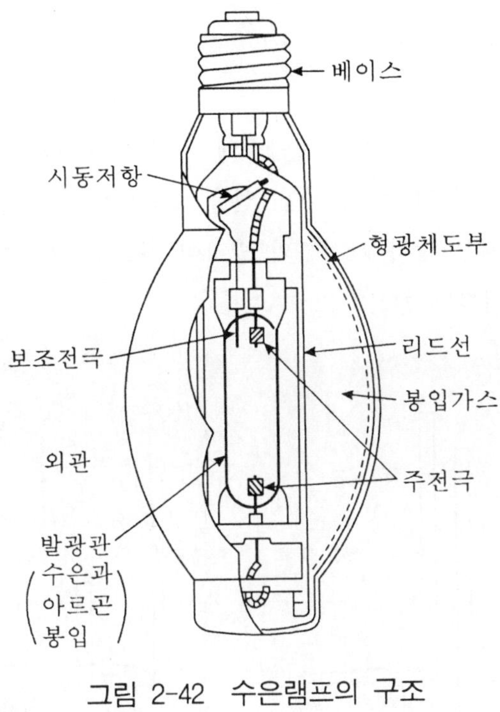

그림 2-42 수은램프의 구조

고압수은램프는 형광체의 사용으로 연색성과 효율이 대폭 개선되어 도로조명, 공장조명, 스포츠 조명 등 일반조명용으로 널리 사용되고 있다.

수은의 증기압은 상온에서는 10^{-3}[Torr]로 낮지만 정상상태에서는 온도상승으로 봉입된 수은이 전부 증발하여 0.2～1[MPa]의 압력에 도달한다. 발광관은 내열성과 내압성이 우수한 석영유리로 만들고, 관 내에 적량의 수은과 기동을 쉽게(페닝효과로) 하고, 전극을 보호하기 위하여 2.6[kPa] 정도의 아르곤이 봉입되어 있다.

전극은 보통, 관내양단에 전자방출물질(알카리 토금속화합물)이 충전된 텅스텐

코일 주전극과 기동용의 보조전극으로 되어 있다. 발광관을 싸고 있는 외관은 보온, 자외선 차단 등의 역할을 하고, 점등시에는 대기압과 같은 정도가 되도록 질소 또는 아르곤가스를 1/2 기압 정도 봉입되어 있다. 그러면 점등시에 기압이 1기압으로 평형이 되도록 하고 있다.

고압수은램프에는 투명형과 외관 내에 형광체가 칠해진 형광수은램프가 많이 쓰이고 있다. 형광수은램프용의 형광물질은 250~350[℃]의 고온에 견디고 주로 365[nm]의 근자외선의 여기에 의하여 부족되고 있는 적색발광을 보완하는 것으로 희토류 형광체(YVO_4 ; Eu)가 주로 사용된다.

(2) 특 성

수은증기방전에서는 증기압력이 높아짐에 따라서 전자와 원자의 충돌이 증가되어 발광 스펙트럼선의 폭의 퍼짐, 차이, 연속 스펙트럼의 발생 등으로 그의 상태도 저압방전의 경우와 매우 달라 가시부의 발광이 강화되었다. 그림 2-43에 고압수은램프의 분광분포를 나타내었다.

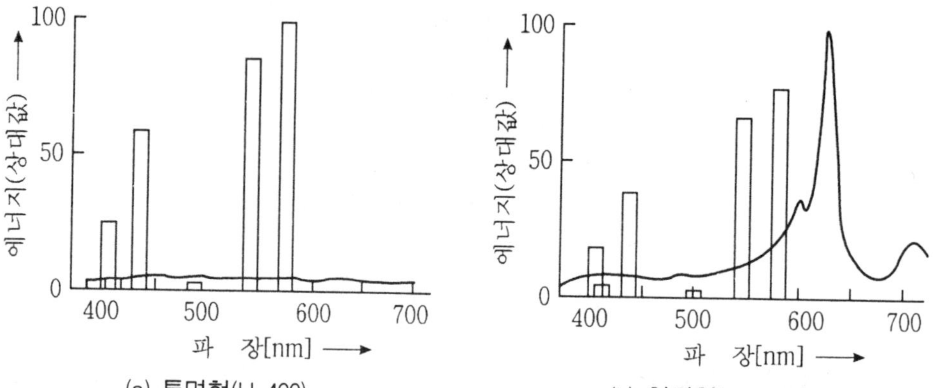

그림 2-43 고압수은램프의 분광분포

고압수은램프의 수명은 최기광속의 80[%]가 될 때까지의 시간을 말하며, 약 12000시간(80~1000[W]) 정도이며 램프의 광속저하나 시동의 곤란 등에 의해 수명이 결정되는데 수명이 짧아지는 요인은 주로 전극소모에 기인한다.

효율은 30~55[lm/W]로 투명형보다 형광형이 높고, Ra는 투명형은 25, 형광형은

45 정도이며, 램프의 광속, 관전압, 전류, 전력 등의 램프특성은 주위 온도에 의하여 변화하지만 형광램프에 비하여 변화가 적기 때문에 옥외 사용에 적당하며 동정이 안정되어 있는 램프이다.

표 2-17에서는 전광변환계로서의 에너지 배분을, 표 2-18에는 고압수은램프의 초특성에 관하여 나타내었다.

표 2-17 고압수은램프의 에너지 분배

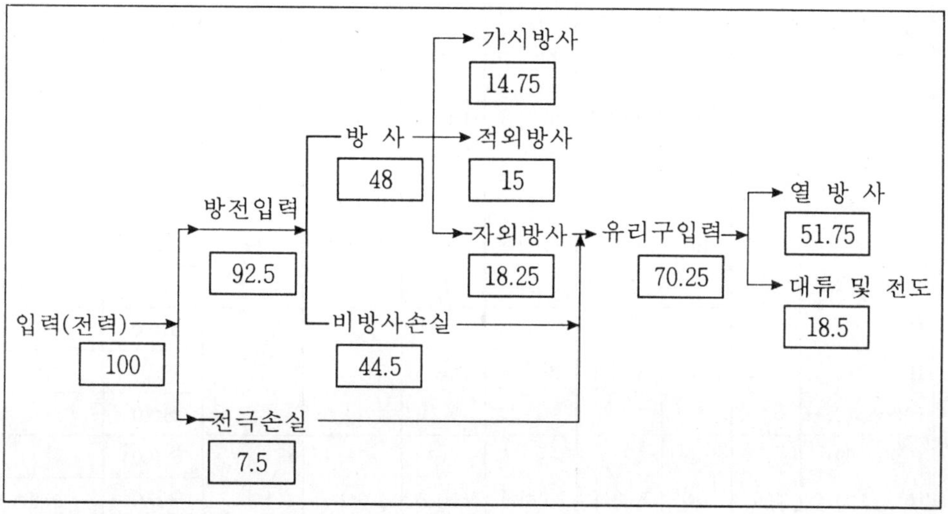

* 400[W] 램프, 숫자는 [%]

표 2-18 고압수은램프의 초특성(KS C7604)

형 식	정격 입력 전압 [V]	시동 시험 전압 [V]	안정 시간 [분]	재시동 시 간 [분]	초 특 성				
					램프전압 [V]	램프전류 [A]	(참고) 램프전력 [W]	전광속 [lm]	(참고) 적색비 [%]
H 40	220	198	8 이하	10 이하	90±15	0.53±0.12	40	1,200	—
HF 40X								1,300	7 이상
H 100	220	198	8 이하	10 이하	130±15	0.85±0.17	100	3,700	—
HF 100X								3,900	7 이상
HRF 100X								3,100	—
H 175	220	198	8 이하	10 이하	130±15	1.50±0.27	175	7,200	—
HF 175X								7,900	7 이상
HRF 175X								5,700	—

형식	정격 입력 전압 [V]	시동 시험 전압 [V]	안정 시간 [분]	재시동 시간 [분]	초 특 성				
					램프전압 [V]	램프전류 [A]	(참고) 램프전력 [W]	전광속 [lm]	(참고) 적색비 [%]
H 200								8,200	—
HF 200X	220	198	8 이하	10 이하	130±15	1.70±0.36	200	9,000	7 이상
HRF 200X								6,500	—
H 250								10,500	—
HF 250X	220	198	8 이하	10 이하	130±15	2.10±0.39	245	11,800	7 이상
HRF 250X								8,400	—
H 300								14,200	—
HF 300X	220	198	8 이하	10 이하	130±15	2.50±0.46	295	15,200	7 이상
HRF 300X								10,700	—
H 400								20,000	—
HF 400X	220	198	8 이하	10 이하	130±15	3.25±0.60	395	21,000	7 이상
HRF 400X								14,600	—
H 700								36,000	—
HF 700X	220	198	8 이하	10 이하	140±15	5.45±1.07	705	38,500	7 이상
HRF 700X								28,000	—
H 1,000								52,000	—
HF 1,000X	220	198	8 이하	10 이하	135±15	8.00±1.50	1,000	56,000	7 이상
HRF 1,000X								41,000	—
시험 방법 적용 항목		9.2.4	9.2.5	9.2.6			9.2.7		

* H : 투명외관, HF : 외관내형 광물질 칠한 것, HRF : R형 유리구 사용

(3) 시동, 재시동

램프에 전압을 인가하면 주전극과 보조극 사이에 글로방전이 발생함과 동시에 주전극 사이에 아크방전이 형성된다. 아크 방전의 열에 의하여 발광관의 온도가 상승함과 동시에 수은도 증발하고, 수분간에 완전히 증발하여 안정된다. 램프특성도 수은의 증발에 의하여 변화하며, 이 안정까지의 시간을 시동시간이라 한다.

수은과 아르곤 가스의 상호작용(페닝효과)에 의하여 시동성능을 개선하고 있으므로 주위온도가 −15[℃] 이하의 곳에서는 수은증기압이 낮아서 시동이 곤란하다.

그러나 현재는 보조극간에 아크방전을 일으키고, 전극이나 발광관을 가열하는

방법이 주로 쓰이고 있다. 고압수은램프는 소등직후는 수은증기압이 높으면 시동이 곤란하다.

발광관이 냉각하여 재점등까지의 시간을 재시동시간이라고 하며, 그림 2-44에 나타난 것과 같이 점등후 최대광도에 도달하는데 약 5~8분정도 걸리며 한번 소등하고 다시 점등하면 바로 점등되지 않고 약 7~10분정도의 시간이 소요된다.

한국공업규격에도 재시동시간을 10분 이내로 규정하고 있다.

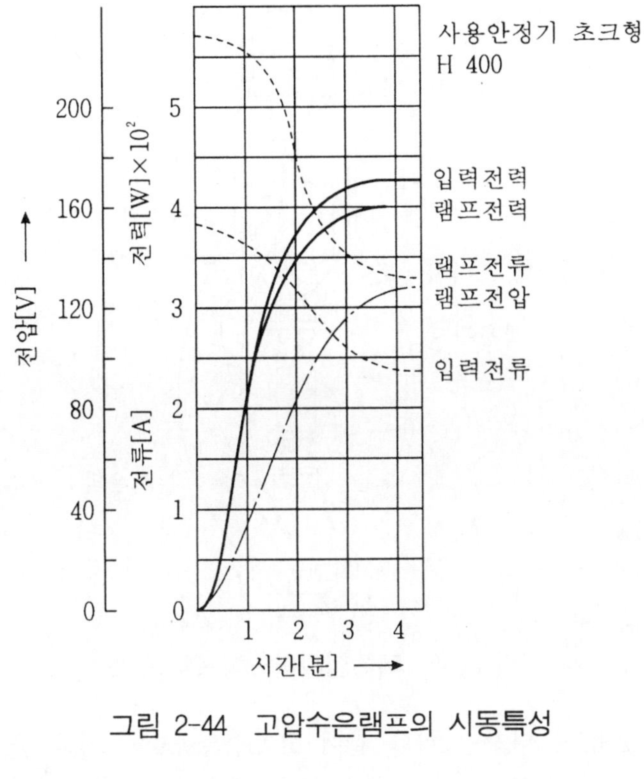

그림 2-44 고압수은램프의 시동특성

2.5.2 메탈헬라이드램프

메탈헬라이드램프(metal halide lamp)의 외관은 고압수은램프와 비슷하지만, 발광관 내부에 수은, 아르곤 등이 비활성 가스외에 발광물질로 금속할로겐화물(Ti, Na, In, Th 등)을 첨가하여 금속원자에 의한 금속특유의 광 스펙트럼을 발광하는 것으로 효율과 연색성을 개선한 방전등이다.

일반조명용 뿐만 아니라 복사용, 광화학용, 식물육성용, 어업용 등으로 널리 이용되고 있는 광원이다.

(1) 구 조

고압수은램프의 발광관 내에 금속 할로겐화물을 봉입한 램프가 메탈헬라이드램프이며 금속원자에 의한 발광을 이용하여 효율과 연색성 등이 개선된 것이다.

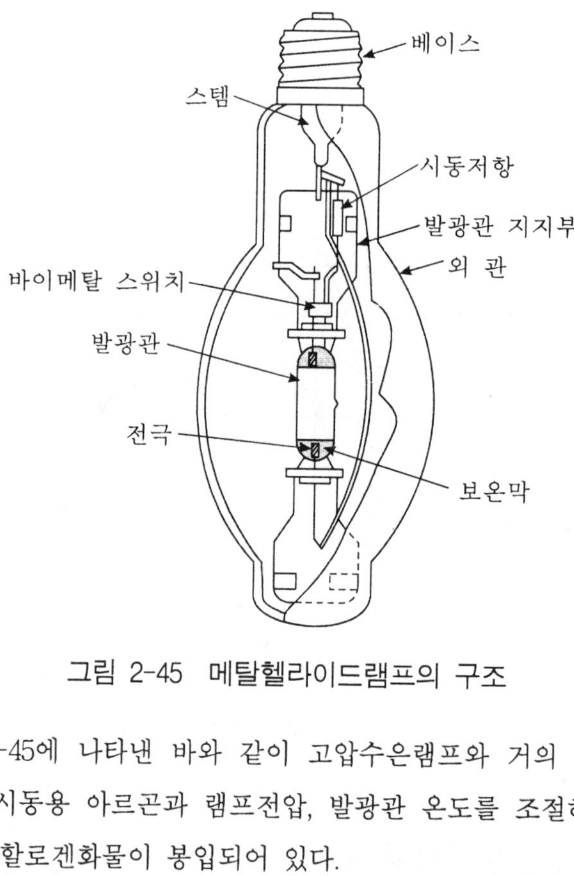

그림 2-45 메탈헬라이드램프의 구조

구조는 그림 2-45에 나타낸 바와 같이 고압수은램프와 거의 같으나, 석영으로 된 발광관 내에 시동용 아르곤과 램프전압, 발광관 온도를 조절하기 위한 수은과 여러 종류의 금속할로겐화물이 봉입되어 있다.

일반조명용으로는 나트륨(Na), 타륨(Tl), 인듐(In), 스칸듐(Se), 토륨(Th), 디스프로늄(Dy) 등의 할로겐화물이 조합되어 쓰이고 있으며 가시부에 조화된 발광을 얻을 수 있도록 하고 있다.

현재 실용되고 있는 램프를 첨가제의 조합으로 분류하면 표 2-19와 같다.

표 2-19 메탈헬라이드램프의 첨가물에 의한 분류

발광 스펙트럼	첨가물	효율 [lm/W]	색온도 [K]	평균 연색 평가수 R_a	수명 [h]	종 류
수소의 선 스펙트럼의 조합	Tl-Na-In	75~85	5,000~5,500	60~70	6,000~9,000	일반
		80	5,000	60~70	9,000	저전압 시 동
밀집 스펙트럼과 강한 선 스펙트럼의 조합	Sc-Na-Tb	80~90	4,200~4,500	60~70	7,500~9,000	일반
		80	4,200	60~70	9,000	저전압 시 동
	Dy-Tl-In	75~85	6,000	80~90	6,000	일반
분자 발광에 의한 연속 스펙트럼	SnI_2 $SnBr_2$	50	5,000	92	6,000	고연색

표 2-20 메탈헬라이드램프 성능(KS C 7607)

형 식	정격 입력 전압 [V]	안정 시간 [분]	재시동 시 간 [분]	초 특 성			전광속 [lm]
				램프 전압 [V]	램프전류 [A] (참고값)	램프전력 [W]	
MH 175(B)	220	8 이하	10 이하	130±15	1.50	184 이하	14,000
MHF 175(B)							12,000
MHT 175(B)							14,000
MH 250(A)	220	8 이하	10 이하	100±15	3.00	263 이하	17,000
MHF 250(A)							15,000
MHT 250(A)							17,000
MH 250(B)	220	8 이하	10 이하	130±15	2.10	263 이하	20,500
MHF 250(B)							18,000
MHT 250(B)							20,500
MH 400(A)	220	8 이하	12 이하	125±15	3.65	420 이하	28,800
MHF 400(A)							25,000
MHT 400(A)							28,800
MH 400(B)	220	8이하	12 이하	135±15	3.25	420 이하	34,000
MHF 400(B)							30,000
MHT 400(B)							34,000

(2) 특 성

보통 금속 할로겐화물은 수은보다도 증발하기 어려우므로 램프 동작중의 분압도 수은증기압보다 낮고, 원자밀도도 적지만 수은 스펙트럼의 여기레벨보다 낮은 여기레벨을 갖는 금속이 선정되었기 때문에 방전에 의한 방사는 첨가 금속의 스펙트럼이 주이다.

점등 중 비교적 온도가 낮은 관벽부근의 금속 할로겐화물은 증발하여 고온, 고압의 수은아크 내로 들어가서, 그림 2-46에 나타낸 바와 같이 금속과 할로겐으로 분해된다. 분해된 금속은 아크 내에서 여기되어 발광한다.

아크부의 금속과 할로겐은 관벽부근에서 또 다시 결합하여 금속 할로겐화물로 되어 이것을 반복하면서 발광한다. 점등중에 해리-여기-발광-재결합과 같은 순환을 반복하는 할로겐 사이클을 이루며, 이 할로겐 사이클을 활용함으로써 발광효율 및 연색성을 향상시키고 있다.

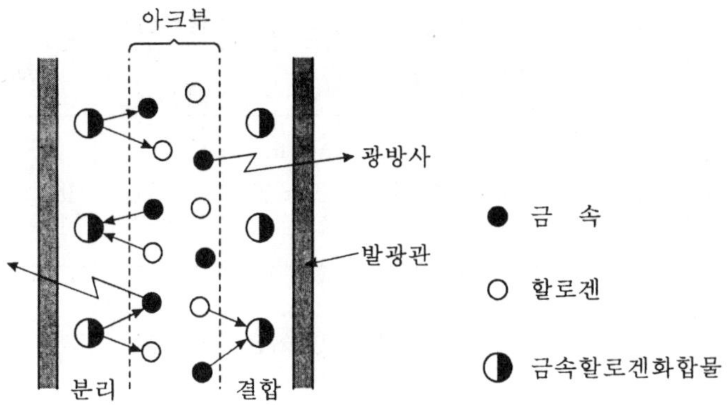

그림 2-46 메탈헬라이드램프의 광방사

전기입력에 대한 방사광의 에너지 배분은 표 2-21에 나타낸 바와 같이 고압수은램프보다 매우 크다.

그의 분광분포표의 예를 그림 2-47에 나타내고 있다. 그림 2-47과 같이 연색성이 우수하고, 수은등이나 백열전구보다 전력소비가 적고, 효율이 1.8배 이상 높다.

표 2-21 메탈헬라이드램프의 에너지 배분

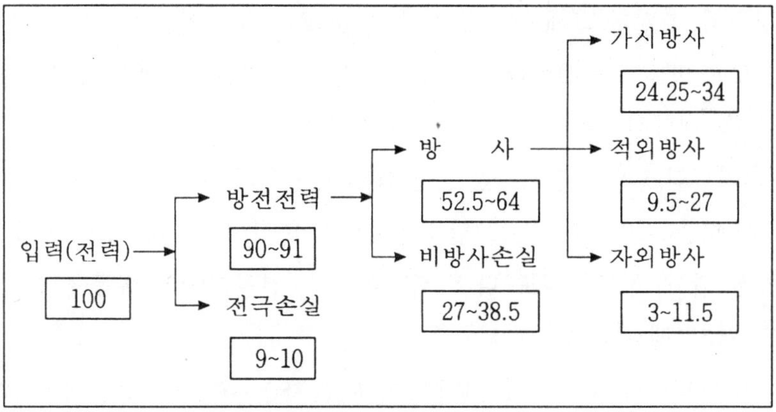

* 400[W] 램프, 외관제외, 숫자는 [%]

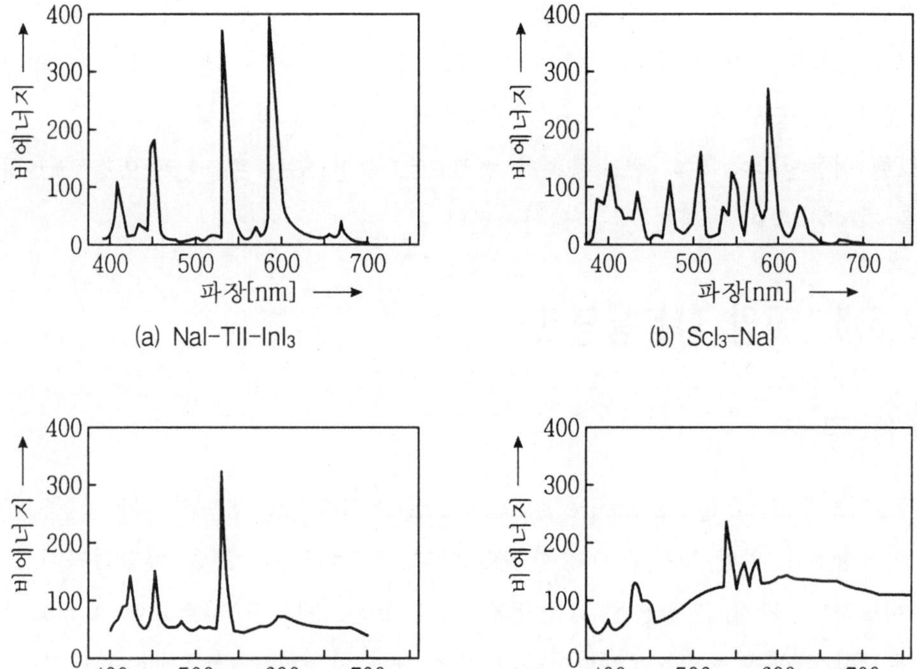

(a) NaI-TlI-InI$_3$ (b) ScI$_3$-NaI (c) DyI$_3$-TlI-InI$_3$ (d) SnI$_2$-SnBr$_2$

그림 2-47 일반조명용 메탈헬라이드램프의 분광분포

메탈헬라이드램프는 전극의 전자방사의 저하나 방전방해성의 할로겐을 포함하므로 수은램프에 비하여 방전개시전압은 높아진다. 그러나 발광관내에 시동보조가스로서 적당량의 페닝가스(Ne-Ar 또는 Ne-Kr)을 쓰고, 시동전극의 구조, 시동방법의 곤란으로 일반적으로 보급되고 있는 고압수은램프용 안정기로 점등할 수 있는 저전압시동용 메탈헬라이드램프도 시판되고 있다.

메탈헬라이드램프의 시동시간은 수은램프의 경우와 거의 같지만, 재시동 시간은 일반적으로 약간 길다. 수명은 고압수은램프에 비하여 관변온도가 높게 되어 있는 등으로 약간 짧고, 동정특성도 다소 뒤떨어지며, 전원전압의 변동에 의한 램프특성의 변화도 크고, 광색도 변화한다.

효율은 일반적으로 70~80[lm/W]이고, R_a는 80~90으로 고연색성이다. 램프의 정격수명은 9000시간(Sn계는 6000시간), 광속 유지율은 정격수명 시간으로 70[%](Sn계는 90[%]) 정도이다.

메탈헬라이드램프는 높은 광도를 유지할 수 있으며, 기동시에는 약 8분정도 시간이 소요되며, 재점등할 경우에는 약 10분 정도 소요된다. 전원전압 변동의 영향을 받기 쉬우므로 정격전압의 ±6[%]이내에서 사용하는 것이 좋다.

또한 점등방향에 의해서도 광속이 변하므로 수평 또는 수직방향으로 램프의 방향을 지정한 것이 있다는 것을 알아야한다.

2.5.3 고압 나트륨램프

(1) 구 조

고압나트륨램프(high pressure sodium lamp)은 0.1기압 정도의 나트륨 증기압중의 아크방전에 의한 발광을 이용한 램프이다. 고압나트륨램프는 메탈헬라이드램프와 비슷하다. 단지, 발광관은 700~800[℃]의 고온도에서도 나트륨에 침식되지 않는 투광성 산화 알루미늄세라믹이나 다결정 산화 알루미늄으로 제조되고 있다.

그림 2-48의 구조에서 발광관 내에는 시동보조용의 크세논 가스(2~3.3[kPa])와 동작시에 나트륨 증기압이 4~25[kPa]가 되도록 나트륨수은아말감이 과잉 봉입되어 있다. 외구는 경질유리로 만들어져 있고, 관내에 Ba 게터를 사용하여 고진공으로 하고, 주위온도의 영향을 피할 수 있는 보온구조로 되어 있다.

램프에는 외구가 투명한 투명형과 외구내면에 확산성 막을 붙인 확산형이 있다. 그리고 시동보조가스로 Ne-Ar 페닝가스를 봉입하고, 그 위에 시동보조 도체를 사용한 저전압시동형 램프도 시판되고 있다.

고압나트륨등은 점등 後 안정되기까지 약 10분 정도의 시간이 필요하며, 일단 소등했다가 재점등하기까지는 수분간이 필요하다.

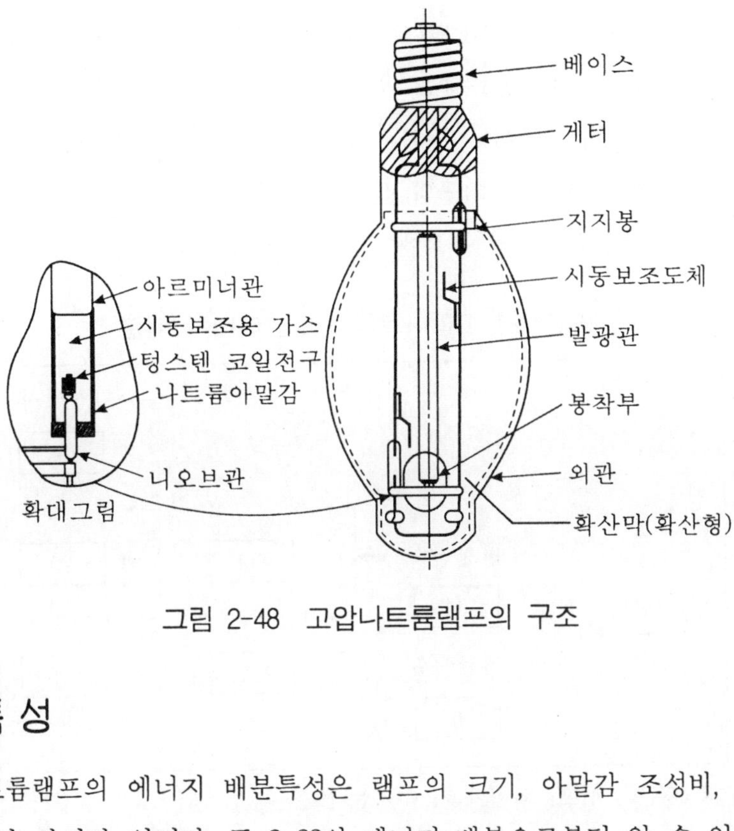

그림 2-48 고압나트륨램프의 구조

(2) 특 성

고압나트륨램프의 에너지 배분특성은 램프의 크기, 아말감 조성비, 봉입가스의 종류에 따라 차이가 있지만, 표 2-22의 에너지 배분으로부터 알 수 있는 바와 같이 400[W] 램프에서 방사효율은 0.295이고, 광원의 효율도 120[lm/W]이며 다른 광원에 비하여 매우 높다.

그림 2-49의 분광분포에서 표시되어 있는 바와 같이 나트륨 *D*선(589.0 및 589.6 [nm])의 양측에 연속 스펙트럼의 발광이 퍼져 있다. 이 발광의 퍼짐은 증기압 및 관내지름과 더불어 증대하여 나트륨 원자 상호의 충돌에 의하여 공진퍼짐에 의한 것으로 말하고 있다.

이와 같은 상태에서는 D선의 발광은 자기흡수에 의하여 감소하고 황백색이 된다. 수은도 봉입되어 있으나, 그의 여기전압은 나트륨에 비하여 높으므로 직접발광에는 기여하지 않지만 분광분포는 수은증기압으로 좌우된다.

램프의 연색성은 색온도 2,000~2,100[K]에서 평균연색평가수 R_a는 15~30으로 형광수은램프에는 뒤떨어지지만 최근 60 이상의 것도 있다. 평균수명은 고압수은램프 정도로 12,000시간이며, 배기가스와 안개 등에 대한 투과력이 우수하여 터널조명, 교량조명, 항만조명, 가로조명(고속도로 나들목), 식물재배 및 산업시설의 내부 조명, 스포츠 조명 등에 이용되고 있다.

단지, 이 램프는 전원전압이나 주위온도 등의 환경조건에서 램프전압이 어느 정도 변화하는 특성이 있으므로 기구의 선정에는 주의가 필요하다.

표 2-23은 고압나트륨램프의 특성에 관하여 나타내었다.

표 2-22 고압나트륨램프의 에너지 배분

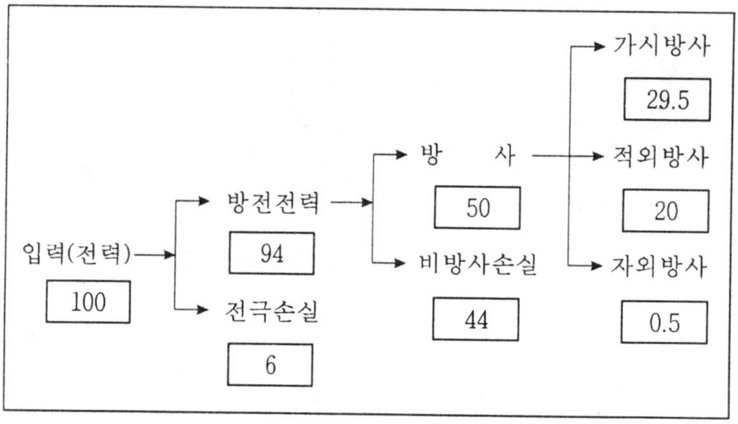

* 400[W] 램프, 외관제외, 숫자는 [%]

표 2-23 고압나트륨램프 특성(KS C 7610)

형식	정격입력 전압 [V]	안정시간 [분]	재시동 시간 [분]	초특성			전광속[lm]
				램프전압 [V]	램프전류 [A]	램프전력(참고) [W]	
NH 100	220	8 이하	5 이하	100±15	1.2±0.2	100	9,000
NH 100F							8,500
NHT 100							9,000
MHR 100							—
NH 150	220	8 이하	5 이하	$100\pm^{15}_{20}$	1.8±0.3	150	14,000
NH 150F							13,000
NHT 150							14,000
NHR 150							—
NH 200	220	8 이하	5 이하	$100\pm^{15}_{20}$	2.3±0.40	200	20,000
NH 200F							19,000
NHT 200							20,000
NHR 200							—
NH 250	220	8 이하	5 이하	$100\pm^{15}_{20}$	3.0±0.05	250	25,000
NH 250F							23,000
NHT 250							25,000
NHR 250							—
NH 400	220	8 이하	5 이하	$100\pm^{15}_{12}$	4.6±0.7	400	46,000
NH 400F							43,000
NHT 400							46,000
NHR 400							—
NXT 35	470	—	—	70±15	0.60±0.06	38	4,600
NXT 55	470			$105\pm^{20}_{15}$	0.59±0.06	58	7,600
NXT 90	500			$115\pm^{20}_{15}$	0.92±0.10	97	12,500
NXT 135	700			$160\pm^{25}_{15}$	0.92±0.10	136	21,500
NXT 180	700			$245\pm^{25}_{15}$	0.88±0.10	190	31,500

*NH : 고압나트륨램프, NX : 저압나트륨램프
T : 관형, R : 반사형

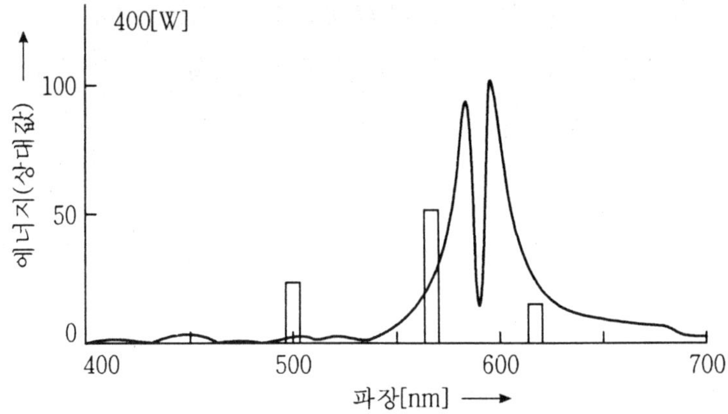

그림 2-49 고압나트륨램프의 분광분포

• 예제 • [답] ③

다음 램프 중에서 분광 에너지 분포가 주광 에너지 분포와 가장 가까운 것은?

① 형광등 ② 나트륨등 ③ 크세논 램프 ④ 고압 수은 램프

풀이 크세논 램프(xenon lamp)는 높은 압력으로 봉입한 크세논 가스 중의 방전을 이용한 램프로서 점광원이고 휘도가 높으면 분광 분포가 천연 주광에 가깝기 때문에 표준 백색 광원, 영사용 광원에 사용된다.

• 예제 • [답] ④

다음 등 중에서 방전등이 아닌 것은?

① 나트륨등 ② 크세논등 ③ 형광등 ④ EL등

풀이 형광등, 수은등, 나트륨등, 크세논등은 방전등이고, EL등은 고체등이다.

• 예제 • [답] ③

방전등의 전압 전류 특성은 마이너스(負特性)이므로 이것을 일정 전압의 전원에 연결하면 전류가 급속히 증대되어 방선등을 파괴한다. 이것을 방지하기 위하여 필요한 장치는?

① 점등관 ② 콘덴서 ③ 안정기 ④ 초크 코일

풀이 방전등은 전류의 안정을 얻기 위하여 접속하는 저항 또는 초크 코일을 안정기라 한다.

• 예제 • [답] ③

등기구의 표시 중 H자 표시가 있는 것은 무슨 등인가?

① 백열등 ② 형광등 ③ 수은등 ④ 나트륨등

풀이 특별히 표시할 필요가 있을 경우는 용량의 앞에 각각의 기호를 붙인다.

형광등 : F, 수은등 : H, 메탈헬라이드등 : M, 나트륨등 : N, 크세논등 : X

• 예제 • [답] ③

고압 수은등의 효율[lm/W] 중 가장 적합한 것은?

① 10 ② 40 ③ 60 ④ 100

풀이 고압 수은등의 크기는 300~1000[W]로 효율은 50[lm/W] 정도로 높다. 수명은 3000~6000시간으로 도로, 공원, 광장, 경기장 및 큰 공장의 조명에 사용되고 있다.

• 예제 • [답] ②

고압 수은등의 증기압은?

① 100[mmHg] ② 1기압 ③ 10기압 ④ 100기압

풀이 저압 수은등은 10^{-2}[mmHg] 정도, 고압 수은등은 100~760[mmHg] 정도로 약 1기압이고, 초고압 수은등은 10~200기압 정도이다.

2.5.4 저압 나트륨램프

(1) 구 조

나트륨 증기를 통하여 방전할 때 생기는 *D*선(580~58.6[nm])을 광원으로 이용하는것이 나트륨 등인데, 저압나트륨등은 증기압이 0.53[Pa] 정도인 것을 말한다.

그림 2-50에 나타낸 것과 같이 내나트륨성의 유리로 된 U자형의 발광관과 투광성 적외선반사막인 산화 인듐이 내면에 칠해진 투명외관으로 되어 있으며 양자 사이는 고진공이 유지되고 있다.

발광관의 양단에는 텅스텐 코일에 전자방사 물질을 칠한 전극이 있고, 관내에는 적량의 나트륨과 시동용으로 네온(Ne)에 미량의 아르곤(Ar)을 혼합한 페닝가스가

봉입되고 있다. 발광관에는 수 개소의 돌기부가 있으며 나트륨을 모아두고 있다.

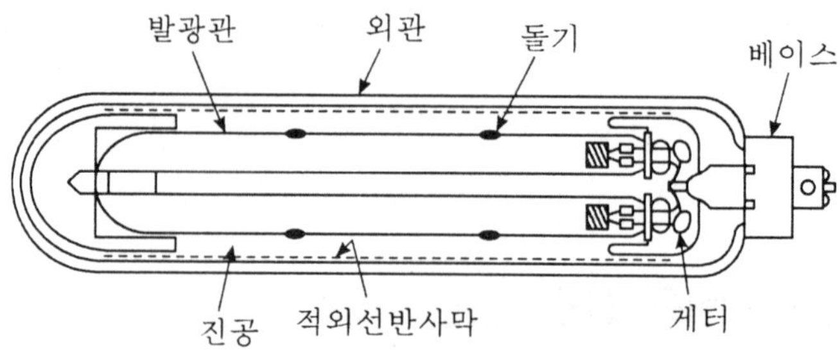

그림 2-50 저압나트륨램프의 구조

(2) 특 성

저압나트륨램프(low pressure sodium lamp)는 점등 후 약 10분에서 정격값에 도달한다. 그때 관벽은 260[℃]로 되며, 나트륨 증기압은 0.53[Pa]로 되어 효율이 최대로 된다. 램프효율은 기존의 광원 중에서 매우 높다.

표 2-24 저압나트륨램프의 에너지 배분

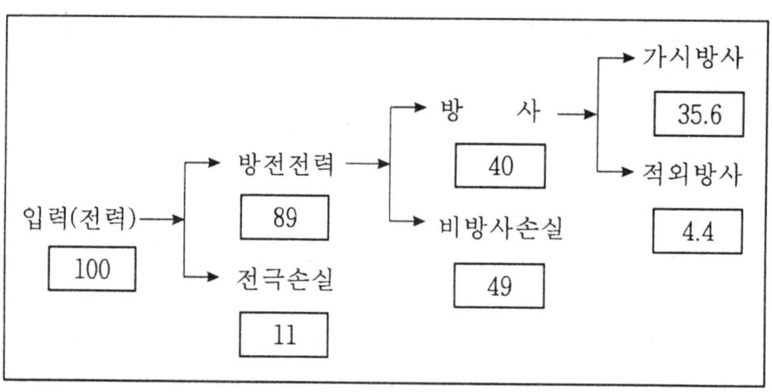

* 180[W] 램프, 숫자는 [%]

에너지 배분은 표 2-24에 나타낸 바와 같이 입력의 약 36[%]가 가시광으로 된다. 그림 2-51의 분광분포에서 나타내는 바와 같이 대부분(99[%])이 나트륨 D선에 집중하고 있다. 램프효율은 190[lm/W]에 가깝다. 평균수명은 9,000시간이고 광속유지율은 80~85[%]로 동정특성도 좋다. R_a가 28이며 광색은 황등색의 단색광이므로 색의 식별은 할 수 없으므로 용도는 연색성이 문제되지 않는 도로나 터널

등의 옥외조명에 한정되고 있으며 일반조명에는 부적합하다.

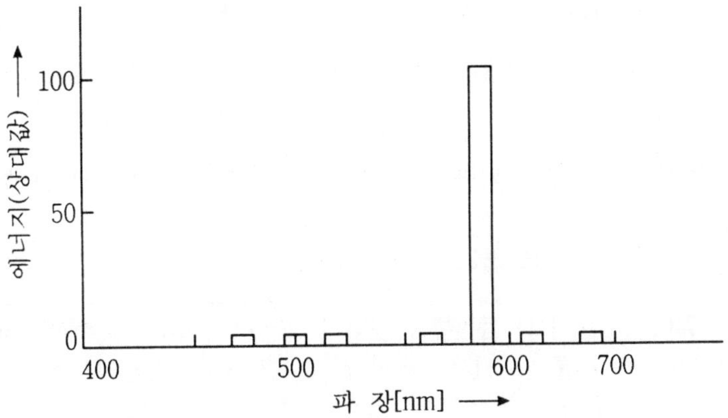

그림 2-51 저압나트륨램프의 분광분포

저압나트륨등은 기동시에 기동을 쉽게하기 위해 봉입된 네온 가스 때문에 적색광이 되지만 시간 경과후 나트륨 증발과 더불어 등황색의 안정된 광색을 낸다. 소등시에 발광관 돌기부에 나트륨이 되돌아오므로 램프의 점등방향에 제한이 있다. 일반적으로 수평방향으로 배치하여 사용한다.

2.5.5 저압 수은램프

수은을 봉입한 가늘고 긴 유리관의 양단에 전극을 설치한 방전관을 이용하며, 방전관내의 수은 증기압 $10^{-3} \sim 10^{-1}$[Torr] 정도의 범위의 수은등을 저압수은등(low pressure mercury lamp)이라 한다. 이 정도의 증기압에서 방전시 253.7[nm]의 자외선이 가장 강하고 이 중 90[%] 이상이 발산된다. 가시광선에서는 435.8[nm] 및 546.1[nm]를 나타내고 발광효율은 10[lm/W] 정도로서 직접조명으로는 사용되지 않지만 살균등이나 형광등으로 응용되고 있다.

살균등은 산화물로 피복한 열음극을 사용하며, 증기압이 0.01[mmHg]가 봉입되어 있고, 보조가스인 아르곤이 수[mmHg]로 봉입되어 있다. 입력전압의 60[%]가 25.7[nm]의 자외선으로 발산되므로 자외선 투과 유리관을 사용하면 된다. 보통유리는 253.7[nm]의 자외선을 흡수하므로 살균등(germicidal lamp)으로서 이용하려면 방전관을 자외선을 통과시키는 석영관 또는 자외선 투과유리를 사용해야 한다.

253.7[nm]영역의 자외선은 공기 이외의 대부분의 물질을 별로 투과하지 못하므로 표면살균에 한정된다. 그러나 이 자외선은 사람의 눈에 유해하므로 직사광이 눈에 들어오지 않도록 조명방법을 고려한다. 반사갓은 일반도장은 변색되기 쉬우므로 알루미늄 연마 또는 크롬 도금된 면을 사용할 필요가 있다.

표 2-25는 일반적으로 사용되는 15[W]의 살균등의 정격을 나타내었다.

표 2-25 15[W] 살균등의 정격

크기 [W]	길이 [mm]	관의 지름 [mm]	등전류 [A]	정격 전압 [V]	살균선 출력 [W]	길이 1[mm]에서의 살균방사조도 [μW/cm²]	평균 수명 [h]
15	435	25	0.30	100	2.9	30	3000

• 예제 • [답] ④

저압 수은등에서 발산되는 스펙트럼에서 최대 에너지의 파장은?

① 5560[Å] ② 3550[Å] ③ 4500[Å] ④ 2537[Å]

풀이 수은 증기의 압력이 0.01[mmHg] 정도의 저압수은등에서는 수은 증기의 공명 복사선인 2537[Å]이 강하고, 1기압 정도의 고압수은등에서는 가시선의 휘선 스펙트럼이 증가하고, 20기압 이상의 초고압 수은등에서는 스펙트럼이 넓어짐과 동시에 연속부분이 강하게 나타난다.

2.5.6 크세논램프

크세논램프(Xenon lamp)는 크세논가스 중의 방전을 이용하지만 아크의 형태로부터 쇼트아크(short arc)램프와 롱아크(long arc)램프로 구분된다.

크세논램프의 분광분포는 그림 2-52에 나타내는 바와 같이 자외선영역으로부터 가시광선영역에 걸쳐서 균등한 연속 스펙트럼을 가지며, 가시광영역의 분광분포가 자연주광과 거의 비슷하고 동정중 색온도도 거의 일정(약 6,000[K])하고 휘도도 매우 높다. 또한, 점등과 동시에 광출력은 안정되고, 소등 후 순시점등도 가능한 특징을 갖고 있다.

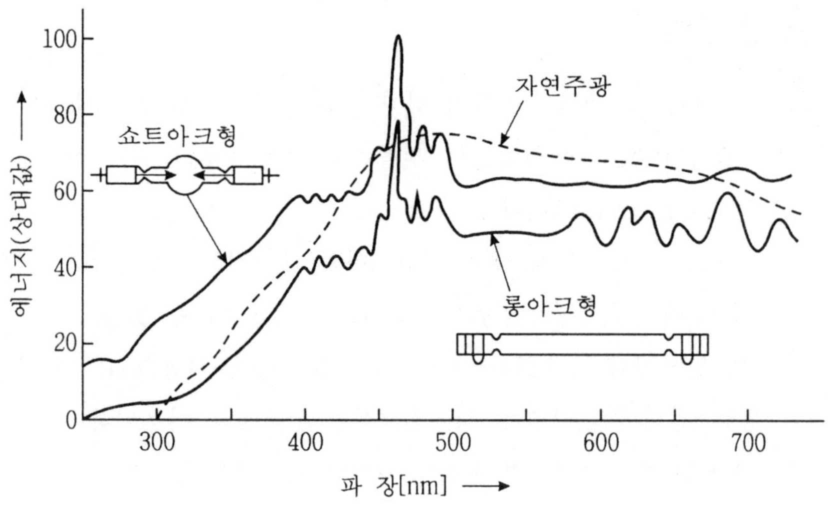

그림 2-52 크세논램프의 분광분포

(1) 쇼트 아크형

쇼트 아크형은 구 또는 타원형의 석영유리구에 수 [mm] 간격으로 텅스텐 전극을 장착하고 크세논가스를 수백 [kPa] 봉입하고, 점등중에 압력은 2~4[MPa]에 달한다. 주로 직류전압에 의해 점등되며 시동시 높은 전압이 필요하므로 고전압발생장치를 사용한다. 이 때문에 광출력이 안정되고 재순시점등이 가능하다.

동정중 색온도는 5000~6000[K]로 거의 일정하고 휘도가 높으며, 램프효율은 20~40[lm/W], 용량은 30[W]~30[kW]이다. 주로 영사용 광원, 자동차 전조등용, 광섬유 조명용으로 사용되고 있다. 표 2-26에 크세논 쇼트아크등의 정격을 나타내었다.

표 2-26 쇼트 아크등의 정격

<table>
<tr><td>램프의 크기[kW]</td><td>0.5</td><td>2</td><td>3</td><td>3.6</td><td colspan="2">5</td></tr>
<tr><td>램프전류[A]</td><td>25</td><td>80</td><td>100</td><td>120</td><td>145</td><td>160</td></tr>
<tr><td>램프전압[V]</td><td>20</td><td>26</td><td>30</td><td>30</td><td>34</td><td>30</td></tr>
<tr><td>수평광도[cd]</td><td>1300~1500</td><td>5800~7500</td><td>10000</td><td>12500</td><td colspan="2">18000~20000</td></tr>
<tr><td>전광속[lm]</td><td>13500~14000</td><td>56000~70000</td><td>100000</td><td>115000</td><td colspan="2">160000~200000</td></tr>
</table>

(2) 롱 아크형

롱아크형은 가늘고 긴 석영유리관에 한쌍의 전극을 장착하고 크세논가스를 7~70[kPa] 정도 봉입한다. 교류전압으로 전등하며, 10[kW]의 롱아크램프는 전광속 250,000[lm], 램프효율 25[lm/W]이다.

롱아크램프에서는 가스온도에 대한 플라즈마의 전기전도도의 변동이 적으며, 정전류 특성을 갖기 때문에 점등 안정회로 없이도 점등을 할 수 있다.

크세논램프는 연색성이 우수하기 때문에 광장조명등에 사용되지만 영사용 광원, 광학기기용 광원, 컬러사진 촬영용, 회전신호등용 등으로도 사용된다.

표 2-27은 크세논 롱아크램프의 정격에 관하여 나타내었다.

표 2-27 크세논 롱 아크램프의 정격

램프의 크기[kW]	6.5	10	20
정격전압[V]	200	220	380
램프전압[V]	-	140	270
램프전류[A]	75	75	75
전광속[lm]	412,000	220,000	550,000

2.5.7 EL램프

EL(electro luminescence)램프는 전계의 작용에 의한 고체의 루미네센스로, ZnS를 주체로 한 형광체를 유전체로 혼합하여 수십[μ] 두께의 막으로 하여, 두장의 전극(1장은 투명으로 형광체측은 투명도전막으로 되어 있다) 사이에 삽입하고 교류를 인가하면, 형광체결정 내부에서 전계에 의하여 가속된 전자가 발광중심에 충돌하여 여기함으로써 나오는 빛을 이용한 얇은 평판형 광원이다.

그림 2-53의 EL램프의 구조에서 보듯이 유리면에 도전성 피막을 입히고 그 위에 전기루미네센스용의 특수 형광체를 바르고 금속 피막을 입힌다. 이 도전성피막전극과 금속전극사이에 교류를 인가하면 강한 전계에 의해 형광체가 발광하고, 빛은 유리막을 통해 외부로 방사된다.

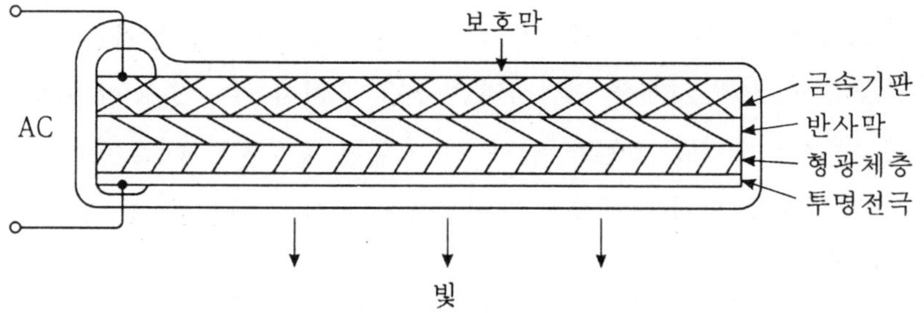

그림 2-53 EL램프의 구조 예

이 램프는 두께가 얇고 가벼우며 열을 거의 발생하지 않고 넓은 온도범위(-40~120[℃])에서 사용할 수 있으며, 전압변동에 따른 광색의 변화가 거의 없다.

EL램프의 밝기는 100[V] 60[Hz]에서 수[rlx]로부터 수십[rlx] 정도, 효율은 5[lm/W] 이하, 전력은 1[mW/cm^2] 정도이고, 광색은 형광체의 조성에 따라 녹색, 청색, 황적색 등의 기본색이 있다. 광속반감수명이란 초기광속의 50[%] 감쇠까지의 시간의 수명을 말하며 구동전압과 주파수, 사용하는 형광물질에 따라 1,000~30,000[h]로 수명이 매우 길다.

용도는 전력, 광속발산도 및 휘도가 낮으므로, 일반조명용에는 부적합하다. 주로 장식용 조명, 계기의 문자판, 표찰, 표시판, 비상등, 유도등, LCD의 백라이트용 등에 응용되고 있다.

2.5.8 무전극 방전등

무전극 램프(electrodeless lamp)는 전자유도법칙에 의해 외부에서 내부 가스를 방전시켜 발광시키는 것으로 주파수가 수[MHz]보다 높은 주파수 영역에서 교류전계에 의한 전자의 왕복운동에 의해 충돌전리가 쉽게 일어나 방전을 유지 시킬 수 있다. 이 경우 방전개시전압은 낮아지고 전극이 필요없는 무전극 방전이 가능하다. 그러므로 무전극등을 점등하기 위해서는 램프에 고주파 고전계를 인가시킬 전용의 전원이 필요하다.

고주파 무전극방전의 특징은 안정하고 동시에 공간적으로 균일한 플라즈마를 얻을 수 있으며, 이 플라즈마에 RF 전력을 공급하는 방식에 의해 용량결합방전(E방전)과 유도결합방전(H방전)으로 분류된다.

E방전은 방전관을 둘러싸는 평행판 전극사이에 RF 전원을 인가할 때 전극사이에 형성된 전계에 의해 기체를 전리시켜 방전을 유지시키는 것을 말한다.

H방전은 방전관 주위에 코일을 감아 이 코일에 RF 전류를 흘리면 축방향으로 형성되는 교번자계가 방전관 내부의 플라즈마에 환형의 전류가 유도되어 에너지를 전달하는 방식이다.

무전극 형광등은 1990년 이후 전용점등장치로 초기시스템 효율이 64~76[lm/W], 수명 60,000[h]에 달하는 55~165[W]급이 상품화되어 일부 백열전구 대용으로 사용되고 있다.

2.6 각종 광원의 재원 비교

2.6.1 색온도 비교

색온도란 동일한 발광색을 내는 흑체의 온도(K)를 말한다. 색온도가 높으면 광색이 차고 시원하게 느껴지고, 낮은면 따뜻하고 부드럽게 느껴진다. 그러므로 조명 선택시 설치장소와 목적 및 사용자의 심리적 요인까지 고려하여 선정하는 것이 좋다.

일반적으로 일반사무실은 자연광에 가까운 5000[K] 전후의 광원이 좋고, 휴게실과 같이 사람이 편하게 있어야 할 공간은 3000~3500[K]의 낮은 색온도의 광원이 좋다. 표 2-28에 광원의 종류에 따른 색온도를 나타내었다.

표 2-28 광원별 색온도 비교

광원 종류	색온도[K]	광원 종류	색온도[K]
백열전구	2,700	메탈헬라이드램프	3,600~4,800
할로겐전구	2,800~3,200	크세논램프	6,000
형광등(은백색)	3,500	고압나트륨램프	2,200
형광등(백색)	4,500	저압나트륨램프	매우 따뜻하다.
형광등(주광색)	6,500	고압수은등	5,700

2.6.2 연색성 비교

연색성이란 기준광원과 어떤 램프와의 색체를 비교한 수치로 연색평가지수 (R_a)로 나타낸다. R_a가 80이상이면 고연색형의 광원이라 할 수 있다. 광원의 연색성 차이로 인해 백열등으로 물체를 조명하는 경우, 백열전구의 분광스펙트럼이 적황색영역이므로 적색 또는 황색이 강조된다.

그러나 형광등의 경우 푸른색 계통이 강조되어 보인다. 이와같이 연색성이 피조명 물체의 색 표현에 미치는 영향이 크기 때문에 조명용 램프 선정시에는 고려해야 한다. 표 2-29에 여러 가지 조명등의 연색성을 비교한 것이다.

표 2-29 광원별 연색성 비교

광원 종류	연색성	광원 종류	연색성
백열전구	99	메탈헬라이드램프	66
형광등	75	고압나트륨등	20
삼파장형광등	85	저압나트륨등	단색광
무전극등	82	고압수은등	50

2.6.3 효율 비교

조명에 사용되는 에너지가 우리나라 전체 전력의 20[%] 정도 차지하고 있다. 그러므로 자원절약과 에너지 절약이라는 측면에서 성능과 발광효율이 높은 고효율의 램프를 개발해야 할 것이다.

표 2-30은 광원별 효율을 비교한 것이다.

표 2-30 광원별 효율 비교

광원 종류	효율[lm/W]	광원 종류	효율[lm/W]
백열전구	7~20	메탈헬라이드램프	65~100
형광등	48~80	고압나트륨등	110
삼파장형광등	80	저압나트륨등	150
무전극등	80	고압수은등	30~55
할로겐등	20~22	크세논등	21~28

2.6.4 각 광원의 특성 비교

표 2-31은 일반조명용으로 사용되고 있는 각종 광원의 특성을 비교한 것이다.

표 2-31 각종 일반조명용 전등의 특성비교

종 류	백열전구	할로겐램프	형광램프
용 량 효 율 수 명	2~1,000[W] 7~22[lm/W] 1,000~1,500[h]	50~1,500[W] 20~22[lm/W] 2,000~3,000[h]	6~110[W] 48~80[lm/W] 7,500[h]
점등부속장치	안정기 불필요	안정기 불필요	안정기 등 부속장치가 필요
광질 및 특색	일반적으로 휘도가 높고 열방사가 많다. 광색에는 적색부분이 많고, 배광제어가 용이하다. 스위치를 넣고 점등에 이르는 순응성이 크다.	고휘도이고 광색은 적색부분이 비교적 많은 편이다. 배광제어는 용이하다. 흑화가 거의 일어나지 않는다.	저휘도이고 광색 조절은 비교적 용이하다. 열방사가 작다. 점등까지 시간이 걸린다(래피드스타트식 제외).
용 도	비교적 좁은 장소의 전반조명, 악센트조명, 기분을 주로 한 효과를 얻기가 쉽다. 대형인 것은 높은 천장, 각종 투광조명에 적합하다.	장관형은 높은 천장이나 경기장, 광장 등의 투광조명에 적합하다, 단관형은 영사기용에 적합하다. 미니형은 자동차용이나 스포츠용으로 적당하다.	옥내외, 전반조명, 국부조명에 적합하다. 명시를 주로 한 양질조명을 경제적으로 얻을 수 있다. 또한 간접조명에 의해서 무드 조명에도 효과적이다.

종 류	수은램프	나트륨램프	메탈헬라이드램프
용 량 효 율 수 명	40~1,000[W] 35~55[lm/W] 10,000[h]	20~400[W] 80~150[lm/W] 6,000[h]	250~400[W] 75~105[lm/W] 6,000[h]
점등부속장치	안정기 필요	안정기 필요	안정기 등 부속장치가 필요
광질 및 특색	고휘도이고 배광제어는 용이하다, 광색은 청백색인 특성이 있으나 형광수은램프, 전구병용등으로 해결이 가능하다, 완전점등까지 약 10분이 소요된다.	저압은 전광속의 60[%] 이상이 5,890~5,896[Å]인 D선이다. 등황색의 단일광원이고 고압은 2,200[°K]의 황백색이다. 수평점등이 원칙이며, 일반 실내조명은 연색성 불량으로 부적합하다.	고휘도 배광제어는 용이하다. 연속 스펙트럼을 방사하기 때문에 자연색과 거의 같은 광이다. 연색성이 좋다. 수평으로 점등해야 하며, 경사지게 해서 사용하면 광색에 변화가 일어나는 수가 있다.
용 도	1등당 큰 광속을 얻을 수 있고, 또한 수명이 길므로 높은 천장, 투광조명, 도로조명에 적합하다.	광질의 특성 때문에 도로조명, 터널조명에 적합하다.	1등당의 광속이 많고 수명이 긴 점과 연색성이 양호한 점으로 인해서 연색성을 중요하게 고려하는 높은 천장, 옥외조명 등에 적합하다.

2.7 점등회로

2.7.1 점등회로의 기초

(1) 램프의 전압-전류특성

각종 광원 램프의 전압-전류특성은 광원의 종류에 따라서 다르다. 그림 2-54에 나타내는 바와 같이 40[W]의 백열전구와 40[W]의 형광램프에서는 특성의 경사가 전혀 다르다.

형광램프와 같이 일반 방전램프는 전압-전류특성의 경사가 부(-)특성이 된다. 그러므로 상용전원으로 점등할 경우는 램프에 직렬로 안정기를 삽입하여 전원전압에 대하여 정(+)특성을 갖도록 하고 있다.

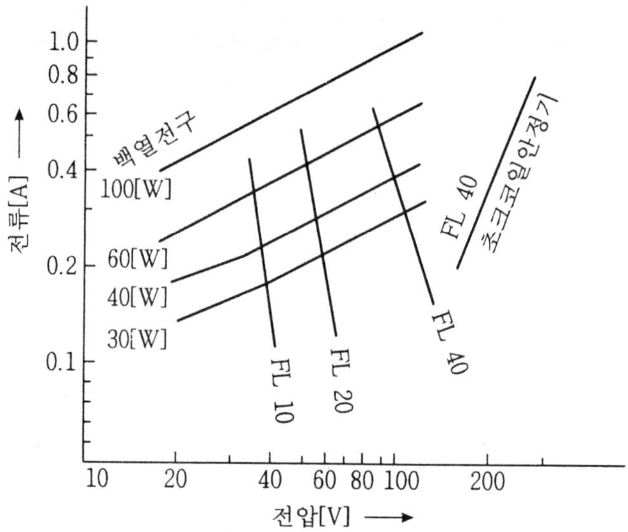

그림 2-54 광원의 전압전류특성

(2) 직류점등

그림 2-55와 같이 방전등에서는 전류가 증가하면 단자전압이 감소하는 부(−)특성이 있으므로 방전이 일단 개시된 후 얼마 만큼의 전류가 흐르는가는 방전관의 특성보다는 오히려 외부회로에 의해 영향을 많이 받는다.

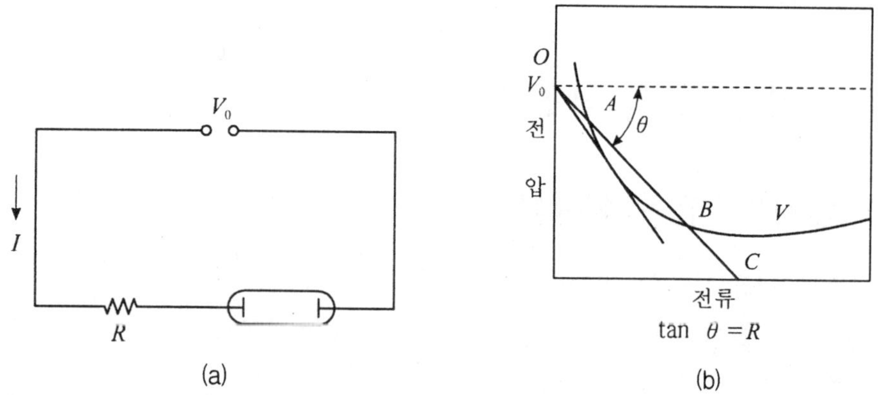

그림 2-55 방전등의 점등회로와 방전특성곡선

그림 2-55 (a)에서 전원전압을 V_0, 직렬저항을 R, 방전관 단자전압을 V, 흐르

는 전류를 I라고 하면 식 (2-11)과 같이 표현할 수 있다.

$$V_0 = IR + V \tag{2-11}$$

방전관만의 전압-전류특성이 곡선 AB(V곡선)라면, 안정저항 R에 전류 I가 흐를 때의 전압강하 성분 RI는 전류가 증가함에 따라서 커진다.

이 RI은 전원전압 V_0로부터 뺀 전압($V_0 - IR$), 즉 선분 $\overline{OC}$ 만큼이 방전관의 양극간에 걸린다. 선분 $\overline{OC}$와 선분 $\overline{AB}$의 교점 A, B 중에서 점 A에서는 전류가 약간 증가하면 방전관 전압이 $\overline{OC}$보다 낮아지므로 전류가 증가할수록 방전은 불안정하다.

그러나 점 B에서는 전류가 약간 증가하여도 방전전압이 $\overline{OC}$보다 높으므로, 방전관에 가해지는 전압이 부족하기 때문에 전류는 원상태로 되돌아가 점 B에서는 방전이 안정하다. 이 관계를 식 (2-12)와 같이 표현할 수 있다.

$$\left.\begin{aligned} R + \frac{dV}{dI} < 0 &: A\text{에서는 불안정} \\ R + \frac{dV}{dI} > 0 &: B\text{에서는 안정} \end{aligned}\right\} \tag{2-12}$$

그림 2-55에서 전원전압 V_0를 일정하게 하고 저항을 증가시켜 저항직선을 시계방향으로 돌리거나 또는 저항을 일정하게 하고, 전원전압 V_0을 내려서 저항직선을 평행이동시키든가 하면 어떤 곳에서 저항직선은 방전관의 특성곡선과 접선되고, 그 이상에서는 교점이 되지 않는다. 이렇게 되면 방전이 멈추게 된다.

또한, 저항을 0으로 하면 교차점은 방전관의 전류용량을 넘게 되어 방전관은 즉시 파괴되므로 방전관을 점등할 때에는 반드시 전류제한 장치를 직렬로 삽입할 필요가 있다. 이 저항을 **안전저항**(ballast resistance)이라 한다.

(3) 교류점등

방전관을 교류(60[Hz])로 점등할 경우는 각 사이클의 반주기마다 점등과 소등을 반복한다. 따라서, 잔광시간이 긴 형광물질을 사용한 것 이외는 광도파형은 전원주파수의 2배의 기본주파수로 변동하여 빛의 어른거림(flicker)이 발생한다.

직류회로에서는 방전등의 전류제한용의 안정기로는 저항만을 사용하지만, 교류회로에서는 저항 이외에 인덕턴스를 직렬로 삽입하는 경우나 LC의 공진회로를 이용하는 경우 등이 있다. 그림 2-56에 각종 점등회로와 그 전원전압 E, 램프전압 V, 램프전류 I의 파형을 나타내었다.

① **저항직렬회로** : 그림 2-56 (a)에 나타내는 바와 같은 저항 직렬회로에서는 각 사이클에서 전류휴지시간이 길기 때문에 플리커현상이 심해진다. 또한, 전원전압의 약 1/2 정도는 저항에서 소비되어 손실이 발생하므로 좋은 방전등이라도 종합효율이 심하게 떨어지므로 좋은 회로라 할 수 없다.

② **LR 직렬회로** : 그림 2-56 (b)와 같이 LR 직렬회로에서는 저항만의 직렬회로에 비하여 전력손실 및 빛의 어른거림도 적어 형광등이나 수은등이 이 점등회로를 많이 채용하고 있다. 이 회로에서는 램프전압 및 램프전류는 전원전압에 대하여 매우 늦어 역률은 60[%] 정도이다. 안정도나 빛의 어른거림의 정도를 고려하면 램프전압은 전원전압의 3/4을 초과하지 않는 것이 좋다.

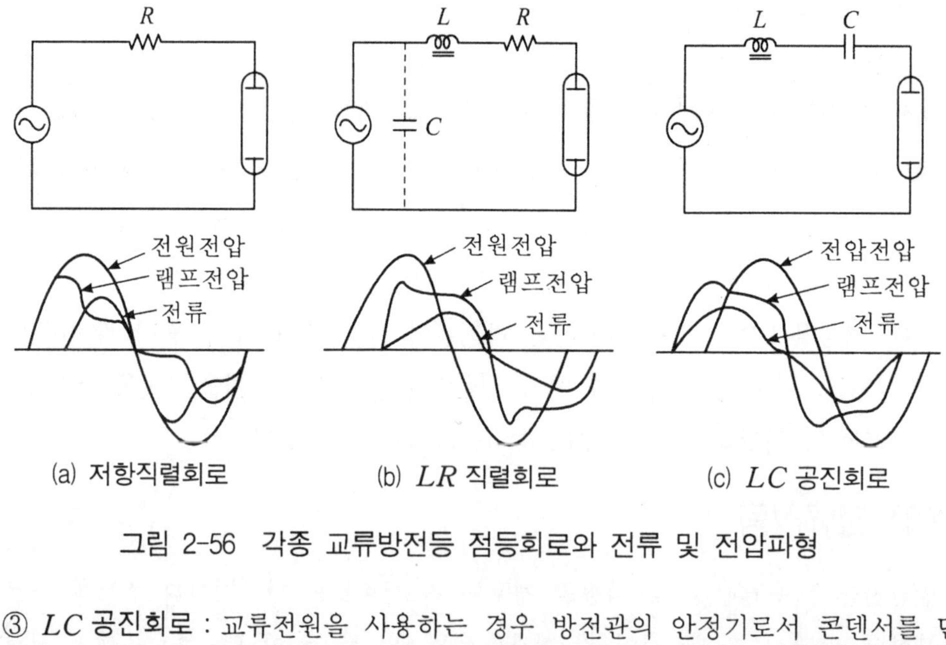

(a) 저항직렬회로 (b) LR 직렬회로 (c) LC 공진회로

그림 2-56 각종 교류방전등 점등회로와 전류 및 전압파형

③ **LC 공진회로** : 교류전원을 사용하는 경우 방전관의 안정기로서 콘덴서를 단독으로 사용하면 전류파형이 날카로워져 좋지 않다. 그러므로 그림 2-56 (c)에

서와 같이 L과 C를 직렬로 연결하여 사용한다. 이 경우 LC에 의하여 정해지는 공진주파수 $\omega_r = 1/\sqrt{LC}$는 전원주파수 ω보다 약간 높게 되므로 식 (2-13)과 같다.

$$\frac{1}{\omega C} - \omega L > 0 \qquad (2\text{-}13)$$

회로의 임피던스가 전원주파수에 대하여 용량성이 되도록 한다. 그러면 램프 전류는 그림 2-56 (c)에서와 같이 전원전압에 대하여 진상이 되어 제3고주파 이상의 고주파에 대해서는 회로의 임피던스는 유도성으로 되어 그 값은 매우 커지게 된다. 그러면 전류에는 고주파성분이 포함되지 않으므로 파형을 많이 개선할 수 있다.

④ 기타 자기누설변압기 사용 : 네온사인 등과 같이 전원전압에서 직접 방전관을 시동할 수 없으며 승압이 필요한 경우에는 자기누설변압기를 사용하면 좋다. 자기누설변압기란 누설 인덕턴스를 크게 하여 변압기의 2차측을 단락하고 1차측에 정격전압을 인가하여도 일정전류 이상은 흐르지 않도록 설계한 변압기를 말한다.

2.7.2 각종 방전램프의 점등회로

그림 2-57은 방전램프의 시동전압(실선)과 유지전압(점선)을 나타내고 있다. 그림에서 알 수 있듯이 점등시 시동전압이 방전유지전압보다 대체적으로 높고, 방전유지전압은 전원전압과 비슷하므로 알맞은 시동장치를 고려하여야 한다.

시동장치는 방전램프 자체의 전극구조나 봉입가스 등에 따라 시동회로를 필요로 하지 않는 것도 있지만, 일반적으로 표 2-32에 나타내는 바와 같이 여러 방식의 안정화시스템(안정기) 및 시동시스템(시동기 또는 시동회로)을 조합하여 점등시스템(점등장치)를 구성하고 있다.

시동시스템에서는 시동시에 필요한 전압을 발생시키기 위하여 여러가지 방식이 쓰이지만, 램프의 점등에 필요한 최소 시동에너지 및 최소 시동전력이 필요하다.

예로, 400[W] 메탈헬라이드램프에서 약 280[J]의 시동에너지 및 약 42[W]의 시동전력을 필요로 한다.

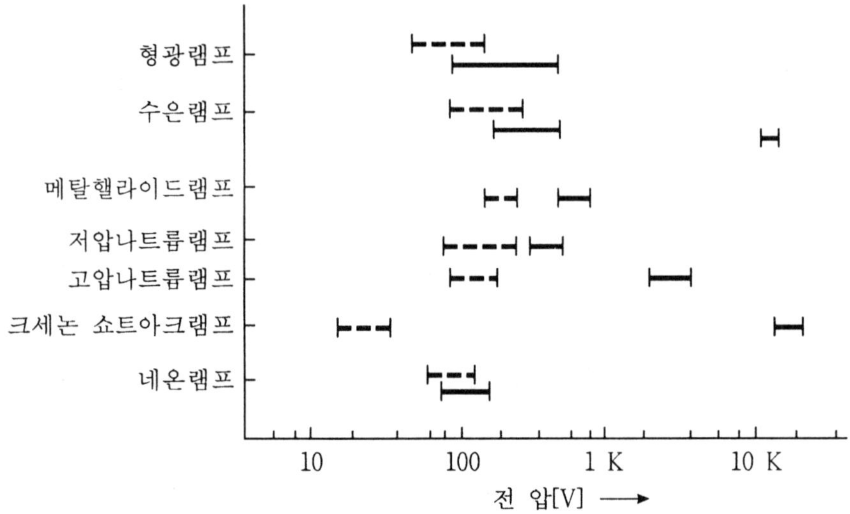

그림 2-57 방전램프의 시동전압과 유지전압(점선)

표 2-32 방전램프의 점등시스템

점등 시스템	시동 시스템	펄스 발생기, 승압변압기 전자시동기(반도체 스타터) LC공진기
	안정화 시스템	직렬안정 임피던스(저항, 초크코일 콘덴서), 초크코일과 가포화 트랜스, 누설변압기, 고주파점등(인버터 회로, 스위치 회로)

(1) 형광등의 점등회로

(가) 글로우 스타트(점등관)형 점등방식

스타트 방식은 예열시동형 형광램프에 적용되는 것으로 그림 2-58 (a)에 점등회로를 나타내었다. 점등시에 스위치 S를 단락하여 램프전류의 약 1.5~2배의 예열전류를 램프 필라멘트 F에 흘린다. 필라멘트가 충분히 가열된 때에 S를 열면, 순간 초크코일 L에 수백[V]의 높은 과도전압이 발생하여 이것이 램프에 가해져서 시동시킨다.

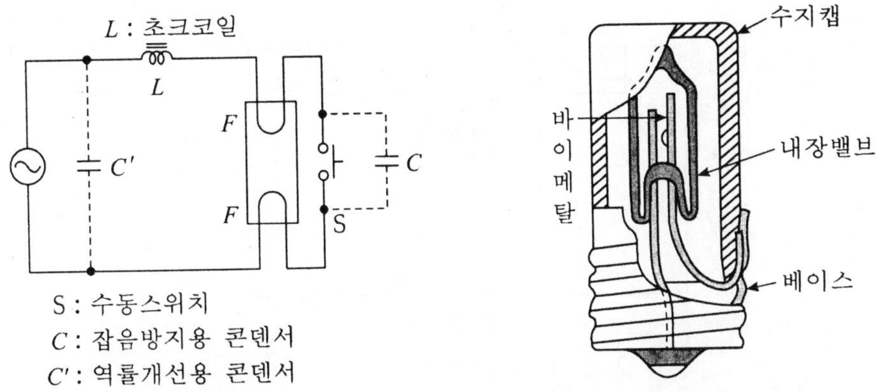

그림 2-58 예열시동형 형광램프 점등회로와 글로우 스타트

스위치 대신에 그림 2-58 (b)에 나타낸 글로우 스타트(점등관)를 사용한 것이 많다. 점등관(glow start)은 유리구 내에 U자형의 꾸부린 바이메탈로 만들어진 가동전극과 리드와이어를 이용한 고정전극을 배치한 소형의 네온 또는 아르곤 글로우 방전관이다. 가동전극인 바이메탈은 팽창계수가 다른 Ni-Cr-Fe(고온팽창측)와 Ni-Fe(저온팽창측)가 한쌍으로 접착되어 있다. 점등관의 방전개시전압은 전원전압보다 낮고 관전압보다 높게 설계되어 있다.

점등관이 방전하면 그 전극에 열이 발행하여 1~2초 간에 가동전극인 바이메탈이 팽창되어 구부러져 다른쪽의 고정전극에 접촉하여 회로가 단락된다. 이때 그림 2-59와 같이 전극에는 정상시의 약 1.5~2배의 전류가 흘러서 전극은 급속히 가열되어 전자방사를 하게 된다. 점등관이 단로되면 글로우 방전은 정지하고 발열은 없어지므로, 바이메탈의 저온팽창측이 냉각되고 1~2초 후에 자동적으로 원상태로 되돌아가므로 접점이 열려지게 된다. 이때 안정기 L에 유기기전력이 유기되어 램프의 전극사이에 주방전이 시작된다.

형광등 점등중에 점등관에는 관전압이 가해지고 있고, 관전압은 20[W] 형광등인 경우에는 60~70[V] 이하로 되어 있으므로, 방전개시전압이 85[V] 이상인 점등관에서는 글로우 방전이 발생하지 못하므로 바이메탈 접점이 열려 있는 상태로 소등 후 다음의 점등때까지 대기하게 된다.

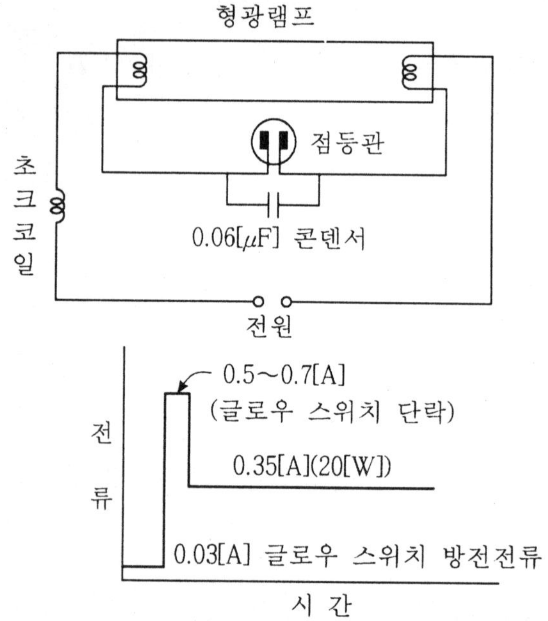

그림 2-59 점등관에 의한 점등회로와 점등특성

그림 2-60은 전자스타트 회로로서 쌍방향성 반도스위치 SSS의 전원전압 반파마다의 개폐로 시동시키는 회로로 실용화되고 있다. 40[W]용 램프를 100[V] 전원으로 점등할 때는 승압변압기와 초크코일을 조합하여 구성하면 된다.

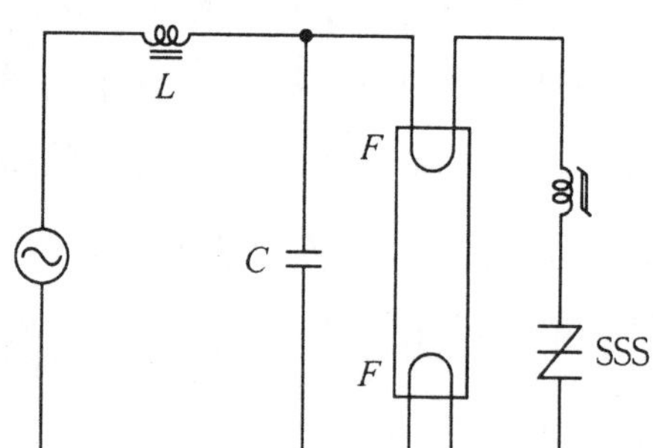

그림 2-60 전자 스타트 점등회로

표 2-33은 글로우 스타트(점등관) 기동방식일 때의 장단점을 나타내었다.

표 2-33 글로우 스타트 기동법의 장단점

장 점	단 점
· 래피드 스타트방식보다 전력손실이 적다. · 가격이 저렴하다.	· 점등시간이 길다(2~3초) · 점등관의 수명이 짧다. · 발열과 소음이 많다. · 효율이 낮다. · 전원전압이 낮거나 주위온도가 일정값 이하이면 점등이 안된다.

(나) 래피드 스타트(속시기동)형 점등방식

래피드 스타트(rapid start) 점등회로는 속시기동회로라고 하며 그림 2-61 (a)에 나타낸 것과 같이 누설변압기가 사용되며, 이방식은 형광등의 전극이 가열되어 있으면 비교적 낮은 전압에서도 기동할 수 있는 장점을 가진 회로이다.

램프의 양극에는 안정기로부터 전극 가열용의 권선이 별도로 감겨진 것이며 항상 4[V] 정도의 전압이 가해지고 있고 전원전압은 승압되어 가열과 동시에 램프에 가해지므로 1~2초 정도로 시동한다. 전극은 3중코일 필라멘트로 되어 있어서 전자방사 물질이 충분히 칠해져 있다.

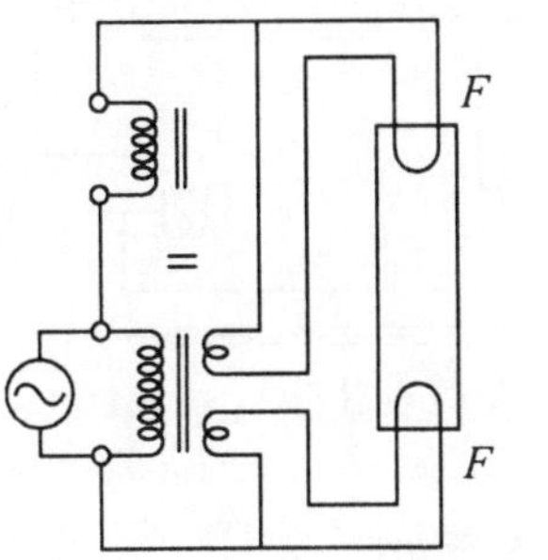

(a) 래피드 스타트 점등회로

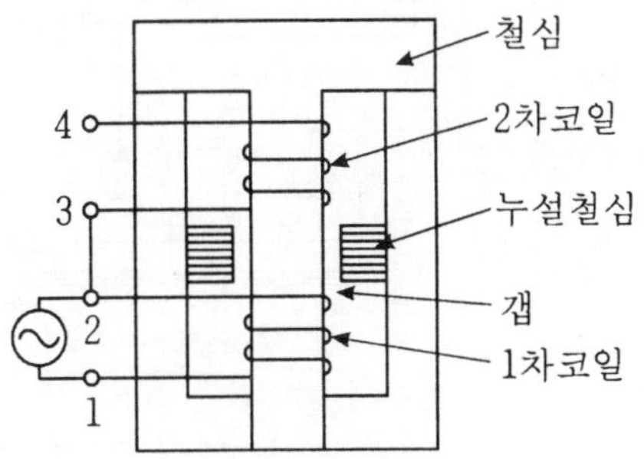

(b) 누설변압기의 구조

그림 2-61 래피드 스타트 점등회로와 누설변압기의 구조

누설변압기는 그림 2-61 (b)와 같은 기본구조로 1차 코일에 전원전압을 인가하면 2차측에 무부하전압이 발생하고, 이것에 1차전압이 가해져서 램프에 인가되면, 방전이 개시되어 램프전류가 흐르면 이 전류에 의하여 자속이 발생하지만 이것은 1차측의 자속과 반대방향으로 된다.

자속방향이 서로 반대이기 때문에 1차측 자속은 2차 철심을 통과하기 힘들고 갭이 있는 누설철심을 통하여 1차 자속의 일부가 누설된다.

이 방식에는 기구에 가늘고 긴 도전판을 형광등의 전 길이에 밀착시켜 부착시키는 도전판식, 형광등의 관벽 외면에 가늘고 긴 도전편을 부착하는 외면도전편식, 형광램프의 관벽 내면에 투명도전성의 피막을 형성시킨 내면도전막식 및 형광램프 관벽의 외면에 실리콘을 칠하여 물방울이 붙지 않도록 하며 항상 절연저항을 높게 유지하도록 한 실리콘 도포방식이 있다.

그러나 이 방식에서 기동전압을 내리려면 기구를 접지하여 기구반사판 등을 형광등에 근접시켜서 근접도체로서 이용할 필요가 있다.

그림 2-62는 누설변압기의 점등회로를 나타내었으며, 표 2-34는 래피드 스타트 방식을 사용하였을 경우의 장단점을 나타내었다.

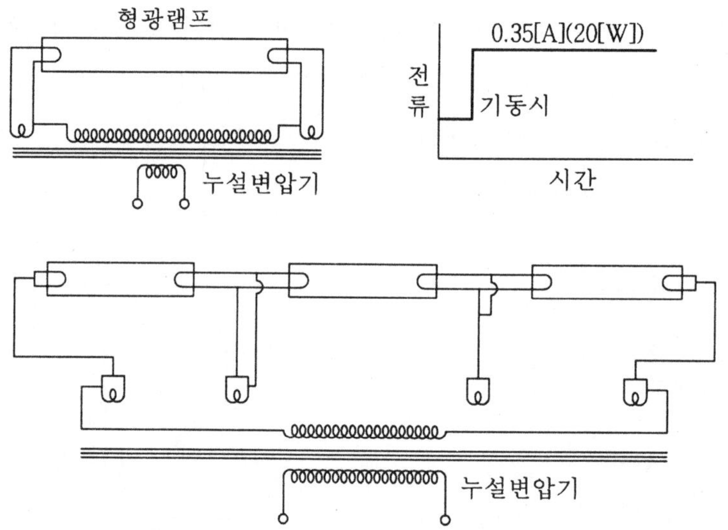

그림 2-62 누설변압기 점등회로

표 2-34 래피드 스타트 방식의 장단점

장 점	단 점
· 점등시간이 짧다. · 기동용 점등관이 필요없다. · 저전압에서 기동되며, 전원전압이 낮아져도 소등이 안된다.	· 무부하시 전력손실이 크다.(약 25[%]) · 안정기 자체 온도가 높아 발열이 많다. · 무겁고 크다. · 저온에서 잘 점등되지 않는다. · 전자식 기동법보다 효율이 조금 낮다. · 소음이 있다.

(다) 순시기동방식

형광등에 600[V]의 높은 전압으로 필라멘트를 예열없이 순간적으로 기동시킨다. 이때 사용하는 형광방전등을 슬림라인이라 한다. 순시기동방식은 형광방전등을 순식간에 점등시키지만, 기동시 높은 전압이 형광방전등의 전극에 걸리므로 수명이 짧아진다.

또한 2차 전압이 높기 때문에 점등장치가 고가이고 전력손실도 크다.

표 2-35는 순시기동 방식에서의 장단점을 나타내었다.

표 2-35 순시기동 방식일 때의 장단점

장 점	단 점
· 순간적으로 점등한다. · 기동용 점등관이 필요없다.	· 전력손실이 크다. · 점등장치가 비싸다. · 수명이 짧다. · 발열이 심하다. · 슬림라인 형광등에만 사용된다.

(라) 고주파 점동방식

방전램프를 고주파로 점등하는 경우의 원리는 일반 상용주파수에 의한 점등과 같은 방법이다. 안정기의 초크코일이나 콘덴서는 고주파용이며 소형화도 되고 전력손실도 감소할 수 있다. 그러나 고주파전원 장치가 필요하다.

상용주파수로부터 고주파를 얻기 위해서는 그림 2-63에서와 같이 교류(60[Hz]) 전원을 정류회로에 의하여 전파정류하여 직류전원으로 변환한 후 다시 인버터에 의하여 주파수 20~50[kHz]의 고주파로 발진하여 LC 직렬 공진회로로 인가되면 콘덴서 양단에 고전압이 걸려 형광방전등이 방전하게 된다. 그후 콘덴서 전압은 형광방전등의 관전압으로 급격히 감소되어 정상적인 점등상태를 이룬다.

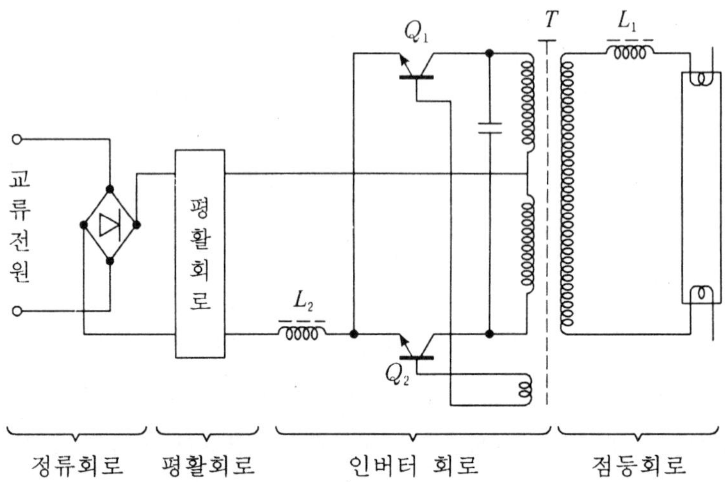

그림 2-63 형광램프 고주파 점등회로

표 2-36은 고주파식 점등방식을 이용하였을 때의 장단점을 나타내었다.

표 2-36 고주파식 점등방식의 장단점

장 점	단 점
· 고주파 스위칭 방식이므로 순간적으로 점등한다. · 전력손실이 적다. (형광등보다 30[%] 감소) · 소형 경량 · 형광램프의 구분없이 사용한다. · 저온(−20[℃])에서도 점등이 된다. · 효율이 높다. · 소음이 없다. · 빛의 어른거림이 없다.	· 전자파 발생 우려가 있다. · 전압변동과 서지에 약하다. · 전자부품이기에 신뢰성이 떨어진다. · 선로 노이즈와 전자파 장애에 대한 대책이 필요하다. · 가격이 비싸다.

• 예제 • [답] ③

전원을 넣자마자 곧바로 점등되는 형광등용의 안정기는?

① 글로우 스타트식 ② 필라멘트 단락식

③ 래피드 스타트식 ④ 점등관식

풀이 래피드 스타트식(rapid start)식 형광등은 점등관이 필요없고, 약 1초 정도로 점등되며 또한 기동이 용이하므로 점열을 빈번히 하여도 수명에 별 영향이 없다.

(2) 고압수은램프 점등회로

고압수은램프의 점등회로는 그림 2-64 (a)에서와 같이 초크코일형과 그림 (b)의 누설변압기형의 일반형 이외에도, 그림 (c)와 그림 (d)와 같이 정전력 점등회로가 사용된다.

정전력형은 램프 L과 직렬로 콘덴서를 삽입한 진상회로로 구성되었으며, 회로의 일부에 포화철심을 사용하여 전원전압의 변동에 대하여 램프부하에 정전력 특성을 갖도록 한 것이다.

그림 (c)는 누설변압기형으로 철심의 포화를 세게 하고, 콘덴서와의 철공진에 의하여 정전력 특성을 갖게 한 것이고, 그림 (d)는 초크코일에 전압의 변동분을 흡수시켜서 가포화변압기의 인가전압을 항상 일정하게 하는 정전력특성을 갖도록 한 것이다.

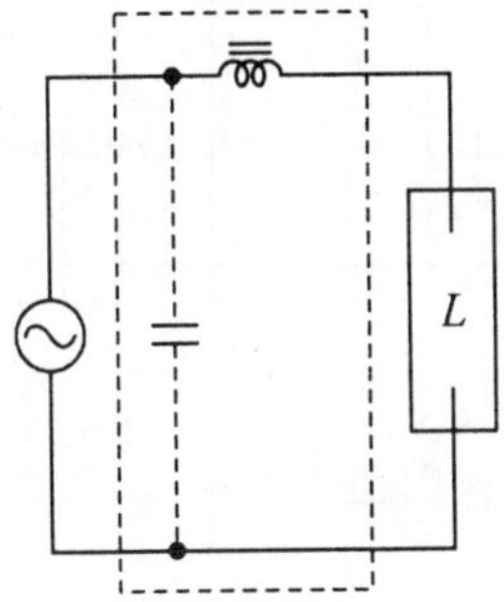

(a) 초크코일형

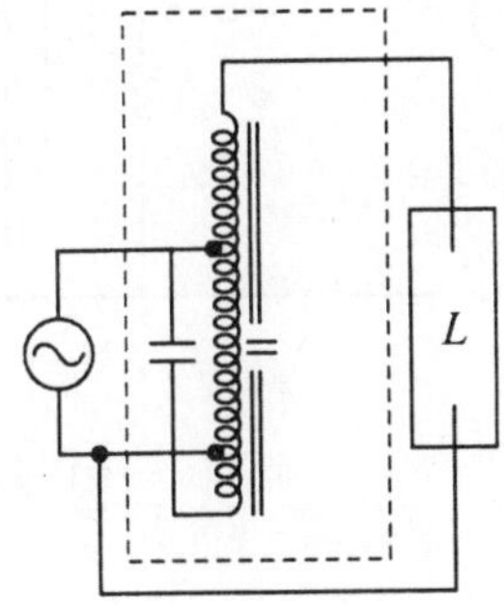

(b) 누설변압기형

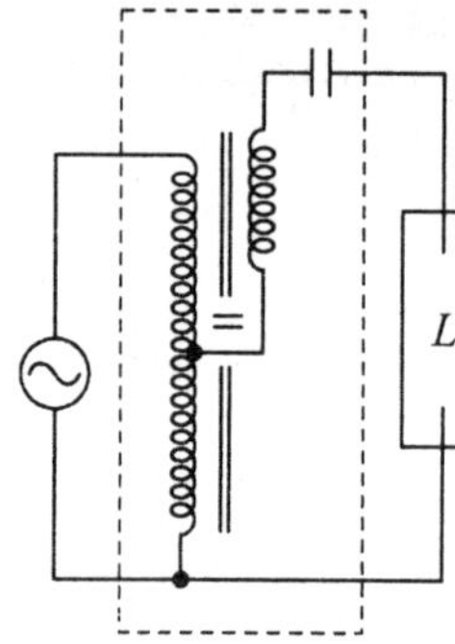

(c) 누설변압기형(정전력)

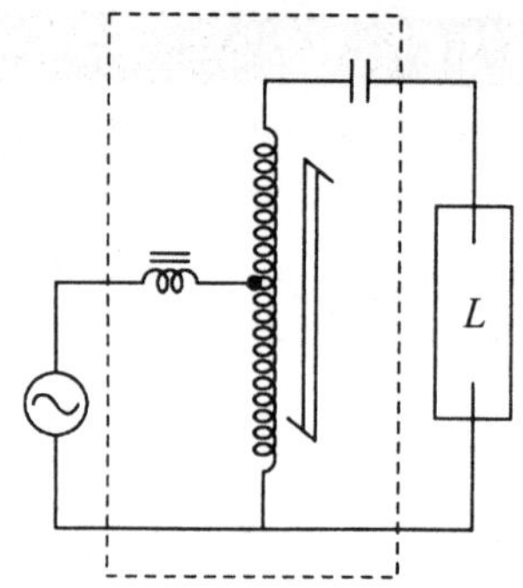

(d) 초크코일과 가포화 변압기와의 조립(정전력)

그림 2-64 고압수은램프의 점등회로

(3) 메탈헬라이드램프 및 고압나트륨램프 점등회로

메탈헬라이드램프는 수은램프보다 시동전압이 높기 때문에 2차권선을 증가한 누설변압기나 누설변압기의 2차코일 철심부의 일부에 슬릿(공극)을 설치하여 국부적 자기포화에 의한 피크값이 큰 무부하전압을 발생시키는 리드 피크형 점등회로와 그림 2-65에 나타낸 펄스시동형 점등회로가 사용되고 있다.

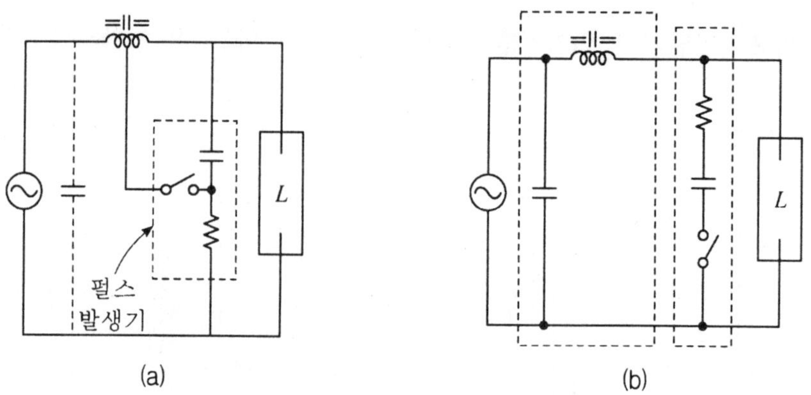

그림 2-65 펄스시동형 점등회로

펄스전압은 쌍방향 사이리스터(트라이액, SSS 등)와 같은 스위칭소자 개폐시에 회로의 인덕턴스가 발생하는 과도적 고전압에 의한다. 고압나트륨램프의 점등회로도 메탈헬라이드램프와 같으나 시동조건이 다르다.

펄스시동의 경우, 메탈헬라이드램프용은 전압이 비교적 낮고 펄스폭도 넓다(400[W]에서 피크전압 600[V] 이상, 펄스폭 0.5~1.5[ms]). 그러나 고압나트륨램프용은 전압이 높고 펄스폭이 좁다(피크전압 2,000[V], 펄스폭 수[μs] 이상). 후자의 경우 안정기를 램프로부터 분리하여 설치하는 경우는 배선의 분포용량 등으로 펄스가 감쇠하므로 주의할 필요가 있다.

(4) 크세논램프 점등회로

크세논 쇼트아크등의 점등회로를 그림 2-66에 나타내었다. 크세논램프의 특징은 가스압이 비교적 높으므로 시동시에 높은 전압이 필요하지만 시동과 동시에 안정되고, 또한 순시 재점등을 할 수 있는 점이 있다.

표준 점등회로에서서는 전원전압을 30~40배로 승압하고, 그것을 방전캡과 펄스트랜스로 약 10배로 승압할 수 있는 고전압 펄스 시동기와 안정기를 조합한 방식이 사용되고 있다. 크세논 롱아크등은 정(+)특성이 있으므로 시동회로뿐이며 안정회로는 불필요하다.

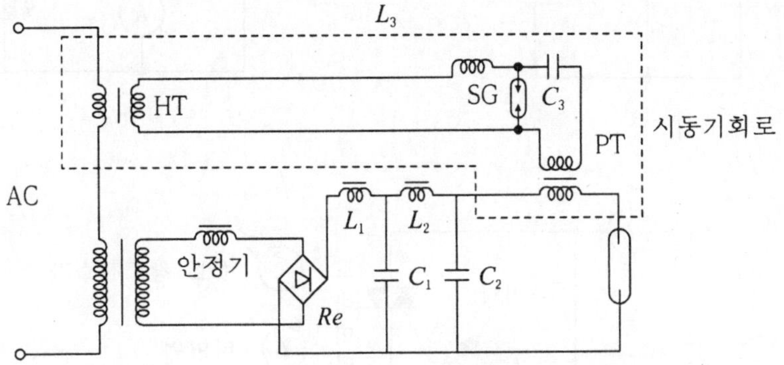

그림 2-66 크세논 쇼트 아크램프의 점등회로

2.8 광제어회로

2.8.1 점멸회로

방전램프의 점멸에는 수동 스위치, 전자개폐기, 타이머식 자동점멸기, 광전식 자동점멸기 등 여러 가지 점멸기가 사용되고 있다. 램프의 점멸특성은 그의 종류에 따라 다르기 때문에 사용조건에 적합한 램프의 선택 및 개개 램프의 특성 등을 충분히 고려해야 한다. 방전램프의 점멸에서도 크세논등은 순간적으로 시동하지만 형광등의 시동시간은 0.5~5초, 수은램프의 시동시간은 3~6분 및 저압나트륨램프에서는 12~15분 정도로 재시동 특성이 각각 다르다.

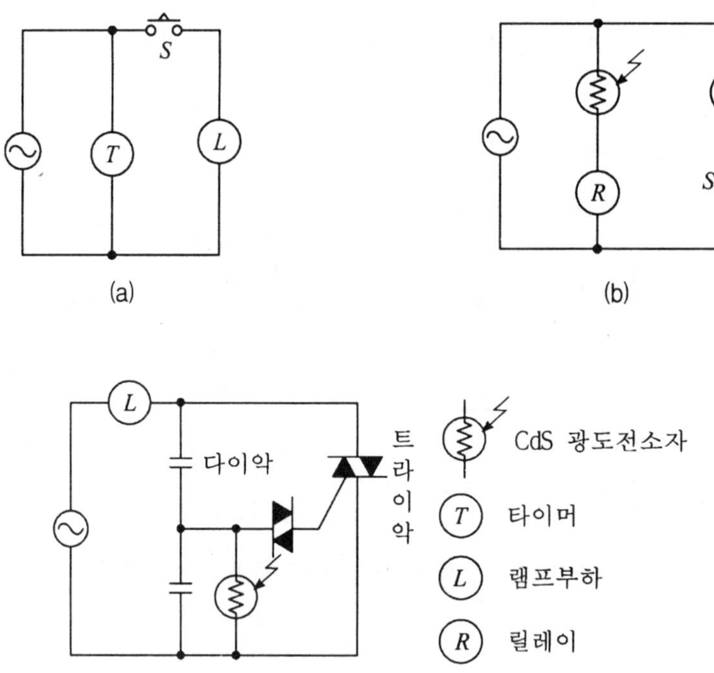

그림 2-67 자동점멸회로

자동점멸회로에는 그림 2-67 (a)와 같이 타이머에 의한 것과 그림 (b)에서와 같이 유화카드뮴(CdS) 광도전소자(조도에 따라 저항이 변화한다)와 서멀릴레이(가열용 히터와 바이메탈로 구성되어 있다.)를 조합한 것 및 그림 (c)에서와 같이 광도전소자와 쌍방향 반도체 스위치의 트라이액을 사용한 무접점화한 것 등이 옥외등, 가로등 등의 점멸에 사용된다.

또한, 빌딩 등과 같은 대형건물은 효율적인 조명 점멸 관리에 마이크로컴퓨터를 이용하고 있는데 그림 2-68과 같은 시스템이 실용화되고 있다.

이 시스템에서는 프로그램된 조명 패턴이나 시간스케줄, 주야에 따른 광의 밝기 정도(광센서를 이용하여 감지함)에 의하여 자동적으로 조명의 점멸제어가 될 수 있으며, 블록 등의 요구에 따른 조명패턴의 변경도 가능하다. 메인조작반에는 마이크로컴퓨터를 사용한 데이터 처리장치를 통해 메모리된 신호를 송출한다. 단말기는 신호처리부와 릴레이에 의해 조명기구를 점멸시킨다.

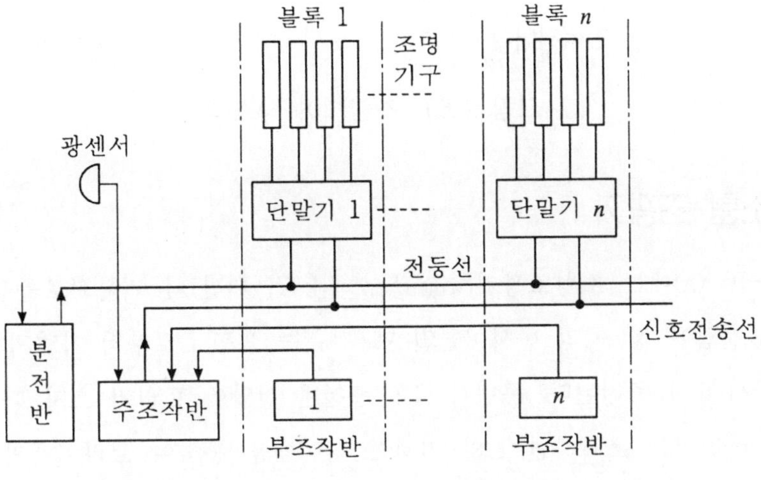

그림 2-68 마이크로컴퓨터 이용에 의한 조명관리

2.8.2 조광회로

(1) 원리와 방식

조광제어는 램프의 밝기를 원하는데로 조절하는 것이며 단계적 제어와 연속적 제어가 있다. 조광회로로는 그림 2-69 (a)와 같이 램프 L에 직렬로 가변임피던스 Z를 접속하여 전류 I를 변화시키는 것(전류가변식)과 그림 (b)와 같이 단권변압기 T로 전원전압을 변화시키는 것(전압가변식) 및 그림 (c)와 같이 사이리스터로 램프의 전압 V 및 전류 I의 도통각을 변화시키는 것(도통각 가변식) 등이 사용되고 있다.

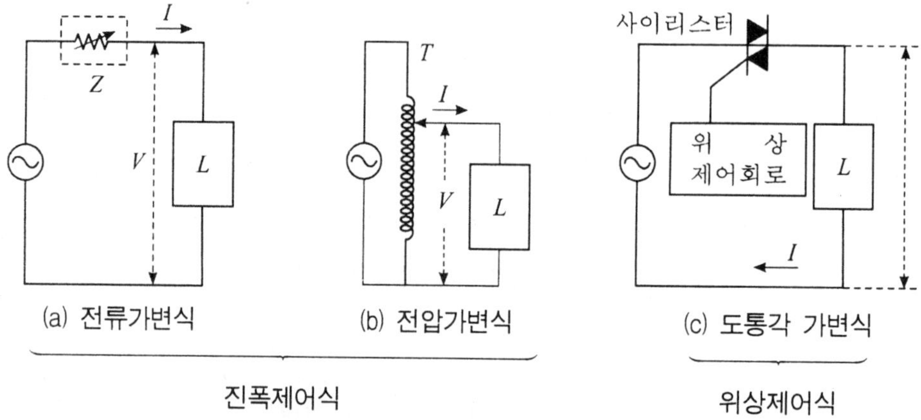

그림 2-69 조광제어 시스템

(2) 소형 조광기

그림 2-70 (a)에는 소형조광기((dimmer : 1[kW] 미만)의 기본회로를 나타낸 것이다. 전원전압이 정(+)의 반사이클일 때 전류는 램프 L로부터 가변저항 R을 통하여 콘덴서 C에 충전된다. 콘덴서 C에 충전된 전압이 트리거 소자 다이액의 브레이크 오버전압을 초과하면, C의 전하는 다이액을 통하여 트라이액의 게이트를 통하여 급속히 방전이 된다.

이때 이 펄스모양의 전류로 트라이액의 주회로가 도통하고, 그 시점에서 램프 L에 전원전압이 가해진다. 이 도통시간은 가변저항 R를 변화시켜 그림 (b)와 같이 제어가 가능하므로 램프전류를 가감한 것으로 된다.

조광에서 고려해야할 사항은 다음과 같다.

① 백열전구의 경우 돌입전류를 고려해야 한다. 할로겐전구는 조광하면 할로겐사이클의 상태가 나빠져서 수명이 짧아진다. 형광램프에서는 일반적으로 유도부하로 되므로 램프전류의 입상이 늦어지면 트리거 펄스는 유지전류에 도달할

때까지의 폭을 갖게 할 필요가 있다.

② 위상제어방식은 전원의 반사이클마다 전류를 제한하므로, 전류파형은 톱날파형으로 되어 전자파, 음향잡음 등의 원인으로 되고 램프광속의 어른거림도 증가하기 때문에 주의해야 한다.

③ 극장이나 스튜디오에서의 조광은 특히 조광기의 피더눈금과 눈이 느끼는 밝음이 직선적인 것이 바람직하다.

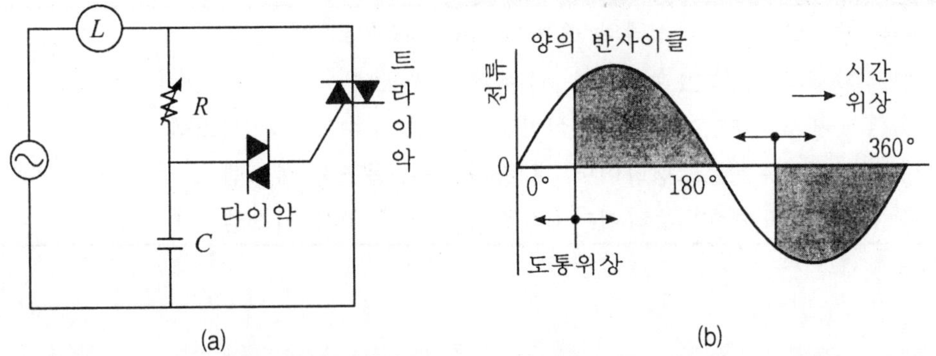

그림 2-70 사이리스터 위상제어 조광방식

(3) 조명제어 시스템

① 조명제어의 종류

㉠ 주광 sensor에 의한 창가 조명제어

㉡ time schedule에 의한 조명제어

㉢ 수동조작에 의한 조명제어

② 조명제어 시스템의 종류

㉠ 주광센서+메커니컬 타이머+수동조작 시스템

㉡ 주광센서+프로그램 타이머+수동조작 시스템

㉢ 주광센서+프로그래머블 타이머+감광기능+수동조작 시스템

㉣ 주광센서+프로그램 타이머+감광기능+수동조작 시스템

③ 감광제어 시스템

㉠ 3선 연결에 의한 형광등 조광 : 0~100[%] 연속제어

㉡ 임피던스 변환방식 : 단계적 조광

㉢ 전원 2선식 : 전자식 안정기 20~100[%] 제어

④ 조광장치의 적용

㉠ 전압가변식 ⎫
㉡ 전류가변식 ⎭ 진폭제어식

㉢ 도통각 가변식 : 위상제어식

• 예제 • [답] ④

다음 중 조명제어 시스템의 종류가 아닌 것은?

① 주광센서+프로그램타이머+수동조작 시스템

② 주광센서+프로그래머블타이머+감광기능+수동조작 시스템

③ 주광센서+프로그램타이머+감광기능+수동조작 시스템

④ 주광센서+메커니컬타이머+감광기능+수동조작 시스템

연 습 문 제

문제 1 온도가 3000[°K] 되는 흑체의 전방사 에너지는 1000[°K]일 때 값의 몇 배가 되는가?

문제 2 전흑체란 무엇인가?

문제 3 백열 전구를 점등할 때 전압이 정격 전압보다 3[%] 감소하였다면 광속의 변화는 대략 어떻게 되는가?

문제 4 전구에 게터를 사용하는 목적은 무엇인가?

문제 5 정격 전압 100[V], 60[W] 전구의 수명이 1000[h]이다. 96[V]하에서 점등할 때의 수명[h]을 구하면?(단, 수명은 전압의 14승에 반비례한다.)

문제 6 40[W] 백색 형광 방전등의 광속이 2400[lm]인 때의 안정기 손실이 8[W]이면 효율[lm/W]은?

문제 7 FL−20D 형광등의 전압이 100[V], 전류가 0.35[A], 안정기의 손실이 5[W]일 때 역률은 몇 [%]인가?

문제 8 에이징이란 무엇인가?

문제 9 적외선전구의 용도와 특징을 설명하시오.

문제 10 파센의 법칙에 대하여 설명하시오.

문제 11 할로겐전구의 할로겐 사이클에 대하여 설명하시오.

문제 12 스토크스의 법칙에 대하여 설명하시오.

문제 13 나트륨등의 특징에 대하여 설명하시오.

문제 14 형광등에 수은가스외에 아르곤가스를 봉입하는 이유는?

문제 15 네온전구의 특징에 대하여 설명하시오.

문제 16 형광등에서 광속이 감소하는 원인은 무엇인가?

문제 17 형광등의 발광원리를 설명하시오.

제 3 장

조명 계산

3.1 조명 계산

3.1.1 조명 계산의 기초

(1) 실지수(k)

방의 면적이 같은 2개의 방에 같은 수의 광원을 설치하여도 그림 3-1과 같이 방의 모양이 다른 경우에는 작업면상의 조도는 다르게 된다. 즉, 방의 형태에 따라 흡수율이 다르므로 광속의 이용률도 달라지게 되는 것이다.

그래서 천장, 바닥이 장방형인 방은 가로 X, 세로 Y 2변의 평균을 한변으로 하는 정방형인 방과 동일하다고 하는 이론에 의해 실지수 k를 식 (3-1)과 같이 결정한다.

$$\text{실지수} \quad k = \frac{XY}{H(X+Y)} \tag{3-1}$$

여기서, H는 광원으로부터 작업면까지의 높이[m]이다.

방의 가로를 X, 방의 세로를 Y, 광원에서 작업면까지의 높이를 H라 하면 X/H, Y/H의 값을 계산하여 그림 3-2의 실지수 표면에 적용하면 실지수를 구할 수 있다.

예를 들면 $X/H=8.8$이고, $Y/H=5.7$이면 실지수는 C가 된다. 위의 식에 의해 구한 실지수는 표 3-1에 적용하여 실지수 기호를 결정한다. 그러므로 광원의 높이가 너무 높으면 조명률이 나쁘고, 너무 낮으면 조도의 분포가 분균일하므로 천장 높이에 따라 적당한 높이를 결정해야 한다.

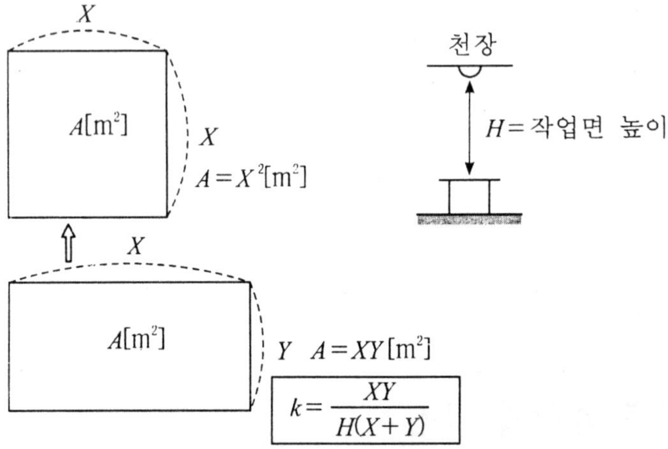

그림 3-1 실지수

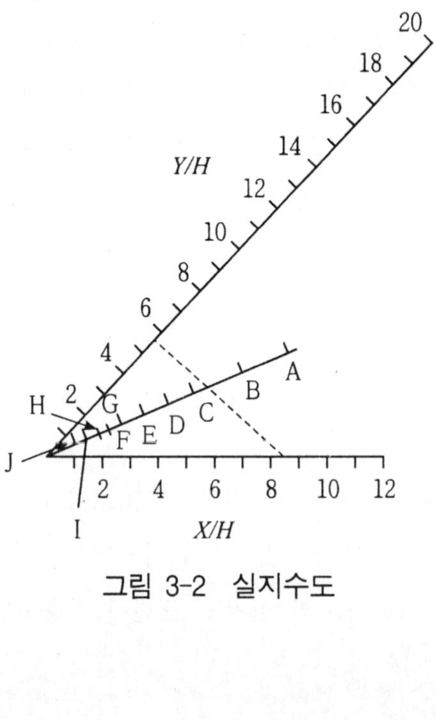

그림 3-2 실지수도

표 3-1 실지수와 분류 기호표

실지수	5.0	4.0	3.0	2.5	2.0	1.5	1.25	1.0	0.8	0.6
기 호	A	B	C	D	E	F	G	H	I	J

• 예제 • [답] ③

방이 X[m], 길이가 Y[m], 작업면으로부터 광원까지의 높이가 H[m]일 때 실지수 K는?

① $K=\frac{H(X+Y)}{XY}$　② $K=\frac{Y(X+Y)}{XY}$

③ $K=\frac{XY}{H(X+Y)}$　④ $K=\frac{X(X+Y)}{YH}$

풀이 실지수(room index)는 빛의 이용에 대한 방 크기의 척도로 사용한다.

• 예제 • [답] ④

방의 가로가 6[m], 세로가 9[m], 광원의 높이가 3[m]인 방의 실지수는?

① 162　② 18　③ 1.8　④ 1.2

풀이 방의 가로가 X[m], 세로가 Y[m], 광원의 높이가 H[m]일 때 실지수 K는

$$K=\frac{XY}{H(X+Y)}=\frac{6\times9}{3(6+9)}=1.2$$

(2) 조명률

조명률(coefficient of utilization : U)이란 사용광원의 전광속과 작업면에 입사하는 광속과의 비를 말한다. 그림 3-3과 같이 실내조명에서 광원으로부터 방사된 광속 F_0는 조명기구의 손실과 천장, 벽면의 흡수 등에 의해 전부는 작업면에 도달하지 않는다.

따라서 방사광속을 F_0, 작업면의 입사광속을 F로 하면 조명률 U는 식 (3-2)와 같이 구할 수 있다.

$$U=\frac{F}{F_0}\times100\,[\%] \tag{3-2}$$

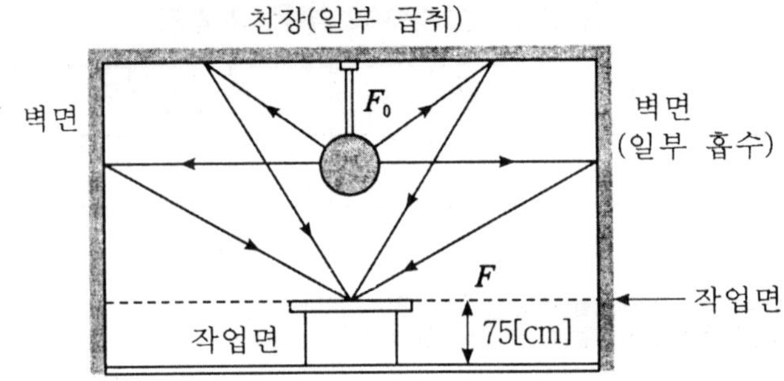

F_0 : 광원으로부터 나오는 전광속[lm]
F : 작업면에 도달하는 광속[lm]

그림 3-3 조명률

이 값은 조명기구의 종류, 실지수(방 크기) 및 실내(천장, 벽)의 반사율 등에 의해서 표 3-2에서 구할 수 있다.

표 3-2 실내 반사면의 반사율

재 료	반사율[%]	재 료	반사율[%]
백색 모르타르 벽	60~80	회색 택스	40
백색 벽	60	콘크리트	25
담색 벽	50~60	백색 타일	60~80
목재(노송)	50~60	리노륨	15
목재(베니어판)	30~40	백색 페인트	65~75
창호지	40~50	흑색 페인트	5~10
적색벽돌	10~30	연분홍색 페인트	30~60

• 예제 • [답] ④

조명률에 관계없는 사항은?

① 조명기구 ② 방지수

③ 실내면의 반사율 ④ 보수 상태

풀이 조명률이란 사용 광원의 전광속과 작업면에 입사하는 광속의 비를 말한다.

$$\text{조명률} = \frac{\text{작업면의 광속}}{\text{광원의 전광속}}$$

이것을 방지수(=실지수), 조명 기구의 종류, 실내면(천장, 벽, 바닥 등) 반사율, 감광

보상률 또는 유지율에 따라서 달라진다.

• 예제 • [답] ④

도로 조명 계산을 광속법에 의해 다음과 같다. $F=\frac{E\times B\times S\times D}{N\times U}$ 여기서 U는 무엇을 의미하는가?

① 도로의 평균 조도 ② 감광 보상률
③ 광원의 수 ④ 조명률

풀이 F : 등주 1개당의 광원 광속[lm], B : 도로의 폭[m], S : 등주 간격[m]
E : 도로면 위의 평균 조도[lx], U : 조명률, D : 감광 보상률, N : 광원의 수

(3) 감광보상률의 결정

조명 시설은 사용함에 따라 작업면의 조도가 점차적으로 감소되어 간다. 그 원인은 다음과 같다.

① 필라멘트 증발로 인한 광속의 감소, 유리구 내면의 흑화
② 등기구, 천장, 벽 및 바닥 등의 색상변화, 먼지부착, 등기구의 노화 등에 의한 흡수율의 증가
③ 전압변동에 따른 필라멘트의 열화 등이 있다.

이상의 원인으로 인해 광속이 감소하기 때문에 조명 설계를 할 때는 점등중의 광속 감퇴를 고려하여 소요 광속에 여유를 두어야 한다. 그 정도를 **감광보상률**(depreciation factor : D)이라 한다.

백열전구를 사용할 때 보통 깨끗한 곳에서는 30[%], 특히 먼지가 많은 곳에서는 100[%]의 여유를 주며 감광보상률은 각각 1.3과 2.0으로 본다. 감광보상률 대신에 그 역수인 유지율(또는 보수율 : M)을 사용하는 경우도 있다.

직접조명인 경우 감광보상률은 일반 장소에서는 1.3 그리고 먼지나 오물 등이 많은 장소에서는 1.5~2.0정도로 본다. 또, 간접조명인 경우 감광보상률은 1.5~2.0 정도이다.

(4) 보수율

조명의 시설을 장기간 사용하면 램프의 광속이 감소한다. 이 원인은 기구에 부착된 먼지라든가 광원의 광속감소 등에 의한다. 형광등은 특히 먼지의 부착이 현저하다.

낮아진 조도와 초기 조도와의 비를 보수율(M)이라 하며 표 3-3에 보수율의 기준을 나타내었다. 표 3-4는 배광에 따른 조명률, 감광보상률 및 등의 설치 간격등에 대하여 나타내었다.

표 3-3 보수율의 기준

	전 구	형광등	보수상태	예
일반 조명	0.75	0.7	좋음	백화점 은 행
먼지가 많은 경우 또는 청소가 어려운 기구	0.7	0.65	보통	사무실
간접 조명	0.6	0.55	나쁨	현 관 학 교

표 3-4 조명률, 감광보상률 및 등의 설치 간격

배 광 / 가설 간격	등기의 예	감광보상률 [D] 보수상태: 상	중	하	반사율 천장 / 벽 / 실지수	0.75 / 0.5	0.75 / 0.3	0.75 / 0.1	0.50 / 0.5	0.50 / 0.3	0.50 / 0.1	0.30 / 0.3	0.30 / 0.1
						조명률 U[%]							
반간접	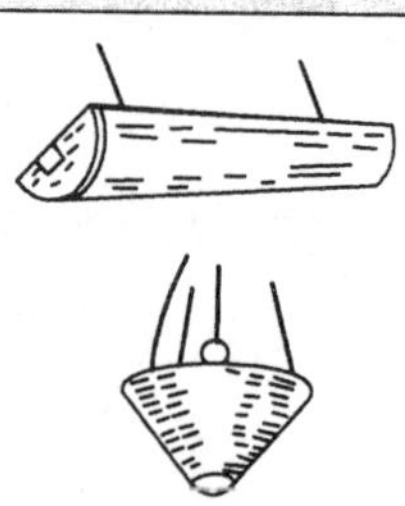	전 구			J	18	14	12	14	11	09	08	07
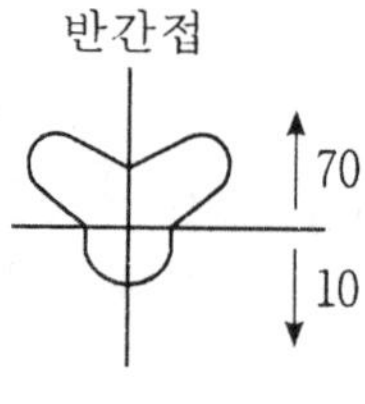					I	22	19	17	17	15	13	10	09
		1.4	1.5	1.8	H	26	22	19	20	17	15	12	10
					G	29	25	22	22	19	17	14	21
		형광등			F	32	28	25	24	21	19	15	14
					E	35	32	29	27	24	21	17	15
					D	39	35	32	29	26	24	19	18
		1.9	1.8	2.0	C	42	38	35	31	28	27	20	19
$S \leqq 1.2H$					B	46	42	39	34	31	29	22	21
					A	48	44	42	36	33	31	23	22

배광 가설 간격	등기의 예	감광보상률 [D] 보수상태 상	중	하	반사율 천장 벽 / 실지수	0.75 / 0.5	0.75 / 0.3	0.75 / 0.1	0.50 / 0.5	0.50 / 0.3	0.50 / 0.1	0.30 / 0.3	0.30 / 0.1
전반확산	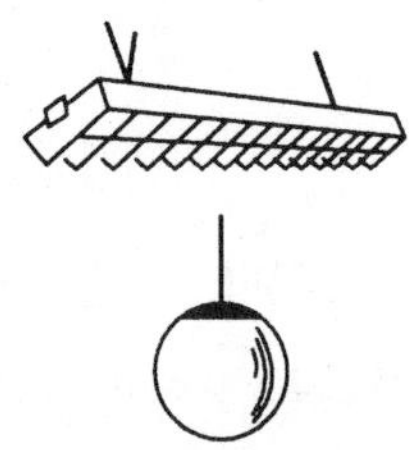	전 구			J	24	19	16	22	18	15	16	14
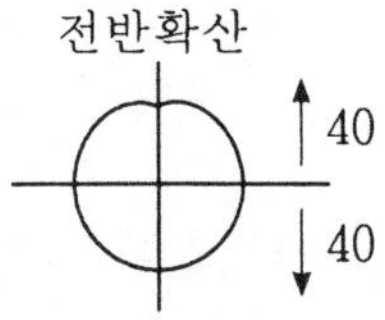					I	27	25	22	27	23	50	21	19
↑40					H	33	28	26	30	26	24	24	21
↓40		1.4	1.5	1.7	G	37	32	26	33	29	26	26	24
					F	40	36	31	36	32	29	29	26
		형광등			E	45	40	36	40	36	33	32	29
					D	48	43	39	43	39	36	34	33
					C	51	46	42	41	41	38	37	34
$S \leq 1.2H$		1.4	1.5	1.7	B	55	50	47	49	42	42	40	33
					A	57	53	49	51	47	44	41	40
반직접	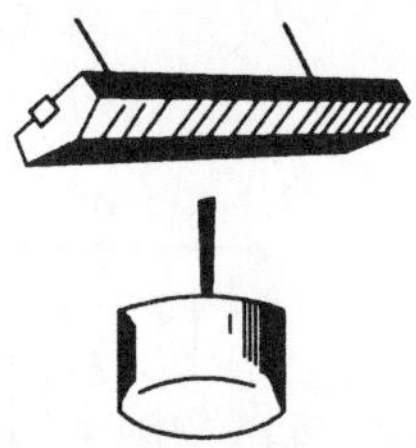	전 구			J	26	22	19	24	21	18	19	17
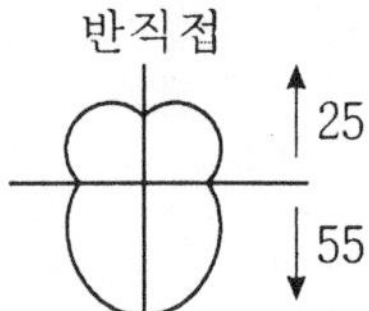					I	33	38	26	30	29	24	25	23
↑25					H	36	32	20	33	30	28	28	26
↓55		1.5	1.6	1.7	G	40	36	33	36	33	30	30	29
					F	43	39	35	39	35	33	33	31
		형광등			E	47	44	40	43	39	36	36	34
					D	51	47	43	46	42	40	37	37
					C	54	49	45	48	44	42	42	38
$S \leq H$		1.3	1.5	1.8	B	57	53	50	51	47	45	43	41
					A	59	55	52	53	49	47	47	43
직접	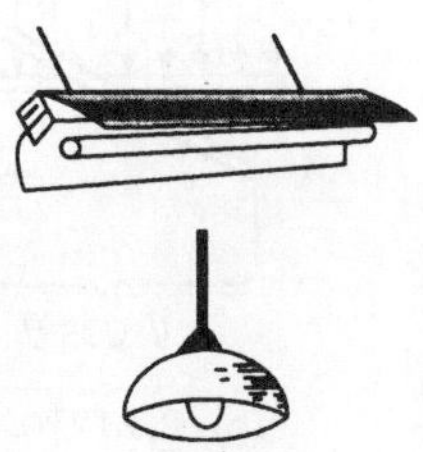	전 구			J	34	29	26	32	29	26	29	36
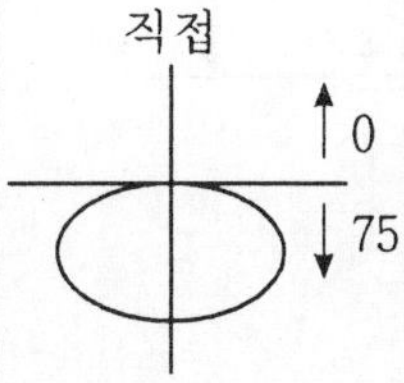					I	43	38	35	46	37	35	37	34
↑0					H	47	43	40	49	43	40	42	40
↓75		1.3	1.5	1.7	G	47	44	44	46	43	45	43	·
					F	52	50	47	51	49	46	48	46
		형광등			E	58	55	52	57	54	51	53	51
					D	62	58	56	60	59	56	57	56
					C	64	61	58	62	60	58	59	58
$S \leq 1.3H$		1.5	1.7	2.0	B	67	64	62	65	63	61	62	60
					A	68	66	64	66	64	66	64	63
직접	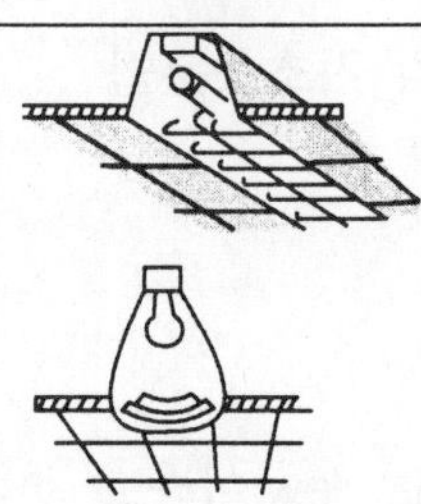	전 구			J	63	63	32	29	27	32	29	27
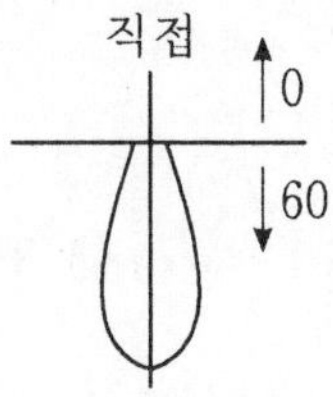					I	29	27	39	35	35	39	36	35
↑0					H	30	34	42	39	39	41	43	38
↓60		1.4	1.5	1.7	G	46	38	45	42	42	44	40	41
					F	42	41	48	44	44	46	44	43
		형광등			E	50	49	47	48	48	46	47	46
					D	54	51	50	51	51	49	50	49
					C	55	53	51	52	52	51	51	52
$S \leq 0.9H$		1.4	1.6	1.8	B	56	54	54	53	53	52	52	50
					A	58	55	54	54	54	53	54	52
간접	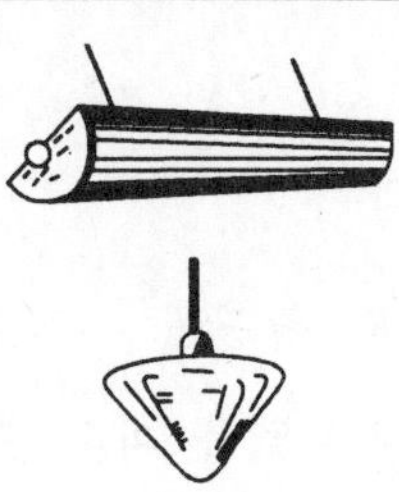	전 구			J	16	13	11	12	10	08	06	05
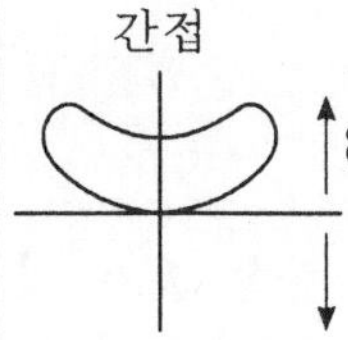					I	20	16	15	15	13	11	08	07
↑80					H	23	20	17	17	14	13	10	08
↓0		1.5	1.8	2.0	G	28	23	20	20	17	15	11	10
					F	29	26	22	22	19	17	12	11
		형광등			E	32	29	26	25	21	19	13	12
					D	36	32	30	26	24	22	15	14
					C	38	35	32	28	25	24	16	15
$S \leq 1.2H$		1.9	2.0	2.4	B	42	39	36	30	29	27	18	17
					A	44	41	39	33	30	29	19	18

(조명률 U[%])

3.1.2 조도 계산법

(1) 조도 계산의 기초식

(가) 거리의 역제곱 법칙

그림 3-4는 조도를 계산하는 방법을 나타낸 것이다. 그림 3-4 (a)와 같이 점광원 L의 광도를 I[cd], 광원 L과 P까지의 직하거리를 r이라 하면, I에 의해 조명된 P점의 조도 E[lx]는 식 (3-3)과 같이 나타낼 수 있다.

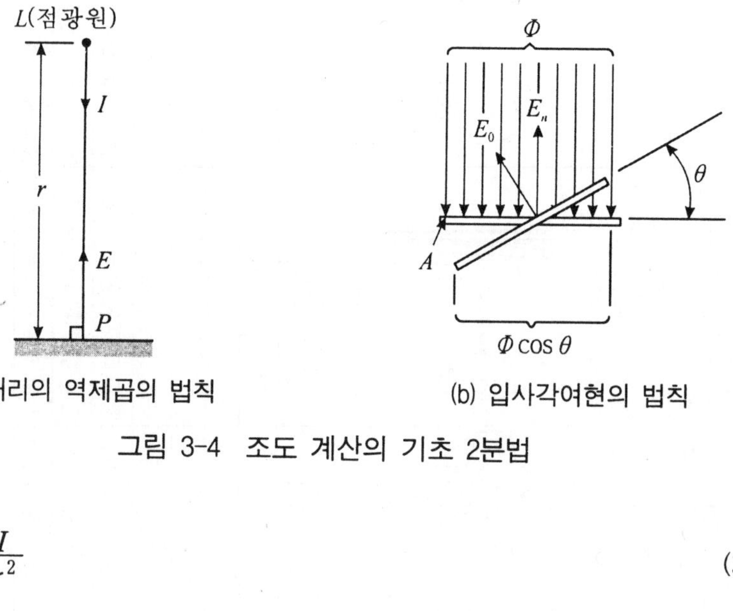

(a) 거리의 역제곱의 법칙 (b) 입사각여현의 법칙

그림 3-4 조도 계산의 기초 2분법

$$E = \frac{I}{r^2} \tag{3-3}$$

이 식을 거리의 역제곱의 법칙(inverse square law)이라고 한다. 즉, 조도는 광원에 비례하고, 거리의 제곱에 반비례한다.

(나) 입사각 여현의 법칙

그림 3-4 (b)에 나타낸 것과 같이, 면적 A의 평면에 수직으로 광속 Φ가 입사하고 있을 때, 조도 E_n과 이 면을 각 θ만 기울였을 때의 조도 E_0와의 관계는 식 (3-4)로 나타낸다.

$$E_0 = \Phi \cos \theta / A = E_0 \cos \theta \qquad (3\text{-}4)$$

이 식은 광의 입사각(면의 법선과 입사광의 방향이 이루는 각도)의 여현에 비례하므로, 입사각 여현의 법칙이라고 한다.

(다) 법선조도, 수평면조도 및 연직면조도

그림 3-5에 나타낸 것과 같이, 점광원 L에 의해 거리가 p인 평면 I상 위의 점 P에 생기는 법선조도 E_n, 수평면조도 E_h, 연직면적도 E_v는 역제곱의 법칙과 사각여현의 법칙에 의해 식 (3-5), (3-6), (3-7), (3-8)과 같이 나타낼 수 있다.

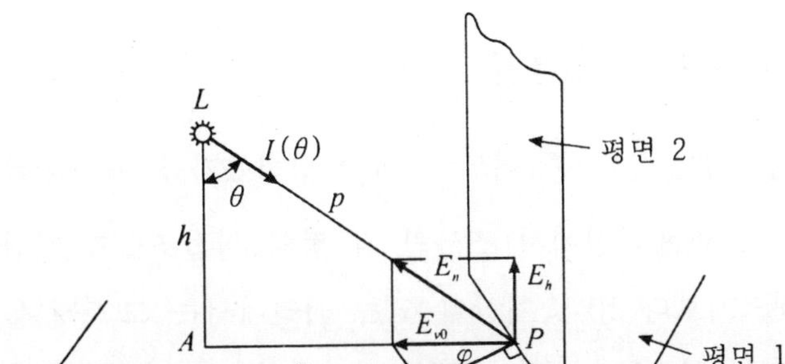

그림 3-5 법선조도, 수평면조도 및 연직면조도의 관계

$$\text{법선조도}: \; E_n = \frac{I(\theta)}{p^2} = \frac{I(\theta)}{h^2}\cos^2\theta = \frac{I(\theta)}{(x^2+h^2)} \qquad (3\text{-}5)$$

$$\text{수평면조도}: \; E_h = E_n \cos\theta = \frac{I(\theta)}{p^2}\cos\theta = \frac{I(\theta)}{h^2}\cos^3\theta$$

$$= \frac{I(\theta)\times h}{(x^2+h^2)^{3/2}} \qquad (3\text{-}6)$$

$$\text{연직면조도 } (\Phi = 0\text{의 경우}): \; E_{v0} = E_n \sin\theta = \frac{I(\theta)}{h^2}\sin\theta\cos^2\theta$$

$$= \frac{I(\theta)\times x}{(x^2+h^2)^{3/2}} \qquad (3\text{-}7)$$

$$\text{연직면조도(평면 2의 경우)}: \; E_v = \frac{I(\theta)}{P^2}\sin\theta\cos\varphi = \frac{L(\theta)}{h^2}\sin\theta\cos^2\theta$$

$$\cos\varphi = \frac{I(\theta)\times x}{(x^2+h^2)^{3/2}}\cos\varphi \qquad (3\text{-}8)$$

(라) 전광속의 계산기

광원의 배광이 축대칭으로 연직각 θ의 광도가 $I(\theta)$라 하면, 전광속 Φ_0는 식 (3-9)에 의해 구할 수 있다.

$$\text{전광속}\quad \Phi_0 = 2\pi\int_0^{\pi} I(\theta)\sin\theta d\theta \qquad (3\text{-}9)$$

(2) 직접조도(직사조도)의 계산

(가) 점광원에 의한 직접조도

그림 3-5의 E_n, E_h, E_v 중 어느 것에 해당하는가를 확인해서 계산식을 선택하여 계산한다. 또, 배광곡선에서 조사면 각 점의 직접조도를 계산할 때에도 이와 같다. 광원 최대크기보다 10배 이상이 되는 거리에서는 그 광원을 점광원으로 보아도 무방하며, 실용적으로는 5배 이상의 거리에서도 점광원으로 취급할 수 있다.

(나) 선광원에 의한 직접 조도

그림 3-6에 나타낸 것과 같이 선광원이 균등 확산성의 원통형이고, 그 단위 길이당의 수직방향의 광도를 I_0으로 하면 P점에서의 조도는 식 (3-10)에서 (3-13)으로 구할 수 있다.

$$\text{법선조도}: E_n = \frac{I_0}{2p}\left\{\tan^{-1}\frac{l}{p} + \frac{l/p}{1+(l/p)^2}\right\} \qquad (3\text{-}10)$$

$$\text{연직면조도}: E_y = \frac{I_0}{2p}\sin^2\alpha \qquad (3\text{-}11)$$

$$\text{선직면조도}: E_x = E_n\sin\delta \qquad (3\text{-}12)$$

$$\text{수평면조도}: E_h = E_n\cos\delta \qquad (3\text{-}13)$$

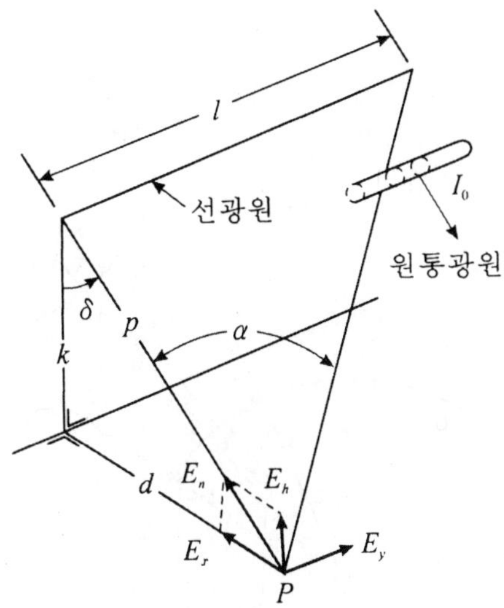

그림 3-6 선광원에 의한 조도

(다) 면광원에 의한 직접조도

입체각 투사법에 의한 경우 그림 3-7에 나타낸 것과 같이 균등확산면 광원 S상의 점 Q에 있어서 미소면적 dS를 점광원을 가정했을 때, 점 P에 있어서 수평면 조도 dE는 식 (3-14)와 (3-15)와 같이 나타낼 수 있다.

$$dE = L\frac{\cos\theta\cos i}{r^2}dS[\text{lx}] \tag{3-14}$$

즉,

$$E = L\int_s \frac{\cos\theta\cos i}{r^2}dS = L\int_s dS_p = LS_p[\text{lx}] \tag{3-15}$$

단, 광원 L은 균등확산면 광원으로 휘도가 일정하고, dS의 법선과 r방향이 이루는 각을 $d\omega$로 하고, 점 P에 있어서 연직선과 r방향이 이루는 각을 i로 한다.

또, P점을 중심으로 하는 반경 1의 단위 구를 생각하고, P점을 정점으로 하여 dS를 밑면으로 하는 추체를 만들면, 이 구면이 잘라내는 면적은 dS_0이고, dS_0 수평면에 투사할 수 있는 면적을 dS_p로 한다. 또, 경계적분법 ($\cos\delta$법)에 의한 계산법도 있다.

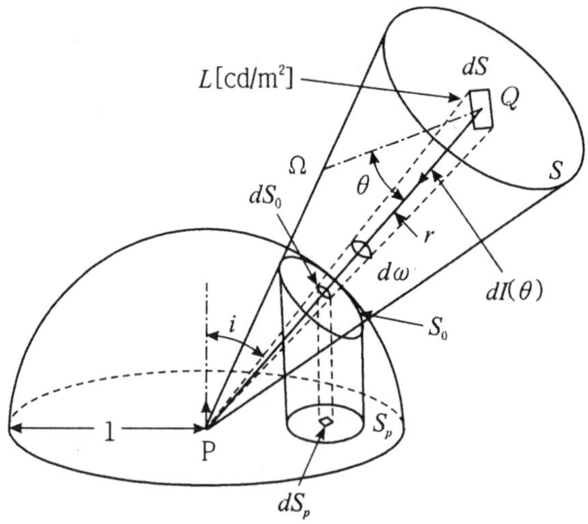

그림 3-7 면광원 및 조도(위치각 투사의 법칙)

(3) 전반조명법

전반조명에서 평균조도 E는 식 (3-16)으로 계산할 수 있다.

$$\text{평균조도}\ (E) = \frac{\text{조명률}\ (U) \times \text{램프수}\ (N) \times \text{램프광속}\ (\Phi) \times \text{보수율}\ (M)}{\text{실내면적}\ (A)} \qquad (3\text{-}16)$$

여기서, Φ : 광원의 1개의 광속 [lm],

N : 광원의 열수,

M : 보수율,

A : 면적[m^2],

U : 조명률

- 50[%] 이상, 피조면 도달 0.75
- 20~50[%] 이상, 피조면 도달 0.5
- 25[%] 이하, 피조면 도달 0.4

• 예제 • [답] ②

그림과 같이 반지름 3[m]의 작업면의 평균 조도 80[lx]로 조명하기 위해 3[m] 위에 광원을 두었을 때 이 광원의 전광속[lm]은 얼마로 하면 되는가?(단, 조명률은 40[%], 한 개의 광원으로 한다.)

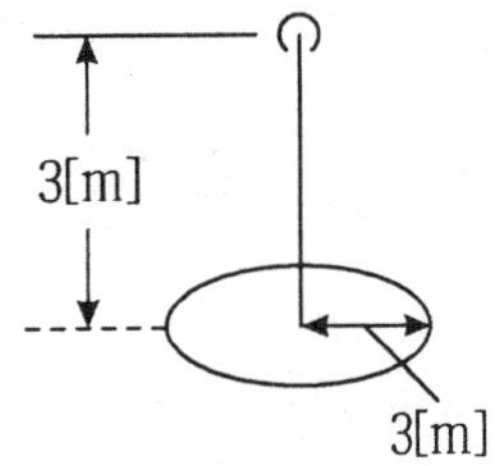

① 약 7202 ② 약 5652
③ 약 2800 ④ 약 950

풀이 $FNU=EA$에서

$$\therefore F=\frac{EA}{NU}=\frac{80\times\pi\times3^2}{1\times0.4}=5652[\text{lm}]$$

• 예제 • [답] ①

1000[m²]의 방에 1000[lm]의 광속을 발산하는 전등 10개를 점등하였다. 조명률 0.5, 감광 보상률 1.5라면 그 방의 평균 조도는 약 몇 [lx]인가?

① 3.33 ② 4.13 ③ 6.66 ④ 33.3

풀이 $FUN=EAD$에서

$$E=\frac{FUN}{AD}=\frac{1000\times0.5\times10}{1000\times1.5}=3.33[\text{lx}]$$

• 예제 • [답] ②

가로 10[m], 세로 20[m]인 사무실에 평균 조도 200[lx]를 얻고자 40[W], 전광속 2500[lm]인 형광등을 사용하였을 때 필요한 등수[등]는 얼마인가?(단, 조명률은 0.5, 감광 보상률은 1.25이다.)

① 250 ② 40 ③ 200 ④ 100

풀이 사무실의 평균 수평면 조도를 200[lx]로 하기 위한 전소요 광속은

$$NF=\frac{EAD}{U}=\frac{200\times10\times20\times1.25}{0.5}=100000[\text{lm}]$$

40[W] 형광등 1개의 광속은 2500[lm]이므로 등수 N은

$$\therefore N=\frac{NF}{F}=\frac{100000}{2500}=40[\text{등}]$$

3.2 주광의 이해와 응용

3.2.1 주 광

지표면에 도달하는 태양광을 **주광**(day light)이라고 한다. 이 주광을 이용하여 물체나 그 주변을 조명하는 것을 **주광조명**(day lighting)이라고 하며 주광은 직사일광(sunlight)과 천공광(skylight) 및 건물 또는 건물에 설치한 장치로 부터의 반사광으로 구분할 수 있다.

주광은 직사광선과 천공광이 조화를 이루면서 인간의 시각반응에 가장 근접하게 일치하는 조명으로 작은 양이라도 인간의 작업활동에 인공광원과 동일한 효과를 볼 수 있다.

또한 주광을 이용하면 인공광원에 의해 소비되는 에너지를 줄이 수 있다. 건축에서 채광설계는 변동이 심한 직사광원을 광원으로 취급하는 일이 드물고, 일반적으로 천공광을 광원으로 하고 있다.

(1) 직사일광

직사일광(sunlight)이란 태양으로부터 지구로 오는 빛이 대기의 환경조건 특히 구름 등의 차폐물 없이 지구에 도달하는 것으로 태양방사에 의하여 태양과 지구와의 평균거리에서의 광선과 수직인 평면상의 방사조도를 **태양정수**라고 하며 표 3-5에 그 값을 나타내었다. 여기서 태양을 하나의 점광원으로 생각해도 무방하다.

표 3-5 태양 정수

광 도	2.838×10^{27}[cd]	발광효율	93.7[lm/W]
휘 도	1.865×10^{9}[cd/m^2]	색 온 도	6,280[K]
전광속	3.566×10^{26}[lm]	전방사속	3.805×10^{26}[W]

태양정수의 분광조성은 그림 3-8에서와 같이 분포곡선을 나타낸다. 태양의 직사일광이 지상에 도달하는 사이에 대기를 통과하면서 그 빛의 조성에 심한 변화가 일어난다.

이것은 태양방사의 극대값의 파장은 색온도로 4,500[Å] 부근이지만, 대기 중의 협잡물의 영향을 받아서 짧은 파장은 많이 흡수되고 극대파장은 5,000~5,500[Å] 부근까지 변화하고 있다.

이중에서 짧은 파장의 흡수는 대기중에 존재하는 공기분자나 미소한 먼지 및 오존등에 부딪쳐 확산과 산란이 일어나기 때문이다.

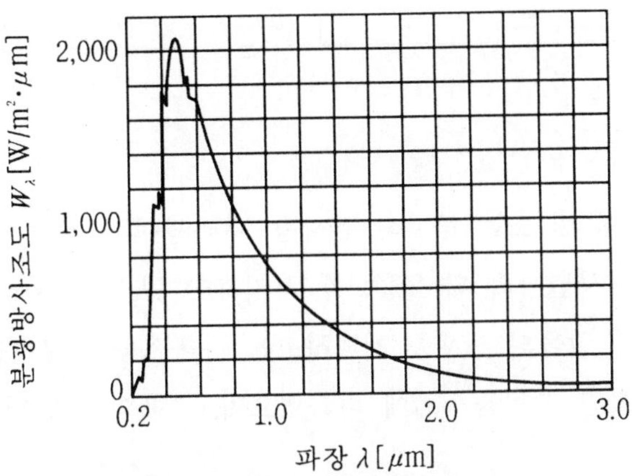

그림 3-8 태양정수의 분광조성

표 3-6에 직사일광이 대기를 통과함으로써 일어나는 변화를 파장에 따른 투과율로 나타내었다.

태양분광 중 붉은색 끝은 약 20[%]나 감소되고 자색 끝에서 약 50[%] 이상의 손실이 발생하며, 평지쪽 보다는 고지대에서 자외선의 강도가 강하게 나타나고 있다.

태양으로부터 지상에 도달하는 방사의 파장은 290~35,000[nm]까지이며 자외선이 약 5[%], 광선이 50[%], 그리고 적외선이 45[%] 정도로 된다.

태양직사광에 의한 지표면상의 조도는 대기에서 흡수되지 않으면 약 1.5×10^5 [lx]로 되어야 하나, 대기중에서 흡수로 인하여 10^5[lx] 이하로 된다. 대기의 오염도(탁함)은 인구 밀도에 비례하고 사계절에 따라 다르며 4월부터 8월까지가 가장 심하게 나타난다.

표 3-6 대기에 의한 직사일광의 흡수

파장[nm]	투과율[%]
400	47.5
450	55.3
500	62.4
600	68.2
700	75.2
800	80.1

(2) 천공광

천공광이란 천공의 빛 또는 구름의 반사광, 투과광 등을 의미한다. 밝은 날의 천공광의 에너지는 직사일광의 약 25[%]를 차지하고 있으며, 천공광에 의한 지상에서의 조도는 일출과 일몰의 전후를 제외하고는 사계절동안 큰변동이 없다.

그에 대한 개략적인 수치를 3-7에 나타냈으며, 그때의 천공의 휘도는 표 3-8에 나타내었다.

표 3-7 천공광에 의한 지상조도

구 분	조 도[lx]
푸른 하늘	11,000
흐린 날	30,000~50,000
검은 구름이 낀 날	10,000~15,000
비오는 날	7,000~10,000

표 3-8 천공광의 휘도

구 분	휘 도[cd/m^2]
푸른 하늘	1,100
흐린 날	3,000~5,000
검은 구름이 낀 날	1,000~1,500
비오는 날	700~1,000

심한 뇌우가 발생하는 때의 조도는 맑은 날의 1[%] 이하이고, 또한 도시와 같이

매연이 많은 곳에서도 조도는 대단히 약해진다.

천공광은 사계절을 통하여 보면, 조도는 일정하지만 나날의 조도는 기후에 따라서 심하게 변동하며 맑은 날은 평균값의 150~60[%]로 변동하고, 흐린 날은 200~30[%]로 더욱 심하게 변동한다.

그림 3-9는 맑은 날의 조도의 시간적 변동을 나타내었고, 또 그림 3-10은 조도를 기후 별로 변동하는 것으로 기후에 따라 심한 변화를 보이고 있다.

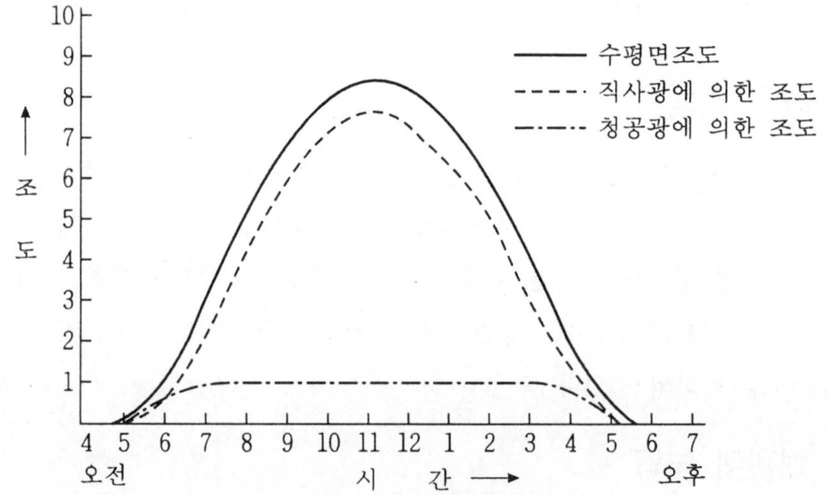

그림 3-9 맑은 날의 조도

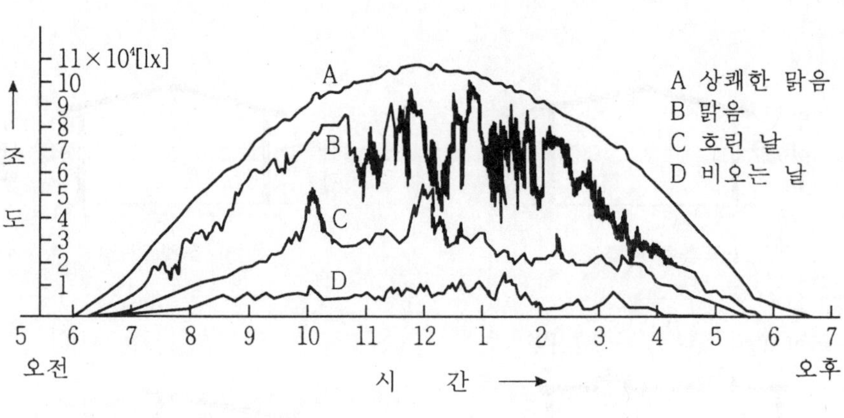

그림 3-10 기후와 조도의 시간적 변화

• 예제 • [답] ②

건축상 천장의 일부를 잘나내고 플라스틱으로 돔을 만들어 자연 채광되게 하는 방식을 무엇이라고 하는가?

① Cove 조명 ② Sky light 조명
③ Down light 조명 ④ Corner조명

3.2.2 창과 채광

(1) 창의 기능

창은 채광, 통풍, 환기를 비롯하여 전망이나 방재 등의 목적으로 한 폭넓은 기능을 가지며, 주거환경의 면에서도 생리적으로나 심리적으로 중요한 존재이다.

이중에서 가장 중요한 기능은 채광에 목적을 두고 있지만, 근래와 같이 냉난방, 공기조화가 정비된 건물에서는 창은 통풍의 역할이 적어지고 채광, 전망, 방재 등의 기능위주로 변화되고 있다.

(2) 채광의 분류

채광방식으로 창을 분류하면 측창, 천창 및 정측창으로 나눈다. 그림 3-11에 각종채광방식을 그림으로 나타내었다.

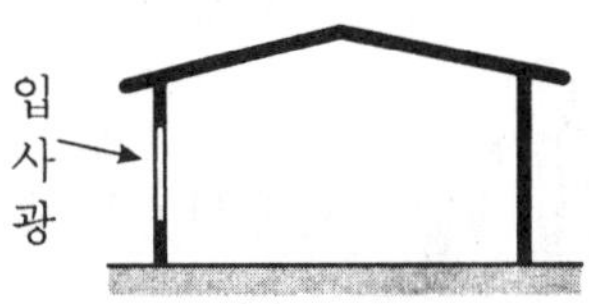

(a) 측창(편측)

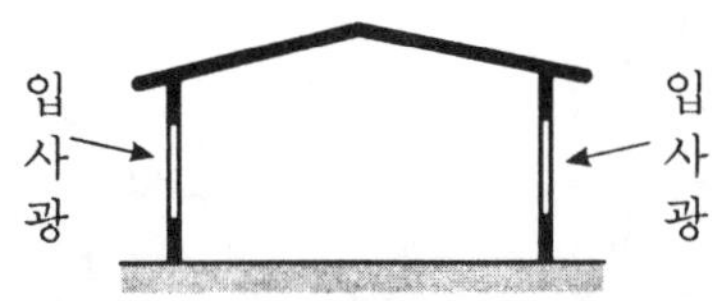

(b) 측창(양측)

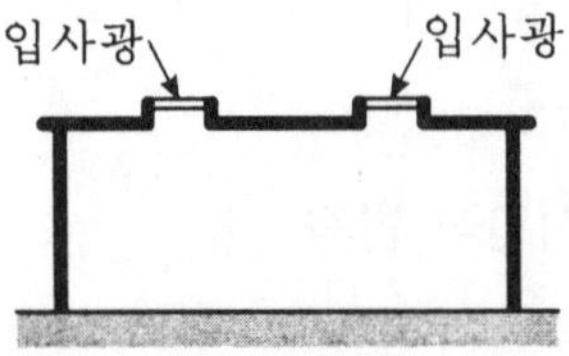

(c) 천창채광

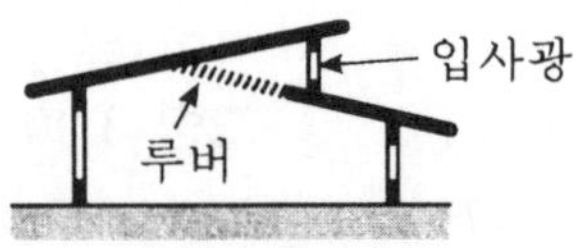

(d) 유사천창

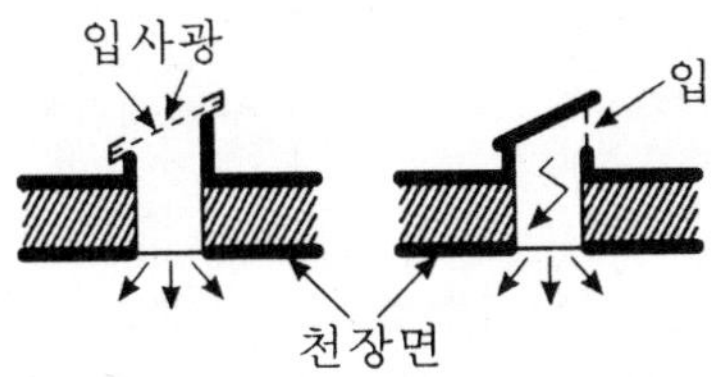

(e) 광 천

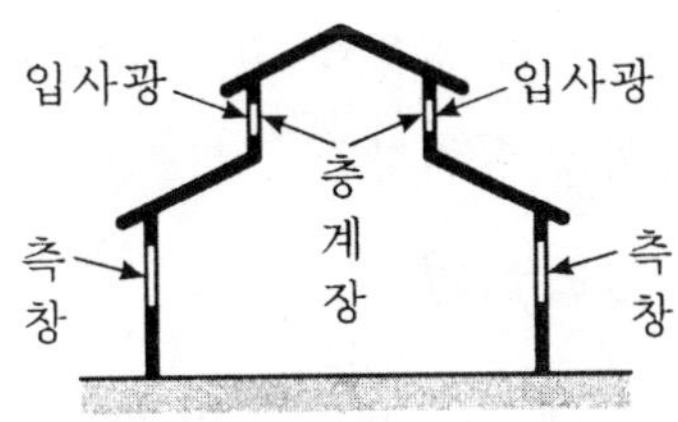

(f) 층계창채광

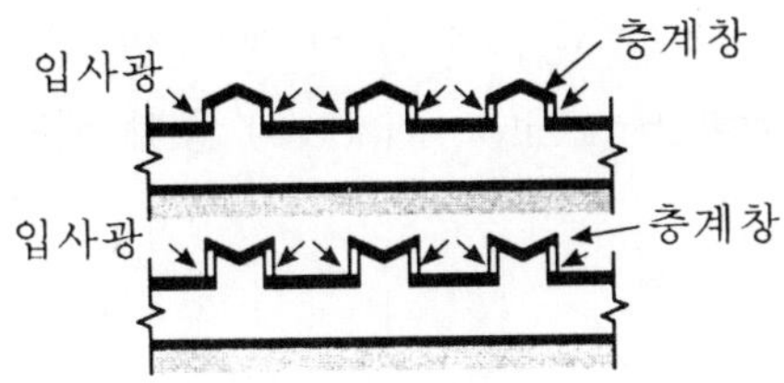

(g) 층계창채광

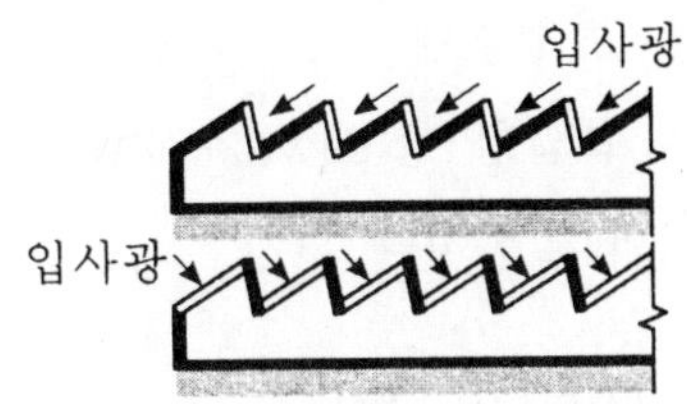

(h) 톱날형 창채광

그림 3-11 각종 채광방식

(가) 측창채광

수직외벽면의 창으로부터 채광하는 것으로 가장 일반적인 채광방법이다. 창의 편측으로부터 채광하는 편측채광, 대향하는 2벽면으로부터 채광하는 양측채광 그 외에 다면채광이 있다.

편측채광은 그림 3-11 (a)와 같이 가장 일반적인 채광방식으로 방 안쪽의 조도가 부족하고, 양측채광은 그림 3-11 (b)와 같이 채광량이나 조도분포의 면에서 우수하지만 두방향으로부터 들어오는 빛에 의해 그늘이 2개 생기므로 안정된 분위기가 손상될 수 있는 단점이 있다.

측창의 상부는 일반공장에서는 천장 근처까지 높게 하는 것으로 이것은 채광과 환기상 유리하며, 측창의 하부는 작업면의 높이로 하는 것이 유리하다. 측창으로 균등한 조명을 얻으려면 편측창의 경우 창의 높이는 방폭의 적어도 1/2 이상, 양측창의 경우 방폭의 1/4 이상을 창의 높이로 하는 것이 좋다.

(나) 천창채광

그림 3-11 (c)와 같이 지붕 또는 천장면에 있는 천창으로부터의 채광하는 것이며, 톱라이팅(top lighting)이라고도 한다.

천창채광에서는 창면적에 비교하여 고조도가 얻어지며, 조도분포의 균제도는 인

접된 건축물의 영향을 받지 않는다는 것은 좋지만 비막이, 조작, 보수, 통풍 및 차열 등에서는 불리하다.

(다) 정측채광

그림 3-11 (e, f)와 같이 천창으로부터 채광효과를 얻기 위하여 천장의 위치에 설치된 수직창을 정측창이라 하며, 천창의 결점을 측창으로 보충하는 채광방식이다. 넓은 작업면에 높은 균제도의 조도분포를 요구되는 공장 등에 많이 사용된다.

그 외 톱날형 창(sawtooth window)이나 층계창(monitor window) 등의 채광 방식도 이의 일종이다.

(3) 법령과 창

건축기준령 및 시행령에서는 주택, 학교, 병원, 기타 특정 거실에는 채광을 위하여 창이나 기타 개구부를 설치하도록 정하고 있다. 여기서 거실이란 거주, 집무, 작업, 집회, 오락, 기타 이들과 유사한 목적으로 계속 사용되는 방으로 정의하고 있다.

창의 채광에 유효한 부분의 면적은 그 거실의 바닥 면적의 1/5~1/10 이상 이어야 한다고 정해져 있다. 교실에서는 1/5 이상으로 되어 있으나 인공조명설비가 완비된 경우에는 1/7~1/10로도 가능하다.

3.2.3 주광 조명계산

실내의 주광조명을 실시할 경우 창으로부터의 채광에만 의하는 경우와, 주광이 부족할 경우 보조 인공조명에 의하여 주광을 보충하는 PSALI (permanent supply-mentary artificial lighting interiors ; 실내상시보조 인공조명의 약자, 실내의 자연채광을 보완하기 위해 설치하는 인공조명을 말한다.)라고 하는 조명방법이 있다.

주광만에 의한 조명설계를 시행할 경우는 천공광이나 반사광 등이 광원으로 되고 옥외의 장애물이나 창의 형식과 투과특성 및 실내의 반사에 의하여 영향을 받는다. 이러한 주광에 의한 실내에서의 조도를 계산하는 방법은 광속법, 주광률법, 모형실험법, 컴퓨터를 이용한 계산법 등이 사용되고 있다.

광속법은 인공조명의 계산에 사용되는 광속법과 유사하며 천창채광과 측창채광의 주광계산을 할 수 있다. 주광률법은 건축물과 창의 형태에 따라 결정되는 주광률과 외부의 조도를 이용하여 실내 조도를 예측하는 방법이다.

모형실험법은 모형실험을 통해 건축물 내부에 미치는 영향과 실내조를 직접 측정하는 것이다. 컴퓨터 이용은 전문소프트웨어를 이용한 시뮬레이션을 통해 정확한 예측과 계산을 하는 것으로 근래에 많은 종류가 개발되어 사용되고 있다. 여기서는 주광률법에 대하여 알아보자.

(1) 주광률

건축물 외부 즉, 야외의 주광조도는 항상 변동하므로 채광에 의한 건물내부의 조도기준값을 결정하는 것은 적당하지 않다.

이에 대신하는 것으로 청공휘도와는 관계없이 창의 크기 및 위치로 정해지는 개념으로 주광률(day light factor)을 사용하고 있다. 이 주광률의 최소치를 정하여 줌으로써 주광 효과를 기대하는 방법이 이용되고 있다.

실내의 어떤 점의 주광조도 E와 같은 시각의 옥외의 전청공에 의한 수평면조도를 E_s라 하면 주광률 D는 식 (3-17)로 나타낼 수 있다.

$$D = \frac{\text{어느 점의 조도 } E}{\text{그때의 전청공조도 } E_s} \times 100[\%] \qquad (3\text{-}17)$$

E_s는 조도 E의 점으로부터 본 건물이나 여러 가지 주광을 막는 장애물을 제거하였다고 가정한 경우의 조도이므로 직사일광에 의한 것은 포함되지 않는다.

CIE에서 권고한 채광계산법에 의하면 작업시간의 요소를 넣은 옥외조도(전청공조도 E_s)에 주광률 D를 곱하면 실내 추천조도로서의 E가 얻어진다. 반대로 실내조도와 필요 작업시간을 주면 그 건물 내에 요구되는 주광률을 구할 수 있다.

실내의 주광조도는 사용 목적이나 작업의 내용에 따라 선택되지만 주광 조명설계를 위하여 표 3-9에 기준주광률과 실내조도와의 관계를, 표 3-10에는 설계용 전청공조도를 나타내었다.

표 3-9 기준주광률과 실내조도(E)

작업 또는 방의 종별	기준 주광률 [%]	기준주광률의 경우의 주광조도[lx]			
		밝은 날	보 통	어두운 날	매우 어두운 날
시계수리, 주광만의 수술실	10	3,000	1,500	500	200
정밀제도, 정밀공작	5	1,500	750	250	100
장시간 독서, 타이프	3	900	450	150	60
독서, 사무, 교실	2	600	300	100	40
회의실, 강당, 체육관	1.5	450	225	75	30
미술전시, 도서관, 서고	1.0	300	150	50	20
호텔로비, 교회객석	0.7	210	105	35	14
복도계단, 소형 화물창고	0.5	150	75	25	10
주택 창고, 대형창고	0.2	60	30	10	4

표 3-10 설계용 전청공조도(E_s)

구 분	조 도[lx]
특히 밝은 날	50,000
밝은 날 보통 날 흐린 날	30,000 15,000 5,000
매우 어두운 날(뇌운, 강설중) 맑은 날의 청공	2,000 10,000

(2) PSALI

PSALI란 자연조명인 주광만으로는 건축물 내의 조명에 불충분하거나 불유쾌할 때 건물내(옥내)에서의 자연조명을 보조하는 인공조명이라고 정의하고 있다.

주간의 옥내조명에서는 창으로부터의 채광과 실내의 인공조명을 합리적으로 병용하여 쾌적한 실내 조명환경을 형성시키는 것이 목적이다.

PSALI의 요점은 다음과 같이 정리할 수 있다.

① 실내조도 레벨을 적정하게 설정

② 조도 밸런스의 배려

③ 휘도 밸런스의 배려

④ 창에 의한 눈부심을 처리

⑤ 주광과 인공광원의 광색의 조화

옥내와 옥외의 조도차이가 크므로, 창으로부터 떨어진 부분에서는 조도가 부족할 수가 있다.

그러므로 이 부족분을 인공조명으로 보충하는 경우에는 조도레벨이 높은 옥외조도와 조화에 유의할 필요가 있다.

3.2.4 건축화 조명

(1) 건축화 조명의 종류

건축화 조명이란 건축물의 천장, 벽 등의 일부가 조명기구로 이용되거나 광원화되어 건축물의 마감재료의 일부로서 중요한 역할을 할 수 있도록 하여 건축물과의 조화를 도모하기 위한 조명방식이다.

건축물에 매우 중요한 방식으로는 천장면을 광원으로 이용하는 방법과 천장에 매입하는 방법 및 벽면을 광원으로 이용하는 방법으로 대별되며 이것을 상세히 분류하면 다음의 종류들이 있다.

(가) 천장면 이용방법

① 광천장 조명

② louver 조명

③ cove 조명

(나) 천장 매입방법

① 매입 형광등

② down light

③ pin hole light

④ coffer light

⑤ line light

(다) 벽면 이용방법

① coner 조명

② conice 조명

③ valance 조명

④ light window 조명

각 항목별로 용도와 형태에 대하여 다음에 나타내었다.

(2) 건축화 조명의 방법

(가) 천장면 이용방법

① 광천장 조명 : 그림 3-12와 같이 실내의 천장면에 확산성 투과재료인 메틸 아크릴 수지판이나 유백색 플라스틱판을 붙이고 천장 내부에 광원을 배치하는 방식이다.

천장면이 낮은 휘도의 광천장이 되므로 부드럽고 깨끗한 조명이 된다. 보수가 용이하고 조명률이 높으며, 높은 조도를 필요로 하는 1층 홀, 쇼룸, 회의실 등에 적합하다.

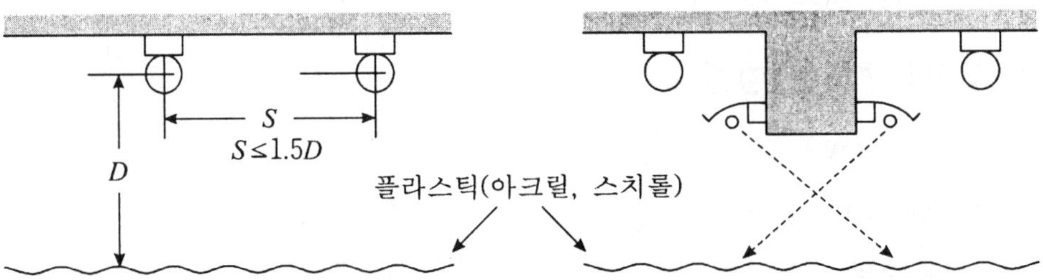

그림 3-12 광천장 조명

그림 3-12 (a)에서 등간의 간격을 S, 광원에서부터 발산면까지의 거리를 D라면, 등간 거리는 식 (3-18)과 같다.

$$S \le 1.5D \tag{3-18}$$

파형 플라스틱을 사용할 경우에는 식 (3-19)와 같이 설계하면 휘도에 얼룩이 생기지 않는다.

$$S \le D \tag{3-19}$$

건축상 작은보가 설치되어 있는 경우에는 그림 3-12 (b)와 같이 보에 보조조명 설치가 필요하다.

② **루버 조명** : 그림 3-13과 같이 천장면에 루버판을 설치하고 천장 내부에 광원을 설치하는 조명방식이다. 직사현휘가 없고, 낮은 휘도의 밝은 직사광을 얻을 수 있다.
사용중 루버면에 휘도의 얼룩이 일어나지 않도록 해야 하며, 램프가 직접 눈에 들어오지 않도록 보호각과 램프와 루버면의 거리를 고려해야 한다.
보호각에 따라 식 (3-20), 식 (3-21)과 같이 등간 거리를 설계한다.

보호각이 30° 전후인 경우 : $S \le 1.5D$ (3-20)

보호각이 45° 인 경우 : $S \le D$ (3-21)

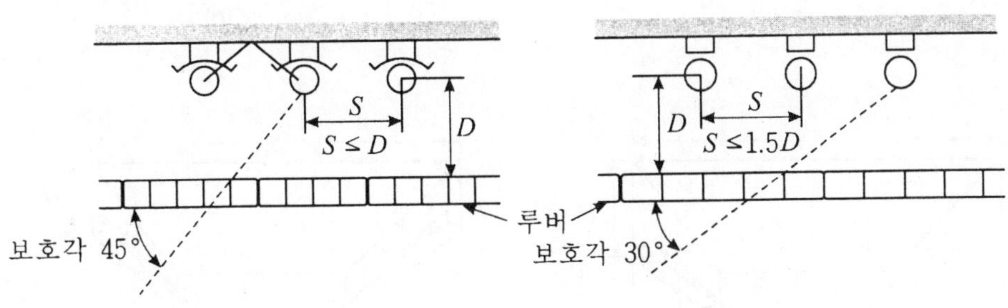

(a) 보호각이 45° 인경우 (b) 보호각이 30° 인경우

그림 3-13 루버 조명과 보호각

③ **Cove(코브) 조명** : 그림 3-14와 같이 천장면에 플라스틱이나 목제 등을 이용하여 활 모양으로 굽힌 곳에 광원을 감추고 간접조명을 이용하여 그 반사광을 이용하는 조명방법이다.
천장과 벽이 2차 광원이 되므로 반사율과 확산성이 높아 방전체가 부드럽고

차분한 분위기를 연출할 수 있다. 코브의 치수는 방의 크기와 천장 높이에 따라 다르다.
코브 조명은 램프가 노출되지 않도록 하고 천장에 너무 근접하여 설치하면 천장 중앙 부근이 어두어질 수 있다. 이 조명방식은 천장 전면이나 벽면에 얼룩이 없고 균일한 휘도를 요구하는 곳에 이용한다.

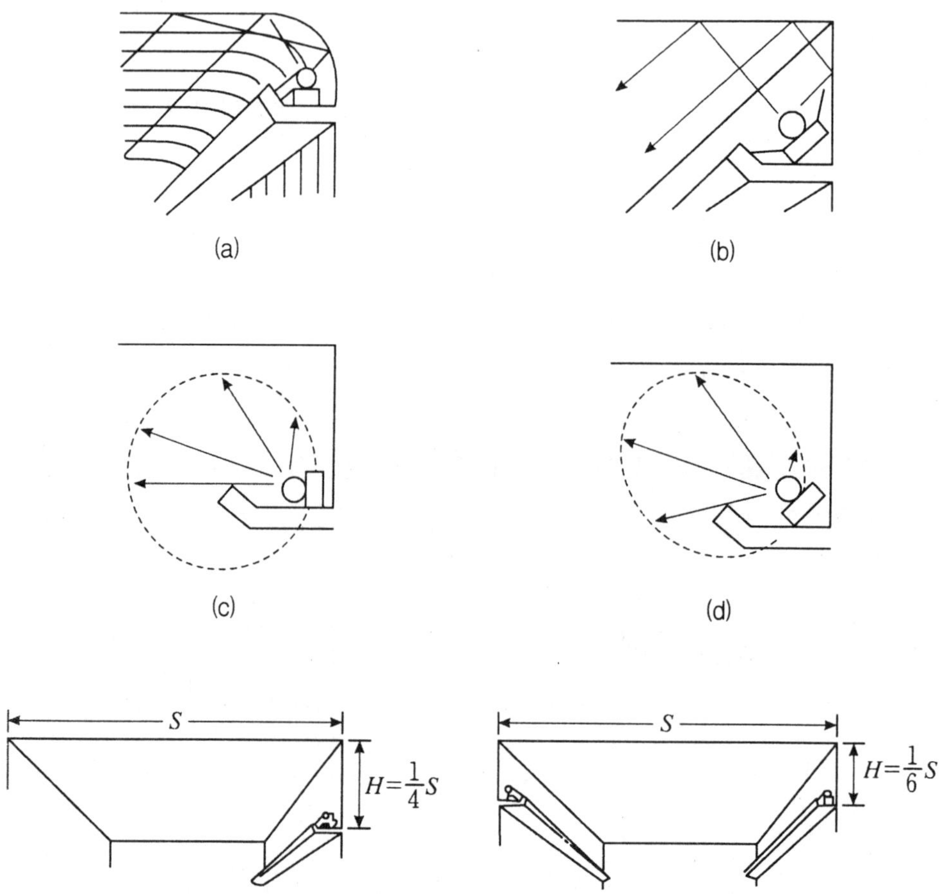

그림 3-14 cove 조명

• 예제 • [답] ③

옥내 전반조명에서 바닥면의 조도를 균일하게 하기 위하여 등간격은 등높이의 얼마가 적당한가? 단, 등간격 S, 등높이 H이다.

① $S \leqq 0.5H$ ② $S \leqq H$ ③ $S \leqq 1.5H$ ④ $S \leqq 2H$

풀이 광원의 상호 간격을 S라 하면

$S \leqq 1.5H$

$S \leqq \frac{H}{2}$ (벽측을 사용하지 않을 때)

$S \leqq \frac{H}{3}$ (벽측을 사용할 때)

(나) 천장 매입방법

① **매입 형광등** : 그림 3-15와 같이 가장 보편적으로 사용하는 방법으로 천장을 이용하는 것으로 개방형과 하면 확산판 설치형 및 반매입형 등이 있다.

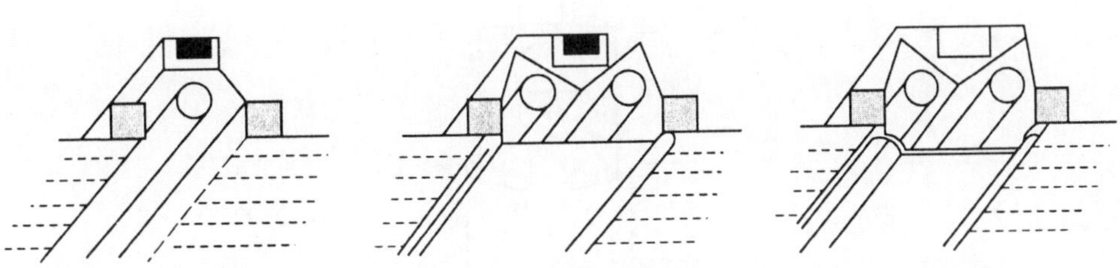

(a) 하면 개방형 (b) 하면 확산형 설치형 (c) 반매입형

그림 3-15 매입형광등 조명

② Down light(다운라이트) : 그림 3-16과 같이 천장면에 구멍을 많이 뚫어 그 속에 다양한 형태의 하면개방형, 하면루버형, 하면확산형, 반사형전구 등의 등기구를 매입하는 조명방식이다.

천장면에 뚫는 구멍의 크기와 재료 마감 및 의장, 전체 구멍수, 배치 등에 따라 다양한 조명 분위기를 연출할 수 있다. 이 조명은 천장면이 어두워지며 등간격은 불규칙하게 배치하는 경향이 높다.

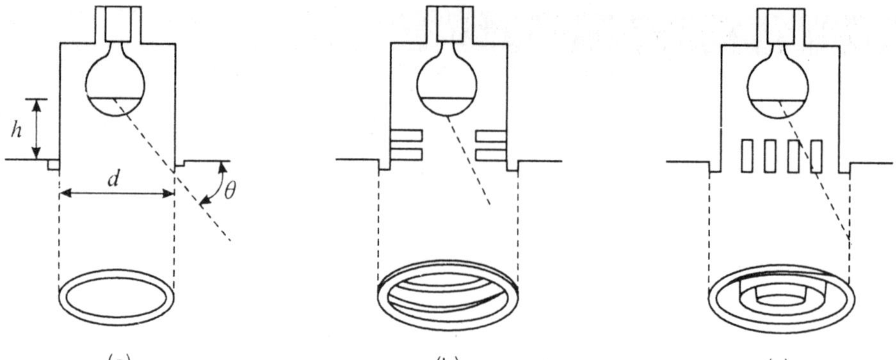

그림 3-16 down light

③ Pin hole light(핀홀 라이트) : 그림 3-17과 같이 다운라이트의 일종으로 아래로 빛이 조사되는 구멍을 적게 하거나 렌즈를 달아 실내의 한 곳을 집중 조사되도록 하는 조명방식이다.

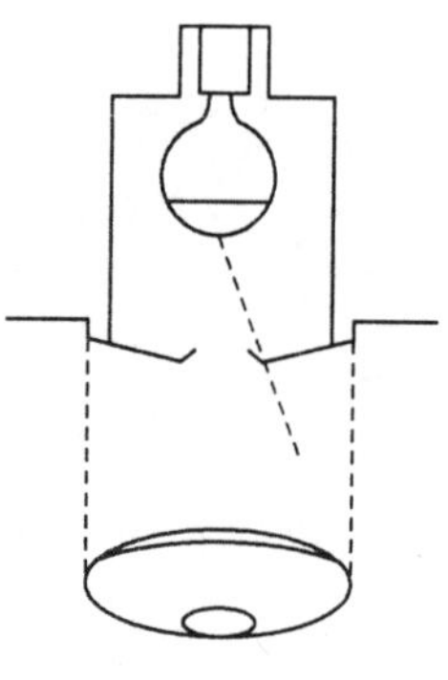

그림 3-17 pin hole light

④ Coffer light(코퍼 조명) : 그림 3-18과 같이 대형의 다운라이트라 할 수 있으며, 천장면을 둥근모양, 사각모양 등 다양한 형태로 오려내어, 여기에 여러가지 매입기구를 취부하여 실내의 단조로움을 피하는 조명방식이다.

일반적으로 천장면에 취부한 등기구의 하부에는 플라스틱이나 아크릴 판 등을 부착하고, 천장 중앙에 반간접형 기구를 매다는 방식을 채용하고 있다. 주로 높은 천장이 있는 은행, 대형홀, 백화점 1층 등에 적용된다.

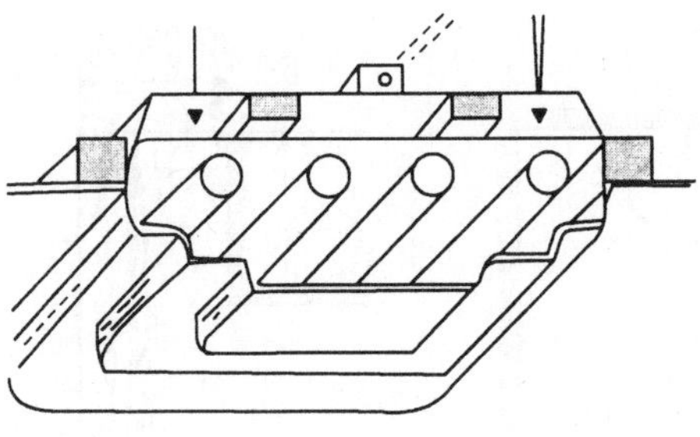

(a)

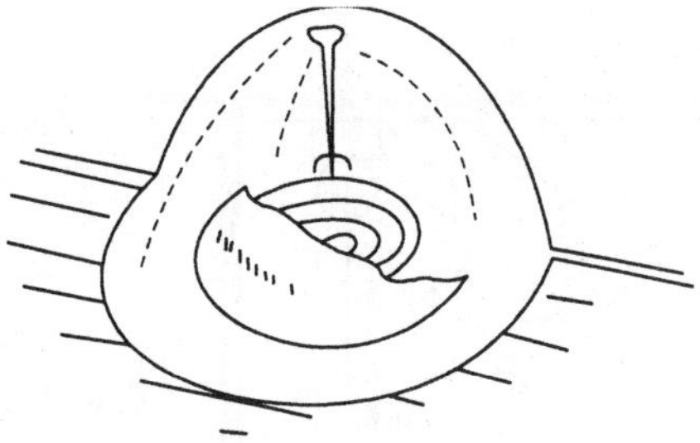

(b)

그림 3-18 coffer light

⑤ Line light(라인 라이트) : 그림 3-19와 같이 매입 형광등방식의 일종으로 광량 조명 형식이다. 이것은 형광등을 연속열로서 천장이나 들보에 설치하는 조명 방식으로 형광등 조명방식 중 가장 효과적인 조명방식이다.

이 설치방식은 종방향 line light, 횡방향 line light, 사선 line light, 장방향 line light 등이 있다.

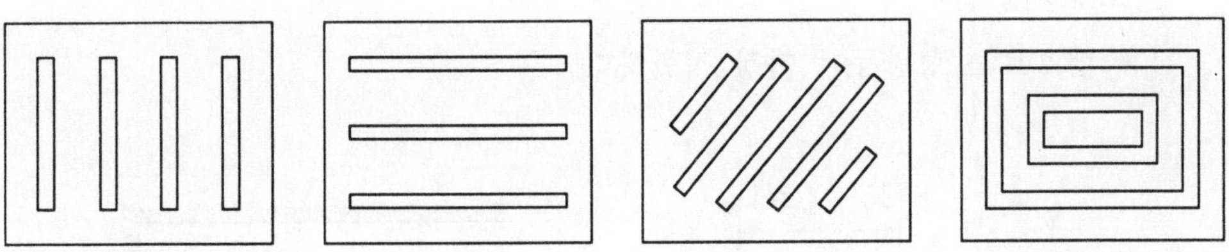

(a) 종방향 (b) 횡방향 (c) 사선방향 (d) 장방향

그림 3-19 line light

(다) 벽면 이용방법

① Coner(코너) 조명 : 천장과 벽면의 경계면 사이에 조명기구를 배치하여 조명하는 방법으로 천장과 벽면에 동시에 조명하는 실내 조명방식이다. 지하도에 많이 이용하고 있다.

② Conice(코오니스) 조명 : 그림 3-20과 같이 벽면 상방 모서리에 건축적으로 둘레 턱을 만들어 등기구를 설치하는 조명방식이다.

이 턱을 코오니스라 하며 천장면에서 15~20[cm] 정도 내려서 아래 쪽의 벽 또는 커튼을 조명하도록 하는 방법으로 형광등의 건축화 조명에 적합하다.

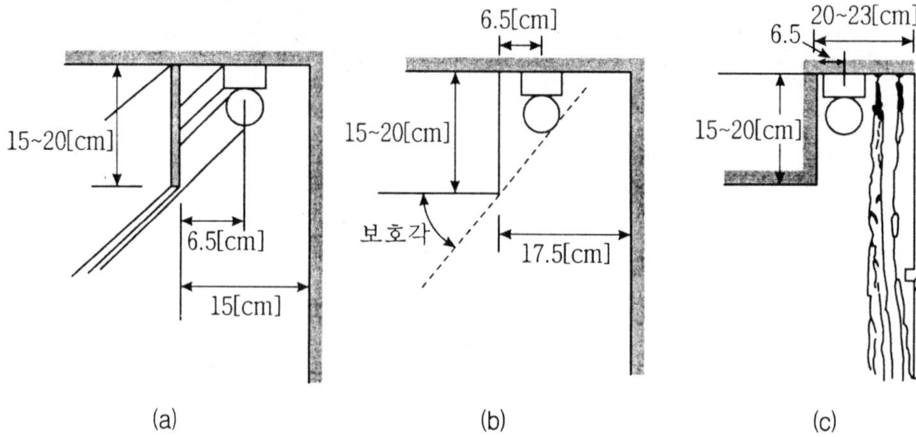

그림 3-20 코오니스 조명

③ Valance(밸런스) 조명 : 그림 3-21과 같이 벽면의 상부쪽에 설치하며 광원의 전면에 목재 또는 금속판 등 투과율이 낮은 밸런스판을 설치하여 상향광속은 천장면을 하향광속은 하향벽면 또는 커튼을 조명하므로 분위기 조성에 효과적인 조명방법이다.

사용 램프로는 형광등이 가장 적합하다.

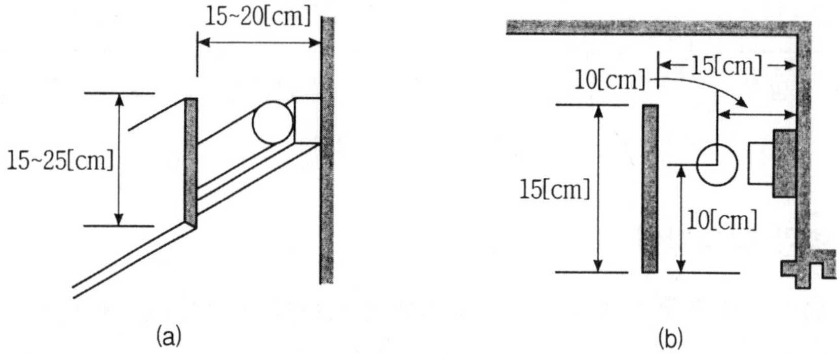

그림 3-21 밸런스 조명

④ Light window(광벽) 조명 : 지하실이나 자연광이 들어오지 못하는 실내에 조명하는 방법으로 인공창의 뒷면에 형광등을 배치하여 주간에 창으로부터 채광하는 것과 같은 느낌을 주게 한다.

• 예제 • [답] ③

창이나 벽면 상부의 못에 커튼을 시설하여 커튼의 위와 아래의 방향으로 빛이 나오도록 하여 천장면에 반사시킴으로써 실내 전반을 조명하는 것을 무엇이라고 하는가?

① Cornice 조명 ② Cove 조명
③ Valance 조명 ④ Troffer 조명

• 예제 • [답] ①

천장이나 벽면에 광원을 간접조명하여 벽이나 천장면에 반사시키어 채광하는 조명방식은?

① Cove 조명 ② Beam 조명
③ Down light 조명 ④ Troffer 조명

3.3 옥내조명

광 조사시 피조면의 조도를 산출하기 위해서는 추점법(point by point method)과 광속법(lumen method)을 이용되고 있다.

추점법은 주로 피조면의 임의의 점에서 거리의 역제곱 법칙을 적용하여 조도를 계산하고 각 임의의 지점에서 조도를 계산 비교하면서 설계하는 방법으로 국부조명에 많이 이용되고 있다.

광속법은 설계하고자 하는 방의 형태, 광원의 광속, 조명률(U) 및 감광보상률(D) 등을 고려하여 기준조도에 따라 설치할 등의 수를 결정하는 방법으로 사무실, 학교 등 전반조명을 요구하는 장소에 많이 이용되고 있다.

광속법에 의한 설계과정은 다음과 같은 순서로 이루어진다.

① 광원의 선택한다.

② 조명기구의 선택한다.

③ 조명기구의 간격과 배치를 결정한다.

④ 필요한 조도를 결정한다.

⑤ 방지수 또는 실공간 비율을 결정한다.

⑥ 조명률 또는 이용율을 결정한다.

⑦ 유지율 또는 보수율을 결정한다.

⑧ 램프의 크기를 계산한다.

3.3.1 조명기구의 구성

(1) 조명기구 구성

조명기구는 전기적 부분, 광학적 부분, 기계적 부분 및 장식 부분으로 구성되며, 안정성에 관해서는 KS C 등에 규정되어 있다. 반사면, 투과면에 어떤 재료를 사용하는가는 조명의 목적에 맞는 배광과 눈부심 등을 고려하여 선정하여야 한다.

(가) 광학적 부분

배광을 제어하는 부분으로 조명기구의 기능상 가장 중요한 부분이다.

재료로는 유리류, 플라스틱류, 금속류 등이 있다. 이것은 반사율, 투과율, 확산성 등과 더불어 구성품의 강도, 내구성, 방수, 방습, 약품에 대한 성질 및 빛을 비롯한 방사선 등에 의해 변화되지 않아야 한다.

(나) 전기적 부분

소켓, 전선, 스위치 및 기타 광원에 전기를 공급하기 위한 부분이다. 방전등용들은 필요에 따라 안정기, 기동장치 등의 부속품들이 포함되고 있다.

(다) 기계적 부분

전기적, 광학적 부분을 지지하고 보호하며, 모양을 유지하고 기능을 완전하게 하는 부분이다. 일반적으로 가볍고 연한 금속판을 프레스하여 사용하거나 주물을 이용하여 만든다.

(2) 조명기구

조명기구를 사용하는 목적은 광원에서 복사되는 광속의 손실을 가능한 줄이고 피조면에 집중시키는 것이다. 또한 광원의 휘도를 감소시켜 눈부심을 줄이고 광원으로부터 발산되는 빛을 필요한 방향으로 집중시켜 이상적인 배광을 형성하며 실내공간과 조화를 이루게 하는 것이다.

광원으로부터 나오는 빛을 그대로 사용할 경우 조명의 목적에 맞지 않은 경우가 많다. 그러므로 조명기구를 사용하게 되는데, 이러한 조명기구의 사용목적은 다음과 같다.

① 광원에서 복사되는 광속을 피조면에 집중시켜 광속의 손실을 감소시킨다.
② 광원의 고유 휘도를 부드럽게 하여 눈부심을 방지한다.
③ 광원에서 나오는 빛을 받아 이 빛이 소요되는 방향으로 집중시켜 유효 적절한 배광으로 변형시킨다.
④ 시감을 좋게 하고, 외관상 미적인 것이 좋다.

조명기구는 작업목적에 맞는 조명기구의 방식에 따라 특성과 형체 등을 고려하여 선택하며 다음 사항을 고려하여야 한다.

① 작업장의 특색
② 재료의 특징
③ 직사 눈부심이 일어나지 않는 것
④ 반사 눈부심이 적을 것
⑤ 설비의 효율
⑥ 수직면과 경사면 위의 조도
⑦ 진한 그림자가 일어나지 않을 것
⑧ 유지 및 관리가 용이할 것

조명 기구에 사용되는 몇 가지를 설명하면 다음과 같다.

① **글로브(globe)** : 글로브는 광원의 전체 또는 대부분을 둘러싼 조명기구로 일반적으로 확산성 유백색 유리로 되어 있으며, 눈부심이 적고, 형상에 따라 배광이 다양하다. 글로브는 확산성이 좋으므로 광도는 정반사영 면적에 비례한다. 외구 내면에서는 일종의 상호반사가 있으므로 효율은 재료의 투과율 이외에 반사율의 영향을 받는다. 투명 유리에 작은 프리즘을 넣어서 굴절에 의하여 배광이 조정될 수가 있기 때문에 가로등 조명에 사용하기도 한다.

② 반사갓(reflector) : 직접조명에 사용되는 것으로 공장조명에 많이 사용하고 있으며, 우유빛 유리와 같은 불투명 재료를 사용한 것을 갓(shade), 철판과 같은 불투명 재료를 사용한 것을 반사갓(reflector)이라 한다. 모양과 크기가 다양하다. 주택 또는 건축물 등의 옥외조명용으로는 유리갓이 많이 보급되어 있고, 공장조명용으로는 반사갓 내면에 백색 에나멜 알루미늄 페인트를 칠하거나 또는 전해연마(알루미늄판)를 한 철판 또는 알루미늄의 금속반사갓이 사용되고 있다.

③ 반사보울(bowl) : 배광의 관점에서 보면 반사보울(bowl)은 간접조명에 사용되는 반사갓을 반대로 설치한 형태이다. 금속제는 간접조명용이지만, 유리에 금속으로 무늬를 붙인 것은 하향으로도 빛이 다소 나오므로 반간접조명용의 기구이기도 하다.

④ 루버(louver) : 루버는 그림 3-22와 같이 직접조명용의 기구로 날개판이 광원을 차단하여 눈부심을 방지하고, 아래로 빛을 확산과 동시에 반사시키는 역할을 한다. 글로브와 달리 빛의 흡수가 적고 효율이 높다.

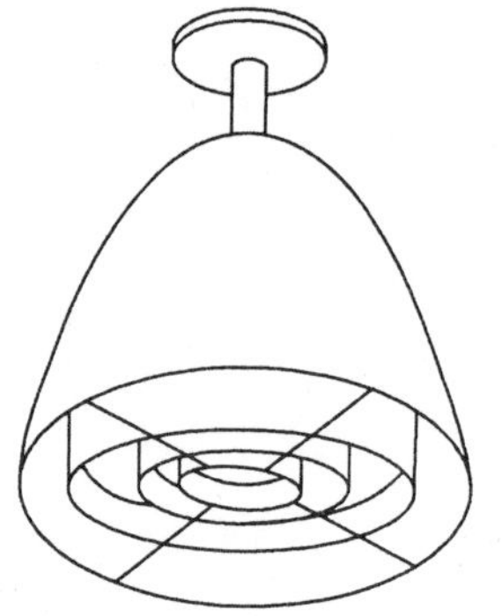

(a)

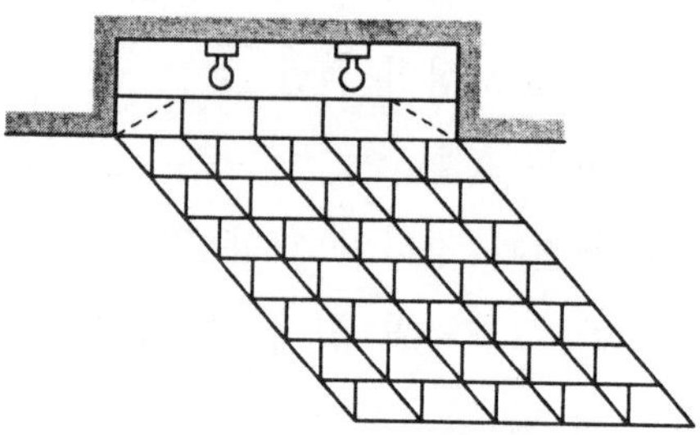

(b)

그림 3-22 루버(louver)

그림 3-22 (a)는 백열전구용으로 전구를 시선으로부터 차단하여 눈부심을 차단함과 동시에 수평에 가까운 방향의 직사광을 반사갓에 의하여 아래로 배향하게끔 하는 역할을 한다. 그림 3-22 (b)는 형광등용의 것으로 그림 (a)와 같은 역할을 하지만, 특히 형광등과 같이 가늘고 긴 조명기구에서는 확산성 유

리를 사용하기가 어려우므로 루버를 이용하여 사용하고 있다.

⑤ 투광기(projector) : 투광기는 그림 3-23과 같이 좁은 범위로만 빛을 투사하는 조명기구로, 굴절에 의한 것과 반사에 의한 것이 있다. 반사에 의한 것은 주로 포물면경을 사용한다.

회전포물면 반사경은 초점에 광원을 놓은 것이 보통이며 전면에 유리가 붙어 있는 것이 밀폐형이고 없는 것이 개방형이다. 굴절에 의한 것은 볼록 렌즈 또는 프리즘을 조합하여 사용한다. 소형은 전구를 광원으로 하고, 대형은 아크 등을 광원으로 이용하고 있다.

투광기(projector), 전조등(head light) 등은 반사를 이용한 조명방법이라면, 스포트 라이트는 굴절을 이용한 조명방법이다.

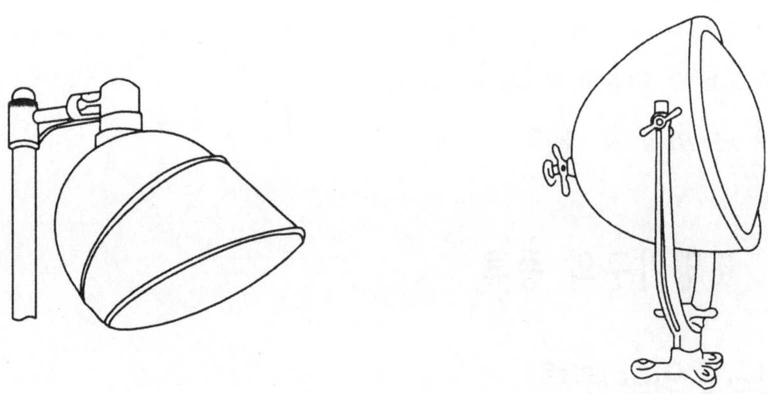

(a) 개방형　　　(b) 밀폐형

그림 3-23 투광기의 종류

⑥ 갓(shade) : 반간접 조명용 기구로서 주택이나 기타 옥내 조명용으로 사용되고 있다. 유백색 유리와 같은 반투명 재료로 되어 있어 광원 빛의 일부가 상향으로 배향한다.

• 예제 •　　[답] ④

반사형 투광 기구의 반사면에 사용되는 물질은?

① 알루미늄　② 은분　③ 금분　④ 초산은

• 예제 • [답] ①

빛을 아래쪽에 확산, 복사시키며 또 눈부심을 적게 하는 조명 기구는?

① 루버 ② 반사볼 ③ 투광기 ④ 글로브

풀이 글로브(globe)는 빛의 투과와 굴절을 이용한 것으로 일반적으로 젖빛 유리로 광원의 전부 또는 일부가 된 것으로, 빛은 글로브 내부에서 서로 반사되어 외부에 확산·투과 된다.

• 예제 • [답] ④

투광기의 중심 광도에 직접 비례하는 것은?

① 광원의 치수 ② 초점 거리

③ 광주의 개도 ④ 광원의 휘도

풀이 투광기로 많이 사용되는 것은 포물선 거울이므로 그 중심 광도 I는 거울의 직경을 D, 휘도를 B, 거울의 반사율을 ρ라 하면

$I = \frac{1}{4}\pi D^2 B\rho$로 표시된다.

3.3.2 조명기구의 종류

(1) 용도에 의한 분류

① **일반 조명기구** : 주택이나 건축물의 옥내용으로서 벽부착형, 매다는 형, 매립형, 다운라이트, 블래킷(벽등), 탁상 스탠드, 플로어 스탠드 등 여러 종류가 있고, 형광등 기구, 백열등 기구에 관해서는 KS C에서 정하고 있다.

② **방수(습)형 조명기구** : 옥외에서 사용되는 조명기구로서 기구의 전체 또는 일부분이 물속에 잠겨 사용하는 기구이다. 대부분인 도로등, 가로등, 투광기, 방범등, 정원등, 문등 등이 있으며, 물과 습기의 침입에 대해서 기능의 보호정도에 의해 방수종별이 분류된다. 접지곤란한 것은 2중 절연 조명기구를 이용한다. 방습형 기구는 습도가 높은 주변환경에서 사용하면 통전부분의 절연성능이 열화되어 위험하므로 통상 상대습도가 90[%] 이상에서 사용하는 기구를 말한다. 온천, 옥외, 욕실 등과 같이 습도가 높은 조건하에서 사용한다.

③ **방재형 조명기구** : 비상등과 유도등이 여기에 해당되며, 조명기구공업협회 규격에 기술표준이 설정되어 있다. 사용법에 관해서는 소방법시행령과 건축기준법에 의해 보수관리가 규정되어 있다.

④ **방폭 조명기구** : 폭발성 가스는 조명기구를 점멸할 때 발생하는 팽창과 수축에 의해 조명기구내의 작은 틈새로 침입할 수 있어 기구를 밀폐해도 방폭의 효과를 얻기 힘들다. 이 때문에 만들어진 것이 내압방폭등과 안정증 방폭등이다. 내압방폭등은 기구 내부에 폭발성 가스의 침입에 의해 폭발을 일으켜도 주위에 화재가 발생되지 않도록 공기나 불활성 가스를 유입시킨 등으로, 외부 충격에도 견디는 구조이다. 주로 기름저장소, 가스 저장고, 도료공장 등에 사용된다. 안전증 방폭등은 외부 이물질의 침입 방지와 램프 보호를 위하여 만들었기 때문에 자체 폭발에 의한 안전은 보장할 수 없어 규격에 적합한 것을 사용해야 한다. 일반적으로 "위험장소"라고 하면 위험의 정도에 따라 다음과 같이 3종류로 분류하고 있다.

ⓐ 0종 장소 : 일반적인 상태에서 위험한 장소, 원칙적으로 조명기구의 설치는 불가하다.

ⓑ 1종 장소 : 일반적으로 위험의 염려가 있는 장소, 내압방폭구조형을 사용한다.

ⓒ 2종 장소 : 조작의 잘못, 장치가 고장난 경우에 위험의 염려가 있는 장소, 내압 방폭구조 또는 안전증 방폭구조의 것을 사용한다.

⑤ **공조 조명기구** : 공조 조명기구라는 것은 천장에 설치하는 조명기구와 실내 공조용의 흡입구를 조합시켜 하나의 유닛으로 구성한 기구를 말한다. 주로 형광등이 사용된다. 조명기구를 직접 덕트에 접속시킨 턱트형과 조명기구의 상부를 개방하고 천장안은 공기의 통로로서 이용하는 아레나므형이 있다. 장점은 실내 천장의 시설정리가 쉽고 기구의 내열 상승을 막을 수 있다. 또한 공조에 의해 천장쪽의 더운 공기를 외부로 배기할 수 있어서 냉방 효율도 증대시킬 수 있다. 특히 공조 조명기구에서는 공조공사와 전기공사의 분담을 계획 초기부터 명확하게 하는 것이 중요하다.

⑥ **OA 전용 조명기구** : VDT(video display terminal : 컴퓨터 디스플레이 장치)를 이용한 작업에 있어서 조명은 기구로부터 직사 눈부심이 없어야 하며,

CRT 등의 디스플레이장치 화면에 기구가 비치지 않아야 한다.

또한, 원고대와 키보드의 적정 조도로 광막반사에 의한 눈부심이 없어야 하므로 주로 경면의 파라볼릭루버 기구가 사용되고 있다.

⑦ **내열 조명기구** : 램프는 주위온도가 20[℃]일 때 최고 효율이며, 안정기 내장형 기구는 주위온도가 35[℃] 정도 이하에서 그 성능이 유지되어야 한다.

따라서 그 성능을 유지할 수 있는 재료를 사용하여야 하며 이 온도 이상의 조건에서 사용하면 효율이나 수명저하, 재료의 변형 또는 사고의 원인이 된다. 따라서 사용 환경의 온도에 따라 적절한 조명기구를 선정해야 한다.

• 예제 • [답] ④

밀폐형 조명기구의 용도가 아닌 것은?

① 방폭형 ② 도로조명기구

③ 투광조명 ④ 국부 조명용 스탠드

풀이 국부조명용 스탠드는 희망하는 곳의 방향으로 충분한 조도를 줄 수 있으므로 불필요한 장소는 소등하여 둘 수 있고, 소요의 조도를 가장 경제적으로 얻을 수 있다.

(2) 배광에 의한 분류

조명방식에는 조명기구의 의장, 배광 및 가설위치와 배치 등에 따라서 조명 효과가 다르게 나타난다. 일반적으로 배광에 의한 분류와 배치에 의한 분류로 나누어진다.

조명방식을 배광에 의해 분류하면 표 3-11과 같이 직접조명, 반직접조명, 전반확산조명, 반간접조명, 간접조명으로 분류할 수 있다.

표 3-11 기구의 배광에 의한 조명의 분류

조명기구	(a) 직접조명	(b) 반직접조명	(c) 전반확산조명	(d) 반간접조명	(e) 간접조명
백열등 기구	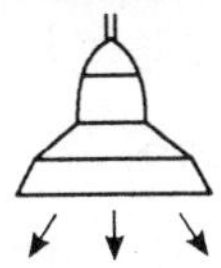	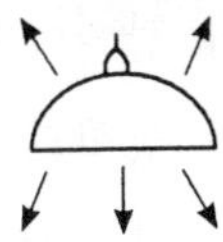	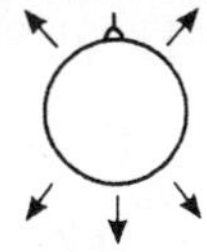	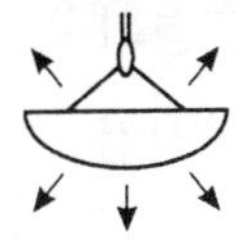	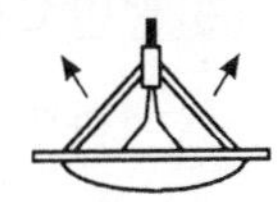
형광등 기구		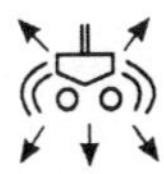			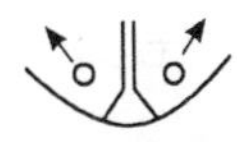
배광 곡선	0~10[%] 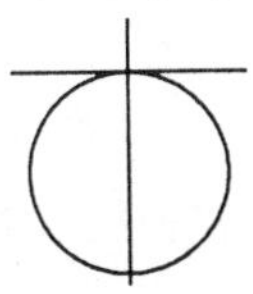 90~100[%]	10~40[%] 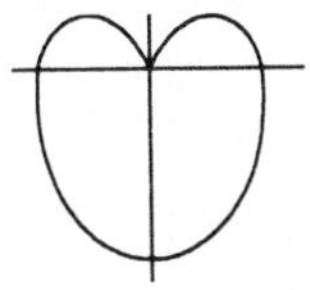 60~90[%]	40~60[%] 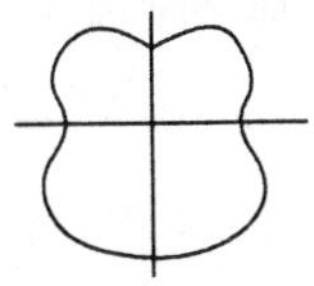 40~60[%]	60~90[%]  10~40[%]	90~100[%]  0~10[%]

① **직접 조명기구** : 표 3-11 (a)와 같이 작업면을 비추는 조도중 직사조도가 확산조도보다 높은 경우를 말하며, 등기구에서 발산되는 광속의 90~100[%]가 하향으로 직사하여 작업면상으로 조사시키며, 10~0[%]는 상향으로 조사되어 천장이나 윗벽에 의한 반사광으로 작업면을 조사하는 조명방식이다. 이 조명방식은 공장의 일반적 조명방식으로 이용되고 있다.

기구를 설치할 때는 고휘도의 광원이나 작업면과 주위 배경과의 심한 휘도 차이 등에 의해 작업자의 눈에 눈부심이 일어날 수 있으므로 피해야 하며, 직사광이 눈에 들어오지 않도록 15~25° 정도의 차광각을 요한다.

직접조명의 장점은 다음과 같이 나타낼 수 있다.

ⓐ 조명률이 크므로, 소비전력이 간접조명의 1/2~1/3 정도이다.

ⓑ 설비비가 저렴하다

ⓒ 천장 또는 벽으로부터 반사광의 영향이 적으므로 설계가 간단하다.

ⓓ 그늘이 생기므로 물체의 식별이 입체적이다.

ⓔ 조명기구의 점검 및 보수가 용이하다.

② **반직접 조명기구** : 표 3-11 (b)와 같이 광원으로부터 발산되는 광속의 60~90[%]의 빛이 아랫방향으로 배향, 10~40[%]는 상향으로 배향되어 천장이나

웟벽부분에서 반사되어 작업면의 조도를 높인다.

보통 이 기구는 밑바닥이 개방되어 있고 갓이 유백색 유리나 플라스틱재로 되어 있다. 주로 사무실, 주택의 조명용으로 이용된다.

③ **전반확산 조명기구** : 표 3-11 (c)와 같이 광원에서 나오는 광속의 60~40[%]는 하향으로 직접 조사하고, 40~60[%]는 상향의 조사되어 천장이나 웟벽 부분에서 반사광으로 작업면을 조사한다. 광원의 휘도를 감소시켜 눈부심이 없다.

이 조명기구는 유백색유리나 플라스틱 또는 아크릴의 외구형이다. 고급사무실, 상점, 주택, 공장 등에 주로 사용한다.

④ **반간접 조명기구** : 표 3-11 (d)와 같이 광원에서 발산되는 광속의 90~60[%]가 상향으로 조사되어 천장 또는 웟벽부분에 의한 반사광으로 작업면에 조사되며, 10~40[%]는 하향으로 직사되어 작업면에 조사시킨다.

이 기구는 간접방식보다 약간 많은 광속과 질이 좋은 빛을 발산하므로, 세밀한 일을 오랫동안 하는 작업에 적당하다.

⑤ **간접 조명기구** : 표 3-11 (e)와 같이 광원에서 발산하는 광속의 100~90[%]가 상향으로 조사되어 천장이나 웟벽에 의한 반사광으로 작업면에 조사되고, 0~10[%]는 하향으로 직사되어 작업면을 조사하는 기구이다.

이 방법은 매우 넓은 광원으로서 역할을 하기 때문에 직사눈부심은 없다. 천장과 웟벽이 광원 역할을 함으로 이 부분은 밝은색이며 빛이 잘 확산되도록 광택이 없는 재료로 마감해야 한다.

이 조명방식은 확산성이 우수하고 낮은 휘도로 인해 위생적인 시각조건을 갖추고 있지만, 설비비와 경상비가 많이 든다. 주로 대합실, 입원실, 회의실 등에 사용되고 있다. 간접조명 방식의 장점은 다음과 같다.

ⓐ 눈부심이 없고, 바닥면의 조도가 균일하다.

ⓑ 빛이 물체에 가려져도 심한 그늘이 생기지 않는다.

ⓒ 최소화의 등기구로 좋은 조명 효과를 낼 수 있다.

• 예제 • [답] ②

반간접 조명의 설계에서 등(燈)의 높이란?

① 바닥에서 천장　② 피조면에서 천장
③ 피조면에서 등기　④ 방바닥에서 등기

• 예제 • [답] ③

전반 확산 조명 방식에 적당한 조명 기구는?

① 유백색 반사기　② 금속 반사기　③ 유백색 외구　④ 루버 기구

풀이 기구로부터 나오는 빛이 상하 어느 쪽으로 거의 동일하게 나오는 배광을 가진 기구를 사용하는 방식으로 전구를 글로부 속에 넣거나 형광등을 반사(갓) 없이 매달면, 대체로 전반 확산 조명 방식이 된다.

• 예제 • [답] ②

다음 조명 방식 중에서 그림자가 짙게 생기며 눈부심이 큰 것은?

① 반간접 조명　② 직접 조명
③ 간접 조명　④ 전반 확산 조명

• 예제 • [답] ③

확산되는 빛만을 이용하므로 그림자가 없고 눈부심이 적은 균일성이 높은 조명으로 조명률이 나쁘고 천장이나 벽의 영향이 가장 많으며 특별한 목적에만 사용되는 조명은?

① 반간접 조명　② 전반확산 조명
③ 간접 조명　④ 직접 조명

• 예제 • [답] ④

직접조명기구의 하향 광속 비율은?

① 10~40[%]　② 40~60[%]　③ 60~90[%]　④ 90~100[%]

풀이 반직접조명은 60~90[%], 전반확산조명은 40~60[%], 반간접조명은 10~40[%], 간접조명은 0~10[%]

(3) 조도분포에 의한 분류

① **전반조명** : 조명기구를 일정한 높이, 일정한 간격으로 배치하여 방 전체를 균일한 조도가 되도록 조명하는 방식이다. 주로 학교, 사무실, 공장 등에서 사용하고 있다.

전반조명의 특징은 다음과 같다.

ⓐ 시작업의 위치가 변해도 등기구의 배치를 변경시킬 필요가 없다.

ⓑ 조도의 불균일이 거의 없다.

ⓒ 그림자가 부드럽다.

② **국부조명** : 작업상 필요한 장소에만 국부적으로 높은 조도로 조명하는 방식이다. 희망하는 장소와 방향에 충분한 조도를 제공하며, 불필요한 곳은 소등할 수 있어서 이 조명방법이 가장 경제적으로 조도를 얻을 수 있다.

③ **전반·국부 겸용 조명** : 전반 조명상태에서 어느 한 곳을 강조하기 위해, 특히 높은 조도를 필요로 하는 장소에만 국부조명을 하는 조명방식으로 경제적으로 높은 조도를 얻을 수 있다. 주로 정밀공장, 타이프라이트실 등에서 사용하고 있다. 이 조명방식에서 전반조명의 조도는 국부조명에 의한 조도의 1/10 이상이 되는 것이 바람직하다.

표 3-12는 사무실, 학교, 주택, 병원, 상점 및 기타 옥내조명시 조도 기준을 나타낸 것이다.

표 3-12 조도 기준표

(a) 사무실, 학교, 주택, 병원, 상점 및 기타

종 류		조 도
사 무 실	*타이프라이터, *제도, *계산사무 일반 사무실 회의실, 응접실	400~200 200~100 100~50
학 교	제도실, *도서실, *재봉실, *흑판 보통 교실, 실험실 강당, 체육장, 집회실	200~100 100~50 50~20
병 원	△ 진료실, △ 처치실, △ 검사실, △ 조제실, △ 기공실, 병실 수술실 { 전 판 수술실 { 수술대	300 50 300~200 5000~1000
주 택	*재봉, *어린이 공부방 *독서실 △ 응접실, △ 거실, △ 부엌	400~200 200~100 100
여 관	△ 응접실, △ 객실, △ 부엌 접수 및 대기실 홀, 복도, 계단, 화장실, 욕실	200~100 100~50 60~30
음식점, 다방	조리장 객 실	200~100 100~50
백 화 점	1층 2층 이상 지하	500~200 500~150 400~200
이발소 및 미용실		300~150
극 장	관객석 { 휴게중 관객석 { 공연중	50 2~1
상 점	의료, 양품, 모자, 시계, 귀금속, 사진기, 안경, 전기기 서적, 문방구, 약, 화장실, 생화, 약품, 운동기, 양피, 피혁, 식품, 과실, 과자, 식료기, 완구 가구, 철물, 잡화, 고물, 육류, 어류, 야채, 연초	500~200 } 300~150 200~100
	일반 복도, 계단, 화장실, 출입구	20

주) *는 국부조명을 병용하며, 기타는 전반조명에 의하며, △은 작업 범위로 이 조도가 얻어진다.

(b) 공장

작 업 종 류		전반, 보조 병용의 경우		전반 조명만의 경우
작업 정도	작업의 예	국부 조명에 의한 작업 개소의 조도 [lx]	전반 조명에 의한 조도 [lx]	
초정밀	기계(초정밀기계조작 및 세공대 위) 시계정밀조작, 수예, 직물 검사	5000~1000	100~50	
정 밀	기계(정밀기계조작 및 조작대), 금속(판검사), 인쇄(식자문선), 암색포지(절단, 검사, 재봉), 검사	1000~300	80~40	
	도장(정밀수도), 자동차(비행기), 조립(수선), 방직			200~100
보 통	기계(조작, 삭마, 연마, 보통가공), 주물(형조), 용접 명색포지(절단, 검사, 재봉)	300~100	60~30	
	금속(열처리), 제과, 제지, 화학(여과, 증유, 결정), 도장, 직물(명색물)			100~50
조(粗)	목공 금속(노) 화학 주조	100~50	40~20	50~20

(c) 실내 체육관 조도 기준

종목 / 등급	수평조도		수직조도		균제도(최소/최대)	
	농 구	배 구	농 구	배 구	농 구	배 구
방송, 국제, 프로	1250 *600-1000 -1500	1000	1250	500	1.5	1.5
준 프로 대학	1000	500	1000	300	1.5	2.0
일반 경기	750 *300-400 -600	300		200	2.1	3.5
문화 행사	300 *60-100 -150	200		150	3.0	4.0
관 람 석	*30-40 -60					

주) * 표기는 KS A 3011 기준임(배구기준은 농구와 같다)

• 예제 • [답] ③

정밀 작업의 공장에 적당한 조명 방식은?

① 전반 조명　　② 국부 조명
③ 전반국부병용 조명　　④ 코브 조명

풀이 전반국부병용 조명 : 전반 조명의 등기구를 작업 장소에 중심적으로 배치하는 방식으로 연속된 작업대, 컨베이어 등의 위에서 작업면을 고르게 조사하므로 이 방식은 국부적으로 높은 조도를 얻을 수 있기 때문에 정밀조립, 점검작업에 적합하다.

• 예제 • [답] ④

다음 중 전반 조명의 특색을 나타낸 것은?

① 효율이 좋다.　　② 충분한 조도가 얻어진다.
③ 휘도가 낮다.　　④ 작업시 등의 위치를 옮기지 않아도 된다.

풀이 전반국부병용 조명 : 전반 조명의 등기구를 작업 장소에 중심적으로 배치하는 방식으로 연속된 작업대, 컨베이어 등의 위에서 작업면을 고르게 조사하므로 이 방식은 국부적으로 높은 조도를 얻을 수 있기 때문에 정밀조립, 점검작업에 적합하다.

• 예제 • [답] ①

정밀 기계 공장의 국부 조명용에 적당한 조명 기구는?

① 직접 조명 기구　　② 반간접 조명 기구
③ 간접 조명 기구　　④ 반직접 조명 기구

(4) 기구의장에 의한 분류

기구의장이란 조명기구를 장식적이며, 분위기 있게 배치하는 방식이다. 방식에는 단등방식, 다등방식, 연속열방식 및 평면방식으로 분류하고 있다.

표 3-13에 조명방식별 특징을 나타내었다.

표 3-13 조명방식별 특징

방 식	특 징	용 도
단등방식	광원이 점에 가까운 모양으로 보인다.	장식적 조명
다등방식	몇 개의 점광을 모은 기구이다.	
연속열방식	광원이 보이는 모양이 선 또는 선형에 가까운 모양이다.	실리적 조명
평면방식	발광면이 평면으로 보이는 기구이다.	

3.4 옥외조명

3.4.1 도로조명

도로조명의 목적은 야간에 자동차 운전자나 보행자 등의 도로 이용자의 시환경을 개선하여 안전하고 원활하며 쾌적하게 도로를 이용할 수 있도록 하는데 목적이 있으며, 근래에는 도시의 아름다운 야경을 만드는데 이용되기도 한다.

야간조명은 차량 운전자에게 도로의 형태, 진행방향에 따른 주위 환경을 잘 보이게 하고 장애물을 쉽게 식별토록 해 준다. 야간에 조명이 있는 길을 갈 때 안정감을 느끼는 것도 조명의 중요한 효과의 하나이다. 이와 같이 야간조명에 의한 기대효과는 다음과 같다고 할 수 있다.

① 교통 안정을 도모한다.
② 도로 이용 효율을 향상시킨다.
③ 차량 운전자와 보행자의 불안감 제거와 피로감을 없앤다.
④ 범죄 예방 감소에 기여한다.

그러므로 도로조명 설계에 있어서 다음과 같은 요건을 염두에 두고 설계하는 것이 바람직하다.

① 충분한 노면휘도가 있을 것
② 노면휘도가 균일하게 유지할 것

③ 눈부심을 적게하여 불쾌감이나 피로를 적게할 것

④ 유도성을 높여 운전자의 심리적 안정감을 줄것

(1) 도로조명의 일반적 고려사항

① 조도(수평면)

② 노면휘도의 균일도

③ 글레어

④ 유도성

⑤ 조명방법

자동차 교통도로의 조명요건 중에서 가장 중요 요소는 노면휘도이다.

표 3-14는 노면건조시의 기준휘도(평균 노면휘도의 최저값)를, 표 3-15는 자동차 도로의 기준조도표이고, 표 3-16은 보행자에 대한 도로조명의 기준조도를 나타내었다.

표 3-14 기준휘도(단위 : cd/m²)

도로 분류 \ 외부 조건		A	B	C
고속 자동차 국도 등		1.0 –	1.0 0.7	0.7 0.5
일반 국도 등	주요 간선도로	1.0 0.7	0.7 0.5	0.5 –
	간선 (보조 간선도로)	0.7 0.5	0.5 –	0.5 –

주) 1. 외부조건 A : 도로교통 영향 빛이 연속적으로 도로연선의 상태이다.
2. 외부조건 B : 도로교통 영향 빛이 단속적으로 도로연선의 상태이다.
3. 외부조건 C : 도로교통 영향 빛이 거의 없는 도로연선의 상태이다.

표 3-15 자동차 도로의 기준조도

도로의 중요성	조도[lx]
Ⅰ (평균교통량 15,000대/일 이상)	15
Ⅱ (평균교통량 7,000~15,000대/일 이상)	10
Ⅲ (평균교통량 7,000대/일 이하)	7

注) 단, 극히 중요한 도로에 대해서는 표에 관계없이 기준도로를 30[lx]까지 증대할 수 있다.

표 3-16 보행자에 대한 도로의 기준조도

야간의 보행자 교통량	지 역	조도[lx]	
		수평면조도	연직면조도
교통량이 많은 도로	주택지역	5	1
	상업지역	20	4
교통량이 적은 도로	주택지역	3	0.5
	상업지역	10	2

注) 1. 수평면조도는 보도의 노면상 평균조도
2. 연직면 조도는 보도의 중심선 상에서 노면으로부터 1.5[m] 높이의 도로축과 직각인 연직면상의 최소 조도

(2) 광 원

도로, 터널, 광장 등과 같은 곳에서 조명으로 사용하는 광원은 광원의 효율, 광속, 수명, 광색, 배광제어, 유지보수 및 관리의 용이성, 사용 환경 조건 등을 종합적으로 고려하여 선택하여야 한다.

보통 수은등·형광등·나트륨등·메탈헬라이드등 등이 사용되며, 일반적으로 속도가 높은 고속도로, 간선도로, 교량, 특히 안개지역에는 광속이 많고, 유도성이 강한 나트륨등을 사용한다.

또한 주위에 상가, 번화가 및 관청가 같이 상품의 진열이나 사람이 많이 오가는 곳일 경우에는 연색성을 고려한 메탈헬라이드등이 많이 사용된다.

표 3-17에는 도로조명에 사용되는 광원에 대하여 나타내었다.

표 3-17 도로조명에 사용되는 광원

사용장소	광 원
도로 조명	고압나트륨등 메탈헬라이드등 저압나트륨등
터널 조명	저압나트륨등 고압나트륨등 메탈헬라이드등 형광등
광장 조명	메탈헬라이드등 고압나트륨등 제논등 형광수은등

(3) 조명기구배치

① **직선도로** : 도로의 직선부에 있는 등기구의 배열은 한쪽배열, 지그재그배열, 마주보기배열, 중앙배열 등 4종류가 있다.
등기구 배열은 도로폭, 등기구의 설치 높이 등을 고려하여 선정하여야 한다.
그림 3-24는 도로에 설치할 조명기구의 배열의 일예를 나타내었다.

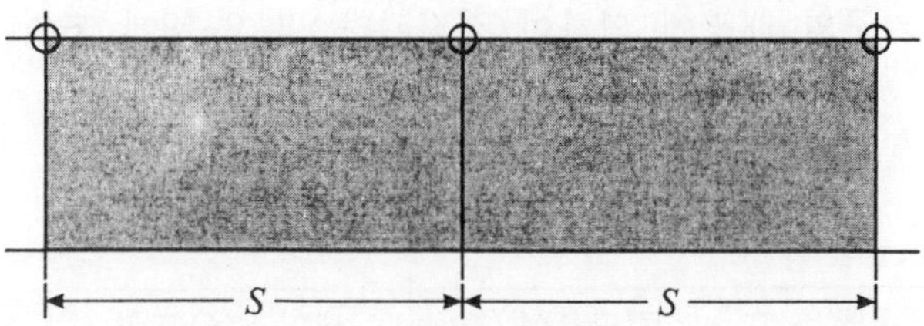

(a) 편측식 배열

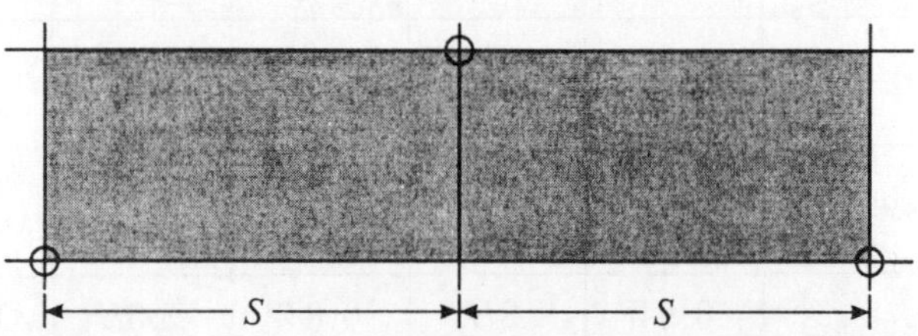

(b) 지그재그식 배열

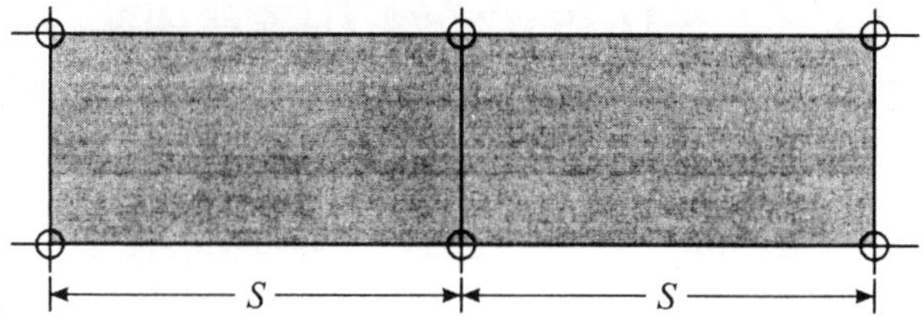

(c) 마주보기식 배열

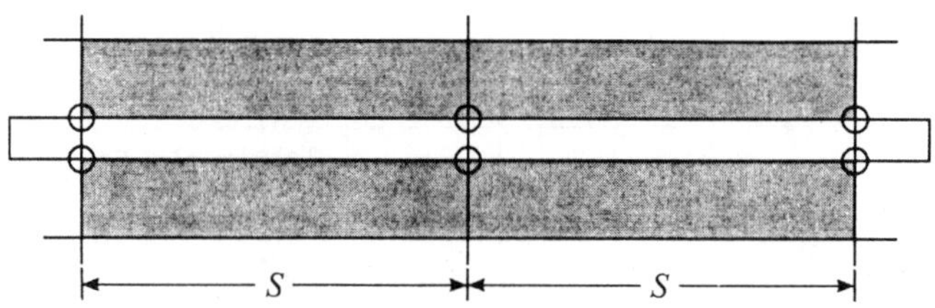

(d) 중앙식 배열

그림 3-24 조명기구의 배열

ⓐ 편측(한쪽) 배열 : 도로 폭이 등주의 높이와 같거나 좁은 도로

ⓑ 지그재그식 배열 : 도로 폭이 등주 높이에 비해 1~1.5배 넓은 도로

ⓒ 마주보기식 배열 : 도로 폭이 등주 높이 보다 1.5배 이상 넓은 도로

ⓓ 중앙식 배열 : 도로 중앙에 한쪽 배열한다.

상기와 같은 배열에 대한 차도의 폭에 대한 부착 높이(H)와 등간격(S)와 관계는 조명기구의 배광에 의하여 결정된다. 표 3-18에 조명기구의 높이와 간격에 대하여 나타내었다.

표 3-18 조명기구 높이와 간격

조명기구의 종류 / 높이 및 간격 / 배 열	컷오프형		세미 컷오프형		넌 컷오프형	
	H	S	H	S	H	S
한쪽 배열	$1.0W$ 이상	$3H$ 이하	$1.2W$ 이상	$3.5H$ 이하	$1.4W$ 이상	$4H$ 이하
지그재그 배열	$0.7W$ 이상	$3H$ 이하	$0.8W$ 이상	$3.5H$ 이하	$0.9W$ 이상	$4H$ 이하
마주보기 및 중앙 배열	$0.5W$ 이상	$3H$ 이하	$0.6W$ 이상	$3.5H$ 이하	$0.7W$ 이상	$4H$ 이하

② 곡선도로 : 도로가 그림 3-25와 같이 곡선이 된 장소에는 운전자가 원거리에도 커브 모양을 알 수 있도록 해야 하는데, 양측 배치일 경우에는 대칭식으로 배열하고, 비대칭 배열일 경우에는 곡선의 외측에만 배열한다.
또 곡률반경이 작을수록 조명기구의 배치 간격을 될수록 짧게 설치해야 한다.

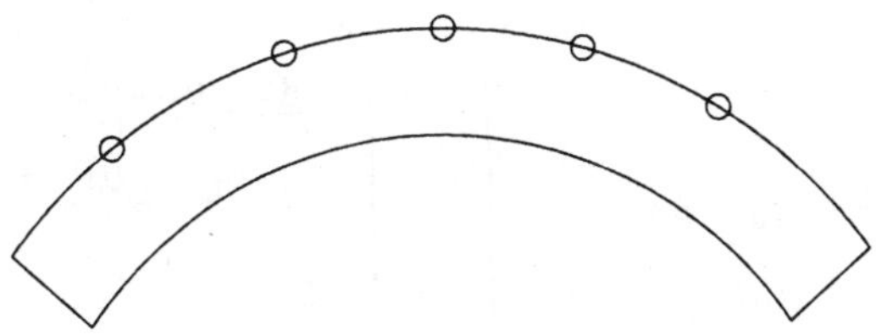

그림 3-25 곡선부에서의 한쪽 배열

표 3-19는 곡선부의 곡선반경에 따른 조명기구의 설치 간격을 나타내었다.

표 3-19 곡선부의 조명기구 간격

등구높이[m] \ 곡선반경[m]		300 이상	250 이상	200 이상	200 미만
조명기구의 간격	12[m] 미만	35 이하	30 이하	25 이하	20 이하
	12[m] 이상	40 이하	35 이하	30 이하	25 이하

③ 교차로 : 교차로는 사고가 발생하기 쉬운 곳이므로 교차로를 구성하는 각각의 조도를 합한것보다 많은 조도를 필요로 한다.
그림 3-26과 같이 횡단보행자를 확인할 필요가 있는 십자로에서는 십자로가 끝나는 왼쪽에 배치하고, 3방향 교차로에서는 맞부딪치는 일이 없도록 맞부딪치는 곳에 한등을 배치한다.

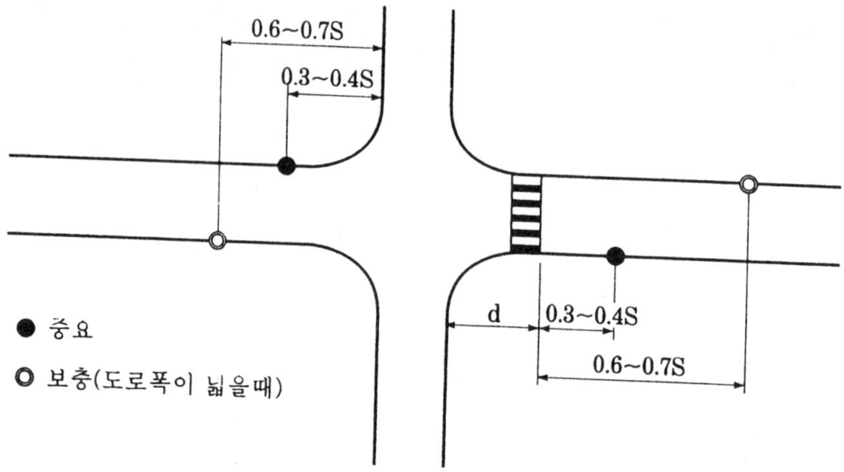

그림 3-26 횡단보도가 있는 십자(+)로에서의 조명기구 배치

(4) 조명방식 및 기구

도로에 사용하는 조명기구는 배광제어 및 광원을 보호하는 것이 목적이다. 도로에 사용하는 조명기구의 배광은 사용장소의 명암 및 노면휘도의 균제도, 눈부심을 고려하여 결정해야한다.

도로조명방식에는 폴(pole)방식, 하이마스트(high mast)방식, 구조물 설치조명방식 및 커티너리 조명방식 등이 있다. 기구의 모양에 따라 하이웨이형과 현수형 및 주두형으로 구분하고 있다.

사용되는 등기구로는 배광 형식에 따라 컷오프형, 세미 컷오프형 및 넌컷오프형이 있으며 표 3-20에 나타내었다.

표 3-20 배광방식에 따른 등기구의 특징

배광 방식	배광 곡선	등기구 모형	특 징
컷오프형	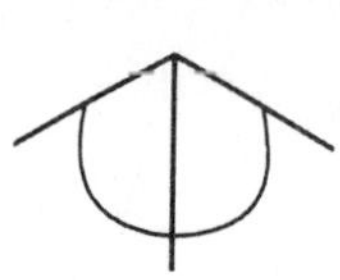	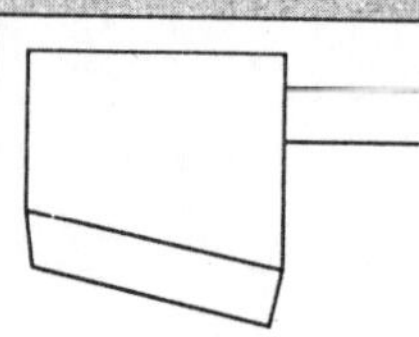	주행하는 차량의 운전자에 대한 눈부심을 엄격히 제한한 배광으로서 아주 중요한 도로에 적용한다.

배광 방식	배광 곡선	등기구 모형	특 징
세미컷오프형		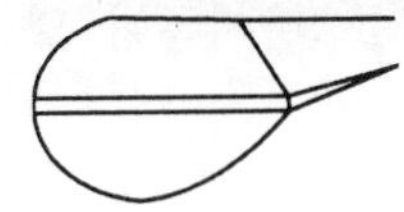	눈부심을 어느 정도 제한한 배광으로서 비교적 주변이 밝은 도로에 적용한다.
넌컷오프형	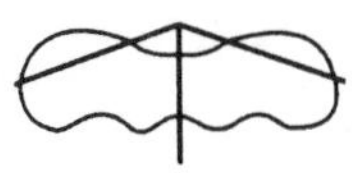	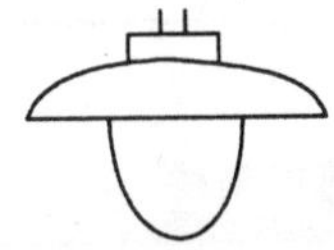	눈부심에 대한 고려를 적게 한 배광을 말한다.

① **컷오프형**(cut off) : 눈부심을 어느 정도 제한하는 등기구로 눈부심을 적게 할 중요한 도로에 적당하다.

② **세미컷오프 A형**(semi-cut off) : 눈부심을 어느 정도 제한하는 등기구로 주위가 밝은 일반도로(시가지도로)에 적합하다.

③ **세미컷오프 B형** : 눈부심을 적게하는 등기구로 상기 ⓐ, ⓑ의 조건에 사용할 필요가 없는 도로에 적당하다.

④ **논컷오프형**(non cut off) : 눈부심을 제한하지 않는 등기구로 특수한 장소에 사용한다.

• 예제 • [답] ①

곡선 도로 조명상 조명 기구의 배치 조건이 가장 적당한 사항은?

① 양측 배치의 경우는 지그재그식으로 한다.
② 한쪽만 배치하는 경우는 커브 바깥쪽에 배치한다.
③ 직선 도로에서보다 등간격을 조금 더 넓게 한다.
④ 곡선 도로의 곡률 반경이 클수록 등간격을 짧게 한다.

• 예제 • [답] ①

다음 중 도로조명의 기대효과가 아닌 것은?

① 관광산업 증대　　② 교통안전 도모
③ 도로이용 효율의 향상　　④ 보행자의 불안감 제거

• 예제 • [답] ④

도로조명의 설계시 곡선부란 곡률 반지름이 몇 [m]이하인 도로의 부분을 말하는가?

① 400[m] ② 600[m] ③ 800[m] ④ 1000[m]

• 예제 • [답] ②

보행자 도로조명에서 조명기구의 설치높이는 원칙적으로 몇 [m]이상으로 설치해야 하는가?

① 3[m] ② 4[m] ③ 5[m] ④ 6[m]

• 예제 • [답] ①

보행자 도로조명에서 조명기구의 배열은 어떤 배열을 원칙으로 하는가?

① 한쪽배열 ② 양쪽배열

③ 지그재그배열 ④ 가운데배열

(5) 조도 및 조도계산

① 일반적인 기준조도는 고속도로 터널은 50[lx], 고속도로 인터체인지, 휴게소, 일반도로터널, 상가의 교차로는 20[lx], 옥외 주차장은 10[lx], 고속도로 본선과 일반도로 연결부, 일반적으로 번화한 도로(도로교차로 다리, 광장)은 5[lx], 보통도로(도로, 교차로, 다리)는 2[lx]로 정하고 있다.

② 조도계산(광속법)

도로조명의 계산은 광속법에 의하여 식 (3-22)로 계산한다.

$$E = \frac{F \times N \times U \times M}{B \times S} \tag{3-22}$$

여기서, E : 도로의 평균조도 [lx], F : 광원 1개당의 광속 [lm], N : 광원의 열수(갯수), U : 조명률, M : 보수율, B : 도로의 폭[m], S : 광원간의 거리[m]이다.

식 (2-22)에서 조도 E가 정해지면 B, D, U, N은 정수이며, 광원의 크기 F

와 기구의 가설간격 S가 결정되지 않은 것이다.

광원이 크면 S도 커져서 기구의 수는 감소되고 건설비가 적게 들게 된다. 일반적으로 가설높이는 5.5~7[m], 설치간격은 40[m] 전후로 하는 것이 일반적이다.

• 예제 • [답] ②

폭 20[m]인 도로 중앙에 6[m]의 높이로 간격 24[m]마다 400[W]의 수은 전구를 가설할 때 조명률 0.25, 감광 보상률을 1.3이라 하면 도로면의 평균 조도[lx]는 얼마인가?(단, 400[W] 수은 전구의 전광속은 23000[lm]이다.)

① 약 18.4 ② 약 9.2 ③ 약 4.6 ④ 약 46

풀이 도로 조명에서 1수은 전구당 면적은

$B \cdot S = 20 \times 24[m^2]$

$F \cdot U = E \cdot B \cdot S \cdot D$에서

$$\therefore E = \frac{F \cdot U}{B \cdot S \cdot D} = \frac{23000 \times 0.25}{20 \times 24 \times 1.3} = 9.2[lx]$$

• 예제 • [답] ③

폭 24[m]인 가로의 양쪽에 20[m] 간격으로 지그재그식으로 등주를 배치하여 가로상의 평균 조도를 5[lx]로 하려고 한다. 각 등주상에 몇 [lm]의 전구가 필요한가?(단, 가로면에서의 광속 이용률은 25[%]이다.)

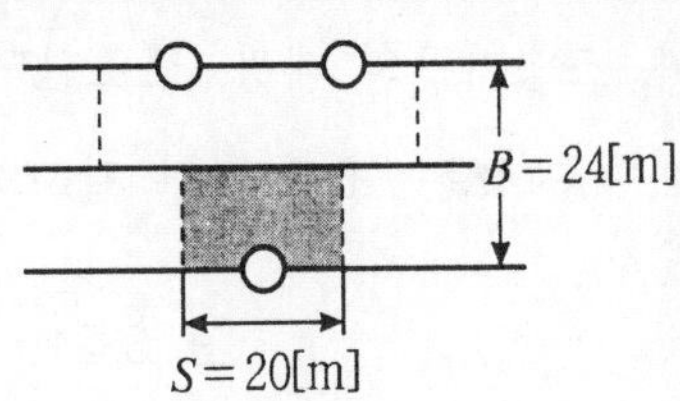

① 3600 ② 4200 ③ 4800 ④ 5200

풀이 지그재그식 가로등 한 등당 피조면 면적 A는

$$A = \frac{S \cdot B}{2} = \frac{24 \times 20}{2} = 240[m^2]$$

소요 유효 광속 F는 $F = E \cdot A = 5 \times 240 = 1200[lm]$

따라서, 전구에 필요한 광속 F_0는

$$\therefore F_0 = \frac{F}{U} = \frac{1200}{0.25} = 4800[lm]$$

(6) 노면평균휘도 계산법

도로조명에 널리 사용되는 노면의 평균휘도 L[cm/m²]의 계산법은 식 (3-23)과 같이 나타낸다.

$$L = \frac{F \cdot N \cdot U \cdot M}{K \cdot W \cdot S} [\mathrm{cd/m^2}] \quad (3\text{-}23)$$

여기서, F : 램프광속[m], N : 기구배열에 의한 개수, W : 차도폭[m], S : 조명기구 설치간격[m], M : 보수율, U : 조명률, K : 평균조도 환산계수

기구배열에 의한 계수 N은 편측 배열에서는 1, 마주보기 배열, 지그재그 배열에서는 2로 한다.

조명률 U는 차도폭원에 입사하는 광속 F_i, 램프광속 F라면 식 (3-24)로 구할 수 있다.

$$U = \frac{F_i}{F} \quad (3\text{-}24)$$

이것은 램프로부터 발산하는 광속 중 차도폭원에 도달하는 광속에 대한 비율이며, 조명기구의 배광, 도로단면에 대한 조명기구의 가설위치에 따라 결정된다.
보수율 M은 표 3-21과 같고 평균조도 환산계수 K는 표 3-22와 같다.

표 3-21 도로조명에서 사용하는 보수율(M)

교통량1,000 대/일	시가부	지방부
7 미만	0.70	0.75
7~15 미만	0.65	0.70
15 이상	0.60	0.65

표 3-22 평균조도 환산계수(K)

노면의 종류	평균조도 환산계수[lx/cd/m²]
아스팔트	15
콘크리트	10

노면의 평균조도를 구하려면 노면평균휘도 L에 평균조도 환산계수 K를 곱하여 구한다. 도로조명용 기구의 조명률은 표 3-23과 같다.

여기서, 도로의 폭 B, 광원의 가설높이 H인 경우이다.

표 3-23 도로조명용 기구의 조명률

형 식	하이웨이형	현수식	주두식	주두식	현수식
도로폭(B) 광원높이(H)		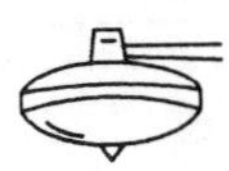	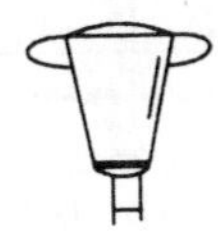		
사용장소 / B/H	자동차 도로	상점가	공원/주택가	공원/주택가	상점가
0.5	.16	.10	.07	.05	.10
1.0	.27	.16	.12	.09	.16
1.5	.33	.19	.15	.12	.22
2.0	.36	.20	.17	.14	.26
2.5	.37	.21	.18	.16	.28
3.0	.39	.22	.19	.17	.29
4.0	.40	.22	.21	.18	.30
5.0	.41	.23	.21	.19	.30

3.4.2 터널조명

터널 길이 25[m] 이하는 보통 조명을 필요로 하지 않으며 25~50[m]의 터널은 야간에만 조명하고, 길이 50[m] 이상의 터널은 종일 점등을 실시하고 있다.

자동차 운전자는 주간과 야외의 밝은 도로로부터 어두운 터널로 접근하여 진입하여 통과해 가는 과정에서 암순응에 따른 시각상의 문제가 생긴다.

이것을 해결하기 위하여 그림 3-27과 같이 터널입구에 터널로 접근중인 운전자의 눈의 순응상태에 대응하도록 터널내의 다른 부분의 조명보다 휘도레벨을 높게 하여 어느 레벨 이상의 밝음을 보이도록 설정이 필요하다. 이 구간이 조도변화 경계부가 된다.

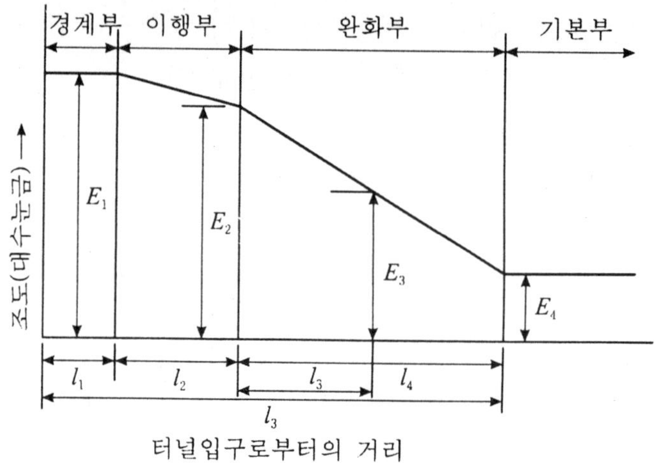

그림 3-27 긴 터널의 입구 조명곡선의 모양

(1) 입구 조명

그림 3-27에 나타낸 것과 같이 터널을 조명하는 경우에는 주간의 밝은 순응으로부터 어두운 순응으로의 급격한 변화가 문제이다. 특히 직사일광 아래로부터 터널로 들어갈 경우가 문제이다.

즉, 직사일광 아래의 약 25,000[rlx]로부터 약 200[rlx]의 밝음으로 들어가도 시력은 0.7 이상으로 유지되므로, 입구부의 밝음을 200[rlx]로 한다. 이것을 입구조명이라 한다.

그러므로 입구조명은 그림 3-27에서와 같이 경계부, 이행부, 완화부로 나눌 수 있다. 경계부는 터널입구 바로 뒤의 장애물을 설계 속도에 대응하는 시거리로부터 볼 수 있고, 필요 최소한도의 배경 길이와 휘도를 주는 부분이다.

이행부는 터널입구 뒤의 시거리만큼의 전방에 있는 장애물에 필요한 배경을 주는 부분이다. 완화부는 이행부로부터 기본조명에 연결시키는 부분이며, 자동차가 터널에 돌입한 후 시거리만큼 떨어진 장애물에 필요한 배경휘도를 주는 부분이며, 자동차의 진행에 따라 완화조명곡선에 따라서 휘도를 감소시켜서 터널 중앙의 기본조명으로 접속하도록 되어 있는 부분이다.

입구부는 야외휘도, 설계속도에 대한 점등시 운전자의 눈의 순응에 대응하게 점멸하고 내부의 기본조명을 원활하게 해야 한다.

(2) 기본 조명

터널 바깥으로부터 주행진입한 자동차가 입구부 완화조명 구간을 통과하여 거의 정상적 시각상태에 도달한 후의 정상적 조명구간에서의 조명을 기본부조명이라 한다. 기본부에서의 조명레벨은 보통의 도로조명에서 설정된 휘도보다 높은 레벨이여야 한다.

기본부 조명의 노면평균휘도는 자동차속도에 따라 표 3-24와 같이 유지되어야 한다. 터널 벽면의 휘도는 노면휘도의 1.5 이상의 값이면 바람직하다.

표 3-24 터널 기본조명의 평균 노면휘도

설계속도[km/h]	평균 노면휘도[cd/m^2]
100	9.0
80	4.5
60	2.3
40 이하	1.5

(3) 출구 조명

주간에 터널내에서 출구를 볼 경우 대단히 밝은 배경으로 되고, 출구부근에 있는 모든 장애물은 검은 실루엣으로 보여 식별이 용이하다.

그러나 출구부 야외 휘도가 대단히 놓은 경우 앞서가는 차의 실루엣이 개구부의 일부를 차폐할 경우 전방의 장애물 식별이 매우 곤란한 경우가 있다.

이 때문에 터널내부에서 출구로 향해 70[m]에 걸쳐 터널 내부로부터 출구부를 통해 야외휘도값이 1/10이상의 값인 연직면 조도로 하는 것을 원칙으로 하고 있다.

표 3-25는 그림 3-27의 경계면에 기인한 터널내의 조도와 조명구간을 나타낸 것이다.

표 3-25 터널입구 조명의 조도와 조명구간

설계속도 [km/h]	터널길이 [m]	소요조도[lx]					조명구간[m]					
		E_1	E_2	E_3	E_4	E_5	l_1	l_2	l_3	l_4	l_5	l_6
100	300	1,250	600	350	-	-	55	150	45	-	250	
	400 이상	1,250	600	-	120	30	55	150	-	135	340	180
80	300	1,100	600	150	-		40	100	100	-	240	
	400 이상	1,100	600	-	60	15	40	100	-	155	295	130
60	200	750	450	150	-		25	65	55	-	145	
	300 이상	750	450	-	30	15	25	65	-	135	225	95
40	200	400	250	25	-		15	30	80	-	125	
	250 이상	400	250	-	20	7	15	30	-	85	130	60

* E_5 : 출구부의 조도 l_6 : 출구부의 길이

3.4.3 투광조명

옥외 시설의 조명에도 광고, 간판조명, 건물의 외벽조명 및 옥외 스포츠조명 등이 있다. 이들 시설의 조명방식은 대상물을 먼 곳에서 집중적으로 투광기를 사용하여 투광조명(projection lighting)을 하는 방법이 많다.

여기서는 피조면 전체를 어느 평균조도로 조명하기 위하여 필요한 투광기의 대수를 구하는 계수법은 식 (3-22)를 변환하여 구할 수 있다.

피조면에서의 평균조도 E[lx]는 투광기 1대당의 램프의 광속 F[lm], 투광기 대수 N, 빔광속의 이용률 U, 피조면적 A[m²]라면 식 (3-25)로 나타낼 수 있다.

$$E = \frac{F \cdot N \cdot U \cdot M}{A} \text{[lx]} \tag{3-25}$$

또한, 피조면의 평균조도를 E[lx]로 하기 위하여 필요한 투광기(또는 광원)의 대수 N은 식 (3-25)를 변환한 식 (3-26)으로 나타낼 수 있다.

$$N = \frac{E \cdot A}{F \cdot U \cdot M} \text{[개]} \tag{3-26}$$

빔 이용률 U는 광원의 위치, 투광기의 빔각, 조사방향에 의하여 결정된다.

빔이용률(조명률)이란 투광기가 피조면을 조사하는 경우에, 그 빔 광속이 투광기의 배광, 설치높이, 피조면의 넓이 형태, 설치장소 등에 의하여 전부 유효하지 않고 몇 [%]정도 손실이 발생한다.

광원에 따른 투광기의 보수율과 감광보상률을 표 3-26에, 조명률은 표 3-27에 나타내었다.

표 3-26 투광기의 보수율과 감광보상률

광원의 종류	보수율(M)	감광보상률(D)
투광기와 백열전구	0.75~0.67	1.3~1.5
투광기와 수은램프	0.67~0.55	1.5~1.8
반사형 투광전구	0.8~0.7	1.2~1.4
반사형 수은램프	0.75~0.67	1.3~1.5
실드빔형 투광전구	0.8~0.7	1.2~1.4

표 3-27 투광조명에서의 조명률(U)

피조면에 투사되는 투광기의 빔광속	조명률
1/2 이상	0.75~0.95
1/2~1/4	0.6~0.7
1/4 이하	0.5~0.6
벽면을 직하로부터 조사하는 경우	0.4 이하

• 예제 • [답] ①

백열 전구의 감광보상율은?

① 1.3~2.0 ② 2.0~2.5 ③ 2.5~3.0 ④ 3.0~4.0

풀이 광원의 광속은 점등 시간에 따라서 점점 줄어든다. 또 반사갓도 먼지 등에 의해 반사율이 저하되어 조도가 변화한다. 이 줄어든 소요 광속은 직접 조명일 경우 1.3, 간접 조명일 경우 1.5~2.0 이다.

(1) 옥외 스포츠 조명의 기본적 요건

스포츠 조명은 필요로 하는 주요 보는 대상을 사람(경기장, 심판자) 또는 구기종목에서는 공(ball) 등으로, 종목에 따라 세심하게 주의하여 결정해야 한다.

경기장 조명은 옥외와 옥내에서 행해지는 경기로 한국공업규격에서는 옥외 경기시설, 즉 육상경기장, 축구장, 럭비장 및 이들의 겸용시설은 KS A 3705에, 테니스장 및 야구장은 KS A 3704에 규정하고 있다. 또한 옥내 경기시설은 KS A 3706에 규격을 제시하고 있다.

경기장 조명은 선수, 관계자, 관객과 텔레비전 중계를 통해 구경하고 있는 시청자 모두를 만족시켜야 하므로 다음과 같은 사항을 고려하여 설계해야 한다.

① 보는 대상물(선수, 볼, 경기 장소 등)의 존재를 명확하게 인식하도록 해야한다.

② 보는 대상물의 상호관계, 거리 등을 명확히 식별할 수 있어야 한다.

③ 보는 대상물의 움직임과 이동속도를 정확히 식별할 수 있어야 한다.

또한 텔레비전 중계를 위한 조명을 하는 경우는 평균수평면 및 연직면조도가 1000[lx] 이상, 광원색은 색온도가 3000~6000[K], 평균연색평가지수 Ra는 55 이상인 것을 사용해야 한다.

표 3-28에 경기장의 평균조도 및 균일도를 나타내었다.

표 3-28 경기장의 조도와 균일도

경기구분	옥외 축구장		옥내 경기장	
	조도[lx]	조도균일도	조도[lx]	조도균일도
공식경기	750~300	0.50 이상	1000 이상	0.50 이상
일반경기	300~150	0.40 이상	500 이상	0.50 이상
레크레이션	150~100	0.25 이상	250 이상	0.40 이상

주) 조도균일도는 (수평면조도의 최소치/수평면 조도의 평균치)로 표시한다.

표 3-29는 각종 옥외 경기장에 대한 조도를 나타내었다.

표 3-29 옥외 경기장에 대한 조도 기준표

조도 [lx]	육상경기 트랙(track) 필드(field)	수 영	테 니 스 베드민턴	축구, 럭비, 미식 축구, 핸드볼	하 키 (hockey)
5000					
2000					
1000			공식경기		
500	공식경기	공식경기	일반경기	공식경기	공식경기
200	일반경기	일반경기	레크레이션	일반경기	일반경기
100		레크레이션	레크레이션		
50			관객석		
20	관객석	관객석		관객석	관객석

조도 [lx]	야 구	연식 야구	소프트 볼 (soft ball)	골프 연습장
5000				
2000	직업시합 내야			
1000	직업시합 외야, 공식경기 내야			
500	공식경기 외야, 일반경기 내야	일반경기 내야		라운드
200	일반경기 외야	일반경기 외야, 레크레이션 내야	일반경기 내야	장내(연면조도)
100		레크레이션 외야, 일반경기 내야	레크레이션 내야	
50	관객석(공식경기)			
20	관객석(일반경기)	관객석	관객석	

(단, 컬러 TV에서는 조도값을 별도로 고려)

(2) 그 외 조명방식

스포츠 종목에 의해서 조명은 그림 3-28에 나타낸 것과 같이 4방식으로 조명이 이루어진다. 구기종목에서는 공의 최대높이를 포함하는 공간조명과 혼광조명의 지향성에 관해서도 고려해야 한다.

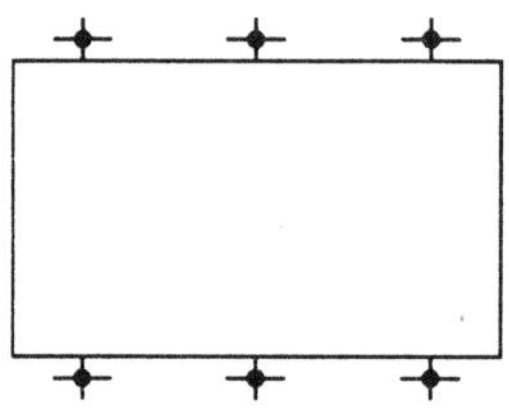

(a) 사이드조명방식

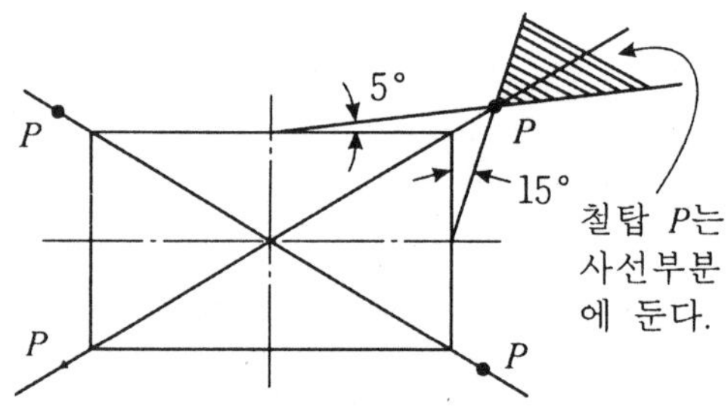

(b) 코너조명방식

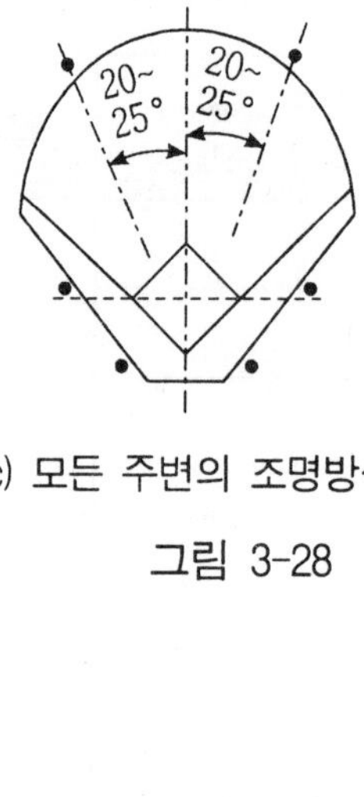

(c) 모든 주변의 조명방식

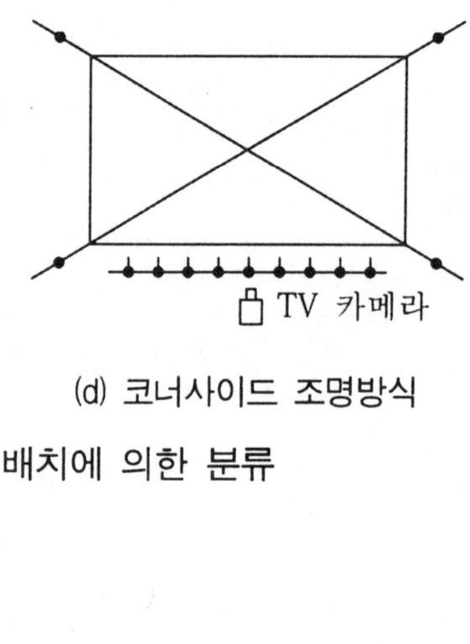

(d) 코너사이드 조명방식

그림 3-28 조명용 철탑의 배치에 의한 분류

연습문제

문제 1 실내조명에서 눈부심을 방지하기 위한 방법을 설명하시오.

문제 2 직접조명과 간접조명에 대하여 설명하시오.

문제 3 전반조명에 대하여 설명하시오.

문제 4 광속측정법에 대하여 설명하시오.

문제 5 감광보상률은 어떻게 결정하는지 설명하시오.

문제 6 실지수란 무엇인지 설명하시오.

문제 7 면적이 200[m^2]인 강의실에 2000[lm]의 광속을 발산하는 40[W] 형광등 30개를 점등하였다. 조명률은 0.5이고, 감광 보상률은 1.5라면, 이 강의실의 평균 조도[lx]는?

문제 8 평면 구면 광도 100[cd]의 전구 5개를 지름 10[m]인 원형의 방에 점등할 때 조명률 0.5, 감광 보상률 1.5라 하면, 방의 평균 조도[lx]는?

문제 9 1000[lm]을 복사하는 전등 5개를 100[m^2]의 실에 설치하였다. 조명률을 0.5, 감광 보상률을 1.2라고 하면 실의 평균 조도[lx]는?

문제 10 폭이 15[m]이고, 무한히 긴 도로의 양쪽에 간격 20[m]를 두고 무수한 가로등을 점등할 때 한등의 전광속이 3000[lm]이고, 그 45[%]가 도로 전면에 투사된다면 도로면의 평균 조도[lx]는?

문제 11 폭이 25[m]인 고속 자동차 도로의 양쪽에 지그재그식으로 300[W] 고압 수은등을 배치하여 도로의 평균 조도를 5[lx]로 하려면, 각 등의 간격을 약 몇 [m]로 하면 되는가?(단, 조명률은 0.2이고, 감광 보상률은 1.4, 수은등의 광속은 5500[lm]이다.)

문제 12 폭 10[m], 길이 15[m], 높이 4[m]인 사무실이 있다. 백열 전구 12개를 설치하였을 때 천장, 벽, 바닥의 평균 조도가 각각 30, 50, 80[lx]가 되었다. 지금 천장, 벽, 바닥의 반사율을 각각 70, 50, 10[%]라 하고 기구 효율을 70[%]라고 하면 조명률[%]은 약 얼마가 되는가?

문제 13 평균 구면 광도 100[cd]의 전구 5개를 지름 10[m]인 원형의 방에 점등할 때 조명률 0.5, 감광 보상률 1.5라 하면, 방의 평균 조도[lx]는?

문제 14 지름 2[m]인 작업면의 중심 직상 1[m]의 높이에서 각 방향의 광도가 100[cd] 되는 광원 1개로 조명할 때의 조명률[%]을 구하면?

문제 15 방의 가로가 10[m], 방의 세로가 20[m], 천장의 높이가 5[m]이고, 조명률이 0.5인 방에 있어서, 탁상의 평균 수평면 조도를 100[lx]로 하기 위해서는 형광등 40[W] 2등용을 몇 대 사용하여야 하는가? 단, 형광등의 전 광속은 3,000[lm], 감광 보상율은 1.8이라 한다.

문제 16 폭 24[m]의 가로 양측에 20[m] 간격의 엇갈린 식으로 등주를 배치하여 가로상의 평균 조도 5[lx]를 얻고자 한다. 각 등주상에 몇 [Watt]의 전구를 필요로 하는가? 단, 가로면에 있어 광속 이용률은 25[%]이다.

제 4 장

조명 설계

4.1 조명 설계

4.1.1 조명 설계 계획

조명설비 설계는 건축물의 용도, 규모 및 방의 상태 등 여러 가지 조건에 따라 그 설계 조건이 달라질 수도 있으나, 일반적으로는 다음과 같은 순서로 조명에 대한 설비를 계획하는 것이 좋다.

① 각 건물의 실내에 알맞는 조도를 결정한다.
② 조명방식을 검토하여 선정한다.
③ 필요한 광원을 선정한다.
④ 각 용도에 알맞는 조명기구를 선정한다.
⑤ 실내에 알맞는 필요 등수를 산출한다.
⑥ 등수가 결정되면 등기구를 실내에 알맞게 배치한다.
⑦ 조도의 분포 및 휘도를 검토한다.
⑧ 점멸방법을 검토한다.
⑨ 스위치 및 콘센트류를 배치 설계한다.
⑩ 배선 설계를 한다.
⑪ 분전반의 위치를 선정한다.

⑫ 간선의 굵기를 결정한다.

⑬ 변전실의 위치를 정하여 변전실의 크기를 정한후 조명의 상세한 설계에 임한다.

(1) 조명설계의 기본 개념

표 4-1은 조명설계를 위한 기본 흐름도를 나타내고 있다. 이 흐름도를 이용하여 전반 조명설계에 이용하고 있다.

표 4-1 조명설계 흐름도

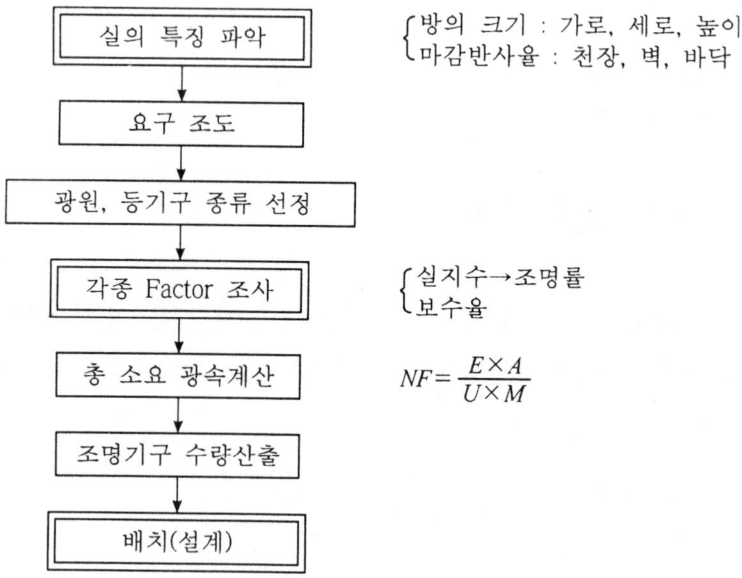

실내공간의 사용 목적별로 정리된 조명설계의 기본개념이 표 4-2와 같이 제안되고 있다.

표 4-2 각종 조명의 개념(CIE Darft Pub No, 29/2)

조명의 종류	조명의 개념
작업을 위한 조명	시작업의 종류에 따라 좋은 보기 방법을 찾는 것이 중요하다. 전체로서의 시환경은 작업성과 만족감에 커다란 영향을 끼치므로 작업 장소에 상관없이 전체의 시환경을 검토해야 한다.
디스플레이 조명	점포나 상품전시조명에는 2가지 요건이 있다. 주의를 모으고 전시물을 매력적으로 보이게 하는 것과 항상 일하는 사람에게 쾌적한 시각 조건을 제공하는 것이다. 쇼윈도는 빛의 광고 가격이 높고 예쁘게 하여야 하고 전체적 또는 국지적으로 고조도로 하고 빛이나 움직임의 효과를 내도록 한다.
미술 전시품의 조명	미술관이나 아트갤러리의 조명의 중요한 조건은 회화나 직물 등의 바른색 연출이다. 장시간의 노광에 의한 색바램이 있는 염료가 있으므로 주의해야 한다. 입체 모델링도 중요하다. 보는 사람과 물체의 광원의 상대적인 관계에 유의한다.
병원의 조명	의사나 스텝이 일을 효과적으로 행할 수 있고 환자에게도 쾌적한 조건을 부여할 수 있어야 한다.
실내 스포츠 조명	선수와 관객에게 좋은 시각적 효과를 줄 수 있어야 하고, TV나 영화의 요구에도 맞아야 한다.
서큘레이션 조명	홀의 출입구 등의 출입, 보행에 지장이 없어야 한다.

(2) 조명설계의 요소

다양화되고 있는 조명설계요소에 관해서는 전반적인 기준이 CIE에 규정되어 있다. 참고로 CIE의 정리된 가이드 수치를 표 4-3에 나타내었다.

단, 조도를 결정할 때에는 한국공업규격 조도기준이 있으므로 참조하길 바란다. 전반조명방식에 있어서 평균조도값을 선정하고, 소요램프수를 산정할 때는 광속법에 의한다.

사용자에게 보수율을 전할 수 없을 때에는 표준적 수치를 표시한 기술지침을 참고로 한다.

표 4-3 국제적인 실내조명 가이드
(1983년 8월 CIE Guide on Interior Lighting Draft 등)

조명 설계 요소		조 도
조 도	실내평균조도	<예> · 일반 500~750~1000[lx] · 교실 300~500~750 [lx] · 조작업(공장) 200~300~500 [lx]
	조도균제도(최소/평균)	실내 전체 0.8 이상
	복도	50~75~100[lx]
	실내와 복도와의 조도비	5 : 1 이하
문자 보는 방법	CRF	책상 0.9 이상
눈부심(glare)	불쾌 눈부심	조명기구의 휘도 제한 차광각 20° 이상
연색성	눈부심의 광색 평 연 색 평 가지수 R_a	<예> 사무실, 학교 $60 \leq R_a < 80$ 바람직한 것 $80 \leq R_a < 90$
실내 반사율	천장 벽 마루	60[%] 이상 30~70[%] 10[%] 이상, 집기 25~50[%]
휘도 분포	책상의 서류와 범상의 휘도비 책상면과 주변의 휘도비 작업과 주변의 평균휘도비 작업과 천장면의 평균휘도비	0.3~0.5 3 : 1 이내 1/10 이내 1/10 이내
입체감	얼굴의 보는 방법	중요시하고 있다.
주 광	창문 눈부심, 주광 이용 조명 시스템을 이용하고 있다.	창문의 눈부심
보 수	눈부심의 광속 조명기구	교환주기

(3) 좋은 조명의 요건

적절하게 조명된 방이 피로를 적게 하며, 시각을 좋게 하기 위해서는 여러 가지 필요한 조건을 만족시켜야 한다.

따라서 조명설계에 있어 고려해야 할 사항을 열거하면 그림 4-1과 같다.

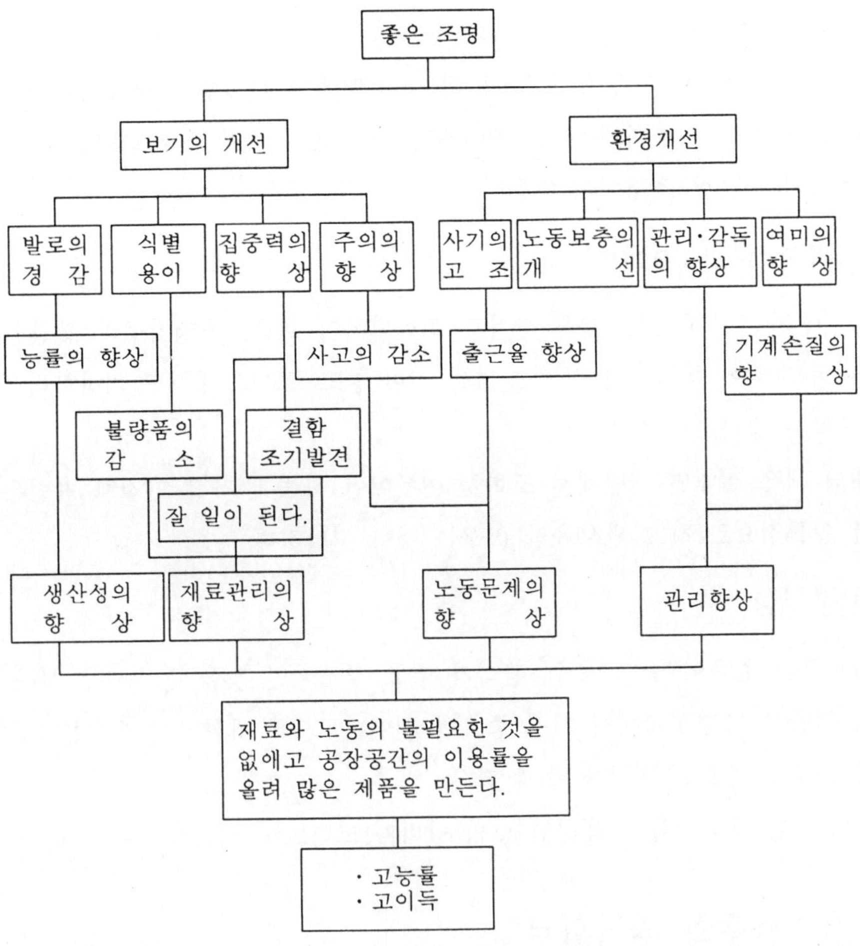

그림 4-1 좋은 조명의 효과

(가) 분광분포

물체의 보임을 좌우하는 요소 중의 하나로 광색(光色)을 들 수 있다.

일반적으로 백열전구에서 나오는 빛 중에는 적색광이 많은 관계로 낮은 조도에서 쾌적감을 느낄 수 있는 반면에 형광등에서는 청색광이 많으므로 높은 조도에서 쾌적감을 느낀다. 빛의 색온도가 높을수록 밝고 쾌적한 조명이 얻어진다.

(나) 심리적 효과

조명에 의하여 조성되는 분위기도 중요하다. 실내조명에서 천장은 벽을 밝게 하고 부드러운 불빛 밑에 있는 것이 기분이 좋고, 간접 조명에서 천장이 밝고 벽이 어두우면 기분이 나쁘고 침착성이 떨어진다.

벽도 밝게 하면 밝은 감각의 방이 되고, 여기에 직사일광에 해당하는 다운라이트(down light)를 사용하면 훨씬 좋아진다. 이것은 천연광인 태양이 비치고 있을 때의 효과와 비슷한 조명이기 때문이다.

(다) 미적 효과(design)

조명기구의 미적효과는 건축 양식과 조화되어야 한다. 조명기구의 모양은 간소하고 미적 효과에 불필요한 장치는 없는 것이 좋고, 또 그 배치도 기하학적으로 간단한 모양이 좋다.

실내의 색은 실내면 전반에서 조화를 이루어야 하는데 가장 안전한 방법은 색의 종류를 일률적으로 하고 반사율만 바꾸는 것이 적당하다.

(라) 경제성

조명기구는 효율이 좋고 보수, 관리가 쉽고 경제적인 것을 선택해야 한다. 일반적으로 비용은 조명설계에서 가장 중요한 것이며, 전체 계획에서 우위를 차지하고 있으며 때로는 중요한 영향을 주게 된다.

효율이 나쁜 등기구를 사용하면 빛의 낭비가 크다.

4.1.2 전등의 분기회로

전등의 분기회로는 다음 사항들을 고려하여 결정하는 것이 좋다.

① 전등, 콘센트 및 스위치의 용량과 위치를 결정한다.

② 분전반의 담당 범위와 위치를 정한다.

③ 배전 전기방식을 선정한다.

④ 분기회로마다 부하를 모아 배선한다.

⑤ 전선 및 전선관의 굵기를 결정한다.

⑥ 분전반, 결선도, 부하표 및 조명 기구표를 만들면 배선이 완료된다.

(1) 콘센트

콘센트의 소요수는 방의 크기, 용도에 따라 결정되는데 일반 가정용 콘센트는 전기 기구의 용량에 따라 달라지나 일반적으로 각 가정의 일반 콘센트 아웃트렛트 용량은 150[VA] 정도를 바닥에서 300[cm] 높이에 시설한다(표 4-4 참조).

보통 사무실의 경우는 약 5[m]마다 벽쪽에 1개의 비율로 콘센트를 설치하면 이상적이며 물이 닿을 우려가 있는 곳은 바닥에서 약 50~100[cm] 높이에 설치하면 된다. 또 사무실용 콘센트(1개당 150[VA])는 5개를 1회로로 연결하며 대형 기구는 300[VA]를 1개의 용량으로 잡는다.

표 4-4 주택에서의 콘센트 수

방의 크기[m^2]	표준적인 수	바람직한 수
4.86	1	2
7.3	1	2
9.75	2	3
13	3	4
16.2	3	5
19.5	3	5
주방(부엌)	2	4

주) 1. 콘센트는 2구 이상인 콘센트를 시설
2. 부엌에는 환기용 팬 전용 콘센트를 따로 1개 추가

(2) 스위치

스위치의 수를 많이 잡으면 전력의 합리화는 기할 수 있으나 점멸 조작이 번잡하고 건설비가 많이 든다.

스위치의 설치 높이는 바닥에서 1.2[m] 전후 되는 곳이 이상적이며 창고, 화장실 등과 같이 내부에 사람이 거주하지 않는 곳은 그 외부에 설치하는 것이 이상적이다.

(3) 분전반

분전반이란 간선에서 배선을 분기시키는 분산용 개폐기나 자동 차단기(퓨즈, 퓨즈 브레이커 등)를 취급상 편리하게 1개소에 집합시킨 장치이다.

가정용에는 1~수개의 회로용이 있으나, 빌딩이나 공장용은 20회로 것까지 있다. 분전반의 두께, 면적을 될 수 있는 한 작게 하고 배선과 접속에는 충분한 스페이스가 필요하다.

그림 4-2는 가정용 분전반의 한 예인데, 전등용과 콘센트용을 분리하여 브레이커를 쓰는 것이 바람직하다. 분전반의 위치는 부하의 중심으로 정한다.

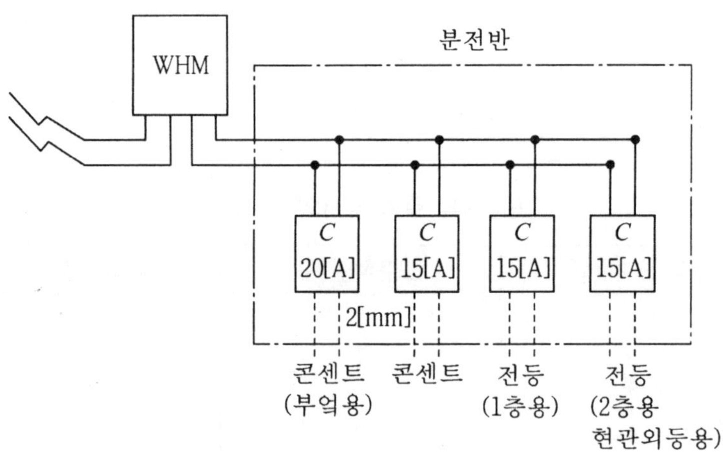

그림 4-2 가정용 분전반

• 예제 • [답] ④

전등의 분기회로 계산시 가정의 일반 콘센트 아웃트렛트 용량은 얼마정도인가?

① 50[VA] ② 90[VA] ③ 120[V] ④ 150[V]

• 예제 • [답] ④

스위치의 설치높이는 바닥에서 얼마 정도인 것이 이상적인가?

① 0.6[m] ② 0.8[m] ③ 1.0[m] ④ 1.2[m]

4.1.3 조명경제와 보수

건축물은 20~30년 이상 경과하면 건물의 노후화, 냉난방 효율의 열화, 조명설비의 기능저하, 전력, 동력 등의 전력관계, 전화선, 가스, 수도설비 등의 각 설비의 열화 등을 초래한다.

이들 건축물 전반에 대하여 조명환경 등의 열화로 작업사무능률이나 거주성이 나빠지므로 건물전반에 대하여 새로운 시스템적인 사고가 필요하다. 여기서는 조명경제상의 여러 문제와 에너지 절약에 대하여 설명한다.

(1) 간략한 조명경제

일반 가정에서 사용하는 형광등과 백열전구 중 어느 것이 경제적으로 유리한가를 검토한다.

간단히 하기 위하여, 조명기구비, 배선공사비, 기본요금, 광원의 조명비로서 점등비만을 비교하기로 한다. 대체로 같은 전광속을 갖는 광원의 램프수명 T[h]에서의 단위광속 및 단위시간당의 점등비 C_t[원/lm · h]를 계산한다.

램프의 수명시간 내에 소비되는 전력비 P[원]은 식 (4-1)과 같이 계산한다.

$$\text{전력비}\quad P=\frac{(W_L+W_B)\times T}{10^3}\,p[\text{원}] \tag{4-1}$$

여기서, W_L는 램프입력[W], W_B는 안정기손실[W], p는 전력요금[원/kWh]이다.

따라서, 점등비 C_t는 식 (4-2)와 같이 계산한다.

$$\text{점등비}\quad C_t=\frac{P+C_L}{F\times T} \tag{4-2}$$

여기서, C_L은 광원의 가격[원], F는 광원의 전광속[lm]이다.

① 형광등 백색 20[W]의 경우

$W_L=20$[W], $W_B=5$[W], $C_L=340$[원], $F=1,300$[lm],

$p=22$[원/kWh], $T=7,500$[h], $P=4,125$[원]

$$C_t = \frac{4,125 + 340}{1,300 \times 7,500} = 4.57 \times 10^{-4}[\text{원/lm} \cdot \text{h}]$$

② 백열전구 L_d 100[V], 100[W](젖빛색 확산형)

$W_L' = 100[\text{W}]$, $C_L' = 150[\text{원}]$, $T' = 1,000[\text{h}]$,

$F' = 1,520[\text{lm}]$, $p = 22[\text{원/kWh}]$, $p' = 2,210[\text{원}]$

$$C_t' = \frac{2,210 + 150}{1,520 \times 1,000} = 15.50 \times 10^{-4}[\text{원/lm} \cdot \text{h}]$$

③ 따라서, 백열전구에 대한 형광등의 램프수명 중의 조명비는

$$\frac{C_t}{C_t'} = \frac{4.75 \times 10^{-4}}{15.56 \times 10^{-4}} \fallingdotseq \frac{1}{3.4}$$

약 1/3.4로 된다. 형광등의 가격은 전구의 약 2배 이상이므로 전광속이 거의 같은 비율에서는 램프입력이 약 1/4, 램프수명이 7.5배로 우수하므로, 결과적으로 점등비가 적고, 경제적이다.

(2) 조명비 계산

표 4-5는 1[lx]를 얻기 위하여 1년간 소비되는 비용을 산출하는 차례를 나타낸 것으로 여기서는 그의 조명시설에 관련되어 있는 모든 요소를 포함한 조명비를 산출할 수 있어서 정확한 조명비의 비교 검토가 가능하다.

표 4-5 조명비의 산출 차례

1. 기초자료	4. 고정비
① 조명기구의 대수	⑮ 전기설비 [원] $[(l+m)\times a]$
② 조명기구 1대당의 램프개수 [개]	⑯ 연간고정비 [원/년] $[o\times 0.2]$
③ 조명기구 1대당의 소비전력 [kW]	**5. 운전비**
④ 연간 점등시간 [h]	⑰ 연간램프교환비 [원/년] $[a\times b\times d\times k/f]$
⑤ 평균조도 [lx]	⑱ 연간램프교환인건비 [원/년] $[a\times b\times d\times h/f]$
⑥ 램프수명 [h]	⑲ 연간청소비 [원/년] $[a\times j\times i]$
⑦ 전력요금 [원/kWh]	⑳ 연간보수인건비 [원/년] $[r+s]$
⑧ 램프교환 인건비 [원/1개]	㉑ 연간수리비 [원/년] $[o\times 0.01]$
⑨ 청소횟수 [회/년]	㉒ 연간보수비 [원/년] $[q+t+u]$
⑩ 조명기구 1대당 청소비 [원/대]	㉓ 연간전력비 [원/년] $[a\times c\times d\times g]$
2. 기재단가	㉔ 연간운전비 [원/년] $[v+w]$
⑪ 램프가격 [원/개]	**6. 조명비**
⑫ 조명기구가격 [원/대] (램프 제외)	㉕ 연간조명비 [원/년] $[P+x]$
⑬ 조명기구 1대당 배선가설비 [원/대]	㉖ 1[lx]당의 연간조명비 [원/년/lx] $[y/e]$
3. 초기설비비	
⑭ 초기설비비 [원] $[(b\times k+l+m)\times a]$	

(3) 보 수

조명설비의 사용중에는 램프의 광속 저하나 조명기구의 오손 등으로 조도가 저하된다. 따라서, 모처럼 좋은 조명설비를 시설하여도 램프교환이나 조명기구 등의 적절한 보수관리가 이루어지지 않으면, 설계조도를 얻을 수 없고, 쾌적한 조명환경을 유지할 수 없다. 이와 같은 상태에서는 시각작업에 지장을 초래할 뿐 아니라, 조명경제적으로도 전력이 낭비되어 비경제적이다.

보수의 효과에 대해서는, 예를 들어 조도가 시설초기에 49[%]로 저하한 것에 실내면의 칠을 다시 함으로써 61[%]로, 광원과 조명기구의 청소로 81[%]로 올라가고, 광원을 신품으로 교환함으로써 100[%]로 개선된 예가 있다.

보수를 실행할 경우의 보수작업의 주요한 내용은 램프의 교환, 조명기구의 청소와 점검, 조도 등의 정기적인 측정 등이다.

(4) 램프교환

램프가 어두워지거나 점등되지 않으면 즉시 교환하는 것이 바람직하지만, 교환작업의 합리성에서 보면 다음의 네 가지 방법이 있다. 표 4-6에 형광등의 교환시간을 예로 나타내었다.

(가) 개별교환방식

동작되지 않는 광원을 그때마다 교환하는 것이 좋다.

(나) 집단교환방식

① 전체집단교환방식 : 일정점등기간 후 전체의 광원을 모두 교환한다.

② 개별집단교환방식 : 불점등광원 개별교환, 일정점등시간 후 전부 집단교환한다.

③ 부분집단교환방식 : 불점등 부분의 광원을 부분적으로 교환한다.

표 4-6 형광등 FLR 40[W]의 경제적 교환시간

교환 방식	개별 집단 교환방식	전체 집단 교환방식
사무소(대)	6,000 시간 (약 2년)	5,300 시간 (약 1년 10개월)
사무소(소)	6,000 시간 (약 2년)	5,300 시간 (약 1년 10개월)
공 장(대)	6,000 시간 (약 2년 6개월)	5,200 시간 (약 2년 3개월)
공 장(소)	6,000 시간 (약 2년 6개월)	5,200 시간 (약 2년 3개월)

주) 사무소의 연간 점등시간은 3,000 시간, 공장에서는 2,400 시간으로 한 것이다.

(5) 청 소

램프나 조명기구에 먼지가 끼게 되면 밝음이 매우 저하된다. 그림 4-3은 CIE(국제조명위원회)가 작성한 데이터이다. 먼지에 의한 조도의 영향이 매우 크고, 조명장소에 따라 청소의 필요성이 다름을 알 수 있다.

조명기구를 청소하는데 드는 비용과 청소하지 않음으로써 조도가 떨어져서 손해 보는 조명비가 꼭 같을 경우가 가장 경제적인 청소간격이며, 표 4-7에 이 조건을 만족시키는 청소간격을 표시하고 있다.

표 4-7 조명기구의 청소간격

장 소	마른걸레로 닦기	물로 씻기
더러워지기 쉬운 장소	1주마다	4주마다
보통장소	2주마다	8주마다
깨끗한 장소	4주마다	16주마다

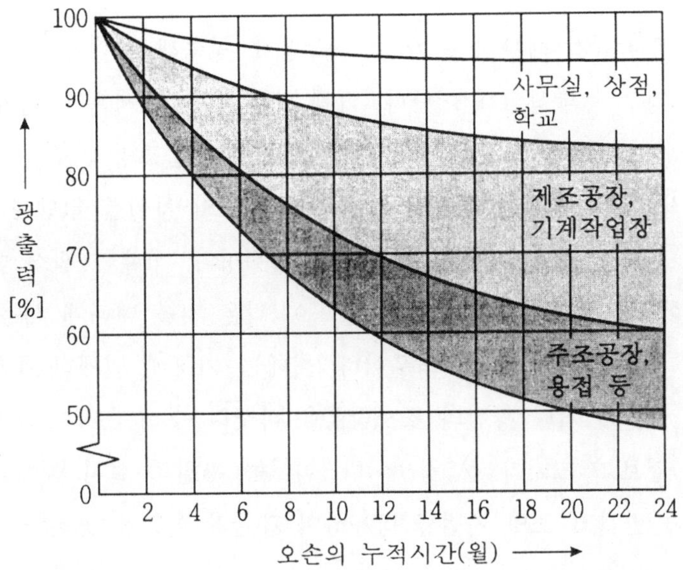

그림 4-3 먼지가 램프와 기구에 누적시의 광속 감소

• 예제 • [답] ④

더러워지기 쉬운 장소에서의 조명기구의 청소간격은 물로 씻는 경우 어느 정도인 것이 적당한가?

① 1주간 ② 2주간 ③ 3주간 ④ 4주간

4.2 옥내 조명 설계

(1) 조명환경

조명은 물체를 정확히 보이게 하고, 쾌적한 조명환경을 조성하기 위해서는 밝은 것 뿐만 아니라 색채, 대비, 크기, 움직임 등의 5가지 조건을 서로 적절히 고려하여야 한다. 또한 글레어를 저감시키기 위한 기구를 채용함으로써 눈부심의 원인을 제거하는 것도 중요하다.

눈부심 발생의 원인은 일반적으로 아래의 4가지의 종류로 요약되며, 그 대책도 다음과 같다.

① 어두운 주변환경 때문에 눈이 그 어두움에 익숙해 있다가 휘도가 높은 광원을 보는 경우 눈부심이 일어난다. 이와 같은 경우 대책은 광원의 수를 늘리거나, 조명의 균등화를 도모하거나, 간접 또는 반간접조명 기법을 사용하여 주위환경과 작업면의 환경을 똑같이 밝게하여 휘도의 차이를 없앤다.

② 광원의 휘도가 높은 기구을 사용하는 경우이다. 이때는 확산성 글로브를 사용하여 휘도를 저하시키거나 광원 출력이 적은 것을 여러개 사용한다.

③ 광원이 시선 가까이 있는 경우이다. 이때는 기구에 덮개나 루버를 사용하여 휘도를 저하시키거나 광원의 조사방향을 바꾼다.

④ 광원의 겉보기 크기가 큰 경우이다. 이때는 광원의 설치 높이를 높게하거나, 간접 또는 반간접 조명 기법을 병용하여 광원의 휘도를 줄인다.

(2) 주광이용

일반적으로 사무실, 점포, 공장, 주택 등은 낮에도 조명을 하고 있는 경우가 있다. 이럴때 주광을 적절히 이용하면 경제적으로 경비를 절감시킬 수 있는 중요한 요소가 될 것이다. 보통 주광조명하에 인공조명을 실시하는 이유는 다음과 같다.

① 조도가 부족한 장소에 충분한 조도를 충족하기 위해 인공조명을 사용한다.

② 눈이 건물 밖의 주광에 순응되어 있을 때 실내로 들어왔을 경우 실내가 어둡게 느껴지거나, 점포인 경우 창을 배경으로 전시된 전시물이 실루엣으로 되어

어둡게 보이는 현상을 방지하기 위해 창의 부근은 다른 곳보다 주광과 비슷하게 밝게 조명을 한다.
또 다른 문제는 그늘이다. 그늘에는 광선이 물체 위에 떨어져서 물체의 형태를 방해하거나 또는 물체의 형태를 나타내는 역할을 한다. 그중에서 방해가 되는 그늘을 적게 하기 위해 주광에 대비하여 광원의 위치를 바꾸거나 형광등과 같이 발광면적이 큰 광원을 사용하는 것이 좋다.

(3) 조명방법

옥내조명 기구의 선정에는 광학적 특성인 배광이 중요하다. 이 배광은 조명기구로부터 방사되어 각 방향으로 조사되어 가는 빛의 세기에 대하여 나타낸 것으로 보통 배광곡선이라 한다. 국제조명위원회의 분류법에 의하면 직접조명형, 반직접조명형, 전반확산조명형, 반간접조명형 및 간접조명형 다섯형으로 분류하고 있다. 따라서 옥내조명은 배광특성과 조명방식을 조합하여 가장 적합한 조건을 얻는 것이 중요하다. 다음에 각 조명형에 대하여 알아보자.

① 직접조명형은 작업면에 대하여 효율이 높고 경제적 조명이 가능하다. 또한 목적하는 조명을 쉽게 얻을 수 있다. 그러나 상향으로 빛이 거의 없어 천장면이 어두워지고 천장높이가 낮게 느껴지므로 팬던트로 내려서 높이를 높게 하거나 다른 조명기구와 함께 병용하여 사용하면 좋다.
② 반직접조명형은 직접조명형보다 천장과 윗벽의 반사광을 고려한 것으로 일반적으로 많이 사용하고 있다. 건물내 또는 방 전체를 전체적으로 밝게 할 수 있으며, 공간도 넓게 느끼게 하는 조명방법이다.
③ 전반확산조명형은 광원으로부터 빛이 균일하게 모든 방향으로 조사된다. 이 조명은 전반 조명을 목적으로 한 배광으로 다른 조명기구를 이용한 액센트를 붙이면 좋다.
④ 반간접조명형은 상향과 하향 배광이 대칭적이다. 그러나 기능적인 면에서 작업면의 밝기가 직접조명형의 기구에 비하여 동일한 효율의 램프를 사용하면 낮아진다. 따라서 조도가 필요한 경우 다운라이트 등을 병용하여 사용하면 좋다.
⑤ 간접조명형은 방의 내장, 마감색체를 고려하여 천장이나 벽면의 반사광을 이

용하므로 내장색이 어두우면 조명효과가 적어진다. 그러나 간접광을 이용하면 부드럽고 안정된 조명이 되어 실용성보다 인테리어로서 효과가 크다.

(4) 우수한 조명 요건

우수한 조명을 설계하기 위해서는 조명해야할 장소의 사용목적에 알맞은 조명환경과 시각작업에 적합하도록 빛의 양과 질 및 방향을 고려한 광원과 기구의 종류, 크기, 설치 위치 등을 고려해야 한다. 또한 다른 생리적, 심리적 및 심미적인 견지에서도 고려해야 한다. 일반적으로 조명의 목적은 크게 두가지로 대별할 수 있다.

① 실리적(명시적)조명 : 사람이 작업을 하므로 직접 물체를 명확히 보아야 한다. 그러므로 물체를 보고 있는 동안 또는 작업을 하는 동안 피로를 적게하는 효과가 있어야 한다.

② 장식적(분위기적) 조명 : 사람의 심리에 따른 분위기나 기분이 들도록 생활행동에 적합하도록 해야 한다.

그러나 우수한 조명 조건은 적당한 조도, 휘도분포, 눈부심, 그늘, 분광분포, 심리적, 조명기구의 위치, 의장 및 경제와 보수 등을 모두 최대한 고려하여 설계하고 설치되었을 경우라 할 수 있을 것이다.

4.2.1 주택조명

주택은 일반개인주택, 아파트 등 여러 종류가 있다. 주택에서는 주간에는 주광을 주로하고 인공광원을 겸용하지만, 야간에는 인광광원을 사용한다. 주택조명은 작업을 위한 명시조명, 분위기를 만들기 위한 분위기 조명, 안전을 위한 방재 및 방범 조명을 목적으로 하고 있다.

주택에서 작업면의 조도는 물론 빛의 방향에 의한 반사 제거, 주변의 밝기, 빙진체의 밝기를 고려해야 하며, 화장이나 회화 등에서는 조도는 물론 빛의 질로서 색온도, 연색성 등도 고려해야 한다.

(1) 주광 채광

주광채광은 전등조명과의 균형을 생각해야 한다. 태양광이 강한 경우에는 미닫이, 커튼 등을 사용하여 부드럽게 만들고, 카펫이나 장판으로부터의 반사광을 이용하여 실내의 시각환경을 조성할 수 있어야 한다. 주광이 충분히 들어가지 못하는 공간은 인공광원과 병용하여야 한다.

(2) 현 관

현관은 집안사람이나 방문객이 이용하는 곳으로 실내와 구분되는 곳으로 얼굴의 확인, 손이나, 발밑을 명확히 할 수 있도록 국부조명으로 밝게 하는 것이 좋다.

(3) 복 도

복도, 계단 등 구역마다 그 변화가 원활히 구분되도록 가설위치를 정하고, 밝기와 등기구가 주변환경과 조화되도록 해야 하며 안전한 통행이 되도록 조명을 설치해야 한다.

(4) 거 실

다용도 기능으로 사용되는 곳으로 밝기에 따라 느낌이 다르므로 밝음은 목적에 따라 세밀한 변화를 위해 조광과 점멸의 기능이 필요하다. 일반적으로 높은 조도는 사람을 활발하게 하고 낮은 조도는 안정과 편안함을 준다. 그러므로 샹들리에와 같은 기구는 방 전체를 호화로운 분위기를 연출시키는 반면에 천장 등을 끈 상태에서 스탠드만의 점등은 안정된 분위기를 연출하게 된다.

(5) 침 실

일반적으로 전반조명이 요구되지만 수면시에는 찬장등의 눈부심으로 수면에 방해가 되므로 전용의 머리맡등을 사용하여 점멸도 각각의 스위치로 하도록 한다. 화장대 조명은 연색성이 좋고, 밝게 하여 얼굴을 부드럽게 떠오르게 하는 조명으로 설치하는 것이 좋다.

(6) 식당과 주방

식탁조명에는 방전체의 조명과 연색성이 우수한 광원으로 국부조명을 하므로써 식사가 맛있게 보이고 얼굴의 보임을 좋게 한다. 그러므로 색채나 광택을 아름답게 보일 수 있는 고연색성의 백열전구의 팬던트 조명이 적합하다.

주방조명은 전체조명으로 천장등을 이용하고 설거지대는 국부등으로 밝고 광색이 좋은 형광등이 적합하다.

(7) 욕 실

욕실은 욕조 위의 열이나 습기가 모이는 곳이므로, 기구의 가설은 이런 곳을 피하여야 한다. 조명은 따스한 느낌을 주고 창에 사람 그림자가 비치지 않도록 창의 반대쪽 벽면을 피하는 것이 좋다. 세면대는 피부가 깨끗이 잘 보이는 광원을 사용하며 빛의 방향도 고려하고, 전등은 점멸이 빠른 백열전구를 사용하는 것이 좋다.

(8) 정 원

정원은 수목, 정원석 등은 주간과 다른 형태의 느낌을 주도록 수은등, 메탈헬라이드 등, 전구형 형광등을 사용하여 수목의 녹색을 아름답게 보이도록 하고, 백열전구의 스포트라이트로는 정원석 등를 국부조명하여 돋보이게 하는 효과를 주는 것이 좋다.

4.2.2 사무실 조명

사무실은 에너지 효율외에도 질이 높은 조명을 사용하여 쾌적한 공간이 되도록 실내 인테리어와의 조화 및 천장이나 벽에 대한 조명의 밸런스를 고려해야 한다. 사무실 조명은 일반적으로 형광등을 많이 사용하기 때문에 비교적 높은 조도가 요구되므로 직접조명방식을 채용하며, 현관홀이나 회의실은 전반확산 조명 또는 간접조명방식을 채용하고 있다.

(1) 일반 사무실에 대한 조명 기준

세밀한 작업이나 휘도대비가 낮은 작업인 경우에는 현재 조도보다 약 1.5배 높은 것을 사용하는 것이 좋고, 단순작업으로 작업시간이 짧은 경우에는 작업면 조도의 0.7배 정도까지 감소시켜도 된다.

인접한 작업장과의 통로의 전등조명에 의한 조도는 조도가 낮은 쪽의 평균조도가 높은 쪽 보다 약 20[%] 높게 하는 것이 좋다. 일반적으로 전반조명이며 광원의 색온도는 3500~6000[K]의 범위, 연색평가지수는 60이상으로 하며, 연색성을 요구하는 곳에는 R_a를 80이상으로 하고 조도는 500[lx] 이상으로 하는 것이 좋다.

(2) VDT 작업면에 대한 조도기준

일반적으로 조도는 500~1000[lx]로 하며, 조도 균제도(최소조도/평균조도)는 0.7 이상이 좋다. CRT 화면에 조명기구의 영상맺음을 피하기 위해 OA용 조명기구를 사용하고, 천장이나 벽 등을 밝은 색으로 하여 확산광을 많게 하여 방전체를 밝게 하는 것이 좋다.

4.2.3 상점(백화점) 조명

상점조명은 빛으로 상품과 공간을 아름답게 보이게 하여 상점의 업종이나 특징을 효과적으로 연출하여 고객으로 하여금 쾌적하고 만족스러운 상품을 구입토록 하는 것이 목적이다. 그러므로 인테리어 디자인의 변화가 빠르며, 그 디자인의 변화에 맞는 새로운 광원과 조명기구를 재빨리 사용하는 것이 이 업종의 특징이다. 즉 다른 상점과 차별화를 조명의 구현으로 실현하는 경향이 높다.

(1) 상점내 공간연출

조명에 의한 공간연출은 상점의 매장을 전체적으로 표현하는 것이므로 다음과 같이 표현하는 것이 좋다.

① 천장, 벽 및 바닥의 강조는 광원의 밝음으로 표현한다.

② 매장내 밝음의 리듬을 갖도록 한다. 즉 고객의 구매 의욕을 일으키도록 일정한 밝기보다는 리듬을 갖는 조명이 효과적이다.

㉠ 상점내 도입부는 전반보다 밝게 하는 것이 좋다.

㉡ 쇼윈도우가 있는 경우는 상점내 조명보다 5배 이상의 밝기로 하는 것이 좋

다.

㉢ 통로는 상품조명 보다 조도를 낮게 하는 것이 좋다.

㉣ 진열대는 주위보다 3배 이상 밝게하고, 특정 강조상품은 5배 이상의 밝기로 하는 것이 좋다.

③ 같은 조도라도 내장을 마감한 색, 진열된 상품의 색에 따라 어둡거나 밝게 느낄 수 있으므로 너무 빛을 집중시키지 말고 반사율이 높은 것을 이용하는 것도 좋다.

(2) 상품연출

상품조명은 상품을 위한 조명으로 상품에 대한 올바른 정보를 제공하고 고객으로 하여금 구매욕구를 높이도록 한다.

① 상품의 색체와 형태를 아름답게 보이도록 한다.

상품은 광원의 종류에 따라 상품의 보임이 달라질 수 있으므로 색체 정보를 올바르게 전달하기 위해 평균연색지수가 높은 광원을 사용하는 것이다. 점포의 경우 평균연색지수가 80 이상이면 좋으며, 조도 500[lx] 이상의 밝음이 좋다. 예로 육류나 어류는 붉은 빛을 강조하기 위해 효과연색용 형광등을 사용하고 케이스내의 조명이나 스포트라이트를 사용할 경우는 주변의 전반조명과 분광분포 차이에 의한 색채 변화가 발생할 수 있으므로 서로간의 색채의 균형을 이루도록 해야 한다.

② 상품의 재질감을 돋보이게 한다.

상품은 귀금속, 유리, 가죽, 도자기, 나무, 직포 및 기타 야채, 육류 등 다양한 재질이 있으므로 상품의 재질에 따라 빛의 재질도 다르게 연출하여야 한다. 광택을 내고 있는 상품은 백열전구와 같이 지향성이 높은 광원을 이용하고, 가죽제품의 경우 너무 높은 지향성 빛은 그 질감을 깨지게 할 수 있으며, 귀금속의 경우 광원이 작고 지향성이 높은 빛이 좋으나, 종류에 따라 알맞은 광원과 배광을 고려하는 것이 좋다.

③ 불쾌한 눈부심을 제거해야 한다.

눈부심은 상품을 바르게 보지 못하게 한다. 그러므로 적당한 휘도로서 상점에 활기를 주어서 고객으로 하여금 주목도를 높이게 하는 것이 좋다. 전반조명이나 국부조명에서는 눈부심을 제어한 조명기구를 사용하는 것이 좋다. 또한 유리 케이스의 경우 유리에 의한 반사눈부심에도 주의하여 기구의 가설위치나 조명각도를 충분히 고려해야 한다.

④ 적외선 또는 자외선에 의한 영향을 방지해야 한다.

상품중에는 적외선이나 자외선의 영향으로 상품의 질을 변화시킬 수 있다. 적외선을 적게 하는 기구로는 적외선을 80[%]이상 후방으로 투과시키면 피조사체의 온도상승을 약 1/4로 감소시키는 다이크로익 미러가 붙은 할로겐전구를 많이 사용하며, 생선이나 식료품의 중점조명에도 사용한다. 의류점의 경우 집중조명을 하는 경우 주의해야 하며 자외선 차단유리 등을 사용한다. 최근 점포에서는 소전력의 메탈헬라이드램프를 많이 사용하고 있다.

(3) 조도 선정

진열대 상품의 색상이나 주위환경에 따라 조도의 밝기를 조절함으로써 상품의 특징을 잘 살려야 한다. 표 4-8에 상점(백화점)의 조도기준(KS A 3011)을 나타내었다.

표 4-8 백화점의 분야별 조도기준

구 분	조도 범위[lx]	기준 조도[lx]
상담 및 안내코너	600~1500	1000
일반부 전반, 점포내 진열, 중점부 전반, 특매장 전반	600~1500	1000
장식창 중점, 점포내 중점 진열	1500~3000	2000
전시	1500~3000	2000
계산대, 포장대, 엘리베이터, 에스컬레이터	600~1500	1000
상담실, 응접실, 세면장, 화장실	150~300	200

주) 1. 일반부 전반과 중점부 전반 조명을 제외한 모든 조도는 국부조명을 하여 기준 조도를 맞추어도 된다.
2. 계산대, 포장대의 경우 국부조명을 병용하여 기준 조도를 맞추어도 된다.

4.2.4 공장 조명

(1) 공장조명의 목적

공장조명은 조명을 통한 생산성향상, 안전성 확보 및 쾌적한 시각환경의 조성 등을 목적으로 작업능률을 향상시켜 생산원가를 낮추므로 생산성 향상에 기여하는 것이 목적이다.

일반적으로 작업중에 눈부심을 느끼지 않는 범위에서 조도가 높을수록 작업능률이 높아진다. 즉 작업장의 조명 개선효과는 작업자의 시각기능의 향상과 더불어 심리적인 활동의 용이성, 의욕향상의 결과를 보이고 있다. 표 4-9에 조도증가에 따른 생산성 증가의 예를 나타내었다.

표 4-9 조도증가에 따른 생산성 증가

작업류	구조도[lx]	신조도[lx]	생산성 증가[%]		조명비 증가[%]
철제조차	26	58	선반	35	5.5
			볼반	16	
			나사파기반	6	
			홈파기반	22	
용접	84	116	12		2.5
편물공장	78	200	10.8		-
양말공장	78	250	13		-
복지직포	21	118	25		-

균등하게 밝은 실내의 시력은 조도와 더불어 상승하지만 보려는 대상물체만 밝게하고 주변조명은 심하게 어두운 경우는 시력의 상승을 저감시키고 조도가 약 1000[lx]이상에서는 시력이 다시 떨어진다.

또한 공장조명은 기계설비나 위험개소를 조명함으로써 재해사고를 미연에 예방하고, 긴급시에는 비상조명에 의한 안전한 피난유도를 담당하게 된다.

(2) 공장조명 방식

일반적으로 전반조명방식을 채용하고 있으며, 건축물의 천장높이에 따라 다음 3

종류로 분류되고 있다. 표 4-10에 천장높이에 따라 적합한 광원을 나타내었다.

① **천장고가 5[m]이하인 경우** : 기계공장, 섬유공장, 검사공장 등의 낮은 천장인 곳은 비교적 작업에 따른 높은 조도가 요구되므로 보통 40[W]이상의 형광등 기구에 의한 전반조명을 하고 있다. 눈부심을 고려하여 반사갓, 역삼각형등이나 확산성 커버 또는 루버를 부착한 조명기구를 사용하는 것이 좋다.

② **천장고가 6~10[m] 사이인 경우** : 기계공장, 화학공장 등의 경우로 고천장용 반사갓외에 반사형 고압형광수은등을 천장 트러스를 이용하여 직부 또는 파이프 펜던트로 하는 방식이나 등주를 이용한다. 근래에는 고연색성의 메탈헬라이드램프나 경제성을 고려한 고압나트륨 등이 많이 사용되고 있다.

③ **천장고가 10[m] 이상인 경우** : 중공업공장과 같이 천장고가 높은 곳은 250[W] 이상의 HID 램프가 사용되며, 색의 보임의 필요성에 따라 메탈헬라이드램프, 고압수은램프, 고압나트륨램트 등이 단독 또는 혼합하여 사용된다. 일반적으로 바닥면의 면적에 대하여 천장이 높고 높은 조도가 필요한 경우는 협조형이, 바닥면이 넓은 경우에는 광조형이 적당하다.

천장높이가 20~30[m]에 이르는 제철공장 등에서는 고천장용 반사갓보다는 투광기에 의한 전반조명을 하는 것이 좋다.

표 4-10 천장고에 따른 적합한 광원

광원 \ 천장고	5[m] 이하	6~10[m] 사이	10[m] 이상
형광등	◎	○	×
고출력형광램프	○	◎	×
메탈헬라이드램프	×	○	◎
전구	×	○	◎

주) ◎ 아주좋다., ○ 적합하다., × 부적합하다.

표 4-11에 광원의 종류별 특징과 설치장소에 대하여 나타내었다.

표 4-11 광원별 특징과 적용장소

광원 종류		특 징	적용 장소
백열 전구	일반전구	염가이며 취급용이	국부조명, 보안용
	반사형전구	고광도, 취급용이	국부조명, 먼지많은곳
	할로겐전구	소형, 고효율	전반, 국부조명
형광 램프	일반형광등	고효율, 저휘도, 장수명	전반(저천장), 국부조명
	고연색형광등	고연색성, 고효율	연색성을 요구하는 곳
	고출력형광등	고효율, 장수명, 내진성	내진용
HID 램프	수은등	큰광속, 장소명	전반(중, 고천장)
	나트륨등	고효율, 광속크고 소형	연색성을 고려하지 않는 곳
	메탈헬라이드등	고효율, 고연색성	전반(중, 고천장)

4.2.5 학교 조명

학교조명은 학생들에게 명확한 시환경을 제공하여 줌으로써 눈의 피로를 적게하여 근시 예방과 집중력을 높여 학습효과의 향상을 시키는데 목적이 있다. 또한 교사들에게는 수업하기 좋은 분위기에서 시환경을 멀리할 수 있어 교육효과를 높일 수 있다.

조명방법으로는 효율이 좋은 형광등을 사용한 직접조명방식이 많이 사용되고 있다. 조도기준은 교실에서 300~600[lx], 칠판에서 300~500[lx] 및 제도실인 경우 300~1500[lx]를 권하고 있다.

특히 칠판조명은 광원의 빛이 칠판에서 반사되는 반사광에 의하거나, 직접 빛이 학생들에게 눈부심을 주지 않도록 해야 하며, 교사들에게는 칠판에 필기시 칠판에 의한 눈부심이 없도록 광원을 칠판에 대하여 약 45°로 배치하는 것이 좋다.

4.2.6 전시관(장) 조명

미술관, 박물관, 기타 전시관 등에서의 조명은 대상물로서 요구되는 휘도대비, 색체, 형태를 최대로 표현하도록 해야 한다. 또한 광원으로부터 조사되는 빛, 자외선, 적외선 등에 의한 전시물의 열적, 화학적 손상이 되지 않도록 해야 한다.

전시품의 보호를 위해 조도는 가능하면 낮게 하고 시감휘도를 높게 하여 쾌적하게 감상을 할 수 있도록 조명을 해야 한다. 그러므로 미술관, 박물관의 전시조명에는 보통 색온도가 낮은 따스한 느낌이 있는 광색이 심리적으로 쾌적하여 많이 사용하고 있다.

전시물이 유리액자 속에 있는 경우 광원에 의한 반사광으로 인해 관상을 방해하는 것을 막기 위해 화면 상단에서 정반사가 일어나지 않는 위치로부터 10° 정도 여유를 두고 광원을 설치하는 것이 좋다. 또한 조각이나 도예와 같이 입체물인 경우 일반적으로 확산광과 집광을 병용하는 것이 좋으며, 전시물의 최대와 최소의 휘도비는 6 : 1 이내로 유지하는 것이 좋다.

전반조명의 조도는 관상자의 보행이나 활동에 안정감을 줄 수 있고, 간단한 메모를 할 수 있을 정도로 약 30~50[lx]로 하면 충분하다.

표 4-12는 작품 전시 품목별 조도를 나타내었다.

표 4-12 작품 전시 품목별 소요 조도

종 류		주요면의 조도 [lx]
회화	유 화	300
	수채화	200
조각	대리석	300~1000
	테라코타	300~500
	목 재	200~1000
	청 동	2000
벽 포		200~500
도자기		200

4.2.7 병원 조명

병원조명은 환자, 진료자 등이 각각 다른 입장이므로 종합적인 조명계획이 필요하며, 조도, 빛의 질, 눈부심, 연색성 등을 충분히 고려해야 한다. 특히 정전시 환자의 생명에 직접적인 영향을 미치는 수술실, 중환자실 등은 비상전원에 의한 조명확보가 필수이다.

(1) 조 도

병원의 조도는 표 4-13에 나타낸 KS A 3011의 조도 기준을 따르며, 높은 조도를 필요로 하는 곳에는 스탠드 형식의 국부조명이 필요하다. 또한 시간대별, 낮, 밤, 심야에서의 밝기 제어와 비상등, 유도등의 방화 조명 설비도 필요하다.

표 4-13 조도 기준표(KS A 3011)

장 소	조도 [lx]
시기능 검사실	1500
수술실	1000
진료실, 구급실, 분만실	500
육아실, 기록실	200
회복실	100
암실, 비상계단	50

(2) 광 원

병원 내부는 일반적으로 형광등을 사용하는 것이 효율, 수명, 조도분포, 밝기의 느낌이 좋으며 경제적인 조명이 된다. 그러나 각 방에 적합한 광원을 선택하여 광원의 종류나 와트수를 가급적 통일하는 것이 좋다. 표 4-14는 사용장소와 광원의 사용을 구분하여 나타내었다.

표 4-14 광원의 사용 구분

광 원	사용장소
형광램프 백색 형광램프 주광색 형광램프	일반사무실, 보일러실, 전기실 기계실, 각종 창고
고연색 형광램프	진료실, 병실, 수술실, 약국, 검사실, 접수실, 대합실, 식당, 기타 환자가 출입하는 장소
전구	병실 심야등, 환자의 베개밑등, 암실
고연색 할로겐전구	현관홀, 대합실, 계단
형광 수은램프	정원, 옥상, 병원 광장

(3) 조명기구

일반적으로 매입 개방형의 형광램프를 사용하지만, 천장이 높으면 반사갓을 사용해도 좋다. 전구는 커버가 없는 백색전구가 좋다.

또한 병실 등 환자에게 눈부심을 주기 쉬운 곳에는 확산성 커버 또는 글로버를 사용하거나 루버를 사용하여 차광할 필요가 있다. 병실의 침대등은 백열전구에 의한 벽부형으로 조광이 가능한 것으로 설치한다. 비상시의 비상등도 설치를 고려해야 한다.

조광을 고려해야 할 곳은 수술실, 병실(주간, 야간에는 제어함), 기능 검사실, X선 투시실, 내시경 검사실, 신생아실, 진찰실 등으로 표 4-15에 병원내의 실별 조명 포인트를 나타내었다.

표 4-15 병원내의 실별 조명 포인트

광 원	사용 장소	조명 기구
현 관 대합실 접수실	· 밝고 청결감이 넘치며 침착과 안정을 주도록 한다. · 접수실은 현관과 대합실보다 밝게 하고 창구에는 보조조명을 병용한다. · 건물 외부와 주광과 밸런스를 고려한다.	FL 확산 커버붙이
복 도	· 병동, 벽도는 눈부심에 주의하고 심야에는 절전을 위한 조광을 한다.	FL 확산 커버붙이
진찰실	· 부드럽고 안정된 분위기를 만든다. · 연색성에 주의한다. · 환자가 상향으로 되는 장소에서는 기구의 위치에 주의해야 한다. · 칸막이, 커튼에 의해 실내가 구획되는 경우가 있다.	FL 확산 커버붙이 (매입 개방형)

광 원	사용 장소	조명 기구
병 실	· 환자의 안정, 독서, 간호, 치료 등 다목적으로 사용된다. · 전반조명은 통로 위에 확산성 커버가 있는 조명을 설치한다. · 배개밑 등은 독서에 충분한 조도가 되도록 하며, 옆에 있는 환자의 배려 및 점멸이 가능한 구조여야 한다. · 심야조명은 출입구, 베트콘솔에서 제어가 가능하도록 설치한다.	FL · IL 확산 커버붙이 (FL, IL의 스탠드)
수술실	· 그늘을 적게 하고 밝게 하여 밸런스를 고르게한다. · 연색성을 고려한다. · 조광이 가능해야 한다. · 인화성물질, 가스 등을 사용하는 경우에 방폭 구조를 고려해야 한다. · 무영등을 설치한다.(조도 10,000[lx], 지름 30[cm] 범위를 집중시킨다.) · 수술용 조명으로 전원공급을 UPS 또는 밧데리로 하여야 한다.	FL 확산 커버붙이
검사실	· 조광을 한다. · 정전유도, 전자유도가 있는 장소는 실드 기구를 사용한다. · 공기중 세균을 살균하기 위해 필요한 장소에는 살균램프를 설치한다.	FL 확산 커버붙이
약 국	· 연색성을 중시하고 밝고 청결해야 하며 약품에는 기기에 필요한 조명을 고려한다.	FL 매입 개압 (제조부분에는 확산 커버붙이)
중환자실	· 치료 및 감시를 목적으로 한다. · 커튼이 있는 경우 커튼 외부로 기구를 배치하여 필요시 빛 차단이 가능하게 한다. · 베드상부는 처치용으로 국부조명 한다. · 베드별로 조광이 가능해야 한다.	FL 확산 커버붙이

광 원	사용 장소	조명 기구
방사선실	· 병동, 복도는 눈부심에 주의하고, 심야에는 절전을 위한 조광을 한다.	
MRI실	· 부드럽고 안정된 환경을 만든다. · 연색성을 고려한다. · 환자가 상향으로 되는 장소에서는 기구의 위치에 주의한다. · 칸막이, 커튼에 의해 실내가 구획되는 경우가 있다.	젖빛 유리 글로브등

• 예제 • [답] ④

대합실, 입원실, 회의실 등에 적용되는 조명기구의 방식은?

① 직접조명기구 ② 반직접조명기구

③ 전반확산조명기구 ④ 간접조명기구

4.2.8 무대 조명

(1) 무대 조명

무대 조명을 필요로 하는 것에는 가무극(고전물, 신작물), 현대극, Ballet, 창작무용, Opera, Musical, 양악, 국악, 드라마 등으로 연출의 의도에 계절의 감각, 감정의 표현, 시간의 표현을 창조하기 위하여 투사광선의 종류, 광원의 투사 위치 및 빛의 모양 표현 등을 원활하게 하기 위한 조명 설비이다.

(2) 무대 조명의 표현

무대 조명이란 단순히 전기를 이용한 조명 배광의 기술뿐 아니라, 조명의 연출 효과에 의한 작품의 전달 및 감동의 효과를 표현하는 하나의 예술 창조이다. 그러므로 무대 조명가는 전기, 조명 전문가임과 동시에 빛의 예술가로서의 능력이 요구되며 조명의 양과 정확한 표현이 필요하다.

① 정확한 표현 : 관객이 예술 공연을 감상할 때 보고, 느끼며, 감동을 창출하기

위하여서는 무대의 어떠한 장면이라도 관객에게 정확하게 보이도록 조명의 양과 질이 적절하게 이루어져야 한다.

㉠ 조도의 양 : 연출에 의해 요구되는 조도가 다양하므로 특성의 기준은 정해지지 않지만, 어떠한 형태의 진행이라 하더라도 객석에서 잘 보이도록 조명설비가 잘 갖추어져야 한다.

㉡ 조도의 질 : 장면에 따라 빛의 효과, 색광을 변화시켜 연출의 의도를 정확하게 보이도록 하는 것, 즉 빛의 방향, 빛의 입사각도, 색광의 배합 등을 고려해야 한다.

② **현실적 표현** : 현대의 예술은 극장이라는 공간 안에서 자연계의 모든 현상 및 현실의 상황을 관객에게 표현하는 것으로, 관객은 무대위의 모든 행위에 대한 느낌을 현실감으로 느껴야 한다.

㉠ 시간 : 연출 내용중의 시간을 표현하는 요소로서, 조명의 역할보다 적절한 것은 없다. 조명의 연출에 의하여 사계절의 변화, 1일중의 시간 경과, 즉 석양에서 밤으로 시간대에 따른 그림자의 방향, 길이 등 보다 자유스럽게 표현할 수 있어야 한다.

㉡ 기후변화 : 맑은날, 구름낀 날, 태양, 구름 등 여러 가지 기후에 대하여 연출 내용에 따른 표현을 적절히 나타내야 한다.

㉢ 아름다운 표현 : 노을과 달빛 등 자연의 정경을 바라보며 아름다움을 느끼는 것은 빛과 색감이 있기 때문이며, 무대에 있어서도 물체의 아름다움을 느끼게 하는 것은 조명 연출에 의하여 무대를 아름답게 묘사하는 것이다.
예를 들면, 배우의 의상, 무대장식물 또는 배경의 표현 등을 빛을 투사하는 방향 및 적당한 광량, 색광으로써 관객들에게 아름다움을 느끼게 한다.

(3) 무대 조명의 특징

(가) 주광원의 방향성에 대한 자유도

드라마에 있어서의 주광원의 방향성은 일상생활에서 우리가 늘 접하는 태양의 위치를 연상해서 인공광원을 다루기 때문에 광원의 위치, 방향 등에 따라서 분위기가 좌우되지만 무대 조명에서는 너무 그런 것에 구애받지 않고 비교적 자유롭게 생각한다.

일반 프로그램에서는 기본 조명의 Key Light를 순광의 범위 내에서 사용하지만 무대 조명에서는 순광뿐만 아니라 거의 측광에 가까운 곳에서도 Key Light를 주는 경우도 있는데 그것은 무대 조명의 Key Light의 역할은 보다 더 나은 생동감 있는 피사체의 방법을 내기 위한 요소이어야 하기 때문이다.

(나) 아름다운 조명

아름다운 조명을 한다는 것은 영상표현에서는 당연한 일이지만, 드라마에서는 그 내용이나 의도에 따라서 탁하게 하는 조명도 있다.

그러나 일반적으로 무대 조명에서는 그와 같은 일은 없고 보다 더 연기자 얼굴의 얼굴레벨을 충분하게 취하고 피부색도 충실하게 해서 바람직한 재현, 즉 '보다 더 아름답게'가 요망된다.

(다) Color 조명

무대 조명은 컬러 조명이 하나의 포인트이다. 드라마에서는 컬러 조명은 한정된 부분(석양, 야경 등)에 사용되지만, 음악의 조명에서는 색이 갖는 감정이나 배색효과를 기본으로 해서 배경, 세트, 마루에 컬러를 많이 사용한다.

(라) 조명 변화

무대 조명은 작품의 이미지(image)에 맞는 조명이 중요하다. 작품이 표현하려고 하는 감정에 따라서 명암, 빛의 대비, 배색들을 타이밍 맞게 변화시켜 주는 것에 의해서 공연 내용의 효과를 한층 더 높여줄 수 있다. 조명 변화는 가요곡과 같이 매곡마다 변화를 주어야 하는 것부터 오페라, 발래 등과 같이 오랜 시간 자주 변화를 주어야 하는 것도 있다.

(4) 무대 조명기법

무대 조명은 그냥 빛을 비춘다는 것이 아니라 빛으로써 아름다운 그림을 그리는 기분이어야 한다.

(가) 입체감 창조

물체의 입체감은 형태, 크기, 색, 재질, 움직임, 빛의 방향에 의해 생기는 음영에 따라 달라진다. 또한 정면광의 효과는 입체적인 피사체보다 평면적인 피사체의 효과가 있다.

(나) 심도감

심도의 감은 입체감과 같이 화면 구성상 중요한 것으로 표 4-16에 심도감을 만드는 방법을 표시하였다.

표 4-16 심도감의 분류

겹침(중복)의 심도	연속한 선에 둘러싸인 부분이 앞으로 나온다.
형태의 심도	작은 것보다 큰 것이 앞으로 나온다.
색의 심도	찬 색보다 따뜻한 색이 앞으로 나온다.
밝기의 심도	어두운 것보다 밝은 것이 앞으로 나온다.
경계의 심도	경계선이 불투명한 것보다 확실한 것이 앞으로 나온다.
중심 원근법, 직선 원근법에 의한 심도	

조명에서는 중복의 심도는 창조해 낼 수 없기 때문에 밝음, 색, 형태의 심도와 조합시켜서 보다 심도감을 분명하게 하는 것이 중요하다.

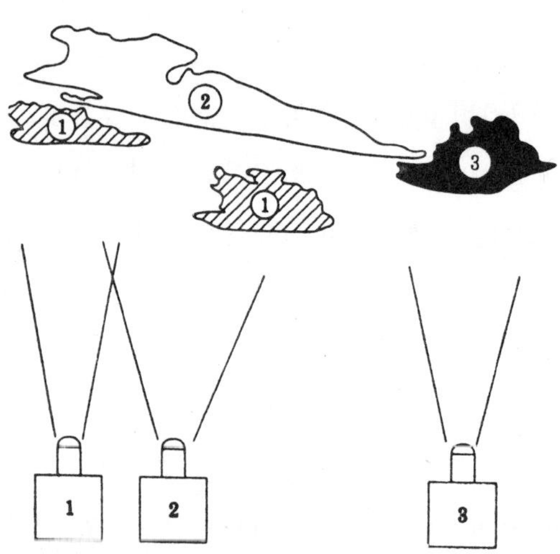

(3대의 Effect Light로 밝기의 차이를 준다.)

그림 4-4 밝음의 심도를 나타내는 예

밝음의 심도는 밝은 것이 앞에 보이는 것이 일반적이다. 따라서 그림 4-4와 그림 4-5와 같이 합판의 고보(Gobo), 구름 등을 Horizont에 만들 때에는 하나의 광원보다는 여러 대의 광원을 만들어 명암의 차를 만들면 심도감을 증가시켜 준다.

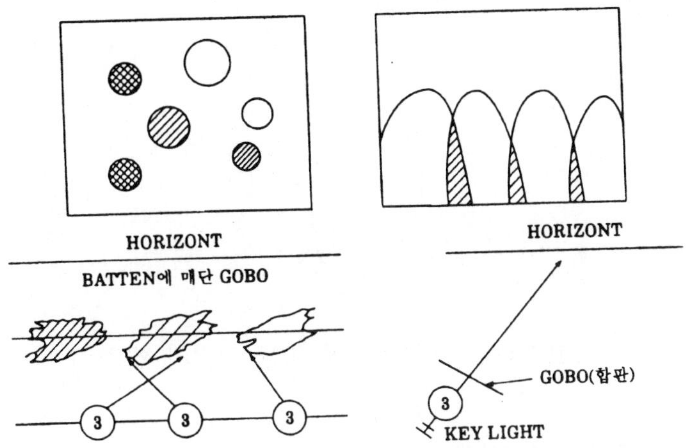

그림 4-5 Gobo를 이용한 밝음의 심도 표현

(다) 통일성과 변화

인간은 복잡한 모양도 단순하게 보고자 하는 성질이 있다. 그러므로 Touch Light나 피사체의 그림자 등도 가능한 한 단순화시키는 방법이 좋다.

그림 4-6과 같이 그림자를 살리기 위해서는 2대의 조명기구를 사용하여 그림자가 이중으로 나타나지만 그 중 어느 한 방향으로만 빛의 방향으로 설정해서 한쪽은 그림자가 보이지 않게 함으로써 구도상에 통일성을 부여해서 보기에 아름답게 할 수 있다.

그러나 너무 지나치게 단순화에만 구애 받으면 표현이 단조롭게 되고 관객들도 지루한 감을 받는다. 그러므로 변화가 필요하며 변화를 줄때도 통일성을 유지시켜 주어야 한다.

예를 들어 빛의 방향을 변화시켜 준다든지 컬러를 변화하는 등 변화시켜 주는 방법은 여러 가지가 있다. 다만 공연의 내용에 부합되는 방법을 구사하는 것이 중요하다.

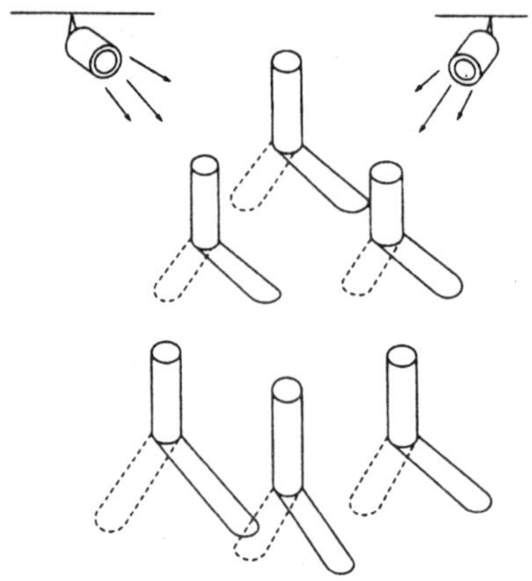

그림 4-6 조명기구에 의한 그림자 효과

(5) 무대 조명의 이미지

무대 조명은 그 작품이 지닌 이미지를 시각적으로 표현하는 것으로 이미지를 창출하는 방법은 다음과 같다.

(가) 작품 이미지

모든 예술작품에는 반드시 테마와 이미지가 있다. 조명 계획을 세울 때 예술가의 이미지와 조명 감독의 이미지가 지나치게 동떨어지면 관객들로 하여금 공감대를 얻지 못하게 된다.

(나) 색 이미지

표 4-17에 나타낸 것과 같이 색에는 그 색이 가지고 있는 특유한 감정이 있다. 색체 감정은 절대적인 것이 아니고 일반적으로 이러한 관계가 있다는 것에 지나지 않는다. 그러므로 필요한 것은 색채의 감정을 근거로 하지만 어떻게 하면 색채를 잘 사용하는 것인지를 생각하면 작품의 이미지를 잘 이해하는 것이다.

일반적으로 넓은 변석의 색, 의상의 색이 오래 인상에 남게 되므로 기초로 하는 색과 의상과의 배색을 우선 먼저 생각하는 것도 좋은 방법중의 하나이다.

표 4-17 색과 감정의 관계

속 성	종 별	색 별	연 상	감 정
색 상 (HUE)	따뜻한 색 (온색)	적(red) 황적(orange) 황(yellow)	피, 태양, 폭염 일몰, 가을 레몬, 고음 등	격정, 열정, 위험 환희, 유혹, 기쁨 활발함, 쾌활, 발전, 명랑 등
	중간색	녹(green) 자(amber)	풀, 식물 죽음 등	청춘, 행복, 평안고요 우아, 신비, 고귀함 등
	찬 색 (한색)	청록(cyan) 청(blue) 청자(magenta)	호수, 보석, 연못 바다, 달밤, 소극적 심해, 먼 산, 밤 등	우수, 안식, 사색 비애, 진실, 침정 신비, 공정, 환상 등
명 도 (value)	고 중 저	백(white) 회(gray) 흑(black)	일광, 눈, 설탕 비가 올 것 같은 하늘색 먹구름, 심야, 초상 등	담백, 명랑, 순수함 평범, 불쾌함 침묵, 부정, 불길함 등
채 도 (chroma)	고 중 저	주홍 분홍(pink) 다갈색(brown)	신선, 발랄 온화 침착, 안정 등	정열, 열렬함 사랑 침착함 등

(6) 무대 조명 설비의 구성

무대 조명 설비와 구성은 그림 4-7과 같이 크게 조명 제어반(dimmer unit rack), 조광 조작탁(control console), 조명기구로 나눌수 있으며, 이 3가지 요소가 상호 밸런스를 유지해야만 좋은 조명을 연출 할 수 있는 것이다.

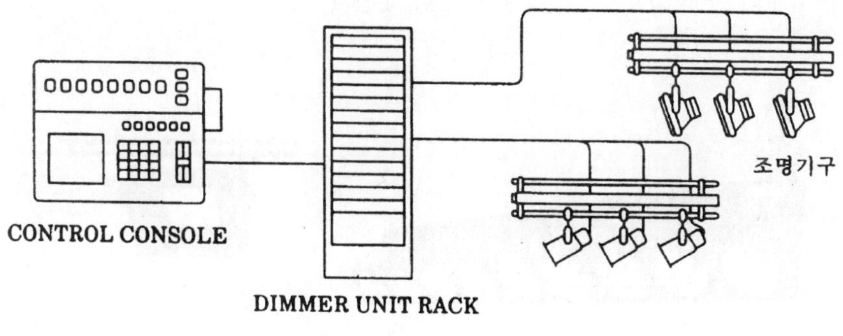

그림 4-7 무대 조명 설비의 구성

극장의 규모에 따라서 전원의 용량, 제어 회로수, 제어콘솔의 크기 및 조명기구의 종류, 수량 등이 다르기 때문에 이런 것들을 잘 조화시켜 설계 및 설치해야 한다.

(7) 무대 조명의 배치별 구분과 용도

(가) 무대상부 배치조명

① Upper horizont light : 배경막 앞 무대 상부에 설치하여 lower horizont light와 함께 배경 및 효과 연출을 하기 위한 조명 기구이며, 배경막 길이 만큼의 조명기구를 3~4개의 조작회로로 구분하여 설치한다(그림 4-8 참조).

그림 4-8 Upper horizont light

② Border light : 무대 상부에 설치하며 전체를 밝고 부드러운 빛으로 균등하게 투광하는 조명기구이다. 무대 분위기를 부드럽게 하고 그림자가 생기는 것을 방지하는 역할을 한다. proscenium arch 폭만큼의 조명기구가 필요하며, 무대 깊이에 따라 1.5~2.5[m] 간격으로 broder light를 배열하고 컬러 배광이 쉽도록 3~4개의 조작회로로 구분한다(그림 4-9 참조).

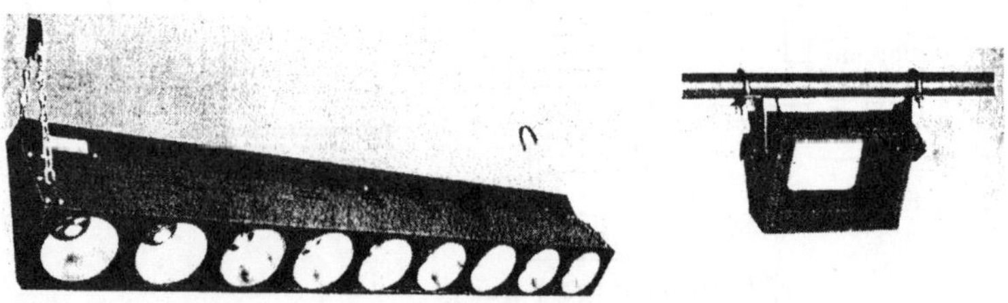

그림 4-9 Border light

③ Suspension spot light : 무대 상부에 설치하여 연출되는 연기면의 포인트에 세부조명을 투광하기 위한 조명기구로서 부드러우면서도 밝고 제한된 조명을 이용하기 위하여 fresnel lens를 사용하며, focus 조명과 투광각도의 좌우 조정이 가능하다(그림 4-10 참조).

그림 4-10 Spot light

또한 무대 조명 연출 중 어느 위치에서의 조명이 가능하기 위하여 proscenium arch 폭의 길이에 0.5~1[m] 간격, 무대 깊이에 따라 1.5~2.5[m] 간격으로 suspension spot light를 배열하고 3 또는 4의 배수의 조작회로로 구분하여 조작 회로당 1~2개의 조명기구를 병렬 연결하여 사용한다.

④ Sound reflection down light : 음악회 또는 연주회 등 무대 내부에 sound reflection(음향 반사판)을 설치하는 경우 무대 상부에 취부되어 있는 각종 조명 기구를 사용할 수 없으므로 천장 음향 방사판에 조명기구를 매입 취부하여 부드러운 확산광으로 그림자가 생기지 않도록 무대 전체를 투광한다(그림 4-11 참조).

그림 4-11 Sound reflection down light

(나) 무대하부 배치조명

① Lower horizont light : horizont curtain(배경막)에서 1~1.5[m] 정도 위치에 무대 바닥에 설치하여 배경 및 효과 연출을 하기 위한 밝고 부드러운 빛을 투사하는 조명 기구이다. 배경막의 크기와 용도에 따라 할로겐램프 또는 백열 전구를 사용하여, 배경막 길이 만큼의 조명 기구를 3~4개의 조작회로로 구분하여 설치한다(그림 4-12 참조).

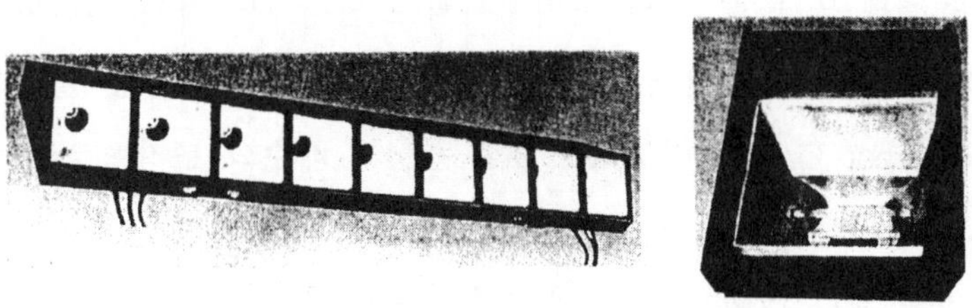

그림 4-12 Lower horizont light

② Foot light : 객석쪽 무대바닥 끝부분(apron stage에서 약 30[cm])에 설치하여 피사체의 하부를 조명하여 그림자를 제거하기 위한 조명 기구이다. 무대 형식과 크기에 따라 객석에서 관객의 시선이 방해되지 않도록 설치한다. 설치 방법에 따라 다음과 같이 구분한다(그림 4-13 참조).

㉠ 노출형 : 이동식 기구로서 필요시 무대 바닥에 설치하며, floor pocket에서 전원을 공급받는다.

㉡ 매입형 : 고정식 기구로서 무대 바닥 밑에 별도의 저장함을 두어 보관하며, 필요시 커버 개폐후 투사 각도를 조절하여 사용한다.

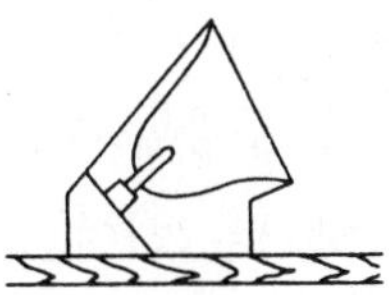

(노출형)

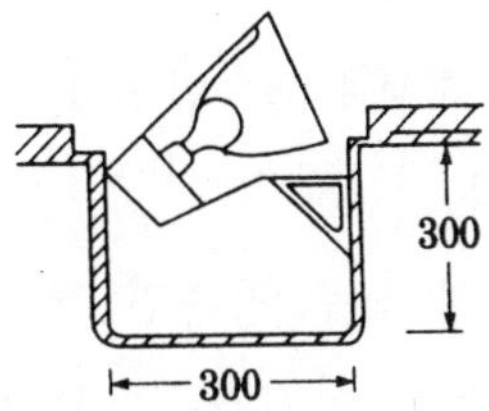

(매입형)

그림 4-13 Foot light 설치 방법의 예

③ Tower light : 무대 양측면에 자립형 tower frame을 이용하여 무대 중앙부의 피사체를 향하여 측광을 투사하는 조명기구이다. 연출 목적에 따라 시간의 표현, 분위기의 표현 및 배경막에의 투사 등으로 사용된다.

④ Tormentor light : 무대 안쪽 proscenium 벽에 frame을 이용하여 무대 중앙부의 피사체를 향하여 측광을 투사하는 조명기구이다. plano convex lens를 사용하여, focus 조정과 투광각도의 상하 좌우 조정이 가능하다.

⑤ Floor pocket : 무대 바닥에 매입 설치하여, 각종 이동용 조명기구 또는 별도의 전원을 필요로 하는 전열 기구의 사용시 전원공급용으로 사용하는 무대전용 전원 공급 receptacle이다.

(다) 객석 배치조명

① Apron stage top light : 객석쪽 proscenium 천장에 설치하여 무대 끝부분에서 연출되는 연기면의 point에 세부 조명을 투광하기 위한 조명기구이다. 부드러우면서도 밝고 제한된 조명을 이용하기 위하여 fresnel lens를 사용하여, focus 조정과 투광각도의 좌우 조정이 가능하다.

② Ceiling spot light : 객석 상부의 천장 안에 설치되어 무대 전면을 투사하여 피사체의 전면 명암을 결정짓는 주광원이다. 높은 조도 및 강한 광선이 필요하므로 plano convex lens를 사용하여 빛을 집광시켜 투광할 수 있어야 하며,

focus 조정 및 좌우 투사각도 조정이 용이하여야 한다.

또한 무대 내부의 어느 곳에도 투광할 수 있어야 하고 연기자의 눈부심을 막기 위한 최적의 조건을 만족하기 위하여 그림 4-14에서 보듯이 point점을 기준으로 45±5°의 위치에 proscenium arch폭의 100~120[%]의 길이 만큼 0.5~1[m] 간격으로 조명기구를 설치하여야 한다. 그리고 조명기구의 설치 위치가 객석 천장이므로 관리, 유지보수 및 안전을 위하여 별도의 booth(투광실)를 건축시공시 설치하여야 한다.

③ Front side spot light : 객석 좌우 양측면 투광실에 설치되어 무대 내의 피사체를 향하여 측면 조광을 하여 입체감을 나타내 주는 조명기구이다. plano con-vex lens를 이용하여 강한 광선을 투사한다. 그리고 무대 내부의 최적의 투사를 하기 위하여 수평각도 90°~116° 이내, 수직각도 15~55° 이내에 위치하여야 한다(그림 4-14 참조)

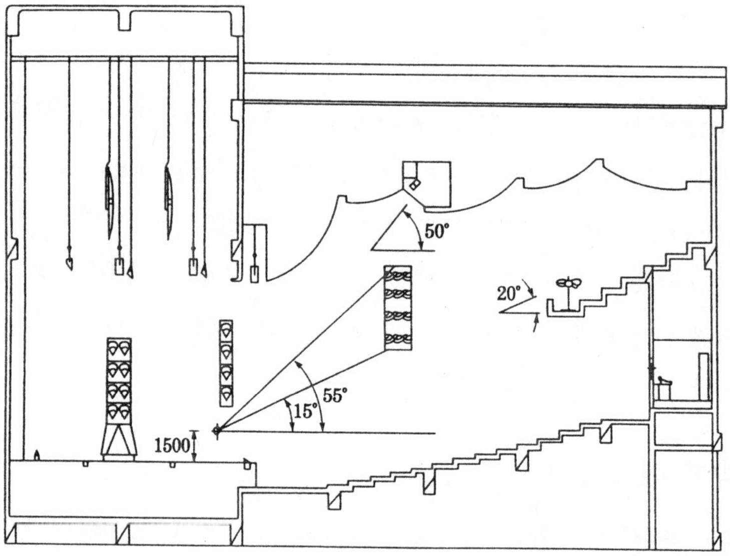

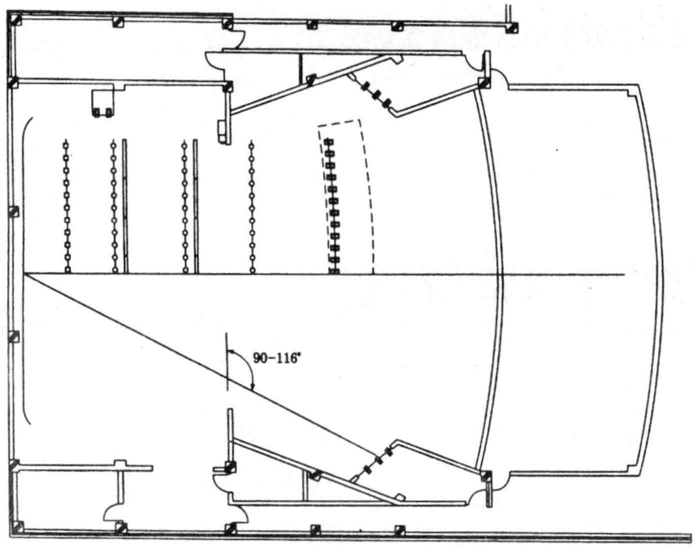

그림 4-14 무대 조명 설비의 예

④ Follow pin spot light : 조종실 또는 ceiling, front side 투광실 및 발코니 등에서 사용하는 이동형 조명기구이다. 공연 연출 중 중심이 되는 피사체 또는 특정 지정 표현 등 특별히 강조하고 싶은 경우, 즉 연극이나 발레, 오페라 등에서 주연배우의 집중 조명 및 행동 반경에 따라 움직이며 관객의 시선을 집중시켜 공연의 효과를 한층 돋보이게 한다.

• 예제 • [답] ③

무대상부에 설치하여 전체를 밝고 부드러운 빛으로 균등하게 투광하는 조명기구는?

① floor pocket ② tower light
③ border light ④ foot light

• 예제 • [답] ①

다음 중 무대조명의 특징이 아닌 것은?

① 심리적 효과 ② 주광원의 방향성에 대한 자유도
③ 아름다운 조명 ④ Color 조명

• 예제 • [답] ①

다음 중 객석배치 조명이 아닌 것은?

① tormentor light ② apron stage top light
③ ceiling spot light ④ front side spot light

• 예제 • [답] ③

키(key) 라이트로 생긴 어두운 부분을 보강하기 위한 조명을 무엇이라고 하는가?

① front side spot light ② spot light
③ fill light ④ back light

(라) 조명 조정실

① Control console : 객석 맨 뒤쪽에서 무대가 가장 잘 보이는 곳에 조명 조정실을 설치하며, 무대 내의 모든 조명(stage, auditorium)을 제어하는 control con-sole(조명 조작반)을 설치한다.

조명 조작반의 종류는 컴퓨터에 의한 디지털 조정 방식과 수동 조작에 의한 아날로그 조정 방식으로 구분된다.

㉠ 컴퓨터 조정 방식 : 중형 무대 규모 이상에서 주로 사용되는 조정 방식으로서, 조명제어 회로의 많고 적음에 관계없이 크기가 일정하다. 조작 방법은 프로그램에 의한 1 : 1 또는 그룹 선택과 많은 장면의 연출(최소 200 scene 이상)이 가능하다.

㉡ 수동 조정 방식 : 소형 극장 규모 이하의 적은 조명제어 회로 사용시 적당한 콘솔로서, 각 제어 회로별로 1 : 1 조정이 가능하므로 매우 간편하게 조정할 수 있다. 제어회로가 많아질 경우 조정 fader 또한 늘어나야 하기 때문에 크기가 커져야 하며, 장면 전환 기능이 적기 때문에(최고 9 scene) 다양한 연출을 하기 위해서는 상당히 불편하다.

② Dimmer unit rack : 무대 조명기구의 조도를 조절하는 제어장치로서, 전압 위상 제어방식에 의하여 광원의 광량을 제어하는 조광 제어반을 총칭하며, 제어 콘솔에서 조정한 제어전압에 의하여 조정된다(그림 4-15 참조).

전압제어 소자로는 과거에는 트라액을 많이 사용하였으나 최근에는 트라액의 단점을 보완한 SSR(solid state relay)을 이용하여 제작한다.

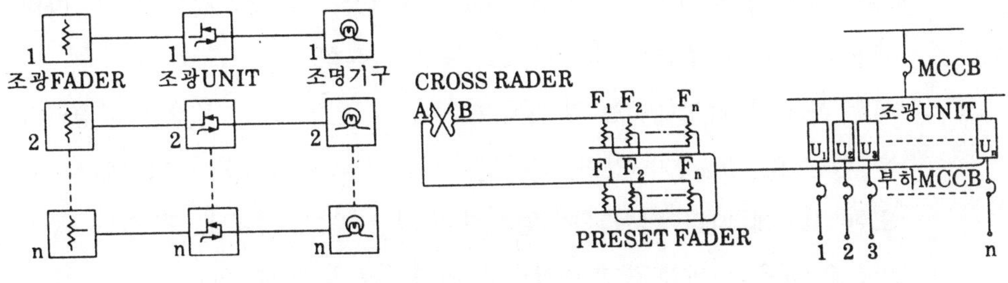

(a) 부하 직결 방식

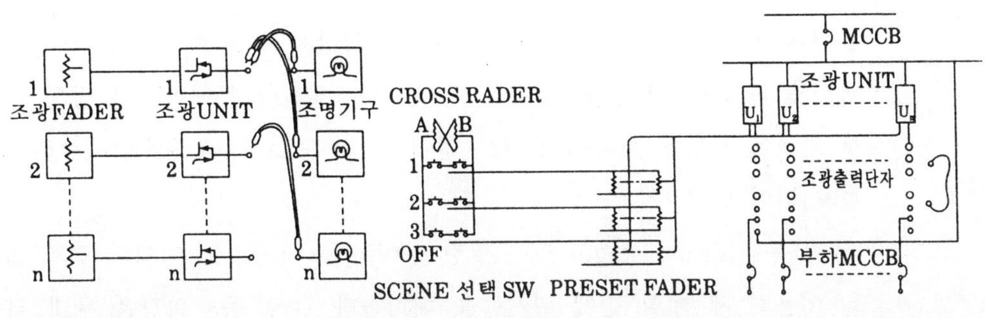

(b) 강전 patch 방식

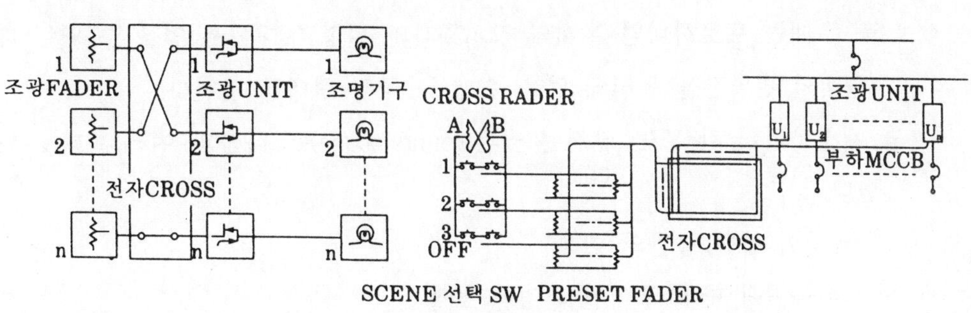

(c) 전자 cross 방식

그림 4-15 Dimmer console 간의 결선방식 예

(8) 무대 공간에 따른 조명 디자인

(가) 무대 공간

① 극장 공간의 분위기와 환경은 공연의 성격을 결정짓는데 중요한 역할을 한다.

② 실험 극단들은 계획적으로 관객들로 하여금 환경을 의식하도록 만든다.

③ 역사적으로 극장 공간은 네 가지 대표적인 무대·객석의 배치가 있다.

㉠ 프로시니엄 무대 : 이 무대는 그림틀과 같은 무대를 갖고 있다. 따라서 관객들은 뚫린 한쪽면을 통해서 그림을 바라본다.

이런 형태의 극장에서는 일반적으로 넓은 backstage 공간과 배경막을 올릴 수 있는 fly space가 있어, 세심한 장치 전환과 시각화가 이루어질 수 있다. 또한 희곡에 따라 현실과는 떨어진 효과를 쉽게 얻어낼 수 있다. 동시에 그림틀은 배우와 관객을 효과적으로 이격시켜 놓을 수 있다.

㉡ 원형 무대 또는 Arena는 원형의 연기 공간을 가운데 두고, 원둘레에 원 또는 사각형으로 관객을 배치한다. 이러한 극장의 설계는 상당히 경제적이고, 배우와 관객의 친밀감을 얻어낼 수 있다. 그렇지만 무대장치와 장치 전환에서 완벽에 가까운 시각적 효과를 얻어내기란 프로시니엄 무대에 비해 더 어렵게 되어 있다.

㉢ 돌출 무대(thrust stage) 또는 열린 무대(open stage)는 대개의 경우 플랫폼을 이용해 세 개의 면에 관객들을 배치한다. 주로 등·퇴장은 무대 뒤쪽으로 이루어 지고, 무대장치에서 시각적 효과를 얻어낼 수 있다. 다시 말해 돌출 무대는 프로시니엄 무대의 장치효과와 원형 무대에서 얻을 수 있는 배우/관객의 친밀감을 동시에 얻을 수 있는 극장 형태를 말한다.

㉣ 재창조된 공간 또는 발견된 공간(found space)은 다음의 여러 형태로 나타난다.

- 극장이 아닌 공간의 이용
- 각 공연에 맞춰 주어진 환경을 조절
- 야외무대의 이용
- 거리를 극장으로 이용
- 여러 초점을 갖고 있는 환경의 이용

그림 4-16에 여러 가지 형태의 무대공간의 모양을 나타내었다.

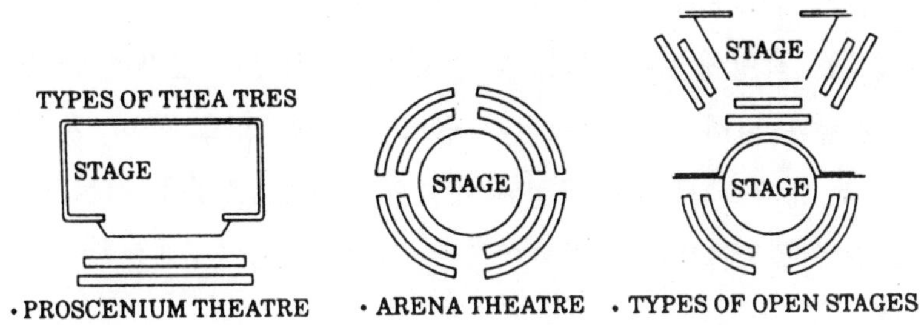

그림 4-16 각종 무대 공간의 예

④ 극장 건물의 형태와 성격과 함께 그 규모와 장치는 실내와 야외에 상관없이 작품의 환경에 영향을 미친다.

(나) 프로시니엄 무대 조명

일반적으로 프로시니엄 무대는 그림 4-17과 같이 조명기를 관객의 시선으로부터 가리면서 시각적인 요소(장치와 조명 등)들의 변화를 강조하려고 한 것이다. 따라서 무대 위의 조명기들은 위가리개막과 옆가리개막 사이에 위치하며, 객석에서는 조명을 위하여 특별히 디자인된 실링이나 박스 붐에서 비추어준다.

원하는 조명기의 위치가 부적절하다면 관객의 관극에 방해가 되지 않는 범위에서 옮겨 달 수 있다.

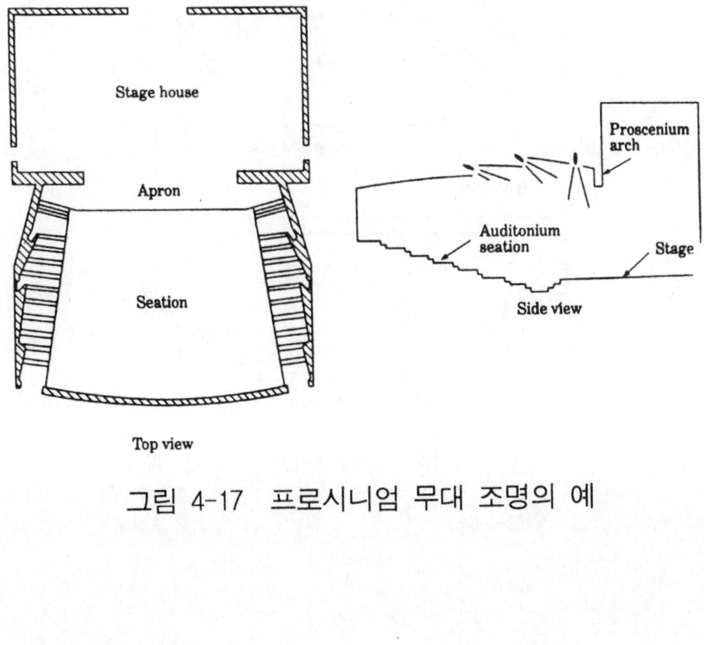

그림 4-17 프로시니엄 무대 조명의 예

전통적인 박스 세트가 천장이 있다면 탑조명은 불가능하게 되고, 모든 벽면을 가진 박스 세트는 측광에 큰 제한을 빚게 된다. 뒤배경과 옆가리개막으로 구성된 세트(주로 뮤지컬과 발레)는 디자이너가 탑조명과 옆조명을 특히 잘 사용해야 하고, 덧마루와 몇 개의 세트들로 구성된 무대의 경우도 조명을 적절하게 사용해서 효과를 높일 수 있을 것이다.

(다) 원형 무대 조명

배우가 관객 가장 가까이에 연기하는 공간이다. 일반적으로 무대로부터 가장 먼 거리의 객석이 6~9[m]를 넘지 않는다. 그림 4-18과 같이 조명기들도 배우와 매우 가깝게 위치하게 된다. 따라서 조명기는 6×9와 같은 40~50°의 ERS나 6′′ 패널 같이 넓게 퍼지는 조명기들을 진광으로 사용하면서, 동시에 반대편에서는 후광이 들어오게 한다.

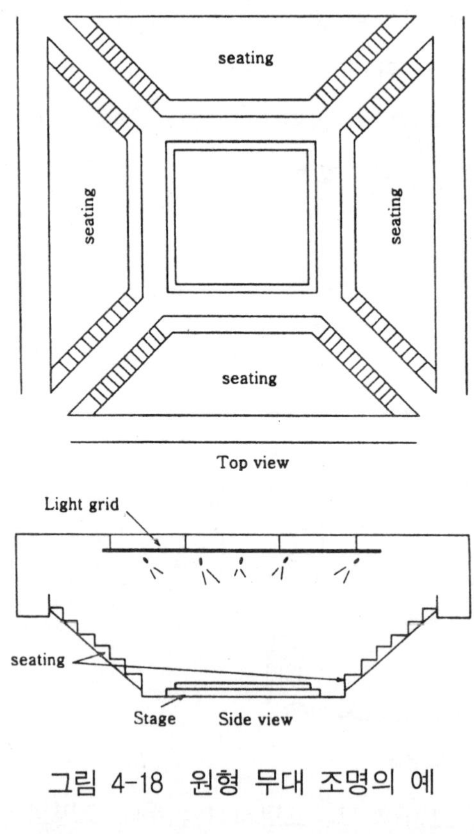

그림 4-18 원형 무대 조명의 예

색의 사용은 매우 조심스럽게 사용해야 하는데, 강한 색보다는 엷은 색이 선호되고, 색깔을 사용하지 않는 것도 바람직하다. 보통 네 면에서 항상 들어오는 빛과 무대 바닥에서 올라오는 반사광으로 인해서 얼굴에 강한 그림자가 생기지 않는다.

조명기구 위치가 좋지 않을 때는 돌출 무대에서와 같이 조명 스탠드와 조명 사다리를 임시로 설치하는 등 현명하게 극복해야 한다. 가장 손쉬운 방법은 타원형 반사경 스포트라이트의 경우는 내장되어 있는 셔터를 사용하거나, 패널의 경우는 빛가리개를 사용하여 관개의 눈을 부시게 하는 일이 되도록 없게 한다.

(라) 돌출 무대 조명

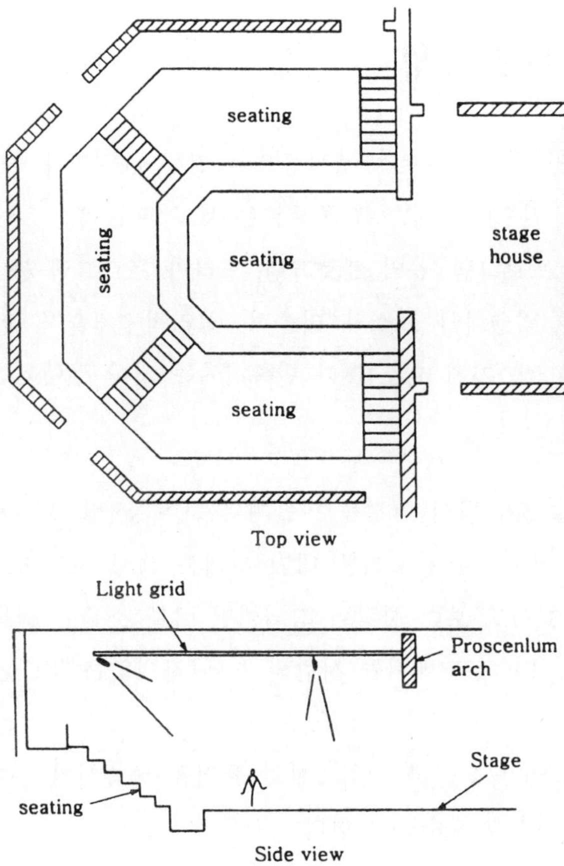

그림 4-19 돌출 무대 조명의 예

시각적인 요소들의 보조 역할과 함께 배우들의 연기가 매우 강조되며 주된 사건은 돌출된 구역에서 일어난다. 그러므로 이곳의 조명은 보다 완벽하게 연기 구역을 비추어야 한다. 그림 4-19에 돌출무대에서의 조명설치 예를 나타내었다.

전면무대 구역은 되도록 낮은 소품들로써 채워져서, 조명의 각도에 따라 그림자의 영향을 최소화 하도록 장치 디자이너와 협조해야 한다. 돌출 무대 극장에서 잘 만들어진 그리드 시스템(grid system)이 되어 있지 않다면, 조명 스탠드와 조명 사다리를 임시로 설치하여 원하는 조명의 각도를 얻도록 힘써야 한다.

조명기의 노출은 불가피한 경우가 많으나, 관객의 눈에 직접적으로 조명이 들어가지 않아야 하며 반대편 관객의 모습이 선명하게 드러나지 않도록 하여 관객이 공연에 몰두하도록 도와야 한다.

4.2.9 스튜디오 조명

매일 방송되고 있는 TV 프로는 생방송으로 진행되는 것과 녹화를 해서 방송하는 것으로 나눌 수 있으며 프로그램 종류로는 보도 프로그램, 스포츠 프로그램, 퀴즈 프로그램, 오락 프로그램, 음악 프로그램, 드라마 프로그램 등 다양하다.

스튜디오 조명은 기술적인 요소와 미술적 · 심리적 · 예술적 요소 등의 두 가지 요소로 대별되고 이 두 가지 요소를 다 만족시키는 것이 무엇보다 중요하다.

(가) 기술적 요소

유명한 조명 예술가가 밤의 야경을 만들기 위하여 set의 창문에 역광의 효과 조명을 하고 인물의 성격이나 분위기를 내기 위해서 색체 조명으로 정말로 기가 막힌 작품의 조명을 했어도 보는 사람이 장님이면 아무 소용이 없는 것이다.

그와 마찬가지로 TV 조명에서는 사람의 눈에 해당하는 TV camera가 잘 보이게 해야 한다.

그래서 TV camera가 요구하는 최소한의 요건을 충족시켜 주지 않으면 안된다. 이와 같은 것들을 기술적 요소라고 한다.

(나) 미술적·심리적·예술적 요소

기술적 요소가 이루어진 바탕 위에서 프로그램의 제작의도, 내용, 성격 등을 밤 · 낮의 구별, 날씨, 분위기, 계절감 등을 조명으로 표현해야 하며 show 조명에서는 color의 배합으로 아름다운 영상을 표현할 수 있다.

(1) 조명의 종류

TV 조명의 종류는 광원, 입사방향 및 용도에 따라 크게 3가지로 분류할 수 있다. 이 분류 중에서 공통된 명칭도 있어 명확하게 분류되지 않은 채 혼용하여 사용하는 수도 있다.

(가) 광원에 의한 분류

① Spot light : 그림 4-20과 같이 이 라이트는 피사체를 강조하기 위한 주광원으로 널리 쓰이는 광원이다.

그림 4-20 Follow spot

② Flat light : 전체적인 장면을 밝히기 위한 광원이다.

(나) 입사방향에 의한 분류

① 순광 : 순광은 camera와 대개 같은 방향에서 비치는 빛이다. 정확하게 말하면 camera와 피사체(인물)을 잇는 선을 생각할 때 인물을 원점으로 하여 좌우(수평각)로 각각 45° 위로(수직각) 45° 범위 내에서 비치는 빛을 순광이라고 한다(그림 4-21, 4-22 참조).

② 측광 : 측광은 말 그대로 옆에서 비치는 빛을 말한다.

camera와 인물을 잇는 선에 대하여 90°를 이루는 방향에서 비치는 조명이며 일반적으로 좌우 어느 한쪽에서만 비치는 수가 많고 양쪽에서 동시에 사용하는 일은 매우 드물다.

측광은 순광에 비하여 딱딱한 느낌을 주는 화면이 되지만 나름대로의 효과가 있다.

③ 역광 : 역광은 등 뒤에서 비치는 조명으로 피사체의 윤곽을 빛으로 강조하는 효과가 있다. 또한 역광은 신비함, 엄숙함, 환상적인 느낌 등을 내게 한다.

④ Foot light : 인물의 발 앞에서 비치는 빛으로 TV에서는 조명이 대체로 위에서 비쳐 그림자가 바닥에 떨어지는 것이 상례이나 이 조명은 그림자가 위로 생기며 인물을 아름답게 하는 것과는 정반대의 효과(예 : 유령같은)를 내는데 주로 쓰여진다. 그러나 이 조명도 부드럽고 아른거리게 하면 모닥불 같은 효과도 낼 수 있다.

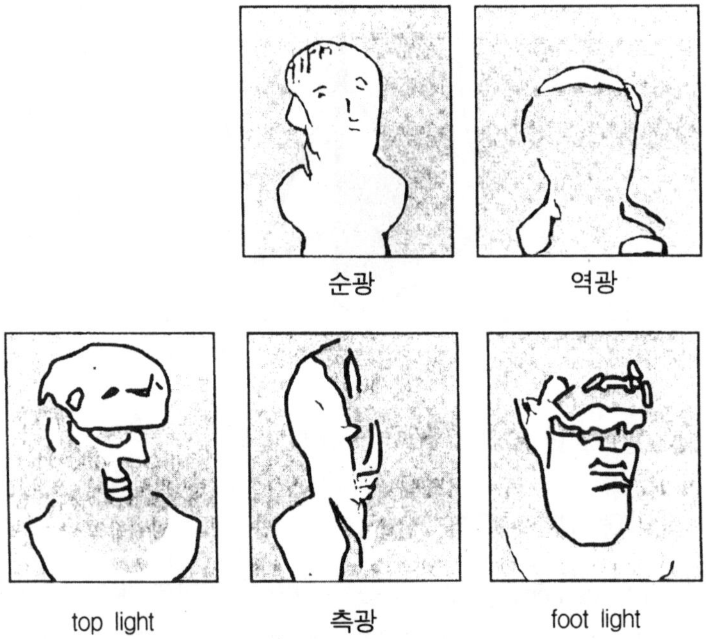

그림 4-21 입사방향에 의한 인물그림

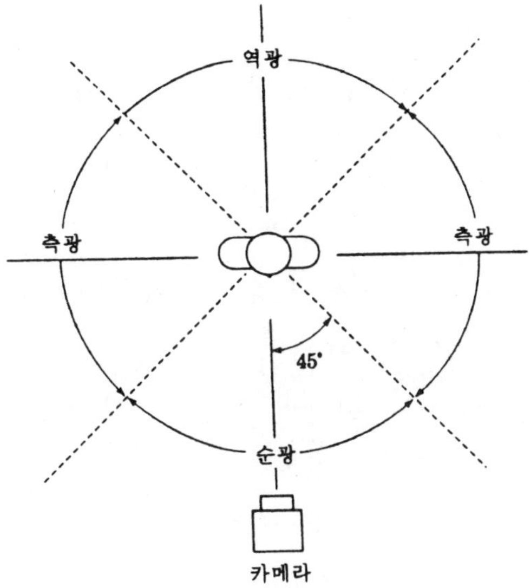

(a) 수평면

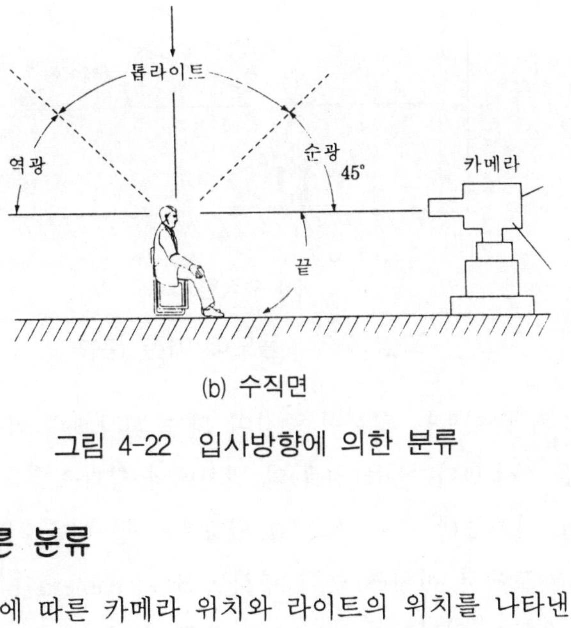

(b) 수직면

그림 4-22 입사방향에 의한 분류

(다) 용도에 따른 분류

그림 4-23은 용도에 따른 카메라 위치와 라이트의 위치를 나타낸 것이다.

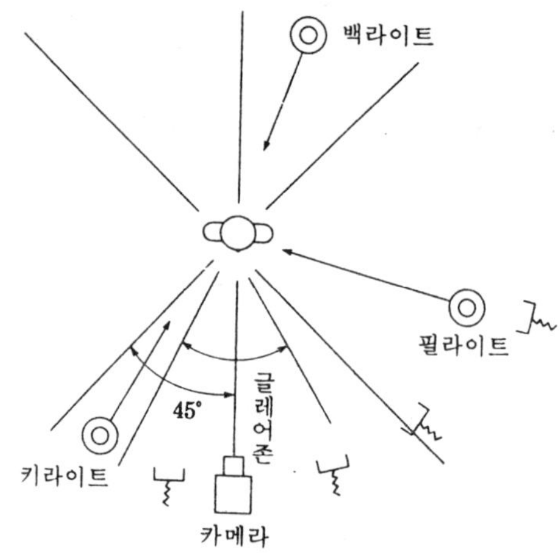

(a) 수평면

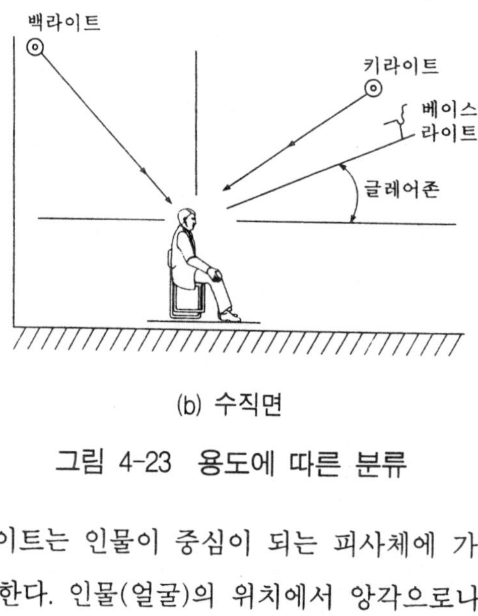

(b) 수직면

그림 4-23 용도에 따른 분류

① Key light : 키 라이트는 인물이 중심이 되는 피사체에 가장 많이 비치는 조명으로 순광을 사용한다. 인물(얼굴)의 위치에서 앙각으로나 수평각으로 30~45°의 순광으로 비치는데 좌우 어느 한 방향에서 한 대를 사용한다. 너무 camera에 가까운 각도에서 비치면 눈이 부시게 되고 camera와 같은 방향에서 비치면 인물의 윤곽이 없어진다. 기구로는 스포트 라이트가 적당하며 몇 가지 주의할 점이 있다.

㉠ 광원의 위치 선택 : 광원의 위치가 너무 높으면 턱 밑이나 코 밑에 그림자가 커져서 보기에 안좋게 되며 반대로 너무 낮으면 배경에 그림자가 생긴다.

㉡ 입체감 상실 : key light의 위치가 camera의 같은 방향이 되면 인물의 윤곽이 없어져 입체감이 떨어지고 무드가 감소된다.

㉢ 인물의 눈에 특별한 경우를 제외하고는 key light의 중심은 인물에서 벗어나면 안된다.

㉣ 그림자 처리 : key light에 의해서 마이크붐 등이 불필요하고 부자연스런 그림자가 생기는 수가 있으므로 기구에 달린 반도어(barn door)를 이용하여 빛을 차단해서 불필요한 그림자는 없앤다.

② Back light : 백 라이트는 글자 그대로 역광으로 비치는 빛이며 인물의 윤곽을 선명하게 떠오르게 하고 입체감이 돋아나게 하는 효과를 낸다.

위치는 인물의 뒤쪽 좌우 어느 곳에서 비춰도 되나, 키 라이트의 연장선상에 위치하는 것이 백 라이트로서의 역할을 하는데 좋은 위치이다. 이것은 키 라이트로 생긴 턱 그림자가 어깨에 떨어졌을 때 어깨 그림자가 있는 뒤쪽에는 백 라이트를 비추므로써 어깨 윗부분이 밝아져 머리칼은 윤기가 나고 몸 전체가 배경에서 떠오르게 된다.

③ Fill light : 필 라이트는 키 라이트로 생긴 어두운 부분을 보강하기 위한 조명으로 키 라이트에 대해서 반대쪽의 순광이거나 측광이며 키 라이트보다 약간 낮게 비친다.

사용기기는 장면의 상황에 따라서 키 라이트와 같이 spot light를 쓰거나 flat light(soft light)를 쓰거나 한다. 인물만 비칠 때는 스포트 라이트로, 배경도 같이 비칠 때는 flat light를 쓰기도 한다.

④ Base light : 베이스 라이트는 인물과 배경을 포함하여 장면 전체에 균등한 조명을 주기 위한 확산 조명으로 순광에서부터 측광에 이르기 까지 배치되고 키 라이트보다 낮게 비친다. 이 조명은 너무나 인물에 집중해서 비치게 되면 배경에 얼룩이 생기므로 camera나 mic boom의 조작이 허용할 수 있는 범위 내에서 낮게 조명하는 것이 좋다.

또한 이 조명은 TV camera의 기술적 요소를 충족시키기 위한 조명으로 무대조명에서는 사용하지 않는다. 이상이 인물에 대한 기본 조명이며 광원과 인물과의 거리는 최소한 2[m] 정도는 떨어져야 한다.

⑤ Set light : 세트 라이트는 배경, 전경, 점경 등 세트에만 비치는 조명으로 사용

기구는 세트 전체를 균등하게 비치기 위해서 flat light를 쓰고 부분적으로 액센트를 주는 의미로는 spot light를 쓰기도 한다.

배경이 인물에 가까울 때나 밝은 세트일 때는 베이스 라이트로도 밝게 할 수 있기 때문에 생략되는 일도 있다.

⑥ Horizont light : TV studio에는 무한 공간을 만들거나 효과 조명을 하기 위하여 2면 내지 3면의 흰벽면이 있다. 이 벽면만을 비치기 위한 조명을 호라이존트 라이트라 하며 사용기구는 flat light가 사용되고 위에서 비치는 upper horizont light와 아래에서 비치는 lower horizont light가 있다.

⑦ Touch light : horizont 세트, 나무 등에 액센트를 주기 위한 조명으로 사용 기구는 스포트 라이트나 효과 기구 등에 쓰인다.

• 예제 • [답] ①

TV조명의 종류 중 camera와 대개 같은 방향에서 비치는 빛을 무엇이라고 하는가?

① 순광 ② 측광 ③ flat light ④ 역광

(2) 스튜디오 조명설비의 구성

스튜디오 조명설비의 구성은 변전실(sub station), 조광 기기실(SCR room), 조광 조작실(sub control room) 및 조명기구(floor 및 조명 창고) 등으로 나눌 수 있으며 이 4가지 요소가 상호 밸런스를 유지해야만 좋은 조명을 할 수 있는 것이다.

스튜디오 규모에 따라서 전원의 용량, 회로수, 제어콘솔의 크기, 조명기구의 종류와 수량 등이 다르기 때문에 이런 것들을 잘 조화시켜서 설치해야만 경비의 절감뿐만 아니라 프로그램 제작도 원활하게 할 수 있다.

작은 스튜디오에 많은 set를 두면 비좁아서 조명작업 뿐만 아니라 camera, mic 기타 여러 부문에 종사하는 사람들의 행동 반경이 좁아져서 좋은 영상의 그림을 잡을 수 없고 잡음도 많을 것이다.

반대로 공개방송 등 큰 studio에 작은 프로를 제작한다고 할 때 방청석은 넓은데 방청객이 적다면 썰렁한 분위기가 감돌고 방청객의 호응도 적을 것이며 비효율적인 공간 활용으로 낭비가 되는 것이 많을 것이다.

(가) 변전실

Studio에서 사용되는 기구들은 대개 220[V]의 전압을 사용하는 기구가 많기 때문에 한전에서 특고압(22,900[V])으로 들어온 전력을 강하해서 사용하여야 한다. 그런데 이런 것을 담당하는 곳이 변전실이며 대개 건물의 지하층에 위치하고 있다.

(나) 조광 기기실

통상 SCR room이라 하며, 스튜디오의 기구에 전원을 공급하는 장치로 과거에는 브레이커 시스템이나, 페치 시스템이었으나 근래에는 컴퓨터 시스템으로 되어 보조의 콘트롤 콘솔에서는 전자적인 신호를 보내면 전기적인 동력은 이 곳에서 제어를 한다.

(다) 조광 조작실

부조정실이라고도 하며 stduio의 floor보다 높은 뒷면의 상층부에 위치하고 여기에는 조명 console이 있어 floor에 달린 조명기구의 빛을 통제하는 사령탑이다.

또한 이 곳에는 조명뿐만 아니라 영상을 만드는 video console(일명 suitcher), camera의 iris를 조작하는 video, 음향을 취급하는 audio console 및 recorder, 영상과 음성을 수록하는 영상녹음장비(VTR), 자막을 처리하는 영사기(telechine) 등의 기기들이 있으며 이런 장비들을 운용 및 연출을 담당하는 PD가 있다.

(3) 대담 조명

(가) 인물 1인의 조명

대담 프로에서의 조명의 주안점은 다음에 있다.

① 이야기 하는 사람의 표정이 자연스럽게 보이게 할 것
② 질감(質感)을 떨어뜨리지 말 것
③ 시청자로 하여금 이야기 하는 사람에게 집중되도록 할 것

등이 가장 중요하며 이런 조명 기법이 제일 좋은 방법이다.

그림 4-24에 그 일례로, 각 조명의 위치는 지금까지 우리가 배운 광원의 범위이다. 이 범위 내에서라면 어느 위치에 있어도 좋지만 실제로는 미묘하게 다르다.

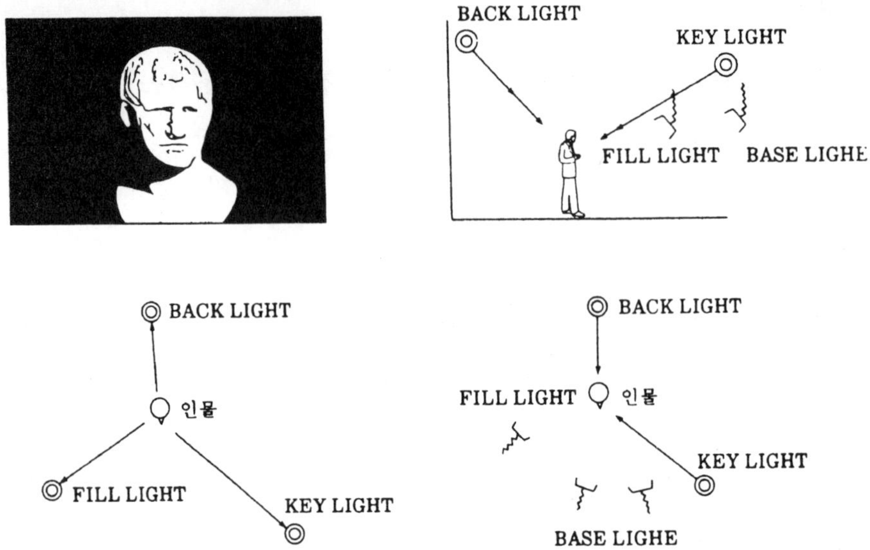

그림 4-24 인물 조명

예를 들면 출연자의 얼굴 생김새, 머리 모양, 의상 등에 따라서도 다르고 또 섬세하게는 여성들의 속눈썹의 그림자라든가, 안경을 낀 사람의 안경 그림자 또는 안경의 유리면에 비춰지는 빛의 반사 등에도 신경을 써야 한다.

(나) 인물 2~3인의 조명

출연한 인물이 한 사람이 아니고 2~3명으로 많아지만 기본적으로 지금까지 배운 조명 기법의 연장선상으로 생각하면 될 것 같지만 1인 조명 때와 달리 출연자 수가 많게 되면 다소 복잡한 요소가 첨가된다.

그림 4-25는 대담 조명의 한 예인데 여기서 내측 조명과 외측 조명에 대해서 알아보도록 한다. 내측 조명은 key light의 방향이 camera의 시점에서 볼 때 출연자의 시선(즉 코의 시선, nose line) 왼쪽으로 조명하는 것을 말하며, 반대로 출연자의 시선 오른쪽으로부터 조명하는 것을 외측 조명이라 한다.

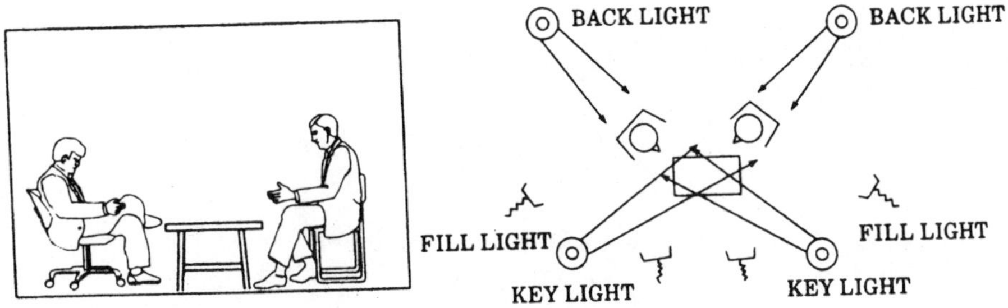

그림 4-25 좌담 조명(2인의 조명)

일반적으로 대담 프로에서는 내측 조명이 자연스럽고 많이 사용된다. 이 내측 조명에서는 앞에서 주는 방법(front cross lighting), 뒤에서 주는 방법(back cross lighting), 직선으로 주는 방법(direct lighting)의 3가지 방법이 있다.

① 앞에서 주는 방법(front cross lighting) : 이 방법은 그림 4-26에서 보듯이 두 사람의 출연자의 대화축을 생각할 때 그 앞에서 주는 내측 조명으로서 가장 일반적인 조명이다.

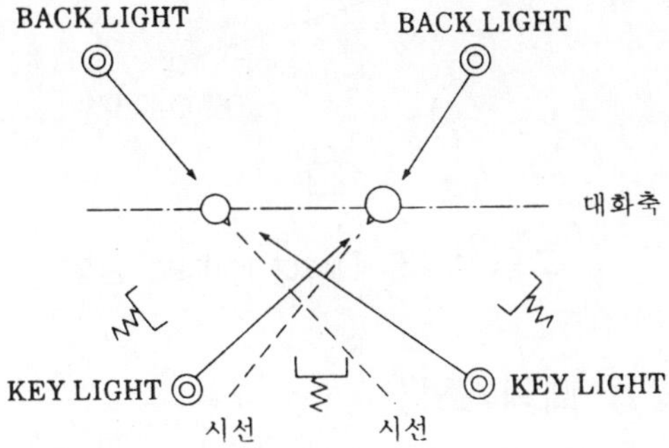

그림 4-26 Front cross lighting 방법

② 뒤에서 주는 방법(back cross lighting) : 이 방법은 그림 4-27과 같이 출연자가 거의 마주보고 대화를 나눌 때 쓰이는 조명 기법으로 대화축을 기점으로 뒤에서 key light를 주는 방법으로서 이때 주의할 점은 조명 각도가 너무 높으면 턱 그림자가 길게 생겨 camera Angle상에 보기 흉한 화면이 되므로 각별이 신경을 써야 한다.

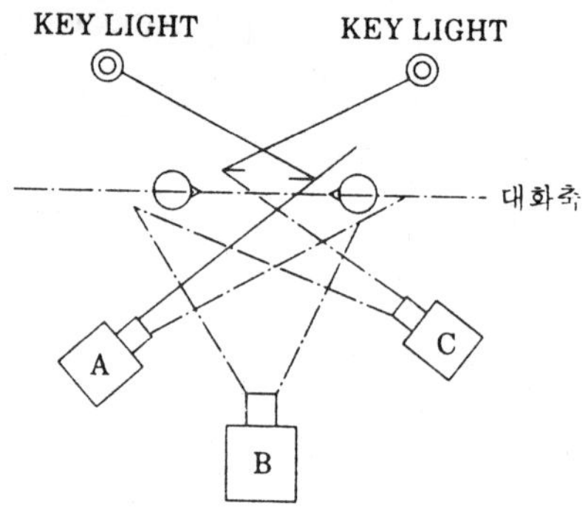

그림 4-27 Back cross lighting 방법

③ 직선으로 주는 방법(direct lighting) : 이 방법은 그림 4-28에서 보듯이 위에서 설명한 front cross lighting과 back cross lighting을 혼용해서 같이 사용한 조명 기법이다.

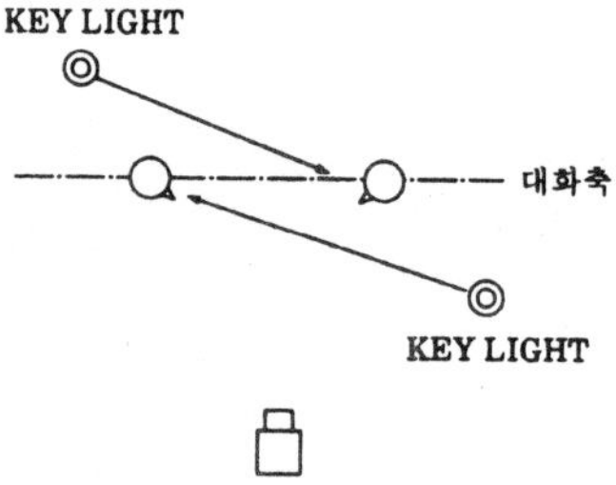

그림 4-28 Direct lighting 방법

(다) 출연자가 많을 때의 조명

그림 4-29를 보면 우리가 아침, 저녁으로 많이 보는 뉴스의 출연자나 앵커들이 앉은 모습들을 조명하는 것을 나타내고 있다.

그림을 보면 key light의 위치가 상당히 side로 되어 있다. 이것은 camera의 위치가 A 또는 C 지점에서 "over shot"을 잡기 좋게 하는 장점은 있어도 camera B의 위치에서 loose shot을 잡을 때는 좀 어색한 감이 든다.

그러므로 3대의 camera가 다 만족할 만한 화면을 구성하기 위한 조명을 해야하며 이 경우의 해결 방법은 back light의 빛의 범위를 넓혀서 출연자 두 사람에게 모두 가게 비춰서 back light와 fill light를 겸용하는 것도 자주 사용하는 방법이다.

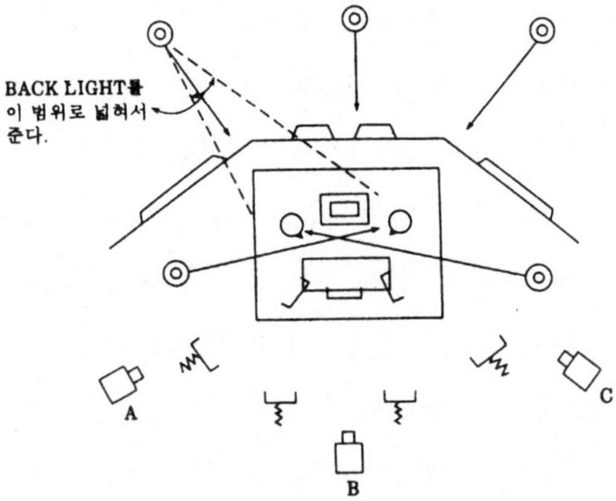

그림 4-29 뉴스 조명의 실제 예

(4) 드라마 조명

드라마에서의 조명의 역할은 대본(작가), 연출, camera, 음향 set, 소품, 분장, 연기자의 연기 등과 함께 매우 중요한 것으로 조명 여하에 따라서 그 작품이 잘 되기도 하고 못되기도 한다고 말해도 과언이 아니다. 조명은 작품을 내면으로부터 아름답게, 그리고 자기도취에 빠지지 않도록 작품의 내용, 연출 의도 등을 충분히 파악하고 등장 인물의 성격, 심리, 또한 계절, 시간, 기후 등 모든 요소를 이해하는 것이 중요하다. 만약 시대물이라면 재현하는 시대의 풍습, 습관, 등기구, 광원의 지식도 소홀히 해서는 안된다.

조명에서 중요한 것은 쓸데없는 기교를 부리는 표현보다는 일상생활에서 일어나는 일을 알고 자연계에서 태양광선이 빚어내는 오묘한 현상 등의 폭넓은 시세계의 훈련과 상식을 가지고 인공광원의 배광에 신경을 써야 한다. 이것은 말처럼 쉽지도 평범한 일도 아니지만 그렇게 근접해서 조명을 해야만 시청자의 마음에 와닿는 영상을 만들 수 있으며 그러므로서 보다 더 자연스런 조명을 느끼는 것이다.

(가) 드라마에 있어서의 광원

특히 시대물의 드라마에서는 광원의 역사와 빛의 시대적 고증을 파악하는 것이 가장 중요한 일이다. 자연광원이야 옛날이나 지금이나 달라진 것이 없겠지만 인공광원은 인간의 시대 변천에 따라 각기 다르기 때문에 그 시대를 묘사하는 데는 광원의 변천사를 아는 것이 꼭 필요하다.

예를 들어 그 시대물의 주요 무대가 조선시대로 등잔불을 사용하던 시절의 시골 방 분위기를 내기 위해서는 어떻게 할 것이며 호롱불을 사용하던 시대, 촛불을 사용하던 시대, 흐린 전구를 하나만 켜고 살던 시대, 요즘과 같이 형광램프나 현란한 등기구류를 사용하던 시대 등은 과연 어떻게 표현해야 좋을지는 그 빛을 직접 보고 그 느낌(맛)을 스스로 깨달아 실제 TV 조명을 하는데 활용할 수 있다.

왜냐하면 이런 광원들은 일상생활을 표현하는데 광원의 높이와 색, 배광 등이 다르게 되어 있고 조명에서는 이러한 특징을 잘 활용함으로써 시청자들에게 올바른 시대상을 보여 줄 수 있고, 일반적으로 시대를 거슬러 올라갈수록 광원의 높이가 낮아지는 경향이 있고 광원의 높이가 시대를 표현한다고 해도 과언이 아니다.

일반적으로 광원의 위치가 높아지면, 즐겁고, 부드러운 분위기가 되고 낮게 되면 그림자의 부분이 많아진다. 그러나 영상 표현으로써 이 그림자를 잘 이용해서 길게 난 그림자가 흰벽에 인물 묘사를 하면 camera로 잡은 화면은 그 인물의 어떤 신비감이나 심오한 심리적 효과도 높일 수 있는 조명이 될 수도 있으며 이러한 조명은 드라마의 내용을 한층 더 풍부하게 하는 테크닉(technic)이 된다.

예를 들면, 화로를 둘러앉은 인물들의 그림자가 뒷벽에서 아른거린다든지 쓸쓸히 걸어가는 사람의 그림자가 길면 더 쓸쓸해 보인다든지 하는 것.

(나) 계절이나 시간의 표현

드라마에서는 천연광원인 주양광(혹은 밤 scene에서는 달빛)의 효과를 내기 위하여 설정한 광원을 주광원(main light)이라 한다.

실제의 조명에서는 이 주광원의 높이, 각도, 색온도, 그림자의 강약을 변화시킴으로써 시간, 날씨, 계절의 변화 등을 표현할 수 있다. 일반적으로 여름의 빛의 각도는 70° 정도, 겨울은 35° 정도의 조사 각도가 좋은 것으로 되어 있다.

예를 들면, 여름날 도시의 대로를 걷고 있는 사람의 길고 짧음은 main light를 top에서 비추어 인물의 그림자가 짧게 발 밑에 떨어지게 하고 콘트라스트(contrast, 대비)를 강하게 한다.

cross up-shop에서는 edge-light를 비추어 그 사람의 얼굴에 흐르는 땀방울이 보이게끔 강조한다. 그리고 실내와 밖의 휘도 balance를 크게 해서 여름날의 무더운 분위기를 나타낸다.

또한 시간의 변화를 나타내기 위해서는 color 조명을 사용하는 경우도 있다. 밤씬(night scene)에서는 blue계통의 color filter(B3, #64, #79 등)를 석양 scene에서는 amber계통의 color filter(A3, #35)를 사용하며 이 때 중요한 것은 고르게 색광이 퍼지게 하는 것이다.

광원의 각도, 조합을 잘 조절하여 보다 음영을 효과적으로 조절함으로써 보다 더 좋은 영상을 얻을 수 있다. 흐린 날이나 비오는 날, 눈 scene에서는 flat light를 많이 사용하고 spot light에도 확산 filter를 사용해 확산광에 의해 그림자를 부드럽게 해서 시청자들로 하여금 어떤 날씨를 표현했는지 알게 해 주어야 한다. 드라마의 조명은 시간, 계절, 날씨, 시대 배경 등 여러 가지 요소가 있으며, 또한 등장인물의 심리 표현 등도 조명에서 표현해 주어야 할 점이며 이러한 것이 작품을 잘 살리는 효과를 내는 것이다. 따라서, 조명 예술가는 내용을 정확히 이해하고 폭넓은 지식과 영상을 창조할 고도의 technic을 몸소 익히지 않으면 안된다.

(다) 드라마에서의 back light의 역할

드라마에서는 피사체의 입체감을 나타내는 것이 중요한데 대별하면 다음의 두 가지 방법이 많이 사용된다.

① back light, side light를 사용하는 방법
② 주요 피사체와 배경과의 명도차를 이용하는 방법

시대물에서는 보다 자연스럽게 보이기 위하여 ①의 방법이 많이 이용되며 배경과의 명도차가 없는 경우나 피사체의 입체감을 보다 더 강조한다든지 머리칼의 디테일(detail)을 나타내기 위해서는 ②의 방법이 사용된다. 이 경우 back light가 너무 강렬해서 부자연스런 모습이 되지 않게끔 주의를 할 필요가 있다.

(라) 야간 scene의 표현

드라마 제작에 있어서 가장 어렵고 신경이 많이 가는 것이 밤 scene의 표현이다. 예를 들면, 불빛이 없는 다리 위에서 누군가를 기다리고 있는 여인이 있다고 하자. 그럴 경우 아무 빛도 없으므로 다리도 여인도 보이지 않을 것이다. 이런 경우 영상으로 재현하려면 캄캄하고 어둡다는 인상을 줄 수 있는 분위기를 만드는 것이 우선 필요하다.

그런데 어둡다고 하는 느낌을 밝다고 하는 것의 상대적 대비로 만들 수가 있다. 거기서 보다 어둡다는 느낌을 내기 위해서는 화면의 어딘가에 밝은 곳을 만들어야 한다. 이때 인물의 조명을 역광이나 측광으로 하고 Set 등은 부분적인 조명을 해본다. 또 다리의 난간과 다리 아래를 흐르는 강물, 멀리 있는 집의 지붕 등은 백과 흑의 면적비를 적절하게 조화시키므로서 밝은 달밤의 효과로부터 캄캄한 밤의 night scene까지를 표현할 수가 있다.

(마) 영상의 코디네이터(coordinator)

작품에 맞는 조명이라는 것은 멋진 영상표현을 창출해 내는 것이다. 그러기 위해서는 대본을 잘 읽고 연출자의 연출의도, 제작조건 등을 충분히 파악하여 그 프로그램의 목적에 맞는 영상을 정확하게 표현할 수 있는 조명이 필요하다.

예를 들면, 협소한 Studio의 Off-Scene에서는 750[lx] 정도의 조명으로서 camera lans의 초점 심도를 깊게 하여 거리감을 낼 수도 있다.

보통은 Camera의 Iris가 F4, 조도 1,500[lx]라고 하는 표준 설정치에서 정상적인 영상을 얻기 위한 조명을 하지만 그것을 늘 지키는 것은 아니고 목적에 따라 Iris와 광량을 생각한 조명을 하는 것이 중요하다. 조명은 빛을 주는 것뿐만 아니라 목적에 따라 밝음이나 Camera의 Iris, 피사체의 반사율 등을 종합적으로 생각하는 것이 중요하다.

그러기 위해서는 Camera man이나 Video Engineer(Video man이라고도 함)등과 충분한 협의를 해서 양해를 구하고 조언도 해줄 수 있다. 이런 것을 영상의 코디네이터라고 말한다.

• 예제 • [답] ①

다음 중 스튜디오 조명설비의 구성요소가 아닌 것은?

① 무대 ② 변전실 ③ 조광기기실 ④ 조광조작실

4.3 옥외 조명 설계

옥외조명은 야간에 자동차, 사람이 원활하고 안전하게 이동 및 활동을 할 수 있도록하며, 사고나 범죄예방 및 도시의 야경을 형성시키는 중요한 요소이다.

일반적으로 다음과 같은 곳에서 이루어진다.

① 각종 교통기관과 그 부속시설
② 도로, 광장, 공원
③ 옥외작업장
④ 번화가, 상점가
⑤ 주차장
⑥ 간판, 광고탑, 이정표
⑦ 주유소
⑧ 명소, 고적, 기념탑
⑨ 빌딩, 교량

(1) 광 원

광원은 효율, 보수성, 수명, 연색성, 색온도 등을 고려하여 선정하지만, 광원의 사용장소와 조건에 따라 시동, 재시동 특성 및 주위온도 등의 영향도 고려하여 가장 경제성이 높은 것을 선정하는 것이 좋다.

사람이 많이 모이거나 활동하는 광장이나, 유원지 등에서는 연색성이 좋은 메탈헬라이드램프, 고연색성 고압나트륨램프, 형광수은램프 등을 사용하는 것이 좋다.

수목, 잔디, 화단이 있는 산책로나 휴식광장인 경우, 아름답게 보이게 할려면 황색이나 적색을 띠는 할로겐램프나 백열전구를, 녹색을 선명하게 할려면 수은등 또는 메탈헬라이드램프를 사용하는 것이 좋다.

교통량이 많은 역광장, 공항광장 등에는 경제성이나 보수성을 고려한 고효율, 장수명의 광원인 일반형 고압나트륨램프나 메탈헬라이드램프 등을 사용하기도 한다. 또한 건물 등의 투광조명을 할로겐전구나 고압나트륨램프를 사용하여 선명하게 밤하늘을 비추게 할 수 있다.

광원의 크기(와트수)는 필요한 조도와 조사면적 등을 고려해야 하며, 설치 높이가 높을수록 큰 와트수를 선정할 필요가 있다.

(2) 조명기구

조명기구는 조명효과를 높이고 능률적이고 효과적인 조명을 할 수 있는 기구를 선정하는 것이 좋다. 선정시에는 다음과 같은 내용을 고려할 필요가 있다.

① 주위환경과 조화를 이룰 수 있는 것
② 사용목적에 맞는 배광을 가지는 것
③ 내구성, 보수성, 시공성 등의 구조를 가진 것

4.3.1 도로 조명

(1) 도로 조명의 목적

도로 조명은 야간의 도로 이용자(차량 운전자, 보행자)의 시환경을 개선하여 안전하고 원활·쾌적한 도로 교통을 확보하는 것을 목적으로 한다.

차량의 운전자에 있어서는 여러 가지 필요한 것(도로의 모양, 진행방향 및 주위환경)을 잘 볼 수 있도록 하여 어떠한 장애물이라도 확실히 판별할 수 있고 전방의 진행방향을 용이하게 예측할 수 있도록 하여 불안감 없이 운전할 수 있는 상태가 되는 것이 좋다.

(2) 기대 효과

① 교통 안전의 도모
② 도로 이용 효율의 향상
③ 차량 운전자의 불안감 제거와 피로감의 경감
④ 보행자의 불안감 제거
⑤ 범죄의 예방과 감소

• 예제 • [답] ①

다음 중 도로조명의 기대효과가 아닌 것은?

① 관광산업 증대 ② 교통안전 도모

③ 도로이용 효율의 향상 ④ 보행자의 불안감 제거

(3) 도로 조명의 기준

도로 조명은 대상이 되는 도로 이용자의 종류, 도로의 종류, 교통량, 자동차의 주행속도, 도로 주변의 다른 조명의 설치상황 등에 따라 다음 각 항에 정하는 기준(KS A 3701) 모두에 적합한 것이 바람직하다(표 4-18 참조).

표 4-18 운전자에 대한 도로 조명의 기준(KS A 3701)

<table>
<tr><th>도로의 종류</th><th>교통의 종류와 자동차 교통량</th><th>평균 노면 휘도 Lr(1) [cd/m²]</th><th>종합 균제도 U_o</th><th>차선축 균제도 U_1</th><th>눈부신 조절 마크 G(2)</th></tr>
<tr><td>상·하선이 분리되고 교차부는 모두 입체 교차로서, 출입이 완전히 제한되어 있는 도로</td><td rowspan="2">주요 야간의 자동차 교통량이 많은 고속 자동차 교통</td><td>2</td><td>0.4</td><td>0.7</td><td>6</td></tr>
<tr><td>자동차 교통 전용의 중요한 도로, 대부분의 경우 속도가 느린 교통용으로 독립된 차선, 보행자용의 도로 등을 수반한다.</td><td>2</td><td>0.4</td><td>0.7</td><td>5</td></tr>
<tr><td>중요한 도시부 및 지방부의 일반도로</td><td>주로 야간의 자동차 교통량이 매우 많은 중속 자동차 교통 또는 자동차 교통량이 많은 중속의 혼합 교통</td><td>2</td><td>0.4</td><td>0.5</td><td>5</td></tr>
</table>

도로의 종류	교통의 종류와 자동차 교통량	평균 노면 휘도 Lr(1) [cd/m²]	종합 균제도 U_o	차선축 균제도 U_1	눈부신 조절 마크 G(2)
시가지 혹은 상점가 내의 도로 또는 관청가로 통하는 도로, 여기서는 자동차 교통은 교통량이 많은 저속 교통, 보행자 교통 등과 혼합되어 있다.	주로 야간의 교통량이 매우 많고 그 대부분이 저속 교통 또는 보행자인 혼합 교통	2	0.4	0.5	4
주택 지역(주택 도로)과 위의 도로를 연결하는 도로	비교적 느린 제한속도와 주로 야간, 중정도의 교통량이 있는 혼합 교통 (3)	1	0.4	0.5	4

주) (1) 도로 주변의 조명 환경이 어두운 경우에는 L_r의 값을 1/2로 하여도 좋다.
(2) 도로 주변의 조명 환경이 어두운 경우에는 G의 값을 1 증가시키는 것이 바람직하다.
(3) 교통량이 적은 경우에는 L_r의 값을 1/2로 하여도 좋다. 단, 주(1)의 규정에 관계없이 L_r의 값을 0.5[cd/m²] 미만으로는 할 수 없다.

(가) 운전자에 대한 도로 조명기준

운전자에 대한 도로의 조명기준은 도로 일반부의 직선부, 곡선부 및 특수한 곳 각각에 대하여 다음에 따른다.

① 일반부의 직선부

㉠ 평균 노면 휘도(L_r) : 운전자의 위치에서 본 마른 노면의 평균 노면 휘도(L_r)가 유지해야 할 값은 도로의 종류에 따라 표 4-18에 나타낸 값 이상으로 한다.

㉡ 종합 균제도(U_o) 및 차선축 균제도(U_1) : 마른 노면의 운전자가 본 종합 균제도(U_o) 및 차선축 균제도(U_1)는 도로의 종류에 따라 표 4-18에 나타낸 값 이상으로 한다. 다만 U_o는 노면상에서의 최소 휘도와 평균 노면 휘도도의 비, U_1은 차선의 중심선상에서의 최소 휘도와 동일한 차선의 중심선상에서의 최대 휘도의 비로 한다.

㉢ 눈부심 조절 마크 (G) : 도로의 종류에 따라 다음 식으로 계산되는 조명시설의 눈부심 조절 마크 (G)는 표 4-18에 나타내는 값 이상이 되는 것이 바람직하며 식 (4-3)으로 구할 수 있다.

$$G = \mathrm{SLI} + 0.97 \log L_r + 4.41 \log h' - 1.46 \log P \qquad (4\text{-}3)$$

여기서, SLI : 조명기구의 고유 눈부심 지수, L_r : 평균 노면 휘도[cd/m²], h' : 관측자의 눈의 위치에서 조명기구까지의 높이(조명기구의 설치 높이 : 1.5[m]), P : 도로구간 1[km]당 조명기구의 수

㉣ 조명방식 : 조명방식은 폴 조명방식을 원칙으로 한다. 다만 도로의 구조, 교통상황 등에 따라 하이마스트 조명방식, 구조물 설치 조명방식, 커티너리 조명방식 등을 사용 또는 병용하여도 좋다.

㉤ 광원 : 사용하는 광원은 다음 모든 사항을 고려하여 도로의 종류, 목적, 입지 조건 등에 따라 적당한 것을 선정하는 것으로 한다.

ⓐ 램프 및 안정기를 포함한 종합 효율

ⓑ 수명 및 광속 유지율

ⓒ 광원색 및 연색성

㉥ 조명기구 : 조명기구는 원칙적으로 KS C 7611(도로 조명기구)에 규정하는 조명기구로 하고 도로의 종류에 따라 표 4-18에 나타낸 눈부심 제한 조건을 만족할 수 있는 것을 선정, 사용하여야 한다.

㉦ 조명기구의 배치 및 배열 : 조명기구의 배치, 배열은 도로 노폭, 단면 구조에 따라 다음 각 항에 정하는 기준에 적합하여야 한다.

ⓐ 조명기구의 설치 높이 : 조명기구의 설치 높이 (H)는 원칙적으로 10[m] 이상으로 한다. 다만 도로 구조 및 다른 구조물과의 위치관계, 다른 도로에 대한 눈부심 방지 등 조명 효과를 유지하기 위해 제한할 필요가 있을 경우와 공항부근 등 법령 등에 따라 제한되어 있는 경우에는 이 제한에 따르지 않는다. 노폭이 동일하고 연속되는 도로의 조명기구 설치 높이 (H)는 일정하게 하는 것을 원칙으로 한다.

ⓑ 조명기구의 오버행 : 조명기구의 오버행(O_h)을 가능한 한 짧게 하는 것

이 바람직하다. 다만, 도로를 따라 도로 조명의 빛을 차단하는 수목이 있을 경우에는 이 제한에 따르지 않는다. 연속되는 도로의 조명시설에서 오버행(O_h)을 일정하게 하는 것을 원칙으로 한다.

ⓒ 조명기구의 배열 : 조명기구의 배열은 도로의 단면 구조, 차도부분 노폭(W), 조명기구의 배광 등에 따라 한쪽 배열, 지그재그 배열, 마주보기 배열 중에서 적당한 것을 사용하는 것으로 한다. 도로의 단면 구조 및 차도부분 노폭(W)에 따라서는 이들을 조합하여도 좋다.

ⓓ 조명기구의 경사각도 : 조명기구의 경사각도(θ)는 원칙적으로 0° 이상, 5°이하로 한다.

ⓔ 조명기구의 간격 : 조명기구의 간격(S)은 그 설치 높이(H), 배열에 따라 종합 균제도(U_o) 및 차선축 균제도(U_1)의 기준을 만족하는 것이어야 한다.

② **일반부의 곡선부** : 곡선부란 곡률 반지름이 1,000[m] 이하인 도로의 부분을 말하며 조명기구의 배열, 조명기구의 간격(S)을 제외한 조명의 기준은 일반부의 직선부에 준하는 것으로 한다. 곡선부에서 조명기구의 배열은 직선부의 기준에 따르고 간격은 그 곡률 반지름에 따르며 직선부의 간격에 비례하여 축소하여야 한다.

곡률 반지름이 매우 작은 곡선부 또는 급격한 굴곡부에서는 조명기구의 간격(S)을 축소하는 것과 함께 조명기구의 배열 때문에 그 급격한 곡선부 또는 굴곡부의 존재, 도로 선모양의 변화상태에 따른 운전자의 판단 착오가 일어나지 않도록 유의해야 한다.

③ **특수한 곳** : 특수한 곳의 조명기준은 일반부의 직선부에 따른다. 다만 다음과 같은 특수한 곳에 대하여는 다음의 조건을 만족해야 한다.

㉠ 교차점, 합류점, 분류섬 : 교자섬, 합류점, 분류점 부근에서 조명기구의 배치·배열은 도로 조명의 일반적 효과에 더해서 방향을 변환하고 있는 자동차 진행 방향의 전방을 조명함과 동시에 교차점에 접근하고 있는 자동차의 운전자가 교차점이 있다는 것을 쉽게 알 수 있어야 하고 교차점 내에서 일시적으로 정지하고 또 진행하고 있는 다른 자동차의 존재, 진행상태를 충분

히 전방 위치에서 보고 알 수 있도록 하여야 한다.

도로 모양 구조가 복잡한 교차점 또는 합류·분류점의 조명기구 배치·배열에 있어서는 이들에 접근하는 자동차의 운전자가 도로의 모양, 진행방향, 교통 신호 등을 오인하지 않도록 이들에 접근하는 도로의 각 위치에서 투시도에 의해 조명기구의 배치를 검토하는 것이 바람직하다.

㉡ 횡단보도 : 횡단보도 부근에서 조명기구의 배치·배열은 횡단중 및 횡단하려고 하는 보행자의 상황을 운전자가 잘 보고 확인할 수 있도록 유의하여야 한다.

㉢ 다리 : 다리의 조명은 여기에 연속될 도로에 설치해야 할 조명을 준용한다. 다만, 필요에 따라서 다리의 구조 및 다리 모양과 조화될 수 있는 조명기구를 사용할 수 있다. 다만 그 배광은 KS C 7611에 따라야 한다.

㉣ 철도 건널목 : 철도 전후의 도로에 조명이 설치된 철도 건널목 안 및 그 부근 조명의 표준 배치는 횡단보도 기준을 적용한다. 다만, 사용하는 조명기구는 철도차량의 승무원에 대한 눈부심을 되도록 줄일 수 있도록 유의하여야 한다.

㉤ 입체 교차부 : 입체 교차부 및 그 부근 도로의 조명기준은 일반부 기준을 적용한다. 다만, 교차하는 복수 도로의 조명이 입체 교차부를 통행하는 자동차의 운전자에게 불쾌한 눈부심을 주거나 도로 모양을 잘못 유도하지 않도록 유의한다.

입체 교차부에 터널 또는 이와 비슷한 구조물이 있는 경우에 KS A 3703(터널 조명기준)을 적용한다.

㉥ 도로폭이 급변하는 곳 : 도로폭이 급변하는 곳, 특히 도로폭이 줄어드는 장소 부근에서 조명기구의 배치·배열은 도로 조명의 일반적인 효과에 더해서 도로폭이 급변하는 곳의 상황을 자동차 운전자가 멀리서도 잘 보고 알 수 있도록 하여야 한다.

㉦ 선모양이 급변하는 곳 : 평면 선모양이 급변하는 곳 부근에서 조명기구의 배치·배열은 일반부 곡선부 기준에 준하는 것으로 한다.

종단 선모양이 급변하는 곳의 부근에서의 조명기구의 배열은 도로 조명의 일반적인 효과에 더해서 선모양이 급변하는 것을 자동차 운전자가 멀리서도 잘 보고 알 수 있도록 하여야 한다.

ⓞ 버스 정거장 : 버스 정거장 부근의 조명기구의 배치·배열은 도로 조명의 일반적 효과에 더해서 버스 정거장의 존재와 그 부근의 상황을 자동차 운전자가 멀리서도 잘 보고 알 수 있도록 하여야 한다.

ⓩ 주차장 및 휴게시설 : 주차장 및 휴게시설 안에서 자동차 및 보행자의 안전을 확보할 수 있도록 하는 것으로 하며, 유지해야 할 조도는 KS A 3011(조도 기준)의 주차장 항을 준용하여야 한다.

(나) 보행자에 대한 도로 조명의 기준

① **조도** : 보행자가 사용하는 도로에 유지해야 할 조도는 야간의 보행자 교통량, 지역 및 장소에 따라 표 4-19에 나타낸 값 이상으로 한다. 다만, 자전거 보관소의 조도는 교통량이 많은 도로의 조도에 준하여야 한다.

표 4-19 보행자에 대한 도로 조명의 기준(KS A 3701)

야간의 보행자 교통량	지 역	조 도 [lx]	
		수평면 조도	연직면 조도
교통량이 많은 도로	주택지역	5	1
	상업지역	20	4
교통량이 적은 도로	주택지역	3	0.5
	상업지역	10	2

주) 1. 수평면 조도는 보도의 노면상 평균 조도
2.. 연직면 조도는 보도의 중심선상에서 노면으로부터 1.5[m] 높이의 도로 축과 직각인 연직면상의 최소 조도

② **조명방식** : 조명방식은 폴 조명방식을 원칙으로 한다. 다만, 도로의 구조 및 교통상황 등에 따라서는 구조물 설치 조명방식을 사용 또는 병용하여도 좋다.

③ **광원** : 일반 도로 조명기준에 준하여 적당한 광원을 선정한다.

④ **조명기구** : 조명기구는 KS C 7611을 준용한다.

⑤ **조명기구의 배치·배열**

㉠ 원칙적으로 조명기구의 설치 높이는 4[m]이상, 보행자가 사용하는 도로부분 노폭의 1.0배 이상으로 한다.

㉡ 조명기구의 배열은 한쪽 배열을 원칙적으로 한다.

㉢ 조명기구의 간격은 원칙적으로 설치 높이의 5배 이하의 거리로 한다.

• 예제 • [답] ②

보행자 도로조명에서 조명기구의 설치높이는 원칙적으로 몇 [m]이상으로 설치해야 하는가?

① 3[m] ② 4[m] ③ 5[m] ④ 6[m]

(4) 광원의 선정

광원의 선택에 있어서는 광속, 효율, 수명, 광색, 안정기, 조명기구의 설치 장소의 환경 조건, 경제성, 유지관리 보수성 등에 대하여 검사함과 동시에 조명기구와 그의 배치에 관련하여 보임이나 쾌적성 등에 대하여 충분히 검사할 필요성이 있다.

도로의 조명용 광원은 메탈헬라이드램프, 저압나트륨램프, 고압나트륨램프, 형광램프 중에서 선택하는 것을 원칙으로 한다.

(5) 조명기구의 선정

도로의 종류에 따라 사용하는 조명기구의 배광은 컷오프(cut off)형, 세미 컷오프(semi cut off)형, 넌 컷오프(non cut off)형의 세 가지로 분류되며 시가지에서는 일반적으로 세미 컷오프형이 사용된다.

(6) 조명기구의 배치

(가) 부착 높이, 오버행, 경사각도

조명기구의 부착 높이, 오버행(over hang) 및 경사 각도는 표 4-20과 같다.

표 4-20 광원 광속과 조명기구 부착의 높이, 오버행, 기구의 경사각도

기구 1개당 광원 광속[lm]	부착 높이 [m]	오버행[m](1)		기구의 경사각도 (도)
		발광부분의 길이가 0.6[m] 미만의 기구	발광부분의 길이가 0.6[m] 이상의 기구	
12,500 미만	8 이상	1 이하	1.5 이하	5 이하
12,500 이상 30,000 미만	10 이상	1 이하	1.5 이하	5 이하
30,000 이상	12 이상	1 이하	1.5 이하	5 이하

주) (1) · 중앙분리대에 부착하는 기구에는 적용하지 않는다.
· 가로수에 지장 또는 장래에 지장을 받을 우려가 있는 경우에는 적용하지 않는다.

(나) 조명기구의 배열

도로의 직선부에 있어서 조명기구의 배열을 한쪽 배열, 지그재그 배열, 마주보기 배열, 중앙 배열의 4종류가 있으며, 이 외의 방법은 모두 4종류를 조합한 것이며 넓은 분리대로 분리된 도로는 독립된 도로로 생각한다.

① 한쪽 배열 : 차도 폭이 가로등주의 높이와 같거나 좁을 때
② 지그재그 배열 : 차도 폭이 가로등주의 높이에 비해 1배와 1.5배 사이일 경우
③ 마주보기 배열 : 차도 폭이 가로등주의 높이보다 1.5배 이상일 경우
④ 중앙 배열 : 이 경우는 각각의 도로에 한쪽 배열로 된 것으로 본다.

(다) 조명기구의 높이 및 간격

각종 배열에 대한 차도의 폭(W)에 대한 부착 높이(H) 및 간격(S)의 관계는 조명기구의 배광에 의하여 결정되며 표 4-21을 기준으로 하여 시설한다.

표 4-21 조명기구의 높이(H) 및 간격(S)

조명기구의 종류 / 높이 및 간격 / 배 열	컷오프형		세미 컷오프형		넌 컷오프형	
	H	S	H	S	H	S
한쪽 배열	$1.0W$ 이상	$3H$ 이하	$1.2W$ 이상	$3.5H$ 이하	$1.4W$ 이상	$4H$ 이하
지그재그 배열	$0.7W$ 이상	$3H$ 이하	$0.8W$ 이상	$3.5H$ 이하	$0.9W$ 이상	$4H$ 이하
마주보기 및 중앙 배열	$0.5W$ 이상	$3H$ 이하	$0.6W$ 이상	$3.5H$ 이하	$0.7W$ 이상	$4H$ 이하

(라) 등주의 설치 위치

차량이 등주를 추돌하는 사고를 적게 하기 위하여 등주는 건축 한계의 외측에 차도로부터 가능한 먼 위치에 세우는 것이 바람직하며 등주 암의 길이가 적당한 것을 선택하여 이 조건을 고려, 설치 위치를 결정하여야 하며 그림 4-30과 같다.

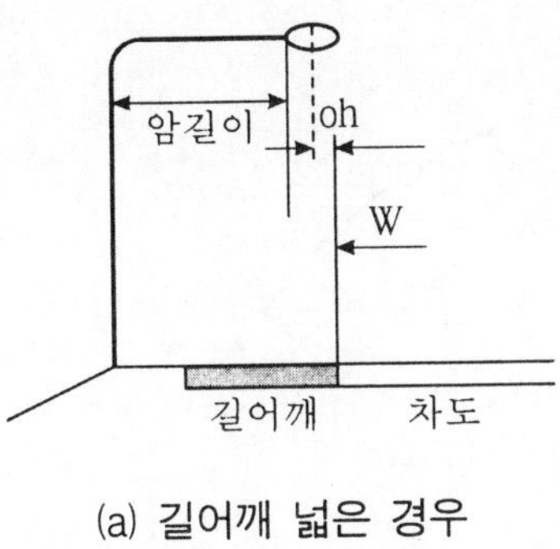

(a) 길어깨 넓은 경우

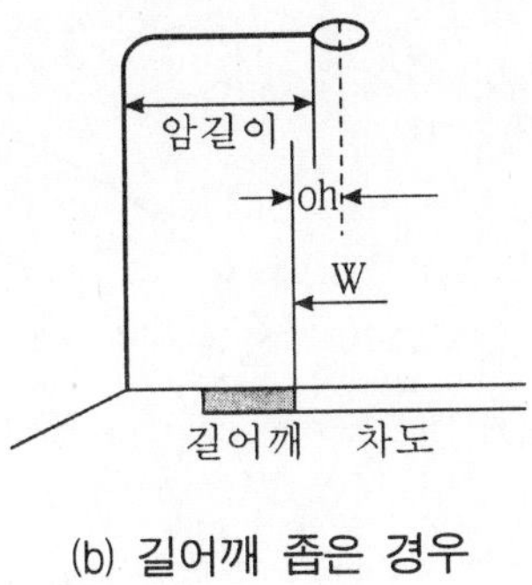

(b) 길어깨 좁은 경우

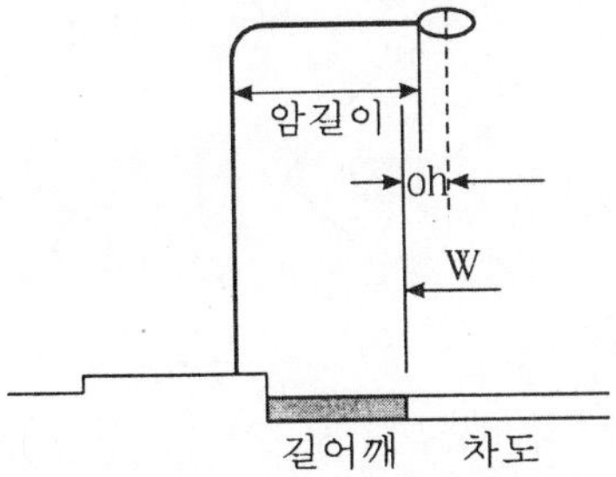

(c) 보도가 넓은 경우

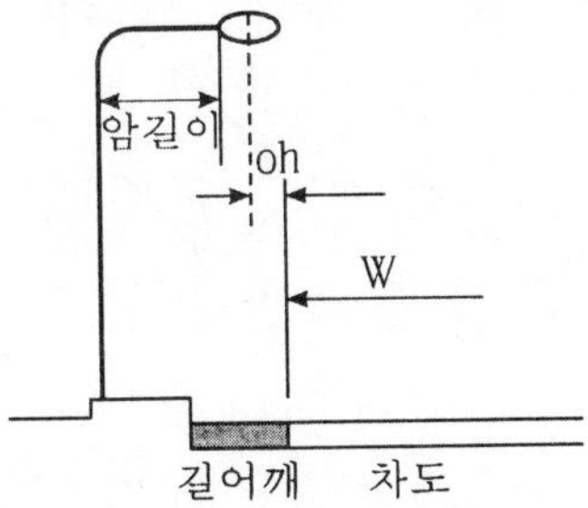

(d) 보도가 좁은 경우

그림 4-30 등주의 설치 위치의 예

(마) 곡선부의 조명기구

곡률 반경 1,000[m] 미만의 곡선부 도로에 있어서 조명기구 배치는 유도성과 휘도분포의 특성을 고려하여야 한다. 표 4-22는 곡선부의 조명기구 간격을 예시한 것이며 이 값중 작은 수치를 적용하는 것이 좋다.

그림 4-31은 곡선부에서 지그재그 배열을 하고 있을 때의 휘도 분포를 나타낸 것인데 곡선부 안쪽에 설치된 조명기구 A는 곡선부 외측의 노면을 충분히 조명할 수 없으며 조명기구 C는 곡선부 조명에 효과가 없다. 반면 바깥쪽에 설치된 조명기구 B와 D는 곡선부 조명에 효과가 있다.

표 4-22 곡선부의 조명기구 간격

곡선반경[m] / 등구높이[m]		300 이상	250 이상	200 이상	200 미만
조명기구의 간격	12[m] 미만	35 이하	30 이하	25 이하	20 이하
	12[m] 이상	40 이하	35 이하	30 이하	25 이하

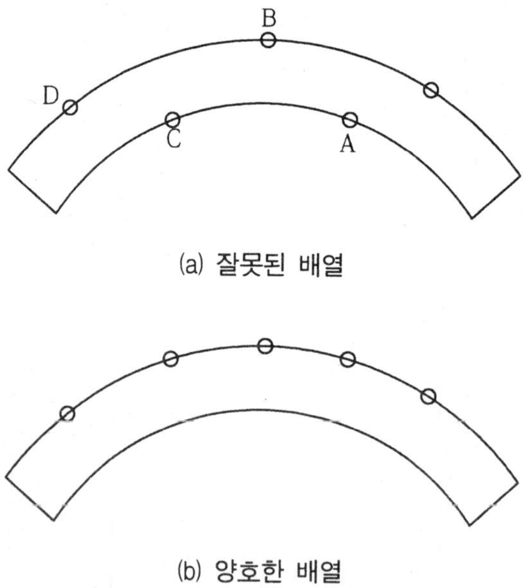

(a) 잘못된 배열

(b) 양호한 배열

그림 4-31 곡선부에서의 배열

• 예제 • [답] ④

도로조명의 설계시 곡선부란 곡률 반지름이 몇 [m]이하인 도로의 부분을 말하는가?

① 400[m] ② 600[m] ③ 800[m] ④ 1,000[m]

(7) 국부 조명

(가) 국부 조명의 일반 원칙

국부 조명은 교통의 흐름이 복잡해지는 장소, 도로의 선형이 복잡해 지는 장소 등에서 교통의 상황, 도로상황 등을 명확하게 함을 목적으로 시설하는 것이며, 이외의 거론되지 않는 부분은 앞에서의 기준을 준용한다.

(나) 교차로

교차로 조명은 도로 조명의 일반적인 효과와 운전자에게 물체 또는 자동차의 접근으로 교차로 부근의 상황을 알 수 있도록 하며 교차로에서 진로를 변경하려 하는 자동차의 전조등 효과가 미치지 않는 곳을 보완하여, 교차로에 접근하는 자동차 운전자에게 교차로 부근의 다른 자동차, 보행자를 쉽게 식별할 수 있도록 조명 시설을 해야 한다.

① T자로 : 그림 4-32에서 각 조명기구의 주요 효과는 다음과 같다.

조명기구 A는 도로 ①에서 우회전 하는 자동차 전방을 조명하고, ③에서 직진하는 자동차에 대해서는 ①에서 좌・우 회전하는 자동차가 있다는 것을 알게 한다.

조명기구 B는 도로 ①에서 T자로 접근하는 자동차에 대해 도로 종단 및 종단 부근의 상황을 알게 한다.

조명기구 C는 도로 ②에서 좌회전 또는 ③에서 우회전하는 자동차의 전방을 조명한다.

조명기구 D는 도로 ①에서 좌・우회전 하는 자동차에 대해 도로 ③에서 우회전 또는 직진하면서 어떤 자동차의 존재를 알게 함과 동시에 도로 ①에서 좌회전 하는 자동차의 전방을 조명한다.

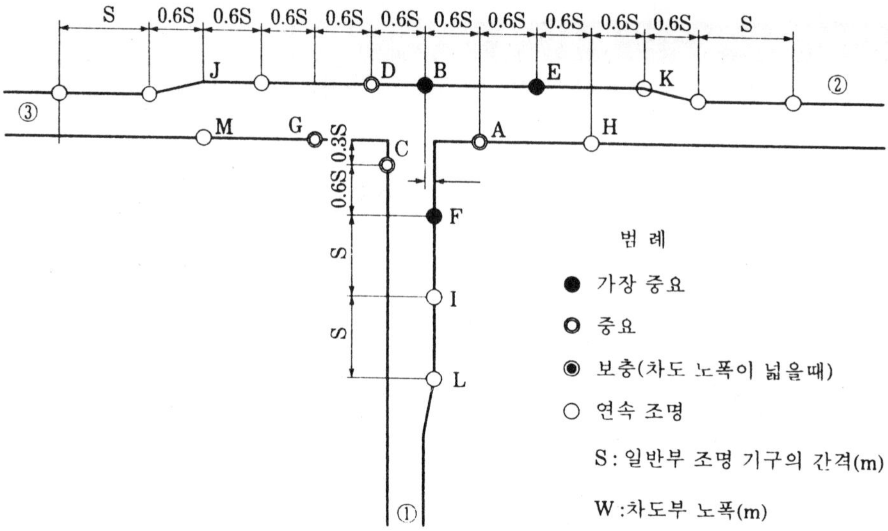

그림 4-32 T자로에서 조명기구 배치

등구 E, F, G는 도로 폭이 넓을 경우 조명기구 A, C, D의 효과를 보충하는 것이다.

등구 H, I, K, L, M은 각각 연속 조명의 조명기구를 나타낸 것으로 원칙적으로 T자로 조명에 포함되지 않는다. 도로 ①에는 연속 조명이 설치되어 있지 않지만 조명기구 I, L은 도로 폭의 변화를 명시하기 위한 명시이다.

② 십(+)자로 : 그림 4-33에서 그림 4-38까지는 여러 가지 +자로에서의 조명기구 배열의 예를 나타낸 것이다.

그림 4-33는 동일한 폭의 +자로에서의 조명기구 배치 예이며, 각 조명기구의 주요 효과는 T자로와 같다.

그림 4-34 및 그림 4-36은 각각 중앙 분리대를 가진 도로 ①이 다른 도로와 교차할 경우의 조명기구 배치 예를 나타낸 것으로 각 조명기구는 T자로와 같은 효과를 가짐과 동시에 주도로 ①의 조명시설의 배열을 교차로에서 명확히 하여 교차로의 존재를 알기 쉽게 한다.

그림 4-35 및 그림 4-37은 각각의 경우에 있어서 도로 ①에서 그림 4-36은 교차로 부근에 횡단보도가 설치된 경우 조명기구 배치를 나타낸 것으로 그림 중 제시한 거리 d가 0.3S보다 작은 경우에만 적용되며 그 이상인 경우에는 그림 4-34를 따른다.

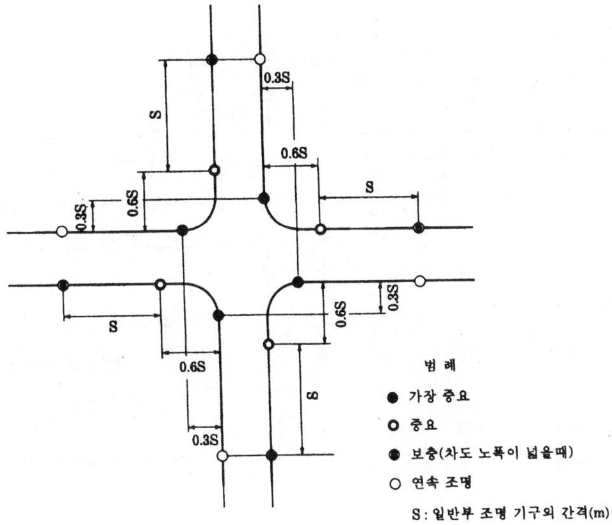

그림 4-33 같은 정도의 노폭을 갖는 도로의 +자로 조명기구의 배치

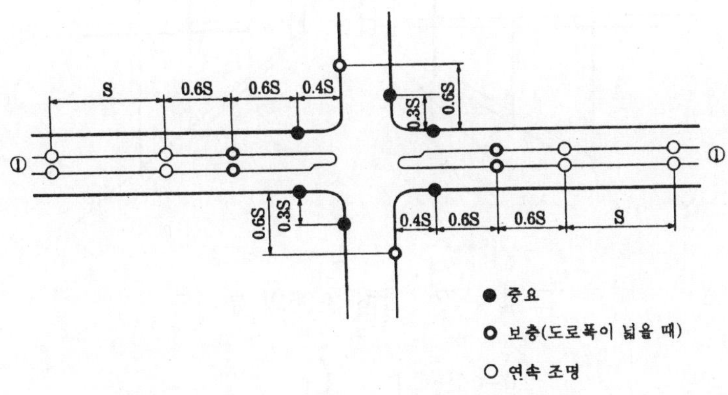

그림 4-34 조명시설을 중앙 분리대에 배열할 경우의 조명기구 배치

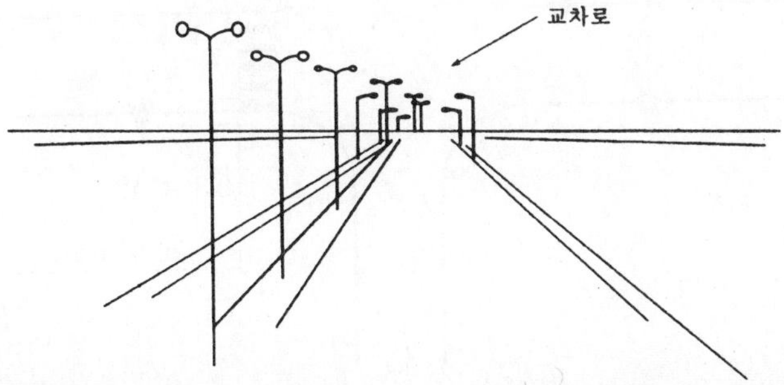

그림 4-35 그림 4-34의 투시도

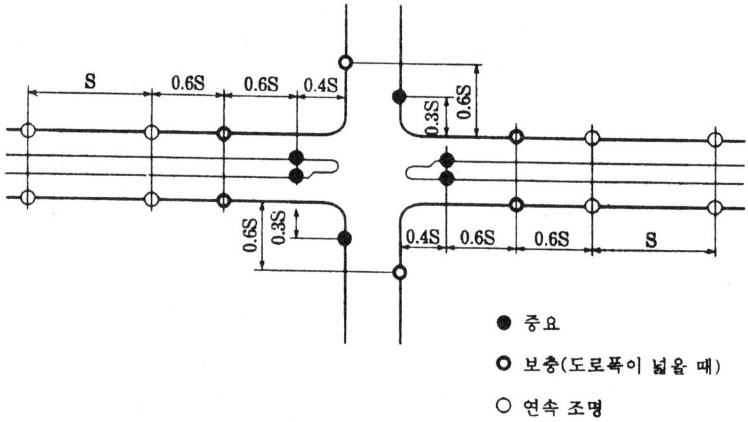

그림 4-36 조명시설을 양측에 배열할 경우의 조명기구 배치

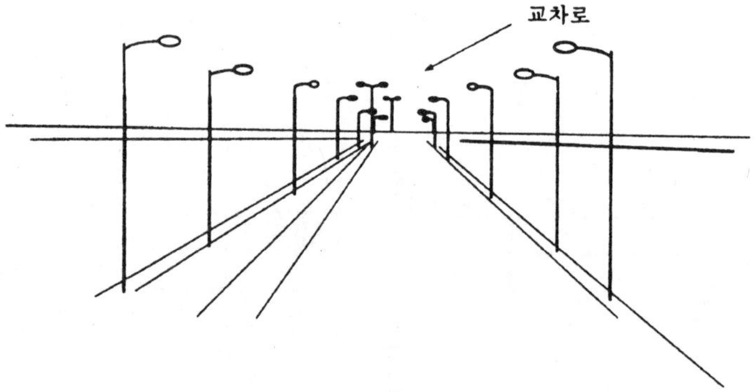

그림 4-37 그림 3-36의 투시도

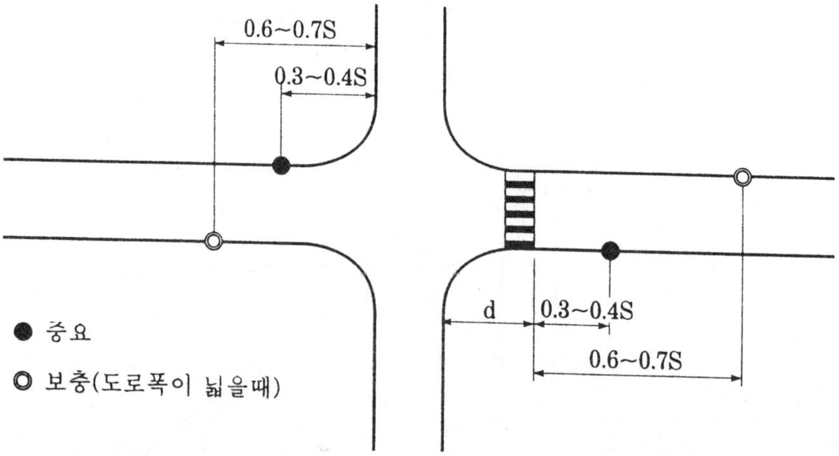

그림 4-38 횡단보도가 있는 +자로 조명기구의 배치

(8) 도로 조명계산

(가) 휘 도

연속 조명에 있어서는 선정된 광원과 조명기구를 사용하여 규정하는 휘도를 얻을 수 있도록 조명기구의 간격, 램프 규격 등을 결정해야 한다. 그러므로 일반적으로 다음의 광속법에 의해 식 (4-4)로 계산한다.

$$\frac{F}{S} = \frac{W \times K \times L}{N \times U \times M} \tag{4-4}$$

여기서, F : 조명기구 1등당 광원의 광속[lm]

(1개의 조명기구에 2개의 공원이 설치될 경우에는 2개를 합한 광속)

S : 등주의 간격[m]

W : 차도의 폭[m]

L : 기준 휘도[cd/m² 또는 nt]

N : 조명기구 배열에 의한 계수

$$\begin{Bmatrix} \text{편측 배열, 지그재그 배열} : N=1 \\ \text{맞보기 배열} : N=2 \end{Bmatrix}$$

U : 조명률

M : 보수율

또한 광원의 종류, 조명기구의 설치 높이에 대한 여러 가지 안이 있을 경우, 각 안에 대하여 이 계산을 한 후 그 결과에 대해 경제성 등을 비교 검토함과 동시에 미관등도 현지 상황에 알맞는 것을 선택해야 한다.

(나) 평균조도 환산계수

평균조도 환산계수는 노면의 평균 휘도를 평균조도로 환산하는 계수이며 노면의 반사 특성이나 조명기구의 배치와 배광 등에 따라 변하고 이들의 조건이 결정되면 거의 일정한 값으로 된다는 것이 계산 및 실측으로 확인되어 있다.

평균조도 환산계수는 표 4-23과 같다.

표 4-23 평균조도 환산계수 (단위 [lx/cd/m²])

도로의 종류 / 노면 재질	일반도로 조명	터널도로 조명
아스팔트	15	18
콘크리트	10	13

(다) 조명률

그림 4-39는 하이웨이형 조명기구의 조명률 곡선(경사각 5°)의 예이며 세미 컷 오프형 등구를 그림 4-40과 같이 배치했다고 가정하면 조명률은 식 (4-5)와 식 (4-6)으로 계산한다.

$$\text{차도측의 } \frac{\text{도로폭}}{\text{설치 높이}} = \frac{W_1}{H} = \frac{7.5}{10} = 0.75 \tag{4-5}$$

$$\text{보도측의 } \frac{\text{도로폭}}{\text{설치 높이}} = \frac{W_2}{H} = \frac{0.5}{10} = 0.05 \tag{4-6}$$

따라서 그림 4-39로 부터

차도측 조명률 $U_1 = 0.29$

보도측 조명률 $U_2 = 0.02$

를 구할 수 있다.

따라서 이 도로의 조명률 U는 식 (4-7)로 구한다.

$$U = U_1 + U_2 = 0.29 + 0.02 = 0.31 \tag{4-7}$$

조명률은 등구의 배광 특성에 따라 달라지는 것으로 그림 4-39는 어떤 등기구의 보기를 든 것이며 설치 장소의 상황 및 등구에 따라 적절히 선정되어야 한다.

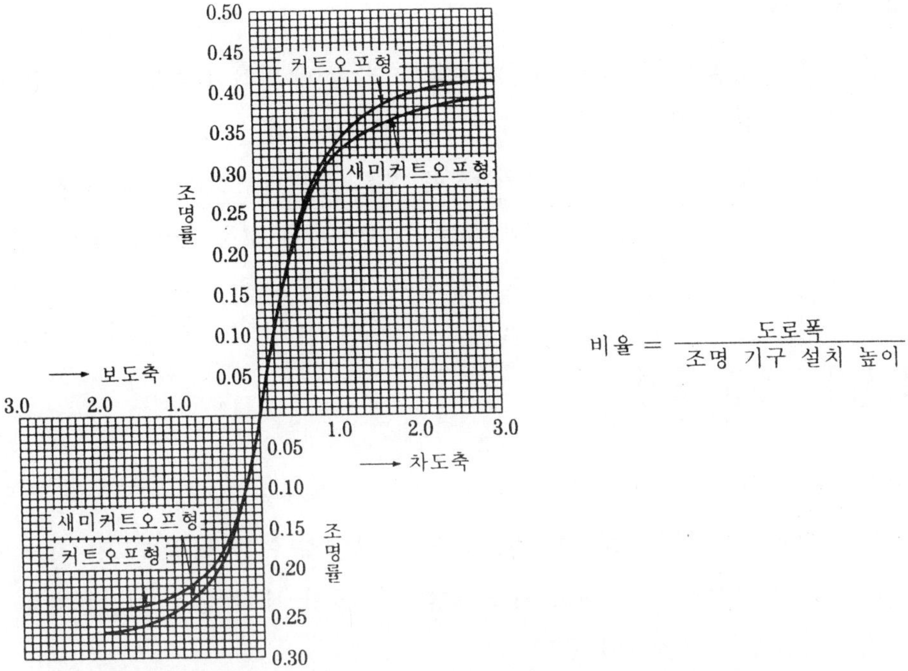

그림 4-39 하이웨이형 조명기구의 조명률 곡선의 예(경사각 5°)

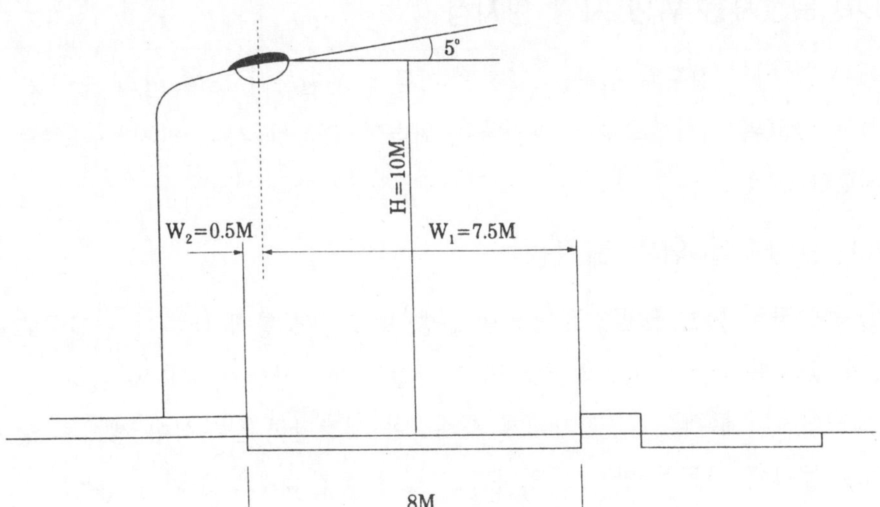

그림 4-40 등 설치도

(라) 보수율

조명 시설은 광원의 광속 저하와 기구의 오염 등에 의하여 휘도는 감소한다. 이 감소의 정도를 설계 시점에서 고려한 계수가 보수율이다.

이 감소의 정도는 도로 구조, 교통상황은 물론 광원의 교환시간과 교환방식, 등구의 청소 간격으로 인하여 현저하게 다르다. 보수율은 보통 0.6~0.75가 적용되나 교통량, 도로 주변상황과 보수상태를 감안하여 적절한 값을 택한다.

4.3.2 터널 조명

터널조명은 차량운전자가 터널을 통과하는 동안 장애물 식별, 교통상태 등을 어둠으로 인하여 알수 없으므로 적당한 조명을 유지시켜 이를 해결하고자 하는 것이다. 그러므로 운전자의 눈에 대한 휘도, 밝음과 어둠에 대한 순응 시간관계를 고려하여 적절한 조도를 유지해야 한다.

(1) 터널 조명의 요건

(가) 운전자를 위한 시각 인지성

터널 및 터널 전후의 접속 도로에는 자동차 운전자의 노면 위의 장애물 등을 발견하고 사고의 위험으로부터 방지하기 위하여 충분한 시각 인지성을 주는 조명을 설치한다.

(나) 운전자을 위한 쾌적성

① 운전자의 보는 방법 : 운전자가 전방 도로의 상황에 대하여 안심하고 주행할 수 있도록 터널 노면, 벽면을 밝고 균일한 조명상태가 되도록 한다.

② 운전시의 불쾌감 : 운전자에게 불쾌감이 생길만한 눈부심이 생기지 않도록 함과 동시에 자동차 안으로 입사하는 빛이 운전자에게 불쾌한 반짝임이 생길만큼 빛의 변동이 없어야 한다.

③ 유도성 확보와 조명 조건 : 터널 내의 노면이나 벽면을 충분한 휘도가 되도록 조명함과 동시에 조명기구의 부착 높이를 노면에 대하여 일정하게 한다. 또한 도로의 선형을 따르도록 하여 운전자가 전방도로의 선형변화를 정확하게 판단

할 수 있도록 한다.

(2) 조명 설계의 일반 원칙

(가) 터널 조명의 구성

터널의 조명은 터널내 설치하는 조명과 터널 전후의 접속 도로에 설치하는 조명에 따라 구성한다. 설치하는 조명은 기능에 따라 기본조명, 입구조명, 출구조명으로 나누어 구성한다.

① **기본조명** : 주간에 터널에서 운전자의 시각 인지성을 확보하기 위해 터널 전체에 걸쳐 균일한 휘도를 확보하는 조명을 **기본조명**이라 한다.

② **입구조명** : 주간에 터널입구 부근에서의 시각적 문제를 해결하기 위해 기본조명에 첨가하여 설치하는 조명을 **입구조명**이라 한다. 입구조명은 경계부, 이행부, 완화부로 구성된다.

③ **출구조명** : 주간에 터널 출구를 통해 보이는 야외의 높은 휘도에 눈부심이 일어나지 않도록 기본조명에 첨가하여 설치하는 조명을 **출구조명**이라 한다.

④ **입구부 접속도로 조명** : 야간에 터널입구 부근의 상황과 터널 앞에서 도로폭의 변화 등을 운전자가 쉽게 알수 있도록 터널 입구부의 접속도로에 설치하는 조명이다.

⑤ **출구부 접속도로 조명** : 야간에 터널 출구에 접근하는 운전자가 밝은 터널에서 나올때 터널에 접속하는 어두운 도로의 선형변화 등을 충분히 감지할 수 있도록 터널 출구부의 접속도로에 설치하는 조명이다.

(나) 램프와 조명기구

램프의 효율, 광색, 온도특성, 수명 등이 터널 조명에 적합한 것을 사용한다. 조명기구는 배광, 눈부심 제어, 조명률, 구조 등이 터널 조명에 적합한 것을 사용한다.

(다) 조명기구의 배치와 배열

조명기구의 배치 및 배열은 원칙적으로 노면 위 4[m] 이상으로 한다. 건축 한계에 저촉되지 않는 위치에 부착하며 노면 및 벽면의 휘도분포가 거의 균일하도록 하고 운전자에게 불쾌감을 주지 않도록 해야 한다.

(3) 터널조명의 기준

(가) 기본부 조명

기본부 조명의 평균 노면 휘도는 설계 속도에 따라 표 4-24와 같이 한다. 야간에는 이 값을 저감할 수 있다. 단, 최저값은 설계속도 80[km/h] 이상인 경우에는 1.0[cd/m²], 60[km/h] 이하인 경우에는 0.7[cd/m²]으로 한다.

접속하는 도로에서 연속 조명이 설치되어 있는 경우에는 야간의 평균노면휘도는 접속하는 도로의 평균노면휘도의 2배 이상으로 하는 것이 바람직하다.

표 4-24 터널 기본조명의 평균 노면휘도

설계속도[km/h]	평균 노면휘도[cd/m²]
100	9.0
80	4.5
60	2.3
40	1.5

주) 1. 교통량이 많고 터널 내의 공기 투과율이 낮을 경우는 평균노면휘도를 이 값보다 높게 하는 것이 바람직하다.
2. 교통량이 적고, 터널내의 공기 투과율이 높을 경우는 평균노면휘도를 이 값보다 낮게 하는 것이 바람직하다.
3. 벽면의 평균휘도는 평균노면휘도의 1.5배 이상의 값으로 하는 것이 바람직하다.

(나) 입구부 조명

① 경계부의 노면휘도는 터널입구 부근의 운전자의 시야상황에 따라 정해지는 야외휘도의 연간 출현빈도를 고려하여 설정되는 값에 설계속도에 따라 정해지는 계수를 곱한 값으로 한다.

② 이행부 및 완화부의 노면 휘도는 경계부의 노면 휘도값을 100[%]로 하여 터널입구로부터 거리에 따라 감소하고, 기본부 조명휘도값에 매끄럽게 접속시킨다.

③ 입구부 조명의 노면휘도는 계절이나 기후 및 시각에 따라 야외휘도의 변동에

따라 조절한다.

④ 입구부 조명의 노면 휘도는 교통상항에 따라 증감할 수 있어야 한다.

⑤ 운전자의 시야상황에 따라 정해지는 야외휘도의 연간출현빈도에 따라 설정되는 값은 표 4-25를 표준으로 한다.

표 4-25 야외 휘도

설계속도 [km/h]	20° 시야(1)내에 겹하는 공간의 비율[%]							
	20이상		20~10		10~5		5 미만	
	주위의 상황[cd/m²]							
	맑음	보통	맑음	보통	맑음	보통	맑음	보통
100 80	6000	5000	5000	3000	4000	2500	4000	2000
60 40	5000	4000	4000	2500	3000	2000	3000	1500

주) (1) 이 시야는 터널입구에서 시계만큼 앞쪽에 있는 운전자가 터널을 볼 경우의 것이다.

1. 주위상황이 밝다는 것은 터널 입구 부근의 지물이 흰색, 회색 등의 반사율이 높을 경우를 말하며, 입구 부근에 장기간 적설 상태가 계속되는 경우로 여기에 포함한다.
2. 주위 상황이 보통이란 상기 이외의 경우를 말한다.

(다) 출구부 조명

출구부 조명은 터널내로부터 그 출구를 향해 70[m]에 걸쳐 터널내부로부터 출구부를 통해 측정한 야외 휘도값의 1/10 이상의 값인 연직면 조도를 주는 것을 원칙으로 한다.

(라) 터널 접속도로 조명

야간에 터널 접속도로의 터널 입구와 출구 부근의 구간에 설치하는 도로 조명의 기준은 KS A 3701을 원칙으로 한다.

(마) 정전시 비상용 조명

터널이 200[m] 이상에서는 원칙적으로 정전시에 대비하여 예비전원에 의한 비상용 조명을 할 수 있도록 설계한다. 정전시의 위험을 피하기 위해 정전시 바로 축전지 전원에 접속된 조명기구를 점등할 필요가 있다. 보통 축전지의 방전 특성상, 정전시간의 전부를 점등시키는 것은 경제적으로 불리하므로 자가발전설비를 병용하는 것이 좋다.

비상용 전원방식에는 다음과 같은 것들이 있다.

① 자가발전 설비시설 및 축전지, 인버터를 이용하여 기본 조명용 조명등 일부를 점등한다. 인버터를 이용하는 이유는 형광램프, 저압나트륨등, 수은등 등은 교류로 점등하기 때문이다.

② 축전지에 의한 무정전전원을 이용하여 별도로 설치한 백열전구를 점등한다.

③ 축전지와 인버터를 이용하여 기본 조명용 조명등 일부를 점등한다.

④ 축전지와 자가발전 설비를 병용하여 별도로 설비된 백열전구를 점등시키는 것으로 자가발전 설비에 의한 예비전원이 시동할 때까지 축전지의 전기를 공급한다.

비상용 조명 설계는 다음과 같은 상황을 고려해야 한다.

① 밝기 및 점등시간은 설계속도, 교통량, 터널선형 등을 고려하여 결정한다.

② 자가발전 설비를 이용한 경우는 수전 복귀때까지 점등한다.

③ 조명기구의 배치는 일정한 간격으로 하며, 터널측벽의 위치 및 도로를 명시하여 차량을 안전하게 유도한다.

④ 전원방식의 결정은 비상용 시설과의 관계를 고려해서 결정한다.

정전 직후부터 무정전 전원설비에 의해 비상시 조명은 최소한 기본 조명시의 조도의 1/8 이상의 밝기를 확보해야 한다. 보통 정전시 자가발전설비가 동작할 때까지는 몇 분정도 시간이 걸리므로 전원은 이 시간동안 보장되는 용량이 필요하다. 자가발전 설비는 작동 후 터널안의 주행 안전성을 확보하기 위해 기본 조명시의 조도의 1/2 이상의 밝기를 확보해야만 한다.

• 예제 • [답] ②

교통의 흐름이 복잡해지는 장소, 도로의 선형이 복잡해지는 장소등에서 교통의 상황, 도로상황 등을 명확하게 함을 원칙으로 시설하는 조명은?

① 직접조명 ② 국부조명
③ 간접조명 ④ 반간접조명

4.3.3 경기장 조명

(1) 개 요

체육행사 및 문화행사를 효율적으로 운용하기 위해서는 다음과 같은 활동 주체 및 환경 등을 고려하여야 한다. 이것에 의해 빛의 분산제한, 경기를 위한 최소 조건, 조명대상 지역의 표준 치수, 균제도 및 수평, 수직 조도들을 고려하여 경기장 조명을 계획하여야 한다.

① **선수 및 진행관계자** : 선수, 심판 및 경기 관계자가 최고 기술을 발휘하기 위해서는 경기장에서 일어나는 모든 사항을 분명하게 인식 할 수 있도록 조명을 하여야 한다.

② **관객** : 관객들은 쾌적한 환경에서 선수들의 동작과 경기 진행사항을 어려움없이 관전할 수 있어야 한다. 또한 조명은 비상시 관객들이 안전하게 시설물에 입·출입 할 수 있는 안전보장이 선행되어야 한다.

③ **TV 방송담당자 및 경기기록자** : 경기장 조명은 TV방송 및 기타방송을 위해 뛰어난 컬러 화질을 보장 할 수 있어야 한다.

(2) 조명 제어

양질의 조명을 제공하기 위해서는 다음과 같은 경기 종류 및 등급에 따라 효과적인 제어를 할 수 있어야 한다.

① 아마추어급 수준

· 신체 단련을 포함하는 연습

· 정식 경기가 아닌 경기
· 국내 경기

② 프로급 수준

· 신체 단련을 포함하는 연습
· 국내 경기
· TV, HDTV로 촬영하는 국내 및 국제경기
· TV(국내, 국제), HDTV, 비상 TV

이와 같이 경기 종류 및 등급에 따른 다단계 조명이 요구되는 특성을 감안하여 조명 조정실에 조명제어 장치 및 각 조명 위치를 판별할 수 있는 그래픽 패널을 설치하여 조명 조정 운영자가 등급에 따라 조명을 제어를 할 수 있도록 한다.

(3) 경기장 조도 기준

경기장 조도 기준의 최소값은 맑은 대기를 가정한 것으로서 유지 조도이며, 정전시 관객의 안전과 TV방송의 연속성을 보장하기 위한 최소 조명 수준을 고려하여야 한다.

(가) 축구장 조도 기준

표 4-26은 FIFA에서 권장하고 있는 축구장 조도를 나타낸 것이다.

표 4-26 최소 조명 파라미터에 대한(FIFA) 권장 사항 요약

	E_h	*1 E_v	*2 E_v	수평 U_1	수평 U_2	수직 U_1	수직 U_2	GR 최대값	R_a	K
① 아마추어 수준										
· 신체 단련을 포함하는 공다루기 연습	50	-	-	0.3	0.5	-	-	50	20 이상	2000
· 정식시함이 아닌 연습	100	-	-	0.4	0.6	-	-	50	20 이상	4000
								50	(65 권장)	4000
· 국내 경기	200	-	-	0.5	0.7	-	-		65 이상	
② 프로 수준										
· 신체 단련을 포함하는 공다루기 연습	100	-	-	0.4	0.6	-	-	50	65 이상	4000
· 국내 경기	500	-	-	0.5	0.7	-	-	50	65 이상	4000

	E_h	*1 E_v	*2 E_v	수평 U_1	수평 U_2	수직 U_1	수직 U_2	GR 최대값	R_a	K
③ 국제 혹은 국내 경기/ 토너먼트										4000
· TV : 국내	-	1000	700	0.5	0.7	0.3	0.5	50	65 이상	
									(90 권장)	4000
국제	-	1400	1000	0.6	0.7	0.4	0.6	50	65 이상	
	-								(90 권장)	5000
· HDTV		2000	1500	0.7	0.8	0.6	0.7	50	90 이상	4000
· 비상 TV		800	500	0.5	0.7	0.3	0.5	50	65 이상 (90 권장)	

주) E_h : 축구 경기장 지상에서의 최소 평균 유지 수평 조도

E_v : 경기장 지상 1.5 미터 높이에서의 평균 유지 수직 조도
카메라의 위치에 제한이 없을 경우에는 경기장의 4개 사이드 라인에 평행하게 카메라가 고정되어 있는 경우에는 카메라에 직각 방향으로 측정

U_1 : 균 제도, Emin/Emax

U_2 : 균제도, Emin/Eaverage

GR : 눈부심 비율

R_a : 연색성

K : 켈빈(Kelvin) 단위로 표시한 색온도, 표시된 최소 조도는 "유지" 값
"초기" 값을 구하려면 유지 값에 1.25를 곱해야 함.

*1 : 주 카메라용

*2 : 보조 카메라용

(나) 실내 체육관 조도 기준

표 4-27은 실내 체육관에서의 등급별 종목에 따른 조도 기준을 나타내었다.

표 4-27 실내 체육관의 조도 기준(IES-북미조명학회)

종목 / 등급	수평조도 농 구	수평조도 배 구	수직조도 농 구	수직조도 배 구	균제도(최소/최대) 농 구	균제도(최소/최대) 배 구
방송, 국제, 프로	1250 *600-1000 -1500	1000	1250	500	1.5	1.5
준 프로 대학	1000	500	1000	300	1.5	2.0

종목 / 등급	수평조도		수직조도		균제도(최소/최대)	
	농 구	배 구	농 구	배 구	농 구	배 구
일반 경기	750 *300-400 -600	300		200	2.1	3.5
문화 행사	300 *60-100 -150	200		150	3.0	4.0
관 람 석	*30-40 -60					

주) * 표기는 KS A 3011 기준임.
 * KS A 3011 배구기준은 농구와 같음.

(4) 조도 계획

(가) 수평면 조도

① 수평면 조도는 지표면상 조명의 양을 나타내는 것으로 조명을 받고 있는 경기장, 선수, 관객 및 카메라의 시각적 배경 역할을 하기 때문에 눈의 적응 상태를 결정짓는 요소로서 경기 진행과 관전에 적합한 시설을 계획한다.

② 관객이 안전하게 입·출입할려면 수평면 조도를 최소 25[lx] 이상 유지(FIFA 규정)하도록 계획하여 비상 조명을 설계한다.

③ 조도 기준표는 사용중 유지 조도로써, 초기값은 유지 조도의 1.25배로 계획한다(FIFA 규정).

유지 조도라는 것은 초기 조도에 광손실률(LLF)를 곱하여 식 (4-8)로 나타낸다.

$$E(\text{유지 조도}) = E(\text{초기 조도}) \times LLE(\text{광손실률}) \tag{4-8}$$

$$LLF = ATF \times VF \times BF \times LTF \times LLD \times LDD$$

여기서, ATF : 주위온도 인자, VF : 전압 인자, BF : 안정기 인자, LTF : 램프 기울기 인자, LLD : 램프광속 감쇄인자이다.

(나) 수직면 조도

① 수직면 조도는 수직으로 된 물체를 보는데 요구되는 측면상의 빛의 양으로써 TV 화면의 화질에 영향을 끼치는 TV 촬영의 기본적인 요구 조도이다.
최적의 화면을 제공하고 어떤 각도에서도 선수들을 인지 할 수 있게 하려면 경기장 바닥을 기준으로 1.5[m] 기점에 기준치의 수직면 조도를 계획한다(KS A 3705).

② 객석은 카메라에 대한 시각적 환경의 일부를 형성하기 때문에 경기장 외의 평균 조도 25[%] 정도의 조도가(KS A 3705)를 객석에 제공되도록 한다(FIFA 규격은 15[%]로 하고 있다).

③ 조도 기준값은 수직면 상의 조도의 초기 조도값은 수평면 조도 기준과 같다.

(다) 균제도

① 수평면 및 수직면상에서 균일한 조도를 유지하는 것이 중요한 요소로서 선수와 관객의 시야 적응문제, 즉 착시현상 및 카메라 노출을 결정하는 것으로서 조도가 충분히 균일하지 않을 경우 운동장의 카메라 노출을 결정하는 것으로서 조도가 충분히 균일하지 않을 경우 운동장의 특정 위치에서 경기 내용이 선명하게 보이지 않을 위험이 있으므로 FIFA 규정치를 따른다.

② 균제도는 최저 조도와 최고조도의 비율(U_1) 및 최저 조도와 평균조도의 비율(U_2)로 나타내며 경기장의 각 측면을 향한 4개의 수직면이 균일한 조도를 갖도록 계획한다.

③ 카메라를 위한 최적의 시각 조건을 얻으려면 수평면 평균조도와 수직면 평균조도의 비율이 0.5에서 2.0 사이(FIFA 규정)를 유지토록 한다(KS A 3705).

$$1/2 \le E_h / E_v \le 2.0$$

여기서 E_h : 수평면의 평균값 [lx], E_v : 수직면의 평균값 [lx]

④ 경기장의 한 격자 지점의 경기장 측면을 향한 4각의 수직면상에서 최소 조도와 최대 조도의 비율이 0.6 이상이 되도록 한다(FIFA 규정). 또한 균일성을 제공하기 위해서는 8개의 인접한 격자 지점의 수평면 및 수직면 조도와 해당 격

자의 조도가 20[%] 이상 차이나지 않도록 계획한다(격자 지점과의 최대 간격 : 5[m]).

⑤ IES는 균제도를 다음과 같이 규정하고 있다.

㉠ 1등급 (TV 중계 및 국제경기) : 0.5 이상

㉡ 2등급 (프로 경기) : 0.4 이상

㉢ 3등급 (일반 경기 및 연습) : 0.3 이상

㉣ 4등급 (레크레이션 활동) : 0.2 이상

⑥ KS A 3705에서 수직면 조도과 수평면 조도는 다음과 같이 규정하고 있다.

㉠ 수평면 조도의 균제도 $E_{h\,\min}/E_{h\,\max} \geq 1/2$

㉡ 수직면 조도의 균제도 $E_{v\,\min}/E_{v\,\max} \geq 1/3$

여기서, $E_{h\,\min}$: 수평면 조도의 최소값 [lx]

$E_{h\,\max}$: 수평면 조도의 최대값 [lx]

$E_{v\,\min}$: 수직면 조도의 최소값 [lx]

$E_{v\,\max}$: 수직면 조도의 최대값 [lx]

⑦ 실내 체육관의 농구 경기시 미국 NBA 규정인 수직면의 균제도 1/1.5을 만족하도록 계획한다.

(라) 눈부심

① 시계내에서 눈이 적응할 수 있는 조도보다 훨씬 큰 조도에 노출될 때 일어나는 감각적 현상이 눈부심이다. 이러한 눈부심을 최소화 하려면 주된 시선과 연관된 투광 조명의 위치 조준과 선택에 주의를 기울여야 한다.

② 투광 조명에 의한 직접적인 눈부심의 장애는 관객 선수뿐만 아니라 인접한 도로의 교통 흐름이나 경기장 인근 지역에 영향을 줄 수 있으므로 주광선 밖의 빛의 분산을 최소화 할 수 있도록 투광 조명의 선택과 조명의 저절한 배치 조준을 계획한다.

㉠ 조명 설치를 높게 설치하고 경기장 경계선에서 최대한 멀리하여 광원 크기의 입체각을 최소로 한다.

㉡ 일광이 관중이나 선수의 시계내에 들어오지 않도록 한다.

㉢ 차단막이 있는 조명 기구를 선택한다.

㉣ 조명기구는 가장 방해를 받지 않는 곳에 설치한다.

③ 반사에 의한 눈부심을 최소화 할 수 있도록 건축 마감재료를 선택한다.

④ 눈부심의 FIFA 규정값은 최대값 50을 규정하며 이를 기준으로 한다.

(마) 모델링과 그림자

① 모델링은 어떤 물체의 3차원 이미지를 나타내기 위한 요소로서 평평한 조명과 방향성 조명으로 대비된다.

② 평범한 조명은 3차원적인 형태 및 조도 대비는 나타나지 않고 색상대비만 나타나므로 물체의 배경과 구별되지 않아 물체의 운동방향을 식별하기 어려워진다. 평평한 조명은 간접 조명 및 천장에 설치된 조명에 의해 발생하므로 눈부심이 덜한 장점을 가지고 있다.

③ 방향성 조명은 직접 조명의 형태인 태양광처럼 무수한 물체의 대비를 제공할 뿐만 아니라 운동방향을 나타낸다. 방향성 조명은 단점인 짙은 그림자를 나타나게 되므로 평평한 조명 시스템에 방향성 조명을 추가한 형태의 조명 시스템을 계획한다.

④ 축구 경기장의 조명은 각 터치 라인을 따라 두 개 이상의 조명 지점을 설정하여 여러 방향에서 빛을 제공함으로써 모델링의 능력을 제공토록 준비한다.

(바) 색온도 및 연색성

① 대부분의 스포츠에서 색을 어떻게 인식하는 지가 중요하며 TV중계에 영향을 미치는 요소로서 다음 두가지 특성을 고려하여 설계한다.

② 빛의 색상은 조명에 의해 만들어지는 색감으로 K로 표시되는 색온도를 나타낸다.

색온도 K는 KS A-3705에서 3,000~6,000[K]를 기준으로 한다.

③ 연색성은 조명이 물체의 색을 충실하게 재현해 낼 수 있는 능력으로 연색평가지수 R_a로 표현되며, 연색성의 최대 평가지수는 100으로 태양빛과 대비되며 R_a가 높을수록 쾌적한 환경을 제공하므로 가능한 최대값으로 계획한다.

• 예제 •	[답] ④

눈부심의 FIFA 규정치는 최대값이 얼마인가?

① 20　② 30　③ 40　④ 50

• 예제 •	[답] ①

어떤 물체의 3차원 이미지를 나타내기 위한 요소로서 평평한 조명과 방향성 조명으로 대비되는 것은?

① 모델링　② 연색성　③ 색온도　④ 그림자

(5) 광원 계획

광원의 선정은 다음 기준에 따라 계획한다.

① 광원의 선정을 램프 효율, 수명, 경제성, 색상, 보수 점검의 측면, 컬러 TV 및 HDTV 방송의 본격화에 대비하여 계획한다.

② 색온도가 낮을수록 빛의 색상이 따뜻하고, 높을수록 색상이 차거나 푸르게 되므로 자연광(K : 5,000[K])에서 인공조명으로 전환시 색균형의 문제가 최소화 할 수 있는 색온도 4,000[K] 이상인 램프를 선정한다.

③ TV 카메라는 색온도 3,000~6,000[K] 범위 내에서 균형을 이루므로 색온도 선정의 기준으로 계획한다.

④ 유지 보수를 고려하여 4,000시간 이상의 수명을 유지하는 램프를 선정한다.

⑤ 연색성의 기준은 KS A-3705에서 $R_a \geq 55$, IES는 $R_a \geq 65$ 이므로 최대값의 기준을 선정 계획한다.

⑥ 진구의 명멸은 TV방송 또는 고속촬영을 요구하는 빠른 행동이 필요한 경기시 문제가 된다. 안정된 광출력인 경우에 명멸치는 0이며, 보통 0~1.0까지 변화되고 대부분의 스포츠에서 0.1 이하의 명멸 지수가 허용된다.

명멸 지수 0.1 이하를 유지하며 위의 조건을 만족하는 메탈헬라이드램프를 선정한다.

표 4-28에 광원의 정격과 표 4-29에 일반적인 광원의 색상 특성들을 나타내었다.

표 4-28 광원의 정격

광 원	색온도(K)	연색성(R_a) 표현 지수
백열전구 및 텅스텐-할로겐전구	2,800~3,200	100
형광램프	3,000~6,500	50~95
수은램프	3,000~4,000	45~55
메탈헬라이드램프	3,000~6,500	65~90
고압 나트륨램프	2,100~2,500	30~55

표 4-29 일반적인 광원의 색상 특성

광 원	전등당 루멘 출력	효 율 (루멘/전력)	수 명	색상 수용성	광 조절 수준	루멘 출력의 조정
백열전구	보통	낮음	낮음	높음	높음	보통
수은(코팅)램프	좋음	보통	높음	보통-좋음	보통	보통
메탈헬라이드램프	높음	좋음	좋음	좋음	좋음	좋음
고압 나트륨램프	높음	높음	높음	보통	좋음	높음
텅스텐-할로겐 전구를 포함함						

(6) 비상 조명

① 상용전원의 정전시 관객들이 안전하게 입·출입 할 수 있도록 비상 조명을 준비한다.

② 방전등인 메탈헬라이드램프는 재점등시 수분이 걸리는 관계로 경기장 조명을 정전시 재점등 될 수 있는 램프를 설치하여, 순간 정전시에 즉시 재점등 할 수 있도록 25~30[%] 정도로 할로겐전구를 설치하여 혼란을 방지한다.

(7) 비상 TV 조명

국제경기 및 중요 경기에서 방송의 연속성을 보장하기 위하여 비상 TV로 불리는 카메라 방향으로 최소 조명 수준을 제공하기 위해 계획한다(조도 기준표 참조).

방송의 연속성을 제공하기 위해 두 개의 서로 다른 전원(상시 전원, 발전 전원)에 연결할 수 있는 시스템을 계획한다.

(8) 조명기구 및 배치

조명기기의 설치는 실외경기장과 실내경기장에서 다음과 같은 기준을 적용한다.

(가) 실외 경기장

① 조명기구의 배치는 터치라인 및 골라인으로부터 4배 이상 이격한다.

② 골키퍼의 눈부심을 보호하기 위해 골라인을 중심으로 측면으로 15° 각도 이내에 설치하지 않는다.

③ 조명기구의 설치 높이는 경기장 중앙선 수평면과 25°의 각도를 유지하도록 한다.

④ 조명기구의 높이는 선수와 심판이 공을 인지 할 수 있는 높이 이상에 설치한다.

⑤ 경기장 이외 지역에 영향을 최소화 하도록 광원이 차폐되어 전체 영역에 조명을 제공하면서 정상적인 관측자가 눈부심을 최소화 할 수 있는 투사가 72° 이상인 조명기구를 설치한다.

⑥ 실내외 경기장의 모든 경기 영역이 코트보다 크므로 이를 감안하여 계획한다.

⑦ 조명기구의 유지 보수를 위해 점검용 Cat Walk를 설치한다.

(나) 실내 체육관

① 여러 종류 및 등급의 경기를 하는 실내 체육관의 특성상 직접 아래를 조명하는 조명은 코트 상공에 균일하게 조명을 배치하여 눈부심을 최소화하여 설치한다.

② 국제경기 및 TV 중계시 요구되는 수평 및 수직 조도를 제공하기 위해 상부 설치 이외에 램프를 45°로 제한하며 직접 전광판으로 향하지 않도록 시설한다. 주 카메라에 대한 수직조도는 1500[lx] 이상으로 한다.

③ 농구 및 배구 등 모든 경기의 영역이 코트보다 크므로 이를 감안하여 계획한다.

④ 경기장 조명은 가장 높은 관중석보다 높게 설치하여 관전시 직접 눈부심을 최소화 되도록 계획한다.

⑤ 조명기구의 높이는 선수와 심판이 공을 인지할 수 있는 높이 이상에 설치한

다.

⑥ 조명기구의 유지 보수를 위해 점검용 유압 사다리를 준비한다.

• 예제 • [답] ④

실외경기장 조명기구 배치에서 터치라인 및 골라인으로부터 몇 배이상 이격시켜야 하는가?

① 1배 ② 2배 ③ 3배 ④ 4배

• 예제 • [답] ④

실외경기장 조명기구의 설치높이는 경기장 수평면과 몇 °의 각도를 유지하도록 해야 하는가?

① 10° ② 15° ③ 20° ④ 25°

(9) 전압 강하

① 경기장 조명 사용 전압 : 3ϕ 4W 380/220[V] : 220[V] 사용

② 전원 공급장소로부터 등기구까지 전체 전압 강하를 최대 5[%]로 제한한다.

(10) 조도 계산

① 루멘 방법(광속법)의 공식은 식 (4-9)와 같다.

$$E=\frac{(N\times F)\times(CU'\times AAF)\times LLF}{A} \qquad (4-9)$$

여기서, E : 촉광이나 룩스로 표시한 목표 조도

N : 발광체의 수

F : 발광체당 램프 광속

CU' : 예비적인 사용 계수

AAF : 응용 조정 인자

LLF : 광 손실률

A : 지역

② 예비적인 사용 계수(CU')는 발광체로부터 직접 해당 지역에 도달하는 루멘과 전체 램프 루멘의 비로서 정의된다. 빔의 수평축 방향으로는 누출광(경기장 밖으로 벗어나는)이 없다고 가정한다. 따라서, 일반적인 조명 설계에서 다음과 같이 CU를 식 (4-10)으로 구할 수 있다.

$$CU = CU' \times AAF \tag{4-10}$$

③ 응용 조정 인자 (AFF)를 사용하는 것은 빔의 수평축에 대해서는 누출(경기장을 벗어나는 광)이 발생하지 않는다는 틀린 가정을 수정하기 위해서이다.

㉠ 발광체 분산 : 7개의 NEMA 분산 등급을 기반으로 한 광도 분산정도, 빔 분산이 좁을수록 AAF값이 커진다.

㉡ 경기장 인자(field factor) : 발광체에서 경기장의 가까운 구석까지 선을 연장했을 때, 이 선의 경사각에 따른 빔 사용도와 관계가 있다. 이 경사각은 발광체 설치 높이 (H) 및 전주의 뒷물림(전주와 경기장 경계선 사이의 거리 ; S)을 제곱하여 합산한 다음 평방근을 구하고, 이 평방근에 대한 경기장 폭 (W)의 비(경기장 인자)로 나타낼 수 있다. 경기장 인자가 클수록 AAF값은 높아진다.

4.3.4 공원 조명

공원은 주・야간에 사람들에게 휴식 및 주변 자연경관의 관상 등을 통하여 일상생활의 풍족함과 편안함을 주는 시민공유의 시설이다. 그러므로 공원의 기능, 성격이나 주변환경 등에 따라 조명설비를 고려해야 한다.

공원조명은 명시와 방범을 주로 하는 명시조명, 수경조명 및 연출조명 등으로 구분될 수 있다. 명시와 방범을 주로 하는 조명인 경우 일반적으로 5~12[m] 높이 주두형의 수은등기구를 많이 사용해 왔다.

(1) 수경조경

수경조경이란 화단, 잔디, 수목 및 연못 등의 특정대상물을 정하여 그 대상물의 자연미를 강조하며 야간에 경관을 조성하는 조명이다. 그러므로 조도보다는 휘도 대비를 이용하여 한층 더 미관의 분위기를 만들어 내는 것이다.

수목을 조명하는 경우에는 투광기를 이용하여 명암에 따른 바깥쪽과 안쪽까지의 깊이를 연출하는 것이 좋으며, 잔디나 화단을 조명하는 경우에는 빛의 수레바퀴로 리드미컬한 패턴을 만들어 조명하는 것이 좋다. 그리고 연못 또는 물을 조명하는 경우에는 물의 흐름을 조명으로 연출하는 것도 좋다.

조명은 사용장소와 환경에 따라, 연출하고자 하는 목적에 따라 다양한데, 잔디나 수목의 녹색을 돋보이게 하기 위해 투명형 수은등을, 공원의 출입구나 화단의 건조물 등과 같이 연색성을 중시하고자 하는 장소에는 메탈헬라이드등이나 백열전구, 형광등을 이용하면 적당하다.

(2) 광장조명

많은 사람들이 모이는 장소에는 높이가 높은 폴(주두형)등에 의한 조명이 좋으며, 사람의 안색이 바람직하게 보이기 위해 연색성이 좋은 메탈헬라이드램프나 할로겐램프를 사용하는 것이 적합하다.

(3) 분수조명

분수의 형태는 맑고 산뜻한 기품을 지닌 소형의 것부터 격동감이 넘치는 다이나믹한 대형의 것까지 다양한 종류가 있다. 분수용 광원은 수중에 설치하는 조명기구로 분수의 노즐에 따라 조명의 선택이 다르지만, 일반적으로 분수노즐 선단 부근을 조사하는 것이 효과적이다.

분수용 조명기구는 보통 물로 냉각하여 사용하도록 설계되어 있고, 항상 수중에서 점등하고 있고, 수중에서의 조명기구의 위치는 수심 0.5[m] 전후에서 조명하는 것이 최대 효과를 얻을 수 있다.

분수용 광원으로는 반사형 투광전구, 실드빔전구, 할로겐전구, 수은램프, 메탈헬라이드램프 등이 사용되고 있지만, 전구(100~300[W])가 점멸, 조광 또는 조색하는 경우 전원의 제어만으로 쉽게 조정할 수 있다는 장점 때문에 가장 많이 사용하고 있다. 분수의 높이가 5[m] 이상이고, 상시점등하여 두는 장소의 경우에는 수은램프(200~400[W])나 메탈헬라이드램프(400[W])가 적당하다.

연 습 문 제

문제 1 주광이란 무엇이며, 어떤 성분들로 구성되어 있는가? 각 성분의 특성을 설명하시오.

문제 2 채광에 대하여 설명하시오.

문제 3 PSALI의 개념을 설명하시오.

문제 4 명시의 조건에 대하여 설명하시오.

문제 5 식당과 주방의 조명에 대하여 설명하시오.

문제 6 VDT 작업에서 조도와 균제도에 대하여 설명하시오.

문제 7 학교조명에서 교실과 칠판 조명시 유의해야점을 설명하시오.

문제 8 상점의 경우 연색평가지수는 어느 정도면 좋은가?

문제 9 공장의 천장고가 5[m] 이하인 경우일때 적당한 광원은 어느 것이 좋은가?

문제 10 도로의 교차점에서의 조도는 얼마정도이면 되는가?

문제 11 경기장조명에서 국제 최소조도 기준과 HDTV의 조도기준은 어떻게 되는가?

문제 12 일반시무실에서의 조명은 어떻게 하는 것이 좋은지 설명하시오.

문제 13 수술실에서 무영등을 사용하는 이유는?

문제 14 광장조명에 적당한 광원은?

LED 특성

제 5 장

5.1 LED 개요

발광다이오드는 LED(Light Emitting Diode)의 약자로 반도체로 된 다이오드의 일종의 화합물 반도체 특성을 이용하여 전기 신호를 적외선 또는, 빛으로 신호를 보내고 받는데 사용한다. 다이오드(Diode)는 그 양전극 단자에 전압을 걸면 한 방향으로만 전류가 주입되고 전자와 정공이 재결합해서 그 일부의 에너지를 빛으로 변환된다.

LED는 반도체로 이루어져 있기 때문에 고체 소자의 형상을 하고 있다. LED는 전구 등의 다른 열 변환 발광 소자에 비해 안정적이고 신뢰성이 있으며, 그 수명도 연속 통전 상태에서 10만 시간 이상으로 길다. LED는 다이오드의 일종이므로 소자 하나를 구동하는데 불과 전압과 전류가 수 [V], 수 [mA]면 충분하다. 보통 반도체 소자와 마찬가지로 LED 소자 그 자체는 칩(chip)이라 하며, 그 사이즈는 보통 수백 [μm]값으로 매우 작다.

(a) LED 칩의 기본 구조 (b) 대표적인 LED 램프

그림 5-1 LED의 구조

5.1.1 파장별 발광 다이오드(LED)

발광 다이오드(LED)는 활성층의 재질에 따라 고유한 색상을 나타내며 색상별 사용 재질은 표 5-1과 같다. 이와 같은 파장별 발광 다이오드(LED) 세부기술은 적외선, 적색, 황색, 녹색, 청색, 자외선 및 백색으로 분류된다.

표 5-1 재질에 따른 발광 다이오드의 색

색	재료	파장[nm]	재료	파장[nm]
적색	AlGaAs	660	InGaAlP	644
주황색	GaAsP	610	InGaAlP	612
황색	GaAsP	585	InGaAlP	590
녹색	GaP GaP	570 555	InGaAlP InGaN	562 574 525
청색	SiC	470	InGaN	450
자외선			InGaAlN	350

5.1.2 LED의 구조

발광 다이오드(LED)는 다수 캐리어가 전자인 n형 반도체 결정과 다수 캐리어가

정공인 p형 반도체 결정이 서로 접합된 구조를 가지는 광전변환 반도체 소자로서, 화합물 반도체의 특성을 이용해 전기신호를(적외선-가시광선-자외선을 포함하는) 원하는 영역의 파장대역을 갖는 빛으로 변환시켜 신호를 보내고 받는데 사용된다.

발광 다이오드(LED) 기술의 3가지 이슈(issue)로는 발광 성능(Luminous Per-formance), 가격(Cost-Effectiveness) 및 신뢰도(Reliability)를 들 수 있다. 여기에서 발광 성능을 높이기 위해서는 내부양자효율(Internal Quantum Efficiency)과 광추출효율(Extraction Efficiency)을 개선하여 외부양자효율(External Quantum Efficiency)을 높여야 한다.

발광 다이오드(LED)를 고 휘도화하기 위해서는 활성층에서 전자와 정공의 재결합 확률을 높이는 것이 효과적인데, 일반적으로 활성층의 두께를 얇게 설계하거나 클래드층의 에너지 장벽을 최적화한다. 그러나, 실제의 소자는 다양한 제약조건이 있어, 활성층과 클래드층의 개선만으로는 한계가 있다. 그래서 다양한 구조를 고안함으로써 고휘도화를 꾀하여 왔다.

발광 다이오드(LED)의 제조방법이 액상성장법(LPE, Liquid Phase Epitaxy)에서 유기 금속화학 기상 증착법(MOCVD, Metal Organic Chemical Vapor Deposi-tion)으로 바뀜에 따라 복잡한 소자 구조의 형성이 가능해졌으며, 발광 다이오드(LED)의 구조는 호모접합구조에서 단일 또는, 이중이종접합(Heterojunction)구조, 그리고 양자우물(QW, Quantum Well)구조로 진화해 왔다.

발광 다이오드(LED)는 전자와 정공의 결합에 의해서 빛을 방출하는데 방출되는 광자의 에너지에 대응되는 색의 빛을 방출하게 되고, 화합물 반도체는 물질마다 다른 밴드 갭을 가지고 있어서 다른 물질을 조합해 사용해서 다양한 색을 나타나게 할 수 있다.

이러한 발광 다이오드(LED)는 소형화, 경제성, 저전력, 긴수명, 낮은 열방출, 환경보존, 파손이나 고장의 위험이 낮은 특성 등 많은 장점을 가지고 있다.

점진적인 기술 개발에 의하여 최근에 발광 다이오드(LED)는 고휘도화 및 다색화를 추진함으로써 새로운 시장을 개척해 왔으며, 발광 다이오드(LED)의 고휘도화로 옥외 용도, 그리고 대형 디스플레이 시장이 확대되었다.

또한, 청색 발광 다이오드(LED)의 실용화로 풀 컬러 디스플레이와 신호기로 사용할 수 있게 되었으며, 청색 발광 다이오드(LED)를 기반으로 한 다양한 방식의 고휘도 백색 발광 다이오드(LED)의 개발로 다양화되고 있다.

광통신용 반도체 레이저는 광섬유에서의 광 분산이나 손실이 극소인 1.3[μm]나 1.5[μm]의 적외선 파장 대역에서 동작하고 있다. 또한, 초고속의 통신을 가능하게 하기 위하여 충분한 변조 대역폭을 가지는 단일 파장 레이저가 되어야 함은 물론, 대신호 고속 변조시 파장의 분산도 작아야 한다.

광변조기 집적 DFB 레이저 다이오드 또한, 광 정보 저장용으로 레이저 다이오드(LD)를 이용하는데, 현재 상용화되어 시판되고 있는 시디플레이어(CDP, Com-pact Disk Player)에 사용되는 반도체 레이저는 780[nm]에서 동작하고 있으며, GaAs 계열의 화합물 반도체로 제작된다.

즉, 시디플레이어(CDP, Compact Disk Player)의 광 픽업(Optical Pickup) 모듈 부분에 장착되어서 광디스크(Optical Disk)에 저장된 정보를 읽어내는 역할을 하고 있다.

현재 기존의 시디플레이어(CDP, Compact Disk Player)에 사용되는 반도체 레이저는 파장이 780[nm] 부근에서 동작하고 있으나, 정보량이 큰 DVD(Digital Versatile Disk)와 같은 응용에는 635~650[nm]에서 동작하는 레이저 다이오드(LD)가 사용되고 있다.

이와 더불어 광디스크의 용량을 더욱 늘리기 위하여 차세대 반도체 레이저로서 400~500[nm](청록색) 근처에서 발진하는 InGaN 계열의 반도체 레이저에 대한 연구도 급진전을 보여서 상온 연속 발진을 보고하는 등 상용화에 매우 근접해 있다.

이밖에 레이저 다이오드(LD)의 이용은 인간의 눈이 감지하는 가시광의 파장범위인 400~700[nm]이다.

InGaP이나 AlGaAs 계열의 화합물 반도체를 이용한 650~670[nm]의 가시광 레이저가 최근 상용화되어 붉은색 레이저 포인터(Laser Pointer)로 많이 사용되고 있다. 또한, 가시광 레이저는 슈퍼마켓에서 사용되는 바코드 스캐너(Barcode Scanner)에서 기존의 He-Ne 레이저를 대체하는 용도로 많이 사용되고 있다.

바코드 스캐너(Barcode Scanner)의 경우 가스 레이저인 He-Ne 레이저에 비하여 부피가 아주 작고 수명이 길어서 펜 타입의 스캐너 등 다양한 모습의 스캐너들이 선보이고 있다.

레이저 프린터, 개인용 컴퓨터의 보급과 함께 현재 널리 사용되고 있는 레이저 프린터용 레이저는 AlGaAs 계열의 반도체 레이저이다.

이의 기본 발진파장은 780[nm]로서, 시디플레이어(CDP, Compact Disk Player)용의 파장과 같은 영역이다. 다만, 이 경우에는 프린터의 속도를 증가시키기 위하여 시디플레이어(CDP, Compact Disk Player)용의 레이저보다는 고출력의 반도체 레이저가 요구된다. 현재는 레이저 프린터의 출력 속도를 더욱 늘리기 위하여 1차원 행렬로 구성된 반도체 레이저들이 연구 개발되고 있다. 또한, 780~800[nm] 근처의 반도체 레이저는 그 출력이 CW 10[W]에 이르고 있어서, Nd-YAG 레이저 등 다른 고체 레이저 펌핑에도 광범위하게 사용되고 있다.

5.1.3 발광 다이오드(LED)와 레이저 다이오드(LD)

반도체 재료는 발광 다이오드(LED)나 레이저 다이오드(LD)의 파장을 결정하는 중요한 요소이고, LED를 포함한 대표적인 전자 디스플레이 장치는 표 5-2와 같다.

표 5-2 전자 디스플레이 장치

발광형	CRT (cathode ray tube : 브라운관 디스플레이)
	PDP (plasma display panel : 플라즈마 디스플레이)
	ELD (electroluminescent display : 일렉트로 루미네선트 디스플레이)
	VFD (vacuum fluorescent display : 형광 표시관 디스플레이)
	LED (light emitting diode : 발광 다이오드 디스플레이)
수광형	LCD (liquid crystal display : 액정 디스플레이)
	ECD (electrochemical diaplay : 일렉트로 케미컬 디스플레이)
	EPID (electrophoretic image display : 전기영동 디스플레이)
	TBD (twisting ball display : 착색입자회전형 디스플레이)
	SPD (suspended particle display : 분산입자배향형 디스플레이)

(1) 발광 다이오드(LED)의 종류

(가) 기능적인 면으로써 표시용(Indicator) LED와 조명용(Illuminator) LED로 구분

① 표시용(Indicator) LED

㉮ 낮은 구동전류(100[mA] 이내이고, 주로 20[mA])와 광도가 낮음

㉯ 높은 열 저항 특성(>200[℃/W])에 발광효율 저하

㉰ 고온 열화에 따른 에폭시 변색 : $T < 120$[℃]

㉱ 입력전력 $P < 0.1$[W]로 제한

㉲ 사용시간의 경과에 따라 비교적 큰 광 출력 감소

㉳ 낮은 광 추출 효율

㉴ 응용분야 : 전자제품의 표시등, 비상등, 교통신호등 등

② 조명용(Illuminator) LED

㉮ 높은 구동전류(300[mA] 이상)와 광도가 높음

㉯ 낮은 열 저항 특성(>12[℃/W])에 발광효율 향상

㉰ 소프트 젤 함유한 캡슐에 의한 고온 열화에 대한 광속유지 특성 개선

㉱ 입력전력 $P > 1$[W]

㉲ 사용시간의 경과에 따라 비교적 낮은 광 출력 감소

㉳ 비교적 넓은 광 발산 각을 가짐

㉴ 응용분야 : 조명등

(나) 색 구분

① GaP : ZnO 적색 LED : GaP 적색 LED는 1970년경부터 생산되어 LED의 주축이 되었고, 현재의 가시 LED 램프에서 GaP가 차지하는 비율은 매우 높다. 이 LED는 고전류밀도 영역에서의 발광효율에 한계가 있고, 저전류에서의 사용에 적합하기 때문에 표시소자는 포터블 타입을 비롯해 옥내용 각종 기기에 많이 이용되고 있다.

② GaP : N 녹색 LED : ZnO 적색 LED와 마찬가지로 GaP이며, GaP 기판 결정 위에 LPE법을 이용해 p-n접합을 형성하여 제작하는 LED로 옥외용 디스플레

이로도 사용되고 있다.

③ GaAsP계 적색 LED : GaAsP 결정은 GaAs1-XPX의 성분비 x를 바꿈으로써 적외선($x=0$)부터 녹색($x=1$)까지 발광한다.

④ GaAsP계 등황색, 황색 LED : GaAsP의 등황색 LED는 기판결정에 GaP를 이용하여 VPE법에 의해 발광용 p-n접합을 형성한다. GaAs1-XPX의 조성비 x를 적색 LED보다 크게 취함으로써 단파장화한다. x값이 0.65 및 0.75에서는 각각의 발광 피크파장이 630[nm] 및 610 [nm]의 등황색 LED로 된다.

⑤ GaAlAs계 LED : GaAlAs는 $x<0.35$의 범위(직접천이영역)에서 Al과 As의 조성비를 바꿈으로써 발광파장을 640[nm]부터 900[nm]까지 변화시킬 수 있다. 차재용 정지용 램프나 도로표시판, 광고 간판등 각종 옥외용 표시소자로 응용이 확대되고 있다.

⑥ InGaAIP계 등황색, 황색 LED : InGaAIP는 근래 실용화된 혼합결정재료인데 직접 천이형 BAND 구조를 가져 등황색, 황색 LED의 휘도 향상이 가능하다. 이 InGaAIP를 이용해 고휘도(광도 1000[mcd] 이상) 등황색(약 620 [nm])의 LED가 개발되고 있다.

⑦ GaN계 청색 LED : 고휘도 청색 LED의 출현에 의해 옥외에서의 LED 디스플레이의 풀 컬러화가 촉진될 것이다. 또한, 청녹색 LED는 백열전구를 대신하는 신호기의 광원으로 유명하다.

⑧ SiC 청색 LED : SiC는 일찍 시판된 청색 LED의 재료인데 이유는 다른 재료와 달리 P형 결정을 비교적 용이하게 얻을 수 있기 때문이다. 최근 오프 기판결정을 이용해 1700[℃] 전후에서 p-n접합을 형성해서 결정성을 향상시키고, 질소 도너와 Al 억셉터에 의한 D.A 페어 발광중심을 제어성이 좋게 형성함으로써 신뢰성의 향상과 함께 발광효율을 비약적으로 개선하여 30[mcd] (20[mA])의 고휘도를 달성하고 있다.

⑨ II-VI족 청색 LED : Ⅱ-Ⅵ족 화합물 반도체인 ZnSe, ZnS는 각각 실온에서 2.7[eV] 및 3.7[eV]의 밴드 갭을 가지며, 직접 천이형 재료이므로 고발광 효율의 청색 LED재료로서 유망해 최근 현저한 진보를 볼 수 있다.

⑩ 풀 컬러 LED : 풀 컬러 LED에 의한 디스플레이는 이제까지의 SiC 또는 GaN 청색 LED와 다른 재료에 의한 적·녹색 LED를 조합시킨 하이브리드형

의 풀 컬러 LED 램프를 제작하고 있는데 앞에서 기술한 높은 발광효율의 SiC청색 LED와 GaP 적색 및 녹색 LED를 램프화하여 순백색 발광을 포함한 다수 발광이 가능한 풀 컬러 LED가 제작된다.

⑪ 적외선 LED : 적외선 LED의 재료는 주로 GaAs로 양성불순물인 Si를 이용하여 LPE결정 성장조건으로 그 치환위치(Ga 또는 As원자)를 제어함으로써 p-n접합을 형성한다. 일반적인 포토 커플러, 포토 아이솔레이터등의 복합광소자로서 가장 많이 이용된다. 또한, 카메라의 오토 포커스등 고출력을 요하는 것이나 장거리 리모트 컨트롤용 광원으로서 GaAlAs에 의한 DH 구조의 고출력 타입 적외선 LED가 이용되고 있다.

(2) 레이저 다이오드(LD)의 개요

레이저 다이오드(LD)라고 하는 반도체 레이저(Semiconductor Laser)는 아인슈타인의 유도복사이론을 구체화시킨 메이저(MASER, Microwave Amplification by Stimulated Emission of Radiation)의 발명과 반도체 pn 접합에 전압을 인가함으로써 고준위의 에너지를 갖는 전자를 주입하는 트랜지스터 기술을 결합한 것이라고 할 수 있다. 따라서 레이저는 그림 5-2와 같이 구분된다.

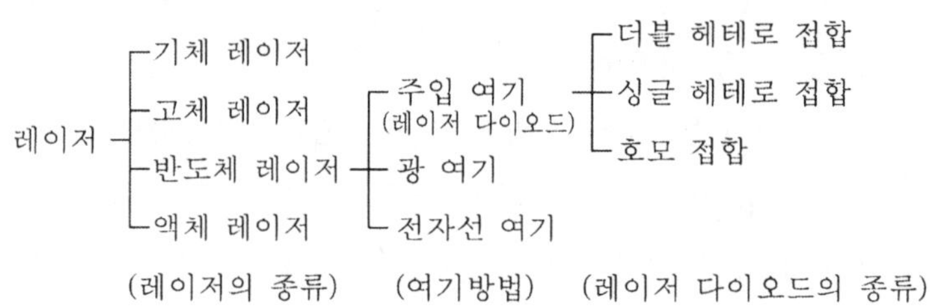

그림 5-2 레이저의 종류 및 레이저 다이오드의 여기방법과 종류

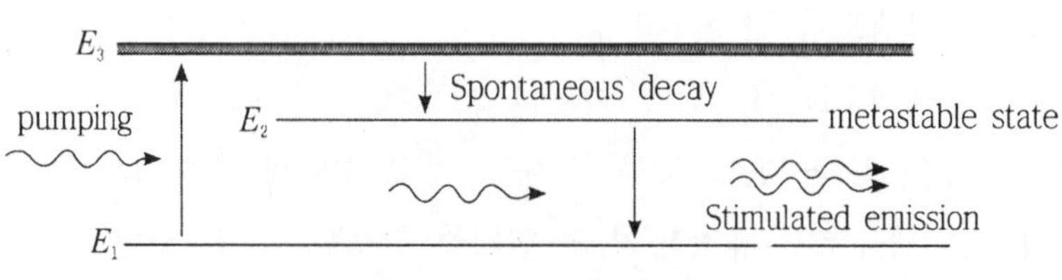

그림 5-3 레이저의 원리

레이저 원리는 그림 5-3과 같이 반도체의 순방향 접합에 바이어스를 인가함으로써 소수의 캐리어를 주입시켜 p형 영역에 주입된 전자는 정공과, n형 영역에 주입된 정공은 전자와 결합함으로써 전류가 흐른다. 전자가 고준위로부터 저전위로 이동함으로써 전위 차이에 상당하는 광전자가 방출된다.

이러한 원리로 외부에서 반도체 접합에 전류를 인가함으로써 접합재질에 따른 특정파장의 빛이 방출되며, 이 빛이 반도체 소자 자체에 형성된(또는 외부에 설치된) 공진기를 통해 왕복(Feedback)되면서 반복적으로 자극방출(Stimulated Emiss-ion)을 내게 되는데, 이것을 반도체 레이저라고 한다.

레이저 다이오드(LD) 소자는 밴드갭이 큰 반도체 물질 사이에 낮은 밴드갭의 박막층(활성층)을 삽입시킨 이중 이질구조를 가지는데, 활성층에 전하를 구속시켜 밀도반전 상태가 유도되도록 설계되어, 밴드갭이 작고 굴절률이 큰 활성층은 광자를 구속시키는 광도파관 역할을 함으로써 임계전류가 낮고 양자효율이 높다.

그림 5-4는 III-V족 반도체의 격자상수(Lattice Constant), 밴드갭 에너지(Bandgap Energy, Eg), 대응되는 파장(Wavelength, λ)과의 상관관계를 보여주는 [Eg/λ-ao] 그래프로서 반도체 소재의 기본 특성과 응용 범위를 개략적으로 나타낸 그림이다.

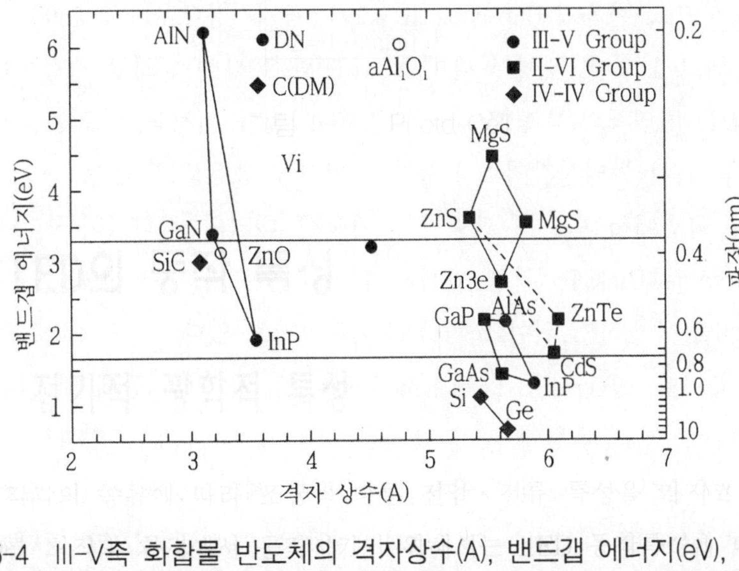

그림 5-4 III-V족 화합물 반도체의 격자상수(A), 밴드갭 에너지(eV), 파장(nm)

제1세대 반도체 소재인 VI족 원소인 Si-Ge은 그 특유의 안정한 역학 및 구조적 특성 때문에 마이크로프로세서와 RAM/ROM(Random-Access Memory/Read-Only Memory) 등의 메모리 소자에 독점적으로 사용되고 있으며, 제2세대 반도체 소재인 III-V족(GaAs-GaP-AlAs-InP) 물질계는 특유의 고속 및 광전 특성에 힘입어 고속-고주파 전자소자와 적외선-가시광 영역의 발광/수광소자에 주로 활용되고 있다. 반도체 분야의 연구개발을 주도하고 있는 III-V족(GaN-AlN -InN) 질화물 및 IV-IV족(SiC-C) 탄화물은 2~6eV 범위의 광역 밴드갭 에너지 소재로서, Si이나 GaAs 계열 반도체가 지니지 못한 특유의 구조 및 광학적 특성 때문에 초고속 전자소자 및 단파장 광전소자에 그 실용성이 입증된 무궁무진한 잠재력의 차세대 반도체 소재로 평가되고 있다.

화합물 반도체의 이질구조에 기초한 반도체 레이저 다이오드(LD) 및 광검출기(PD, Photo Detector)와 고속 전자소자는 광통신의 3대 핵심부품으로서 현대 통신시스템을 가능하게 해 주었을 뿐만 아니라, 레이저 다이오드(LD), 발광소자 (LED)와 관련된 광전산업과 위성 및 이동통신의 비약적 발전에 결정적인 공헌을 하였다.

반도체 레이저 다이오드(LD)는 광통신용 광원뿐만 아니라 CD(Compact Disc)/DVD(Digital Versatile Disk)의 R/W(Read/Write)용 광원, 원격조정기(Remote Controller), 바코드 판독기(Bar-code Reader), 광지시봉(Laser Pointer) 등에 광범위하게 활용되고 있으며, 레이저 다이오드(LD)와 유사한 원리로 작동되는 발광 다이오드(LED)는 천연색의 대형 모니터/광고판, 자동차 지시등, 신호등, 그리고 프린터, 스캐너 등의 칼라 영상감지소자 등에 다양하게 응용되고 있다.

동작 파장 측면에서 반도체 레이저는 광통신 대역의 적외선에서 차세대 DVD(Digital Versatile Disk)를 위한 자색에 이르고 있으며, 자외선에 이르는 레이저 다이오드(LD)를 개발하기 위한 노력들도 이루어지고 있다.

이의 응용분야를 보면 광통신, 레이저 프린터 및 광 픽업 등에 한정되었으나 광의 삼원색 레이저가 구현됨에 따라 표시용 광원, 조명용 및 특정파장의 특수광원 등으로 그 응용분야가 확대될 것이며, 고 출력화 시킴으로써 산업용으로 주로 사용되는 가스 레이저를 대체하는 것으로까지 기술이 개발될 것으로 판단된다.

5.2 LED의 기본 특성

5.2.1 LED 소자이론

백열전구와 형광등의 광원과는 달리 LED는 전기에너지를 빛에너지로 변환시켜 주는 광 반도체를 이용한 광원이다. 이 소자는 기본적으로 P형 반도체와 N형 반도체의 접합 구조를 가지고 있다.

고체상태의 발광층에서 전자의 천이에 의해 잉여 에너지가 방출되는데 이것이 광자의 형태를 띤 빛 에너지이다. 이때, 방출되는 빛의 파장은 발광층 재료의 종류에 의해 결정되어지며, 그림 5-5와 같이 적외선(IR)-가시광선(visible)-자외선(UV)까지 폭넓은 범위에서 선택 가능하다.

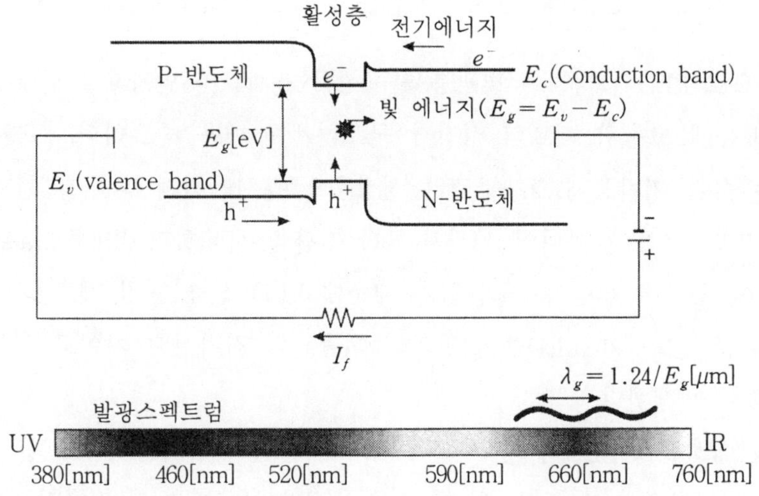

그림 5-5 에너지 천이에 의한 빛에너지 방출과 방출된 파장에 따른 색상

LED 구조에 사용되는 대표적인 재료는 Ⅲ-Nitride(질화물)계와 Ⅲ-V 계열의 반도체 재료이다.

이론적으로는 두 재료가 갖는 발광범위는 매우 넓으나 현재의 기술적인 제약으로 인해 질화물계 LED는 GaN를 기반으로 자외선(UV)에서 녹색까지, Ⅲ-V LED는 GaAs 기반으로 황색에서 적외선(IR)까지 그림 5-5와 같이 구현이 가능하다.

그림 5-6의 (a) GaN 기반 반도체 재료와 (b) GaAs 기반 반도체 재료의 에너지 갭과 격자상수 발광파장은 3원 화합물 또는, 4원 화합물로 조성을 제어하여 결정할 수 있는데 기판과의 격자상수와 비슷한 범위에서 조절해야 한다.

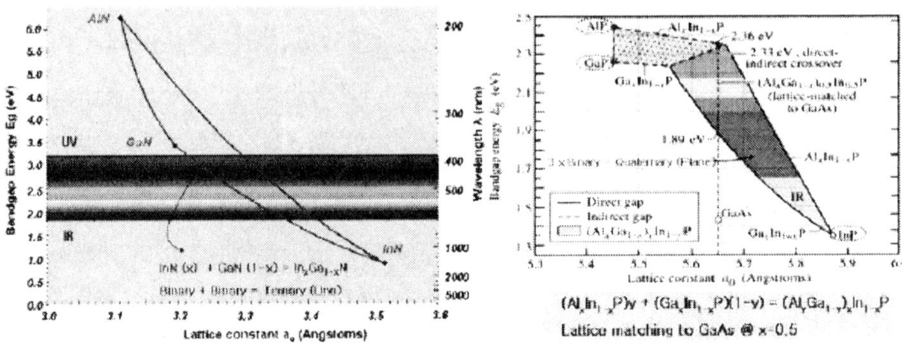

(a) (b)

그림 5-6 GaN과 GaAs기반 반도체 재료의 에너지갭과 격자상수

기본적으로 LED의 성능은 발광층을 구성하는 재료의 발광효율에 결정적으로 좌우되기 때문에 고품위 재료의 성장과 구조설계가 매우 중요하다. 이를 위해 격자구조가 비슷한 기판을 LED 구조의 성장용으로 사용하게 되는데 현재 질화물계 LED용 기판으로는 사파이어 기판과 SiC 기판을 사용하며 Ⅲ-V GaAs는 성장된 에피층과의 구조적 결함이 거의 없기 때문에 LED 성능은 칩 제조공정에 많이 좌우되는 반면 질화물계 LED는 기판과 에피층간의 격자상수 차이로 인하여 구조적 결함이 많이 발생한다.

따라서, 질화물계 LED의 경우 에피 성장 기술이 핵심기술이라고 할 수 있다. 한편, 고품위 에피를 위해 동종기판인 GaN가 개발되고 있으나, 경제적으로 상용화가 미성숙되어 LED에 적용하기에는 시기적으로 이른감이 있다. 부도체인 사파이어 기판 대신 유사 구조를 갖는 Si(111), ZnO, β-Ga_2O_3, ZrB_2 등이 개발 중이지만 이 역시 기판제조 기술 또는 에피 성장 기술이 크게 발전하지 못하고 있다. (GaN 에피 구조와 같고 특정 방향으로 격자상수가 거의 일치한다.)

이들 기판들은 사파이어에 비해 특정방향으로 격자 상수가 거의 일치하고 도전성 기판 또는, 열전도가 좋다는 장점을 갖고 있다. 특히, Si 기판은 저가형 대형 기판이라는 것과 우수한 물성 특성 등을 갖고 있다.

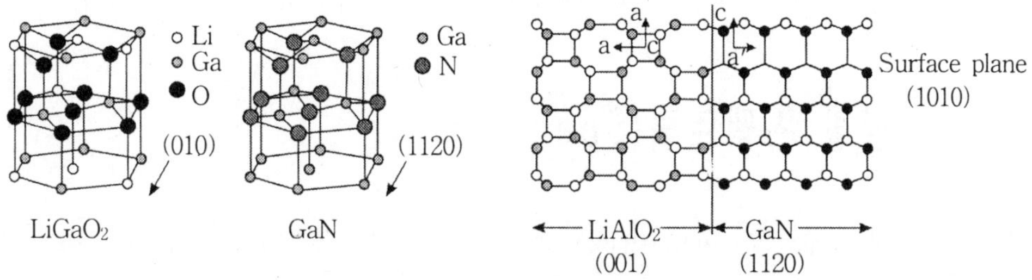

그림 5-7 Oxide 기판과 GaN 에피층의 격자구조 비교

5.2.2 LED의 기본 특성

LED의 특징은 다음과 같다.

① 광 변환 효율이 기존 광원 보다 높으며, 에너지 소비량이 백열전구의 10분의 1, 형광등의 2분의 1정도로 매우 적다.

② LED는 크기가 소형이고 전력소비가 매우 적으며 제어방식(DC구동)이 단순하여 복잡한 구동회로가 필요하지 않기 때문에, 광원 및 시스템의 소형화, 박형화, 경량화를 이룰 수 있다.

③ 다른 광원과 달리 필라멘트나 전극이 없기 때문에 수명이 약 10만 시간의 장수명이고, 충격에 강하고, 안정적이기에 반영구적으로 사용할 수 있다.

④ 방전등처럼 수은이나 방전용 가스를 사용하지 않기 때문에 환경친화적이다.

⑤ 고체발광으로서 열 및 가스방전 발광이 아니기 때문에 예열시간이 필요 없다.

⑥ 점·소등 속도가 9~10초 정도로 매우 빠르며, 전류에 의한 광출력 제어가 가능하다.

⑦ 안정적인 직류 점등방식으로 소비전력이 작고, 고반복, 펄스 동작이 가능하며 시신경의 피로를 감소시킬 수 있다.

⑧ 서로 다른 광색과 특성을 가진 LED를 조합하여 다양하고 다이나믹한 광원의

모양과 광색을 표현할 수 있다.

⑨ 단점으로는 높은 휘도에 의한 눈부심이 발생하며 주위온도 및 자체 발생에 열에 취약하고 좁은 배광, 기존 광원에 비해 5배 이상의 높은 가격이다.

5.2.3 발광 스펙트럼(Spectrum)

피크발광파장(Peak Wavelength (λp))은 최대강도로 발광되는 파장을 말하며 통상 LED에서 사용되고 있다. 또한, 반도체 결정의 재료로 쓰이며, PN접합을 형성하는 불순물의 종류와 농도 및 구조 등에 의해서 결정되어진다.

5.2.4 스펙트럼 반치폭(Spectrum Half Bandwidth)

최대 발광강도의 1/2의 강도를 가진 두 파장 사이의 간격을 나타내며 반치폭이 작을수록 사람의 색감각과의 차이는 적어진다.

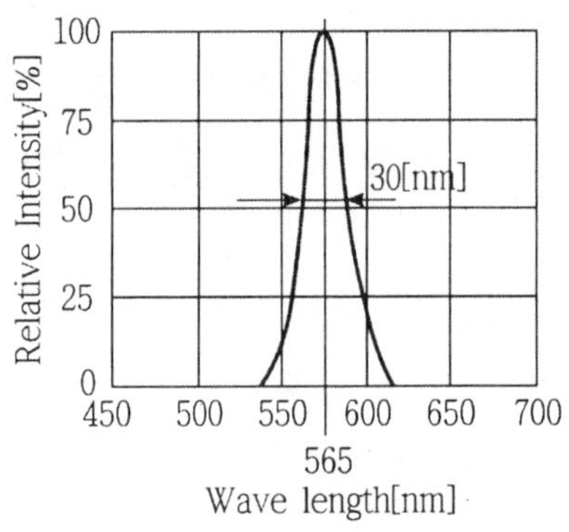

그림 5-8 스펙트럼 반치폭

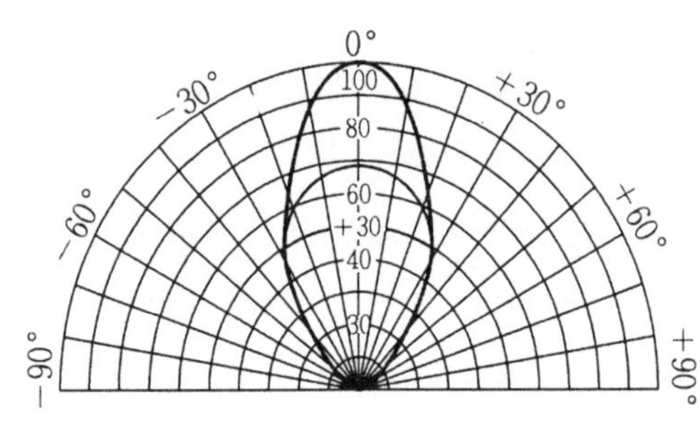

그림 5-9 Radiation Angle

※ 사람의 눈은 555[nm]의 빛에 대한 감도가 아주 좋고 그보다 장파나, 단파로 될수록 감도는 떨어진다.

- 온도변화에 대한 스펙트럼 변위 : 1[℃] 온도의 상승에 따라 LED 방사스펙트럼은 0.1∼0.2[nm] 장파장 쪽으로 변위하나, 인간의 시감도상 색의 변화는 거의 느낄 수 없다.

- Radiation Angle or Half Angle : 방사각 0도에서의 광도가 1/2이 되는 좌우 방사각이 되는 것이며, LED PKG 혹은 Led 형상에 따라 변화하게 된다. 또한, 광도와 반치각의 반비례 관계에 있는 것을 알 수 있으며, Lamp 선택 기준이 되기도 한다.

5.2.5 Luminous Intensity Iv[mcd]

LED를 어떤 정해진 방향으로 어떤 면에서 방사되는 빛의 단위 면적당 광속을 말하며, 칸델라[cd], 루멘/스테라디안[lm/Sr] 단위를 사용한다.

또한, 광도는 각 발광파장에 맞추어 조정된 필터를 가진 단위면적의 Photo Cell로 LED에서 방사된 빛의 강도를 계측한다.

※ 1[cd] : [cd] 단위는 Candle에서 유래된 것으로 통상 촛불 1개의 밝기로 정의한다.

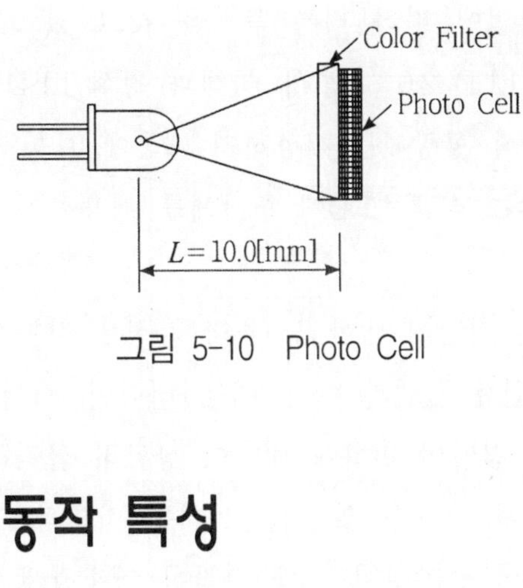

그림 5-10 Photo Cell

5.3 LED의 동작 특성

5.3.1 전기적·광학적 특성

LED는 각각의 종류에 따라 조금씩 다른 전압·전류 특성을 가지고 있다. 그러므로 LED를 최적의 환경에서 동작시키기 위해서는 LED 동작특성에 따라 전류를 조절하여야 한다.

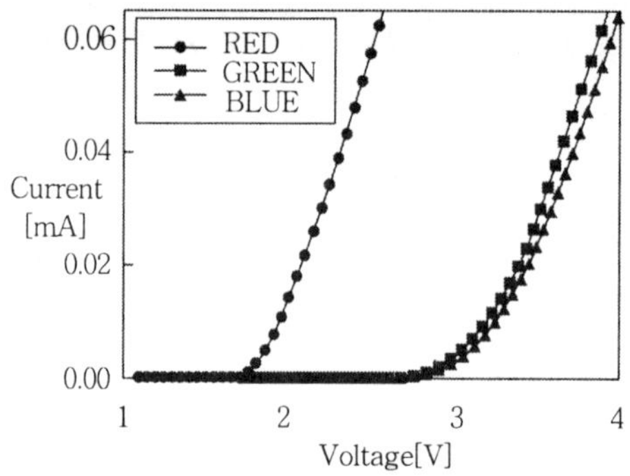

(a) LED 동작전압에 따른 전류 특성

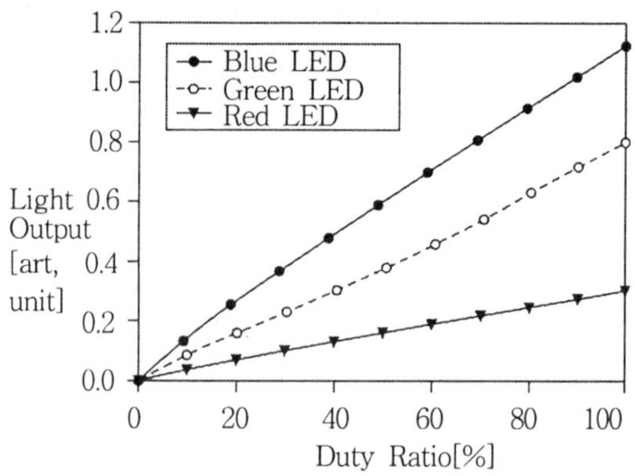

(b) PWM Duty 비율에 따른 광출력 특성

그림 5-11 LED 전기적 · 광학적 특성

그림 5-11의 (a)는 표시용 LED의 전압에 따른 전류변화를 나타내고 있으며, 적색 LED(AlGaInP)의 구동전압이 청색과 녹색 LED(InGaN)의 구동전압에 비하여 낮고 전압의 변화에 따른 전류변화가 청색과 녹색 LED에 비하여 크다. 또한, LED의 재료나 제조 방법에 따라 다른 특성을 갖고 있으며, 순방향전압은 적색 LED 2.0~2.2[V], 황색 LED 2.0~2.2[V], 녹색과 청색 LED 3.0~3.3[V]이다. 백색 LED는 청색 LED에 황색 형광체를 사용하기 때문에 보통 동작전압이 청색 LED와 유사하고, 황색 LED는 적색 LED에 형광체를 채용하여 사용하기 때문에 적색 LED와 유사하다.

LED의 광학적 특성은 전압에 대한 광 출력 특성은 전류에 비례하여 광 출력이 변화하기 때문에 전압-전류 곡선과 비슷하게 나타나며, 적색 LED의 광 출력은 다른 광색 LED보다 동작 전압의 변화에 대하여 상당히 급격하게 변화한다. 그리고, LED 동작전압에 대한 광 출력은 일정전압까지는 비례적으로 증가하지만 일정한 전압 이상이 되면 전압이 증가하여도 광 출력이 감소하게 되며, 그 이상의 높은 전압이 인가되면 LED가 파괴되거나 본래의 특성이 손상된다.

LED의 광 출력을 제어하는데 있어서 주로 동작전류를 제어하여 광 출력 제어가 실현되지만, 동작전류에 대해 광 출력 변화가 선형적으로 변화하지 않고 동작전류를 제어하기 위해서는 복잡한 구동회로가 구성되어야 하는 단점이 있다. 따라서, 이러한 문제점을 해결하기 위하여 LED에 일정전압을 인가하고, 여기에 PWM

(Pulse Width Method, 펄스폭변조)방식의 Duty 비율을 제어하여 광 출력을 제어하면, 그림 (b)와 같이 정확한 광 출력이 제어된다.

5.3.2 온도특성

일반적으로 LED는 온도가 높을수록 광 출력이 저하되는 특성을 가지고 있으며, 이는 일반 방전등과 백열전구의 특성과 반대이다. 이것은 높은 주위 온도와 동작 전류에서는 반도체의 접합온도(Junction Temperature)가 증가하게 되어 전자와 정공의 재결합이 활성화되어 빛에너지가 적어지기 때문이다. 그림 5-12는 접합온도에 따른 각각의 LED 광 출력 특성을 보여주고 있다. 광 출력의 온도 의존성은 AlGaInP LED(즉 청색과 녹색, 백색)보다 InGaN LED(적색과 황색)가 비교적 적게 나타난다.

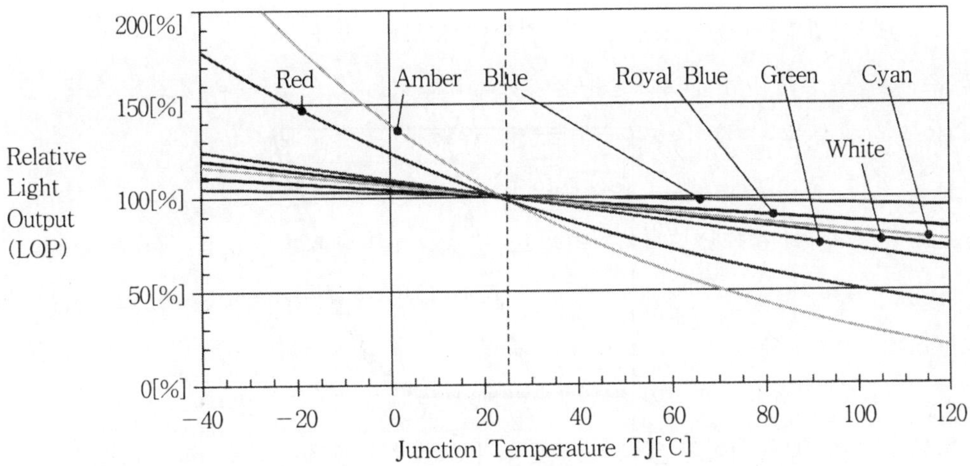

그림 5-12 고휘도 LED의 접합온도에 따른 광 출력 특성

따라서, 일부 LED 시스템은 주위온도 변화에도 일정한 광 출력을 나타낼 수 있도록 LED에 흐르는 전류를 조절하는 보상회로를 포함하고 있다. 그러나, 이러한 보상회로는 LED가 높은 주위온도에서 계속 동작될 경우에는 LED의 수명이 짧아지는 단점이 있다. 이러한 접합온도의 특성을 좌우하는 요소로는 주위온도, LED에 흐르는 전류, LED에 설치되어 있는 히트 싱크(Heat Sinking)가 있다.

5.3.3 LED 전압-전류 특성

고휘도 LED는 각각의 종류에 따라 조금씩 다른 전압-전류 특성을 가지고 있다. 그러므로 LED를 최적의 환경에서 동작시키기 위해서는 각각의 LED 동작특성에 따라 전류를 조절하여야 한다. 일반적으로 순방향전압은 적색과 황색 LED 2.0~2.2[V], 녹색과 청색 LED 3.0~3.3[V], 역 전압은 −3~−10[V]이고, LED의 권장 동작전류는 10~20[mA], 최대 동작전류는 25~50[mA]이므로 전압이 높게 되면 전류 제한용 저항을 연결하여 LED에 흐르는 전류를 제한하여야 한다. 따라서 LED 전류 제한용 저항은

$$\therefore\ R_l = \frac{\text{전원전압} - \leq D\text{순방향 전압}}{\leq D\text{전류}}$$

이고, 이때 전류제한용 저항의 허용전류는 다음과 같다.

$$P = VI[\mathrm{W}] = \text{저항 양단 전압} \times \text{저항에 흐르는 전류}$$

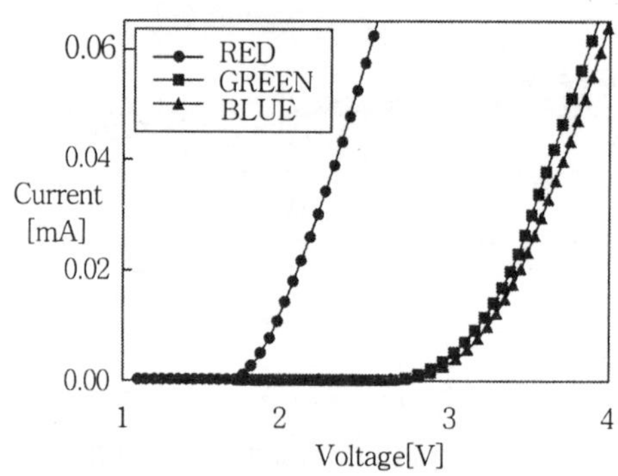

그림 5-13 표시용 LED의 전압·전류 특성

그림 5-13은 표시용 LED의 전압에 따른 전류변화를 나타내고 있으며, 적색 LED(AlGaInP)의 구동전압이 청색과 녹색 LED(InGaN)의 구동전압에 비하여 낮고 전압의 변화에 따른 전류변화가 청색과 녹색 LED에 비하여 크다. 백색 LED는 청색 LED에 황색 형광체를 사용하기 때문에 보통 동작전압이 청색 LED와 유사하고, 황색 LED는 적색 LED에 형광체를 채용하여 사용하기 때문에 적색 LED와 유

사하다. 녹색과 청색 LED의 전압-전류특성은 약간의 차이가 있으나 비슷한 특성을 갖게 된다. 그리고, 조명용 LED는 표시용 LED의 전압-전류특성과 매우 유사하며, 단지 표시용 LED보다 높은 전류가 흐른다는 것이 다르다.

5.3.4 광 출력 특성

고휘도 RGB LED의 광학적 특성은 LED의 재료나 제조 방법에 따라 다른 특성을 갖고 있다. 전압에 대한 광 출력 특성은 전압-전류 곡선과 비슷하게 나타났으며, 적색 LED의 광 출력은 LED의 전압의 변화에 대하여 상당히 급격하게 변하는 것을 확인 할 수 있다. 그리고, RGB LED의 전압에 대한 광출력은 일정전압까지는 비례적으로 증가하지만 일정한 전압 이상이 되면 전압이 증가하여도 광 출력이 감소하게 되며, 그 이상의 높은 전압이 인가되면 LED가 파괴되거나 본래의 특성이 손상된다.

5.3.5 수명 특성

현재 조명 분야에서 LED 램프 수명에 정의되어 있지는 않으나, 기존의 광원에 대한 램프 수명은 측정 샘플의 50[%]가 소손(Burn out)되었을 때의 시간을 말한다.

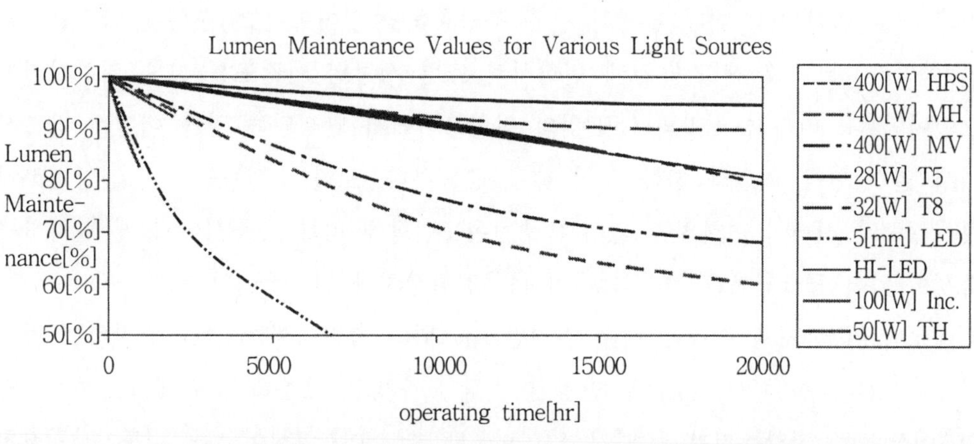

그림 5-14 광원에 따른 20,000시간 동작에 대한 광속유지곡선

LED는 100,000시간 이상이 되어도 광 출력은 매우 낮아지더라도 소손 되지는 않는 특성을 가지고 있다. 그림 5-14는 LED와 다른 광원(즉 백열전구, 형광등, 고압방전등)에 대하여 동작시간에 따른 광 출력의 변화를 보여주고 있다.

5.4 LED 조명

5.4.1 조명용 LED의 개요

백색 하나의 LED에서 발생되는 광속(luminous flux)은 20[mA]에서 약 1.5~2[lumen] 정도인데, 조명에 사용하기 위해서는 100[lumen] 이상이 되어야 하므로 약 60개 정도 칩의 조합이 필요하다.

LED 광원의 가격을 낮추려면 LED 칩의 수를 줄여야 하고, 개별적인 칩의 광 출력도 높여야 한다. 칩의 광 출력을 높이기 위해서는 기존의 20[mA] 구동에서 탈피하여 수 백[mA]의 높은 전류로 구동시켜야 하는 높은 출력의 LED 구현이 필요하다. 이를 위해서는 LED의 광속을 높여야 경제성 있는 LED 반도체조명을 할 수 있다. 따라서 칩에서 많은 광속을 높이기 위해서는 고출력 LED의 구현이 필수적이다.

LED 조명시스템의 성능을 좌우하는 주요원인은 점등할 때 발생하는 열의 방산 문제인데 보통 LED에서 입력 전력대비 광 출력은 약 15~20[%]가 되고, 나머지는 거의 열로 변환된다. 이때 발생된 열은 조명효율을 떨어뜨리고, 수명을 단축할 뿐만 아니라 광도 및 색도를 크게 변화시켜 조명 성능의 안정도를 크게 저하시키는 요인이 된다. 따라서 소자의 LED칩의 접합부위에서 발생되는 열을 어떻게 방출시켜서 열 저항을 최소화 하는 것이 매우 중요하다. 또한, LED는 작은 전압변화에 큰 전류 및 전력이 변화하는 특성과 주변온도변화에 따른 동특성이 크게 변화하는 특성이 있어 공급전류를 적절히 제어하는 전원장치가 필수적이다.

예로써 LED 자체 수명은 매우 길지만 시스템의 측면에서 수명을 결정하는 것은 바로 전원의 수명이다. LED의 안정된 동작과 수명을 보존하기 위해서는 어느 영역 이상으로 전압, 전류가 넘지 않아야 하는데, 이를 제어하는 것도 전원장치(Ballast)이므로 시스템의 전체 신뢰성을 결정하는 중요한 역할을 하게 된다.

또한, 같은 종류의 LED에 대해서도 회로의 방식에 따라 전체 소비전력 및 특성의 차이가 발생되므로 효율적인 설계를 위해서는 시스템 측면에서 조명용 LED 모듈의 설계기술은 매우 중요하다. LED 전원장치는 기본적으로 목표로 하는 LED 시스템에 따라 설계 및 사양이 종속되지만 일반성을 갖는 전원장치 모듈 또는, IC를 별개로 개발하여 부가적인 기능을 다양하게 포함하여 광범위하게 사용할 수 있다. 따라서, 시스템의 안정된 광 출력과 수명이 길고, 신뢰성을 보장받기 위해서는 LED 조명시스템에 대한 기술 개발이 필수적이다.

5.4.2 LED 조명시스템

21세기 빛의 혁명을 주도하고 있는 LED를 조명용 광원으로 사용하기 위해서는 무엇보다도 기존 광원과 비교하여 LED 광원의 구조적, 광학적, 전기적, 환경적 특성을 이해하고 이러한 특성을 조명기구 설계시 적절히 반영하는 것이 요구된다.

LED 광원의 특징은 다음과 같다.

① 구조적으로 기존의 광원과는 달리 작은 점광원으로써 유리전극, 필라멘트 및 수은(Hg)을 사용하지 않으므로 매우 견고하고, 수명이 길며, 환경 친화적이다.

② 광학적으로 선명한 단색광을 발광하여 연색성이 나쁜 반면 색을 필요로 하는 조명기구에 적용시 빛 손실이 매우 작고 시인성이 향상되며, 지향성 광원으로써 등 기구 손실을 줄일 수 있다.

③ 전기적으로 특정전압 이상에서 점등을 시작하고 점등 후에는 작은 전압변화에도 민감하게 전류와 광도가 변화한다.

④ 온도 상승시 허용전류와 광 출력이 감소하고 많은 열이 발생하는 등 주위온도 및 동작온도 변화에 대해 매우 민감하게 동특성이 변화한다. 만약 허용값 이상의 전류가 흐를 경우 수명이 대폭 감소하고 성능이 크게 저하되므로 적절한 열처리 장치와 전류를 제어하는 구동장치가 필요하다.

LED의 조명시스템은 그림 5-15와 같이 집적된 LED 광원(LED Array)을 중심으로 전원장치(Ballast), 방열판(Heat Sink), 광학장치(Lens, Diffuser)등으로 구성된다. 이러한 LED 조명시스템은 LED 광원 자체의 여러 가지 장점에도 불구하고 이를 이용한 시스템 설계에는 다음과 같은 몇 가지 요인을 고려하여야 한다.

첫째, 조명기구의 성능과 내구성을 최대한 유지하기 위해 주변온도를 고려하여 정격 허용전류 내에서 일정한 광도 유지가 가능하도록 전원구동장치를 설계하여야 한다.

일반적인 LED 조명기구는 직류 수십[V]의 정 전류원으로 구동되며, 이 경우 주위도가 상승하면 광도가 저하하고 허용전류도 감소한다. 이러한 조명기구를 고온의 옥외에 설치할 경우 광도 저하 및 허용전류 감소에 의한 과전류로 치명적인 손상을 줄 수 있다. 실제로 온도에 대한 동특성 변화가 가장 심한 황색 LED의 경우 상온에서 허용전류의 20~30[%](70[℃] 허용전류의 40~50[%]) 수준으로 설계하여야만 70[℃]에서 광도변화율 20[%] 이내로 유지할 수 있다.

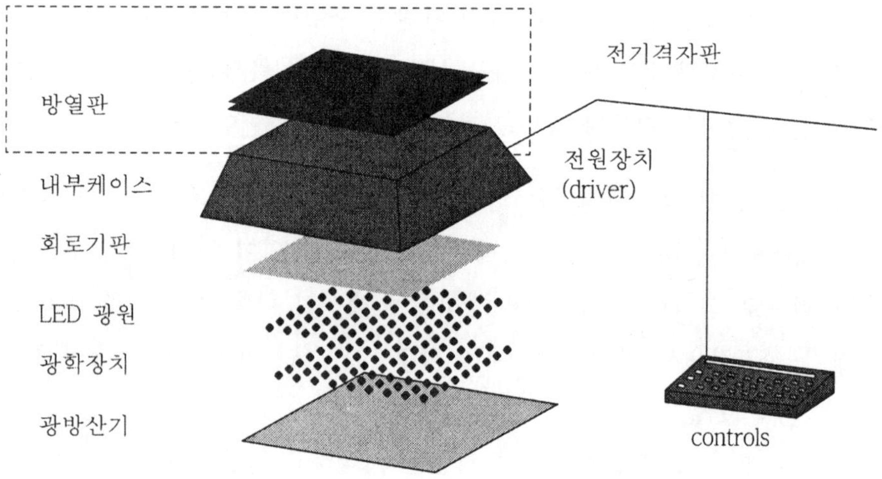

그림 5-15 LED 조명시스템의 구성

둘째, 작은 점광원과 높은 지향성을 가진 LED를 다수 결합하여 만드는 조명기기는 사용자에게 글레어를 초래하여 불쾌감 및 피로감을 줄 수 있다. 따라서 일반조명용 제품으로 응용을 위해서는 용도에 맞는 배광을 가질 수 있도록 적절한 렌즈 및 조명기구가 설계되어야 하며, 또한 다수의 LED를 집적화하면서 발생되는 국부적 열 발생과 이를 처리하는 기술이 시스템성능을 크게 좌우하게 된다.

5.4.3 LED 광원특성과 응용분야

LED는 기존의 유리전구 형태의 광원과 다르게 단단한 고체형태(Solid state)의 작은 점광원으로 개당 광 출력이 매우 작은 반면 견고하고 수명이 긴 특성을 지니고 있다. LED 광원의 수명은 100,000시간 정도로 산출되어지며, 여기에 환경의 변화 및 물리적인 악조건을 감안하여도 통상 40,000~50,000시간의 수명을 예측하고 있다. 이는 기존 전구의 수명인 1,000~4,000시간에 비해 비교할 수 없을 정도의 긴 수명으로 조명기기의 유지보수를 대폭 절감할 수 있는 장점이 있다.

LED의 개당 광 출력은 수 [lumen : lm] 정도로 조명용 광원으로 사용하기 위해서는 수십~수백 개를 직병렬로 연결하여 사용하며, 이러한 작은 점광원을 적절하게 배열함으로써 여러 가지의 형태를 갖는 조명기구의 설계가 가능하다.

표 5-3 주요 광원별 램프출력 특성 비교

형식(type)		Rated power [W]	total flux [lm]	lamp eff [lm/W]	Ballast eff [%]	Color tamp(색온도)[K]	CRI [Ra]	life time [h]	Power range [W]
백열등	표준	60	810	14	100	2,850	100	1,000	10~100
	텅스텐 할로겐	100	1,600	16	100	2,900	100	1,500	60~500
형광등	표준	37	3,100	84	78.6	4,200	61	12,000	4~40
	CFL	36	2,900	81	77.8	5,000	84	7,500	4~96
고압 방전등	수은	400	22,000	55	94.5	3,900	40	12,000	40~2,000
	메탈핼라이드	400	32,000	80	95.0	4,300	70	9,000	100~1,000
	고압나트륨	360	36,000	100	92.0	2,150	60	12,000	220~660
LED		>1	>20	20~30	85.0			20,000	<5

또한, LED는 반도체 종류에 따라 결정되는 좁은 파장대의 단색광을 발광하므로 특정한 색을 요구하는 조명기구에 적용할 경우 탁월한 성능과 유효 발광효율을 기대할 수 있다. 현재 사용되는 LED의 발광효율은 20[lm/W] 수준으로 백열전구의 15[lm/W]보다 높으며, 여러가지 조명기구에서 에너지절약효과를 가지고 있다.

적색 백열전구 신호등의 경우 적색 투과율이 10[%] 정도로 적색 발광효율은 1.5

[lm/W] 정도로 감소하는 반면 LED는 선명한 적색 그 자체를 20[lm/W]로 발광하기 때문에 전구식에 비해 90[%] 이상의 에너지절약이 가능하게 된다. 이밖에 LED 교통신호등은 수명이 길어 유지보수비용 75[%] 절감, 시인성 향상에 따른 교통사고 저감 등이 기대된다. 응용분야로는 LED 교통신호등을 비롯하여 항공장애등, 비상구(exit), LED 등명기(Buoy) 등으로 여러 가지가 있다. 이와 같이 색과 시인성 향상을 요구하는 응용분야에서 LED 광원이 광범위하게 사용되고 있다.

LED의 광 출력을 제어하기 위해서는 전원전압(전류)을 제어하는 방법과 전원전압을 일정하게 유지하면서 펄스폭을 변조하는 방법이 있다. 일반적으로 신호등과 같이 단순한 조명장치는 전압(전류)제어 방식을, 전광판과 같이 다양한 밝기와 색을 연출하여야 하는 복잡한 조명장치는 디지털 기술을 이용한 펄스폭변조(PWM) 방식을 사용하고 있다. 백열전구의 경우 빛을 발광하기 위해서는 전원 공급 후 필연적으로 필라멘트가 가열되는 시간이 필요하게 되며, 보통 0.2[sec] 정도가 소요되는데, 이에 반해 LED는 전원 공급과 동시에 전자와 양전하가 결합하여 순간적으로 빛을 발광하게 되므로 순간 점등특성을 이용하여 특수 조명기구에 응용할 경우 큰 효과가 있다.

LED는 반사 컵과 에폭시 렌즈의 구조 등에 의해 배광특성이 결정되며, 최대 광도를 발산하는 광축방향을 중심으로 좌우각도에 따라 광도가 감소한다. 이때 중심축 방향의 최대광도의 50[%]되는 각도를 반치각 또는, 가시각이라 하며 최대광도와 더불어 LED의 발광효율을 결정하는 중요한 요인이다. 반치각이 클수록 중심축 광도는 작아진다. 이러한 지향성 구조는 작업 면이 특정 지역으로 제한되어 있을 경우 목적조명(Task lighting)이 가능하여 기존광원 보다 2배 이상의 등기구 효율이 가능하다.

가시광선의 좁은 파장대를 발광하는 LED 광원은 적외선과 자외선 방출에 의한 열전달은 거의 없는 반면 접합부위에서 큰 열이 발생되는데, 이러한 열의 발생은 LED 성능을 크게 좌우하므로 조명시스템을 설계할 때 열처리 기술은 매우 중요한 요인이 된다. 표 5-4는 입력전력에 대한 주요 광원의 광 출력, IR/UV출력, 열 발생, 안정기 손실에 대한 비율로써 기존 광원의 경우 IR 발생비율이 높은 반면 LED의 경우 열의 발생 비율이 높다.

표 5-4 광원의 에너지 출력 비교

Lamp Type	Light	IR	UV	Heat	Ballast
백열등(100W)	10	72		18	
형광등(40W)	20	33		30	17
형광등(40W excluding ballast)	24	40		36	
수은등(400W)	15	47	2	27	9
메탈헬라이드등(400W)	21	32	3	31	13
고압 나트륨등	30	35		20	15
LED	15			60	25

IR과 UV가 적다는 것은 빛에 의해 피사체에 전달되는 에너지가 작다는 의미로 국부적으로 발열된 에너지를 외부로 적절히 방출할 경우 박물관 조명, 냉동·냉장고의 내부 조명에 우수한 효과를 기대할 수 있다.

일반적으로 형광등을 주로 사용하는 냉장 쇼 케이스의 경우 짧은 수명과 파손되기 쉽고, 불균일한 조도와 빛에 의한 열전달 등이 문제되나 LED를 사용할 경우 작은 점광원을 균일하게 유지하기 용이하고, 외부로 방열처리를 할 때 냉장효율을 증가시킬 수 있다. 또한 형광등의 경우 저온에서 광 출력이 25[%] 감소하는 반면 LED는 광 출력이 증가하여 광 이용효율을 높일 수 있다.

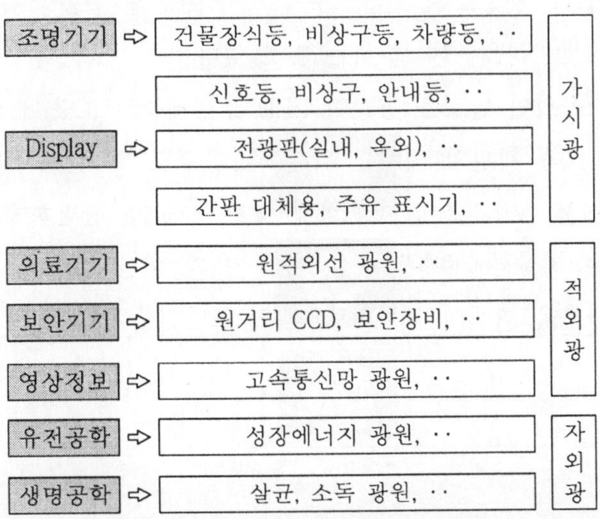

그림 5-16 LED 광원의 응용분야

LED 광원은 주로 DISPLAY용으로 응용되어 왔지만 그림 5-16과 같이 광범위하게 응용이 기대되고 있으며, 기술의 발달로 인한 새로운 신소재의 개발로 에너지 대체 및 환경 친화적 조명기술 개발에 많은 관심이 집중되고 있다.

5.4.4 LED 조명기술의 동향

LED 광원의 장점은 효율이 높고 수명이 길며, 색상 및 조광제어가 용이하다. 즉, 발광효율이 높은 반도체 발광 소자를 조명에 사용해 전력소모를 줄여 에너지 절약하고, 환경개선이 가능하며, 수명이 길고 견고하여 유지보수 비용을 줄일 수 있고, 필요에 따라 다른 색과 조합하여 모든 색의 빛의 구현이 가능하고 밝기 제어가 매우 용이하다.

특히, 단색광을 요구하는 신호용 광원에 적용할 경우 80[%] 이상의 에너지 절약과 함께 좁은 파장대의 선명한 빛으로 시인성을 높일 수 있어 안전성 향상에 크게 기여하고 있다. 따라서 기술 동향으로 조명용 광원, 교통 신호 및 철도용, 잔여시간 표시기, 해상용 등 그리고, 전광판 등과 같은 광원으로 시인성 향상을 위한 색도, 광도기준과 옥외환경에서 필요한 전기적, 기계적 성능을 높일 수 있는 기술개발이 이루어지고 있다. 또한, 신호 및 전광판용 LED 구동과 특별한 조명을 고려한 LED 전원장치에 대해서도 많은 연구와 관련 제품이 많아지고, 백색 LED 구동용으로 여러 가지 IC가 있다. 용도로는 수십~수백 개의 LED를 구동할 수 있으며, 기능은 정전압·정전류 또는, 역율 제어를 하는 것도 있다.

LED 기술의 지속적인 발전을 통하여 LED 조명제품의 효율이 향상되고 있으며, 조명 대체용과 신호용 광원의 대체를 위해 색도, 광도 및 전기적 기술기준을 만족하기 위한 연구에서 LED 조명 제품화에 대한 연구가 활발하게 수행되고 있다. LED 조명 제품은 지향성을 가진 수십~수백 개의 이산 LED 광원으로 구성되므로, 조명용으로 사용을 위해서 구동회로, 렌즈, 조명기구 등을 포함한 조명시스템이 개발되고 있다.

연 습 문 제

문제 1 청색 발광다이오드의 재료는 다음 중 어느 것인가?

㉮ AlGaAs　　㉯ GaAsP　　㉰ GaP　　㉱ SiC

문제 2 LED의 권장 동작전류는 몇 [mA]인가?

㉮ 1~10　　㉯ 10~20　　㉰ 20~30　　㉱ 30~50

문제 3 에너지를 가하면 가시광선을 발생하는 소자는 다음 중 어느 것인가?

㉮ Diode　　㉯ TR　　㉰ MOSFET　　㉱ LED

문제 4 LED의 발광전압은 최저 몇 [V]인가?

㉮ 1~1.5　　㉯ 1.8~2　　㉰ 2~3　　㉱ 3~5

문제 5 LED의 최대 사용전류는 몇 [mA]인가?

㉮ 10　　㉯ 20　　㉰ 35　　㉱ 50

문제 6 LED의 역전압은 몇 [V]인가?

㉮ 1~2　　㉯ 3~4　　㉰ 4~5　　㉱ 5~6

문제 7 LED의 전류제한 저항값을 구하는 식은 다음 중 어느 것인가?

㉮ $R_l = \frac{\text{전원전압} - \le D\text{순방향전압}}{\le D\text{전류}}$

㉯ $R_l = \frac{D\text{순방향전압} - \le \text{전원전압}}{\le D\text{전류}}$

㉰ $R_l = \frac{\text{부하전류} - \le D\text{도통전류}}{\le D\text{전원전압}}$

㉱ $R_l = \frac{D\text{도통전류} - \le \text{부하전류}}{\le D\text{전원전압}}$

문제 8 LED 특징이 아닌 것은 다음 중 어느 것인가?

㉮ 발열은 거의 없다. ㉯ 소비전력이 작다.

㉰ 수명이 반영구적이다. ㉱ 응답속도가 늦다.

LED 조명 설계

제 6 장

6.1 LED 모듈의 개요

고효율 LED 모듈 패키지는 LED 광원을 용도에 맞게 유효광원으로 최적화하는 기술로서 패키지 크기를 최소화하며 제조원가를 낮출 수 있는 공정기술을 필요로 하고 있다. LED 모듈 패키지 설계는 열 해석에 따른 패키지 구조 및 방열설계, LED 광원의 방향 및 배광 조절을 위한 광학 설계로 이루어진다. LED 모듈의 기본적인 패키지 형태는 그림 6-1과 같이 SMD(Surface Mount Device)와 COB (Chip on Board)로 구분되며 고출력 고집적 LED 모듈은 COB 패키지 형태가 주종을 이루고 있다.

그림 6-1 LED 모듈 패키지 종류 : 램프형, SMD형, COB형

이러한 LED 모듈 패키지는 그림 6-2와 같이 기본적인 다이본딩 및 와이어 본딩 공정 후에 몰딩 과정을 거쳐 광원모듈로 완성된다.

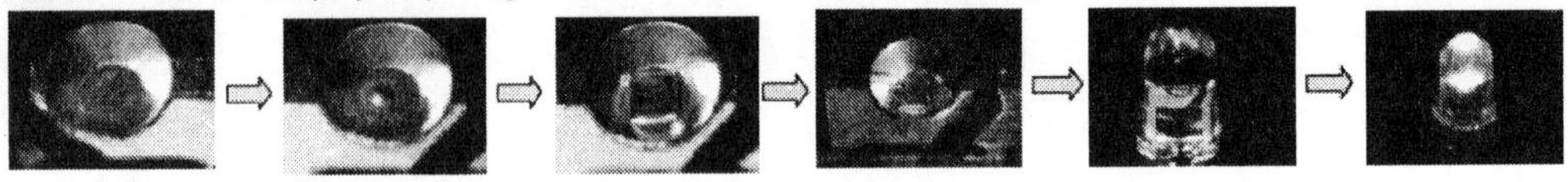

그림 6-2 LED 램프형 패키지의 기본 흐름도

특히, 봉지제 몰딩 공정은 광 특성을 고려한 LED 광원모듈 패키지만의 공정으로 형광체를 배합 적용한 광색조절 기능 및 배광조절을 위한 기본 광학계 구조 형태를 갖도록 한다. COB 패키지는 SMD패키지보다 그림 6-3에서와 같이 기본적인 패키지 구조에서 열전달 면이 적은 방열구조로 연결되어 있어 열 특성이 20 [%] 이상 개선할 수 있다는 장점이 있으나, 다양한 응용분야에 따라 램프(1[W]급 이하의 신호용), SMD(1~5[W]급 가전용), COB(5[W]급 이상의 고출력 조명용) 타입의 패키지들이 LED 모듈의 패키지 특성에 따라 적용되고 있다. LED 광원 모듈 패키징 기술은 LED 칩의 광속을 패키지 상태로 시스템에 적용할 수 있도록 제작하는 것으로 LED 광원 모듈의 패키지 설계 효율은 LED 칩을 기준으로 전기, 열, 광학적인 구동조건에 따라서 그림 6-4와 같이 50~70[%] 정도 활용할 수 있다.

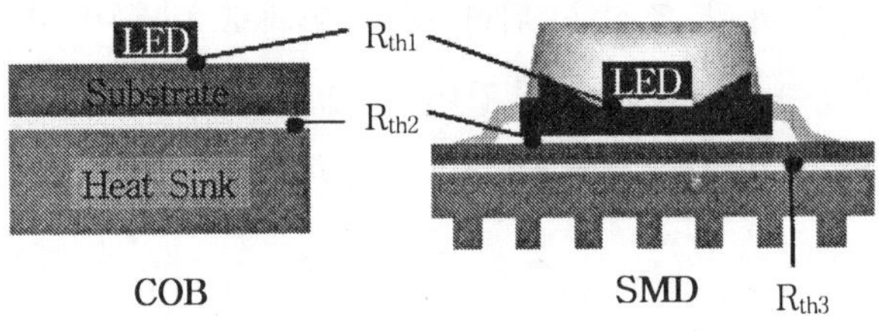

그림 6-3 COB와 SMD 패키지 비교

현재 발표된 가장 높은 효율의 LED는 Nichia사에서 개발한 150[lm/W]급의 LED이며, 이 광속 효율은 실험실 수준의 수치로서, 이러한 LED 칩들은 2년여 간의 양산화 공징을 거처 싱용화된다는 깃을 감한할 때 2010넌경에느 75~105[lm/W]의 LED 모듈이 상용화 가능할 것으로 사료된다. 이러한 LED 모듈 COB 패키지의 응용제품별 제조현황 및 성능은 표 6-1과 같다.

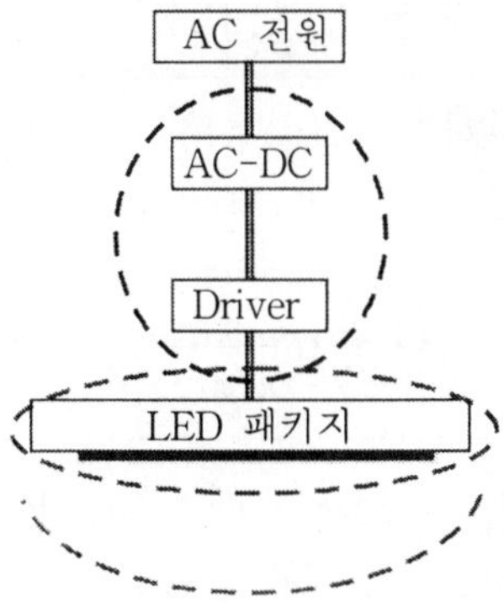

효율[%]	최고	최저
전기	90	80
열	90 (65[℃])	85 (100[℃])
광학	85	75
전체	69	51

그림 6-4 LED 모듈 패키지 설계 효율

표 6-1 COB 패키지 형태의 LED모듈 응용제품 및 주요성능

제조사	제조국	대표적 COB 패키지		주요성능	비고
Lamian Ceramics	미국	BL-2000		108[lm] (white light 5500[K])	LTCC-M (CTE : 6[ppm/℃])
Innovation in Optics	미국	LumiBright		203lm@ 2.15A 20 or 41	Non-imaging CPC
Stocker Yale	미국	COBRA		175, 001lux@8.3W 125mm line	고속스캔용
TIR Systems	캐나다	LEXEL		0-1000[lm]/35[W] 2700[K]~6500[K]	50,000 hours no degradation
Enfis	영국	UNO	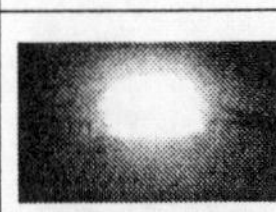	360[lm]/18[W] 0.7[cm^2]	power package: 5[W/cm^2]
Osram OptoSemiconductors	독일	Ostar		420[lm]/15[W](lens) 6 LEDs	Golden Dragon(SMD)
Opto Technology	독일	Shark		250[mW] (50 UV LEDs)	TIR lenses& CPC reflectors

제조사	제조국	대표적 COB 패키지		주요성능	비고
Vossloh-Schwabe Optoelectronics	독일	LJ series		370[lm]/12[W] 60 LEDs	12×300[mm²] >30[lm/W]
Tridonic Atco	오스트리아	Power LED EOS		840lm@0.7A 30×30[mm²]	12 white HP LEDs
Sololuce	이태리	Power Giant		560[lm]/15[W] 5×28[mm²]	16 large-area HP LEDs
NeoPac	대만	Neo Bulb		500[lm]/20[W] 0.49[cm²]	16 HP LEDs Micro-heat pipe
Lednium/Optek	호주	Turtle		250[lm]/10[W] 33×33×8[mm²]	3D packaging

6.2 LED 조명 설계

LED 조명 제품 설계의 구성요소는 그림 6-5와 같이 모표배광을 위한 광학계와 신뢰성 확보를 위한 방열이 실현되는 조명기구 설계와 고효율 실현을 위한 구동회로와 LED의 다양한 광색 및 색온도를 구현하기 위한 제어회로를 실현하기 위한 회로설계가 필요하다.

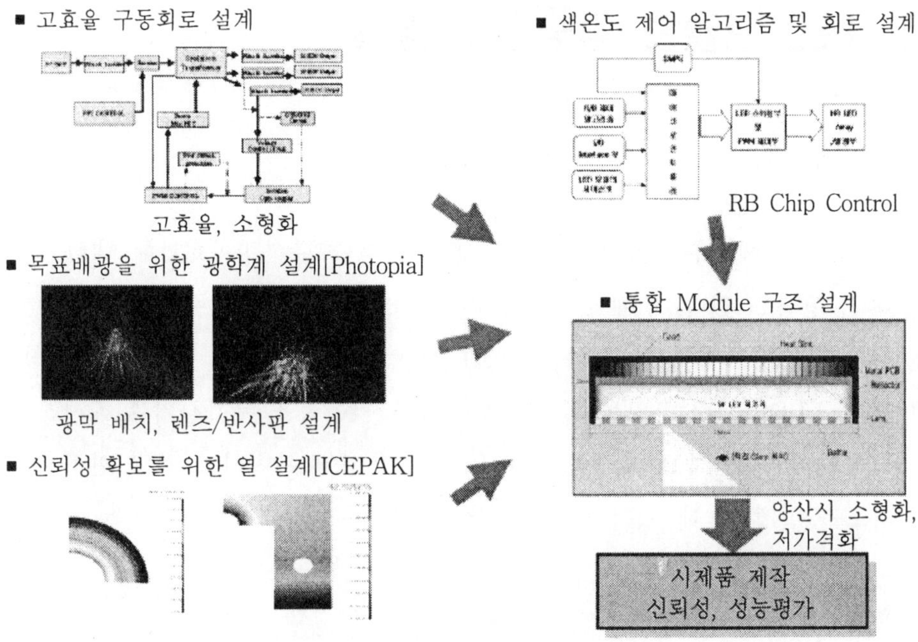

그림 6-5 LED 조명 설계

LED를 조명 용도에 효율적으로 적용하기 위하여 조명 공학적 목표 배광을 설정하고, 이를 실현하기 위한 광학설계 및 광 효율 극대화 기술이 필요하다.

이러한 최적의 목표 배광을 실현하기 위한 광학설계 요소 기술은 다음과 같다.

① 반사판, 글로브(globe), 확산 시트 등의 광 설계기술
② 직간접 조명을 위한 조명설계 기술
③ 광학적 특성 분석 및 개선 기술
④ 색도 및 눈부심 등의 조명 공학적 특성 연구
⑤ 조명렌즈/반사판 개발(LED 조명 등기구 개발)

또한, LED가 조명용으로 사용하기 위하여 대용량화가 필요하며, 이것은 LED 자체 발열량의 증가로 LED 발광효율을 저하시키고, 수명을 감소시킨다. 따라서, LED 조명기구 설계에 있어서 방열 구조의 개선이 매우 중요하다.

이러한 방열 구조를 개선하기 위해서는 LED와 방열판과의 접착 열 저항을 최소화해야 할 것이다. 따라서, 방열 단면적이 최대화 될 수 있는 조명기구 설계가 이뤄져야 하며, 전도된 열이 빠른 시간에 냉각될 수 있는 구조를 형성하여야 한다.

6.3 LED 모듈의 구동회로 설계

6.3.1 개 요

LED가 조명분야에 적용되면서 LED의 특성에 부합하는 구동회로에 대한 연구가 활발히 진행되고 있다. 현재 LED 패키지 및 모듈의 효율과 수명이 기존 광원보다 높더라도 LED특성에 부합하는 회로가 적용되지 않으면 그 장점이 부각되지 못하게 되고, LED의 감성조명을 실현하고 다양한 기능성을 부가하기 위해서는 구동회로의 설계가 매우 중요하다. 따라서, LED의 특성에 부합하고 조명 환경에 부합되는 회로를 설계하는데 있어서 고려해야 할 사항은 다음과 같다.

(1) LED 동작 개수 결정

LED 조명제품의 사이즈 및 광 출력과 전력을 고려하여 설계해야 한다.

(2) LED 인가전압의 형태

AC, DC, 구형파, 삼각파 등

(3) LED 어레이(Array) 회로 구조

(가) 직렬구조(LCD BLU 등 디스플레이에 주로 사용)

① 각각의 LED에 일정한 전류가 공급되어 LED 어레이의 균일한 휘도가 발생한다.

② 하나의 LED가 소실될 경우 전체 LED 어레이가 소등된다.

(나) 병렬구조(Battery를 이용한 조명분야에 주로 사용)

① 각각의 LED에 일정한 전류가 공급되지 않아 LED 어레이의 불균일한 휘도가 발생된다.

② 하나의 LED가 소실될 경우 전체 LED 어레이에 영향이 없다.

(다) 직·병렬구조(일반조명에 주로 사용)

LED 동작전압과 전류를 고려하여 설계할 경우, 직렬구조와 병렬구조의 장점으로 부각된다.

(4) LED 동작 제어 방식

(가) 정전압제어 방식

① 초기 동작시 LED 접합온도가 낮으므로 낮은 전류가 LED에 인가한다.

② 동작 시간 경과 후 자체 발열량에 의해 접합온도가 상승하여 높은 전류가 LED에 인가한다.

③ 광 출력은 LED 접합온도에 반비례하여 동작 시간 및 온도에 따른 광 출력 변화가 적다.

④ 오랜 시간 점등 동작하는 실내등, 독서등 등에 사용

(나) 정전류제어 방식

동작시간 및 온도에 따른 광 출력 변화가 크다.

① 동작시간 및 온도에 관계없이 항상 일정전류를 제공한다.

② 초기 동작시 LED 접합온도에 비례하여 높은 광 출력을 나타낸다.

③ 동작시간 경과 후 자체 발열량에 의해 접합온도가 상승하여 낮은 광 출력을 나타낸다.

④ 짧은 동작시간을 나타내는 경광등, 인체감지센서, 섬광등 등에 사용된다.

표 6-2 LED의 응용사례

구분	Display용	Traffic Sign용	전장용	광원용	통신용
Set	옥내외 전광판	교통신호등 도로상태 경보등 도로상태 안내등 도로지명 표시등	산업용 특수조명		

구분	Display용	Traffic Sign용	전장용	광원용	통신용
Module & Array	옥내전광판 문자전광판 옥외전광판	도로교통 신호용 모듈 철도교통 신호용 모듈	Stop Lamp 방향지시등 브레이크등 Dash-Board	정밀과학기기 특수조명 의료용장비	IrDA IrDA-Array
Unit	가전제품 산업기기용 표시창 전광판 Pixel 완구류			전구형 Unit 형광등형 Unit Back light (LCD, 단말기, 디지털카메라)	핸드폰 발광 안테나

(5) 디지털 제어(PWM 제어)

다양한 광색 LED의 광 출력을 변화시켜 광색 및 색온도 제어를 통한 감성조명 실현된다.

6.3.2 LED의 기본 구동회로

(1) 구 동

발광 다이오드(LED)는 극성에 적합하게 전원을 인가하면 발광을 하지만, 출력광은 전압 및 주변 온도의 변화 등에 의하여 변화하게 된다.

발광 다이오드(LED)가 단순히 신호의 표시 소자로만 사용되지 않고 그 사용 범위가 확장됨에 따라 정광출력을 요구하게 되고 특히, 통신용 등의 신호원으로 사용시 정광출력과 안정화가 필수 요소이며, 전광판 등에 다수의 표시 소자로 사용됨에 따라 전력 소비를 절감하고, 과전압 인가 등으로부터 발광 다이오드(LED) 소자를 보호하기 위하여 정전기 등의 서지전압을 흡수하는 회로 등을 부가하여 수명을 향상시키고, 정광출력을 얻기 위하여 자동전압 조정회로를 부가하는 등의 발광 다이오드(LED) 구동을 위한 기술이 개발되어 사용되고 있다. 이러한 회로의부가로 인하여 역률(Power Factor), THD(Total Harmonic Distortion)이 증가함에 따라 이를 보상하는 회로가 부가되는 등의 문제점이 발생한다.

발광 다이오드(LED)가 고 휘도화되고 밀폐된 공간에서 사용되는 등으로 인하여

온도에 의한 영향을 많이 받게 된다. 발광 다이오드(LED) 구동에서 사용되는 정전류원 구동 방식에서 주위 온도 변화가 −40도에서 70도까지 변할 경우 광 출력은 40~50[%] 정도로 변동하기 때문에 이를 보상하기 위하여 광 출력을 피드백시켜 전원을 제어 한다든지 또는, 서미스터(Thermistor)등의 온도보상 소자를 이용하여 공급 전력을 제어한다.

(2) DC 구동회로

그림 6-6은 DC전원을 인가하여 LED를 구동하는 기본적인 회로이다. LED는 전압의 작은 변화에 큰 전류 변화를 나타내기 때문에 전압제어시 정확한 설계가 필요하며 DC구동에 대한 3가지 전압제어방식을 나타내고 있다.

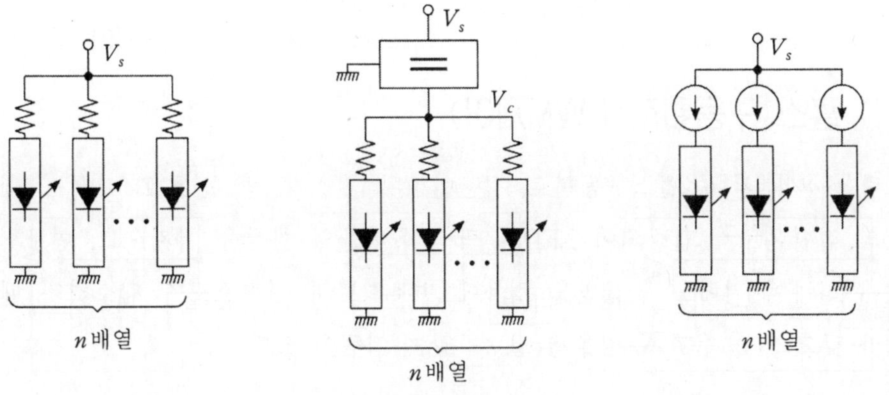

(a) 전압이 조정되지 않는 경우 (b) 전압 레귤레이터(Regulator)를 사용한 경우 (c) 전류원을 사용한 경우

* V_s는 전압이 조정되지 않는 DC 전압이다.

그림 6-6 LED DC 구동회로

(3) AC 구동회로

교류를 이용한 구동은 그림 6-7과 같이 상용전압을 직접 제어하여 사용하는 방법이다. 이러한 경우에 LED에 순간적으로 높은 전압이 공급되기 때문에 LED를 보호하기 위한 수단이 필요하다.

보통 보호 다이오드를 채용하여 LED가 갖는 역방향 전압보다 큰 전압이 걸리는 경우에 LED를 보호한다. 이러한 회로는 회로가 간단하면서도 조광이 가능하기 때문에 많은 연구가 진행되고 있다.

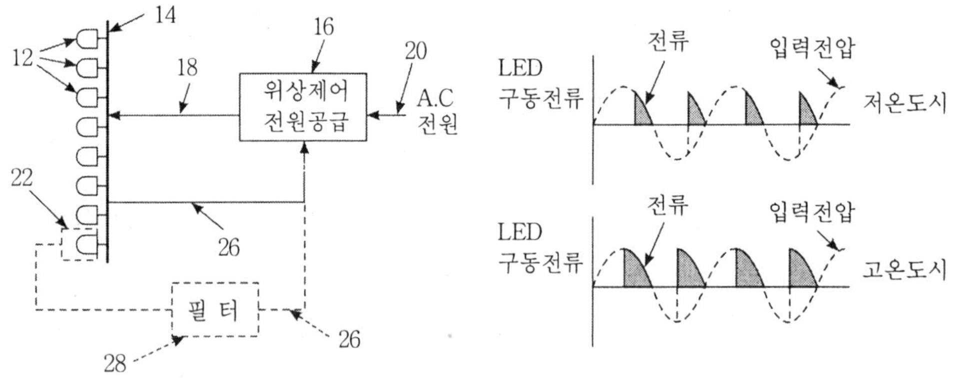

그림 6-7 LED AC 구동회로

(4) 펄스 구동회로(PWM제어)

그림 6-8과 같은 펄스구동회로, 즉 변조된 펄스를 광 신호로 바꾸는 회로는 LED의 접합온도가 감소되어 LED의 광속 유지율의 향상을 가져오고, 변조회로가 전지에 의하여 전력을 공급받을 경우에 변조회로의 전력소모가 감소하기 때문에 전지가 갖고 있는 유효 수명을 늘릴 수 있는 이점이 있다.

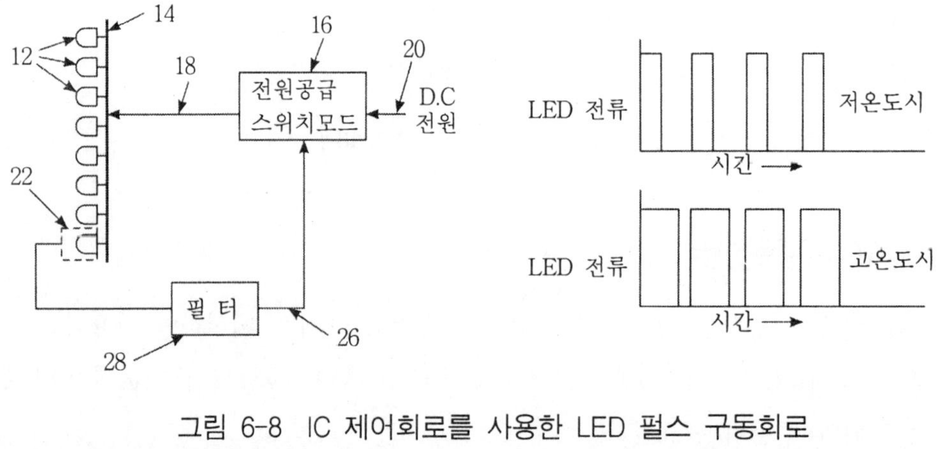

그림 6-8 IC 제어회로를 사용한 LED 펄스 구동회로

따라서, 광범위하게 활용하고 있는 방법이며, 온도보상 및 광 출력제어가 간단하고 세밀한 제어가 가능하지만 상용저압에서는 회로가 복잡하다는 단점이 있다.

(5) LED 스트링(LED String)

조명분야에서 회로는 LED의 개수를 포함할 수 있고, 한 개나 여러 개의 스트링(String)안에 배열(Array)된다. 일반적으로 그림 6-9에 나타낸 것처럼 $n>1$로 병렬 연결된 n개의 LED String ($n=1, 2, \cdots$)을 생각할 수 있다. 각 스트링(String)은 그림 6-9와 같이 m개의 LED($m=1, 2, \cdots$)를 직렬 연결한 형태로 나타낼 수 있고, k개의 병렬 서브스트링(Substring) ($k=1, 2, \cdots$)을 포함한다. LED의 총 개수는 nmk이고 전체 동작 전류는 nI_F이다.

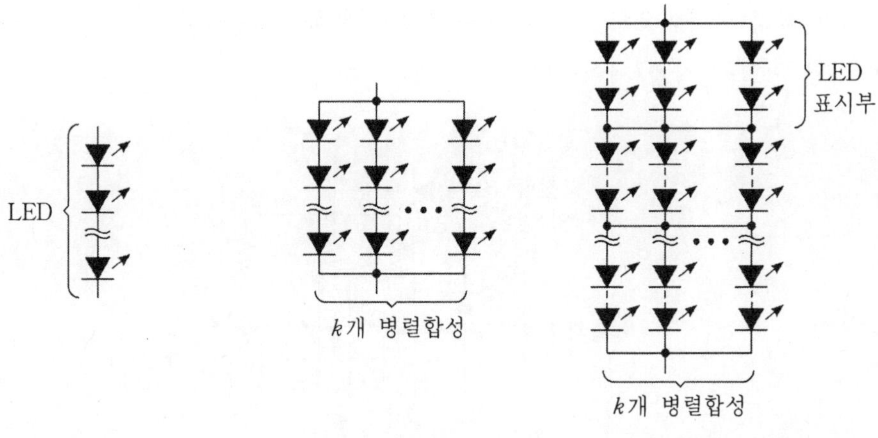

(a) m개의 LED 단일 String (b) k개 병렬 서브스트링(Substring)의 합성 스트링 (c) LED의 가로단을 형성하는 교차 연결 합성 스트링

그림 6-9 정 전류에 의한 LED String 구동

LED 스트링의 설계는 여러 가지 요인에 의존한다. LED 배열내의 소자(저항이나 능동소자에 의한 전류원)의 수를 감소시키기 위하여, 간단한 스트링에 병렬 서브스트링(Substring)을 포함한 합성 스트링으로 대체되고 있다. 하지만, 이러한 합성 스트링은 순방향 전압 특성이 매우 유사한 LED 칩을 사용해야만 한다. 그렇지 않을 경우에는 서브스트링(Substring) 사이의 전류 분포는 균일하지 않게 된다.

전파정류전원에 직접 연결하여 사용하는 것과 같이 매우 긴 합성 스트링의 생존 능력을 향상시키기 위하여, 그림 (c)에서와 같이 스트링 사이를 교차 연결하는 것이다. 여기서, 단일 칩에 대한 임의의 점등 실패는 전체 서브스트링을 파괴시킬 수 없으며, 하나의 LED 세그먼트(Segment)에 영향을 미친다.

(가) 전기적 보호

유도성 부하에 빠른 인터럽트가 발생하는 전기시스템에 LED가 사용될 경우에 높은 과도전압이 유도된다. 순방향 과부하가 LED의 수명을 감소시키는 결과를 가져오고 높은 역전압은 소자 파괴를 유발할 수 있다. 따라서, LED의 전기 안정성을 향상시킬 수 있도록 내부에 과도 서프레서(Transient suppressor)가 포함된 것도 있다. 이러한 사용에도 불구하고 순방향 과부하와 역방향 항복 전압에 대한 보호 수단이 외부 회로에도 필요하다. 그림 6-10은 일반적인 보호회로를 나타내고 있다. 고전압 실리콘 다이오드는 역방향 전류를 억제하고, 과도 서프레서는 LED 스트링의 양단 전압을 직접 제어한다.

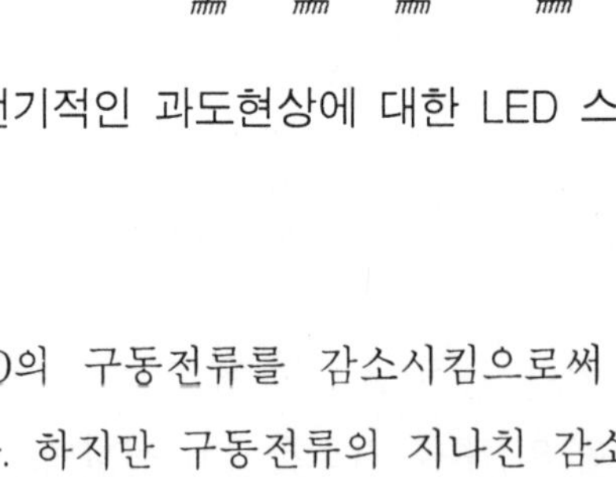

그림 6-10 전기적인 과도현상에 대한 LED 스트링 보호회로

(나) 조광(Dimming)

간단한 응용으로 LED의 구동전류를 감소시킴으로써 최대 광출력에 대해 10 [%]까지 조광할 수 있다. 하지만 구동전류의 지나친 감소는 배열 내 LED의 불규칙한 광도와 심각한 색도 변화를 야기한다. 또한, 광출력은 전류에 따라서 매우 비선형적인 특성을 나타낸다. 이러한 단점들은 일정한 구동전류에 펄스폭변조(PWM)를 사용함으로써 제거된다. 전류 펄스의 듀티 싸이클의 변화에 의해 평균 광출력은 3~4배의 크기로 변화한다. 일반적으로 100[Hz] 이상의 반복적인 주파수

는 가시적인 불편을 제거하는데 사용된다.

(다) 디지털 제어

LED의 저전압 구동은 대규모의 LED 배열과 등기구에 대한 디지털 제어를 형성하는데 큰 이익을 나타낸다. 내장 프로세서를 포함하거나 외부 컴퓨터에 의해 구동되는 지능형 기구가 사용될 수 있다. LED 스트링의 단일 원격 제어 펄스폭변조(PWM)와 센서 기반 광도 변화가 디지털 제어의 한 예라고 말할 수 있다.

(6) 전류 및 전압 조정 회로의 사용

부하의 변화 또는, 입력전압의 변동에 대해서 LED 배열에 일정 전압 또는, 일정 전류를 공급하기 위해서는 능동회로를 사용하여야 한다. 이들 회로는 광 출력이 부하의 상태나 입력전압의 변동에 무관해야 하며 일정하게 유지되어야 하는데, 그림 6-11에 다양한 방식을 소개하였다.

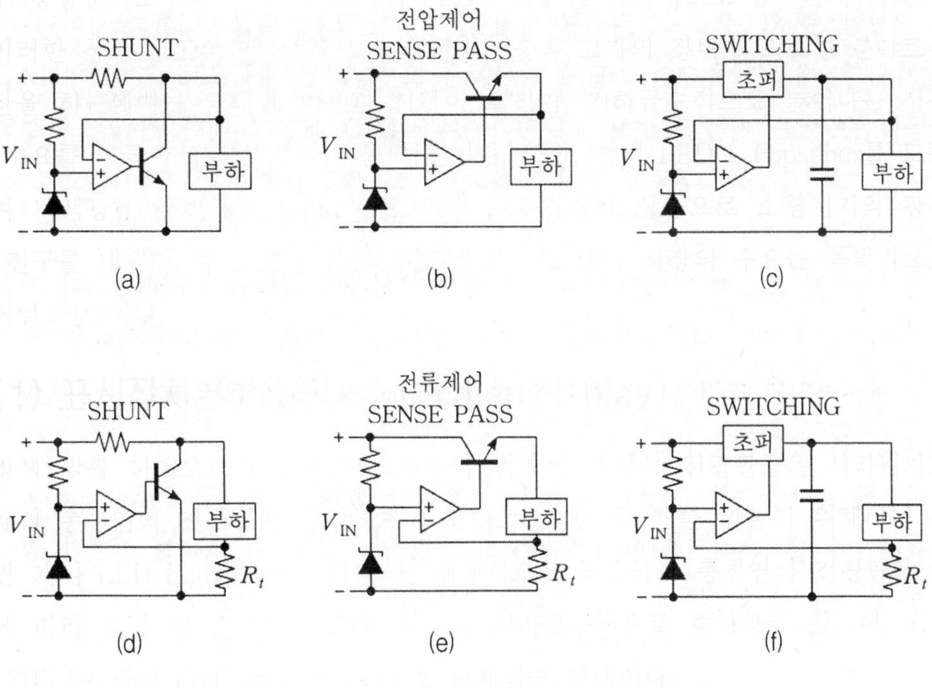

그림 6-11 LED 구동용 능동회로의 여러 방식

그림 (a), (b), (c)는 전압을 일정하게 유지하는 회로이고 (d), (e), (f)는 전류를 일정하게 유지하는 회로이다. 각각 Shunt, Series Pass, 스위칭 방식으로 구성이 가능한데, Shunt와 Series pass방식은 반도체 소자가 능동영역에서 동작한다. 그러나, 스위칭 방식은 반도체 소자가 on-off로만 동작이 되고 효율이 좋은 반면, 구성이 보다 복잡하지만 회로 구조에 따라서, 승압 또는, 강압이 가능하다. 스위칭 방식에서의 회로구조는 다양하게 제시되고 있지만, LED 조명과 관련해서는 주로 Buck형 또는, Boost형이 사용된다.

LED는 전류제어나 전압제어 방식으로 구동이 되는데, 전류제어의 경우 전체전류는 전압, 온도, 순방향전압 불균형 특성과 무관하게 결정된다. 전압제어의 경우는 LED 배열의 순방향전압은 전압변동에 무관하게 유지되게 된다. 그러나, 주변온도의 변화와 서로 다른 순방향전압 특성을 갖는 LED를 사용할 경우에 순방향전류에 영향을 줄 수 있다.

(7) LED 구동용 상용 IC와 시스템 구성

LED 구동용으로 다양한 IC가 소개되고 있다. 용도로는 수개에서 수백개의 LED를 구동할 수 있으며, 기능적으로 정전압, 정전류 또는, 역률제어를 포함하여 개발되고 있다. 대부분 유수의 반도체 회사들은 고기능화된 제품으로 수백개의 LED를 구동할 수 있는 제품을 출시하고 있다. 실제 LED 배열에 대한 전원을 구성하는 경우는 그림 6-12의 경우와 같이 정류회로, DC-DC 컨버터회로를 기본으로 하여 구성한다.

입력측에서 고조파 제거와 역률을 강화하기 위하여 입력단에 EMI필터와 역률보상회로가 필요하다. 역률보상회로는 주로 능동소자(IC)를 이용하여 역률을 99 [%] 이상 조절하지만 가격이 상승하는 단점이 있어서 수동소자를 이용한 역률보상회로에 대한 연구가 진행되고 있다.

이러한 수동소자를 사용하는 경우는 정류기 출력에 밸리필(Valley-Fill)회로를 사용하거나 입력측에 LC filter를 사용하는 방법이 있다. 이 경우는 설계가 잘되는 경우 90~93[%] 정도까지 역률 보상이 가능하다.

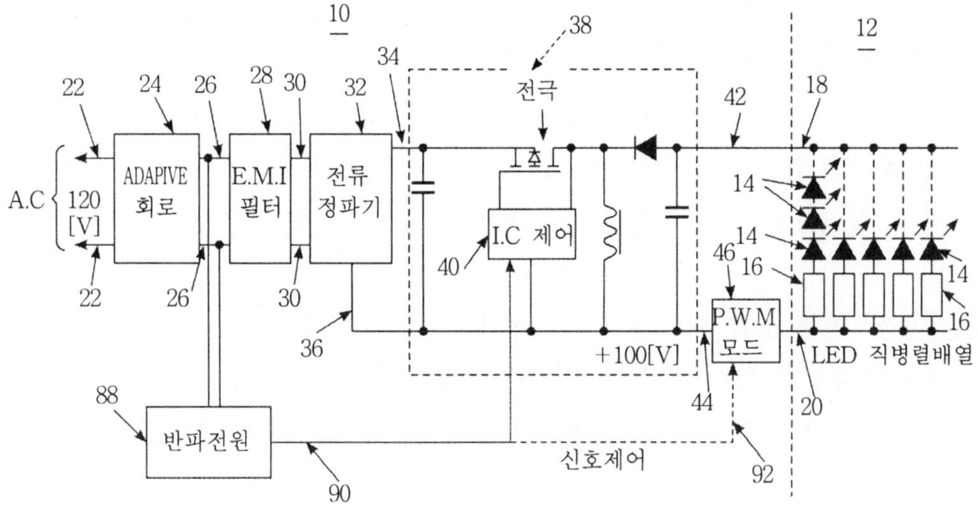

그림 6-12 LED 배열에 대한 구동제어 회로의 구성

(8) 에피 성장 기술

Epitaxy는 epi(on)와 taxy(arrangement)의 합성어로서 기판위에 동일한 격자구조를 갖는 박막을 물리적 또는 화학적 방법을 이용하여 순차적으로 성장시키는 방법이다. MOCVD(metal organic chemical vapor deposition) 방법은 Ⅲ족의 MO 가스와 V족의 hydride 가스가 고온에서 반응하여 Ⅲ-V 고체상태의 화합물반도체를 성장시키는 방법으로서 가스의 종류와 유량을 제어하여 원하는 재료를 박막형태로 성장하게 되는데, 그림 6-13과 같다.

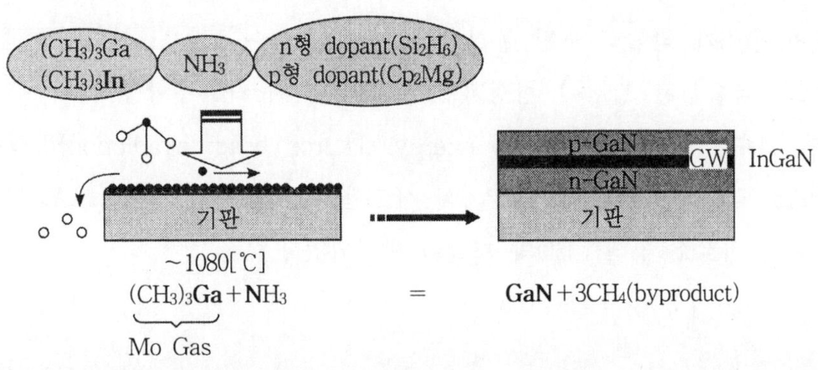

그림 6-13 질화물계 LED 성장을 위한 MOCVD 반응 메카니즘

기판과 에피층의 물리적 성질이 다름에도 불구하고 질화물계 LED의 기술혁신이 일어난 것은 저온 버퍼층 성장기술에 있었다. 그림 6-14에서와 같이 500[℃] 부근의 저온에서 AlxGa1-xN(0≤x≤1) 핵 생성층(nucleation layer)을 얇게(20~30[nm])형성한 뒤 온도를 올려 스스로 합체화(3D 성장)되게 한 후 에피 성장의 기본패턴인 계단성장(2D 성장)으로 진행되게 하는 방법으로서 질화물 에피 성장의 보편적 기술이 되었다. 버퍼층 위에 순차적으로 n-층, 활성층(발광층), p-층의 구조를 성장시켜 p-n다이오드 구조를 형성함으로서 칩 구조가 완성된다. 활성층으로는 효율을 높이기 위해 일반적으로 다중양자우물구조(multiple quantum well : MQW)를 삽입하는데 우물층과 장벽층의 조성 및 두께를 제어하여 원하는 파장을 방출한다.

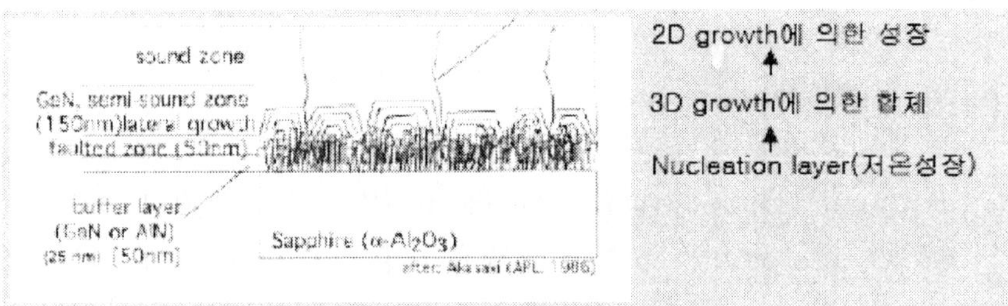

그림 6-14 저온 버퍼층 성장의 단계

도핑 원료로는 n-형의 경우 Si이 가장 많이 사용되며, p-형의 경우 InGaA1P계 재료에서는 Zn, Mg 또는 Te, 질화물계에서는 Mg이 주로 사용되고 있다. 질화물계에서 Mg의 활성화가 충분치 않아 p층 저항이 높은 문제가 있는데 이는 성장분위기 중의 수소가 억셉터 도핑 물질인 Mg과 결합하여 Mg-H 복합체를 형성하며 전기적으로 불활성된 결정이 형성되기 때문이다. Mg-H 결합을 끊어 주기 위해 아카사키 교수에 의해 LEEBI(low-energy electron beam irradiation)방법이 처음 시도되었고 후에 나카무라 박사에 의해 시도된 고온 열처리 방법으로도 큰 효과를 보게 되면서 비로소 청색 LED의 개발이 완성되었다.

6.4 LED 응용

정보통신의 발달과 더불어 화합물 반도체 기술의 발전은 새로운 빛의 혁명을 예고하고 있다. LED로 잘 알려진 발광 다이오드는 전기를 통해주면 전자가 에너지 레벨이 높은 곳에서 낮은 곳으로 이동하면서 특정한 파장의 빛을 내는 화합물 반도체에 의해 만들어진 기본 소자이다.

적색 및 녹색 발광 다이오드는 수십년 전에 개발되어 디스플레이 및 광원용 장치 등에 광범위하게 사용되고 있으나 청색(Blue), 순녹색(Pure green)의 빛을 내는 LED의 개발이 어려워 오랫동안 총천연색을 구현하지 못하였다. 하지만, 1990년대에 일본 S.NAKAMURA가 이끄는 Nichia Chemical의 연구팀을 필두로 HP, Cree, Toyota Gosei 등 세계 최고의 기술을 가진 몇몇 반도체 회사에 의해 질화칼륨을 이용한 청색 발광 다이오드가 개발되었고, 이에 총천연색의 구현을 갈망하던 램프 및 디스플레이 장치 산업과 짧고 안정된 파장을 요구하는 광메모리 장치 등 여러 LED 응용분야로부터 청색 및 순녹색 LED의 수요는 폭발적으로 증가하게 되었다.

이러한 청색 LED의 생산 역시 고난도의 기술과 고가의 장비가 필요한 분야로서 양산을 하는데에는 막대한 비용과 시간이 걸리며, 기하급수적으로 늘어나는 시장의 수요를 공급이 감당하기 어려운 형편이다. 또한, 청색 LED에 Phpsphor를 도핑하여 백색광을 구현하는 White LED역시 고부가가치 상품으로 소형기기의 광원 및 전구를 대체할 차기 조명시장의 주역으로 떠오르며 시장의 수요는 폭발적으로 늘어날 전망이다.

(1) 표시장치분야(LED full color display)

청색 발광 다이오드의 등장으로 기존의 적녹색 계열의 전광판들은 사라져가고 현재의 총천연색 전광판이 등장하게 되었다. 전광판 한 개를 만들기 위해서는 수백만 개의 LED Lamp가 필요하며 전 세계적으로 급증하는 총천연색 전광판의 수요에 따라 청색 및 순녹색 LED의 수요도 기하급수적으로 증가하고 있으며, 기존의 멀티전광판이 Full color 전광판으로 교체되는 상태이다.

(2) 신호등/자동차 부속품 분야

LED는 전력소비가 전구의 약 1/12에 불과하고 수명은 전구의 100배 이상이며, Input에 대한 반응속도는 기존 전구보다 1000배 이상 빠르다.

저전력에도 고휘도를 내기 때문에 이미 미국 및 일본, 유럽 등 일부 나라에서는 신호등과 자동차 부품 등에 발광 다이오드를 상용화하기 시작하였다. 이러한 LED 신호등의 개발로 기존 신호등 전구의 짧은 수명과 많은 전력소비의 문제점을 해결할 수 있게 되었다.

(3) 기타 : 핸드폰 Back light, 데이터 저장장치, 정보통신분야

IMT-2000의 기술이 상용화 되면 동영상을 구현하는 IMT-2000 단말기의 Back light용으로 저전력 백색 LED가 필수적이다. 자동차 전장판과 음향기기 및 각종 정보통신 기기에서의 LED 수요도 폭발적으로 증가하고 있으며, 완구시장도 빠른 속도로 성장하고 있다.

(4) LED 응용 분야

LED의 효율의 향상과 기능성 조명의 실현으로 다양한 분야에 LED가 적용되고 있으며, 미래 반도체조명 사회를 이끌어 나갈 것으로 예상되며, 이러한 LED 응용 분야를 구분하면 다음과 같다.

① 일반조명 : 실내외조명기기 및 기타 응용 부분
② 대형 TFT LCD TV용 LED BLU 모듈 부분
③ 수송기기용 실내외 LED모듈 : 자동차 전조등, 해상용 등명기 등
④ 대화면 고해상도 대면적 LED 정보디스플레이 및 사인 모듈
⑤ 모바일 기기용 LED BLU 및 LED프로젝션 디스플레이
⑥ LED 의료 및 농업용 조명 모듈 및 시스템 개발
⑦ LED를 이용한 에너지 절감형 조명모듈 및 시스템 : 태양광 시스템, 디지털 원격제어시스템 등과의 결합을 통한 에너지 절감 효과 극대화

일반조명 분야

실내조명분야
- MR16조명 및 국부조명
- 전구 및 탁상조명
- 면발광 조명

실외조명분야
- Wall washer 및 장식조명
- 정원등 및 보도등
- PV(Photovoltaic) 조명
- 가로등 및 다리조명
- 경기장조명 및 투광기

특수조명분야
- 의료/농업/환경 조명
- 백색기전 조명
- 무대 및 연출 조명
- 엘리베이터 조명
- 해양문이

수송기기조명
- 자동차/기차 조명

: 독서등, 지시등, 실내등, 전조등
- 선박항공조명

: 항공장애등, 소형등명기, 탐조등

Mobile/LCD BLU
- 소형 LCD BLU

: Mobile Phone, Camera, PMP, Notebook 등

대형 LCD BLU

: 모니터, TV 등

디스플레이

LED 전광판

Sign 조명

: LED Strip, Lighting Bar, Chamel letter

그림 6-15 LED 응용 분야 및 적용 사례

연습문제

문제 1 LED 조명기구 설계에서 최적의 목표 배광을 실현하기 위한 광학설계 요소 기술에 대하여 설명하시오.

문제 2 패키지와 PCB에서 열전달 효율에 영향을 미치는 요소에 대하여 설명하시오.

= 참고문헌 =

1. 조명환경원론	문운당	지철근외 4인 공저
2. 조명디자이너	태영문화사	문광명외 1인 공저
3. 전기응용	태영문화사	이현수 외
4. 조명설비 및 설계	성안당	최홍규외 7인
5. 전기와 조명	동일출판사	강도열 저
6. 전기응용	동일출판사	검정연구회편
7. 전기응용 및 공사재료	성안당	전기기사자격시험연구회 편
8. 전기응용 및 공사재료	청문각	전기전자기사연구회 저
9. 신편전기응용	광명	노채균외 3인 공저

조명의 이해

2015. 1. 20 인쇄
2015. 1. 25 발행

판 권
소 유

저 자 : 한정민 · 황현석 공저
발행자 : 이진권
발행처 : 도서출판 **태영문화사**

주 소 : 서울특별시 강서구 초원로 38
전 화 : 2661-8751
F A X : 2661-8798
등 록 : 1998년 11월 12일 제 2-2682호

정가 23,000원

ISBN 978-89-6354-050-4